国家社科基金
后期资助项目
GUOJIA SHEKE JIJIN HOUQI ZIZHU XIANGMU

计量视角下的
科技评价

Evaluation of Science and Technology:
Scientometric Perspective

俞立平　著

社会科学文献出版社
SOCIAL SCIENCES ACADEMIC PRESS (CHINA)

本研究得到以下基金资助：

国家社科基金后期资助项目：学术评价与创新绩效评价问题研究（19FTQB011）；

浙江省自然科学基金重点项目：制造业从数量型创新向质量型创新转型机制研究（Z21G030004）；

浙江省一流学科A类项目（浙江工商大学统计学，管理科学与工程）；

广西高校人文社科重点研究基地"广西教育绩效评价研究协同创新中心"项目。

国家社科基金后期资助项目
出版说明

后期资助项目是国家社科基金设立的一类重要项目,旨在鼓励广大社科研究者潜心治学,支持基础研究多出优秀成果。它是经过严格评审,从接近完成的科研成果中遴选立项的。为扩大后期资助项目的影响,更好地推动学术发展,促进成果转化,全国哲学社会科学工作办公室按照"统一设计、统一标识、统一版式、形成系列"的总体要求,组织出版国家社科基金后期资助项目成果。

全国哲学社会科学工作办公室

序

评价是人类的永恒任务。学习的效果怎么样？需要评价，我们从小到大经历过的种种考试，其实质都是教学评价和学习能力评价。做事的成效怎么样？也需要评价。大到国家中长期科技发展规划纲要的实施效果，小到一个单位（无论是企业、科研院所还是大学）所承担或自主开展的各种项目的完成情况，都需要加以评价。尤其在我国，政府出资做了很多很多事，而政府的支出都来自纳税人缴纳的税款，那么，不对政府做的事（无论是国家科技重大专项还是双一流建设）进行适当的评价，就无法对纳税人做出交代。

评价实践是复杂的、艰难的，是需要理论指导的。遗憾的是，从全世界来说，迄今科技评价的研究成果是不能令人满意的，对实践的指导能力是不够的。我国出现"四唯"问题的原因之一，正是我们的科技评价实践缺乏科技评价研究成果的指导，一些部门和单位用简单化的思维和评价指标去应对高度复杂的人类活动，结果造成很大危害。因此，我们亟须有更多的优秀学者投入科技评价研究领域。据我的观察，到目前为止，俞立平教授在科技评价研究上的深度和广度，是国内其他学者难以企及的。

俞立平教授在科技评价领域这块肥沃的土壤上已经辛勤耕耘了很多年，成果累累。2011年，他在学习出版社出版了专著《科技评价方法基本理论研究》。2017年，他在经济科学出版社出版了《科技评价理论与方法研究》。本书是他在科技评价研究领域的第三本专著，其主要内容是他近些年发表的相关主题的期刊论文。虽说本书是论文的合集，但篇章之间的逻辑关联十分明显，这是因为俞立平在平时做论文选题时就不是东一榔头西一棒子的，而是根据他对科技评价总体框架的认识进行审慎的选题，一个主题一个主题地开展研究，逐步推进深入。

这部著作给我留下了三点深刻印象。

首先，俞立平对科技评价领域的一些基础性学术问题是紧抓不放的。例如，当他在中国科学技术信息研究所博士后科研工作站工作期间（2008～2010年，那时我是他的合作导师），他已经敏感地发现了评价指标标准化处理方面存在的一个长期被忽视的问题：对负向指标值取倒数，则标准化后的数值与原先的数值不是线性的关系，这样会导致评价结果的不公正。为此，他在2009年第12期《图书情报工作》上发表的《学术期刊综合评价数据标准化方法研究》一文中，提出了一种新的反向指标标准化方法。根据2021年3月2日在中国知网的检索，此文已被引用了218次！

在这本新著中，俞立平又继续围绕标准化问题开展深入细致的研究，第二章的题目就是"指标标准化方法研究"，下面包括"科技评价中兼顾均值与区分度的标准化方法研究""基于Sigmoid函数的文献计量指标评价标准研究""指标标准化方法对科技评价的影响机制研究"等有分量的研究成果。

权重是科技评价中的另一个基础性学术问题。众所周知，在科技评价中，权重的确定是至关重要的。权重一变，评价结果就变了。于是，科学合理的赋权就无比重要。类似地，俞立平在博士后期间就围绕科技评价中的权重问题发表了多篇论文，如《科技评价中不同客观评价方法权重的比较研究》《科技教育评价中主客观赋权方法比较研究》《科技评价中专家权重赋值优化研究》《一种新的客观赋权科技评价方法——独立信息数据波动赋权法DIDF》等。在新著中，第三章的标题便是"权重研究"，该章包含了4篇有分量的研究成果。

如果有更多人像俞立平教授这样长期围绕基础性学术问题做文章，锲而不舍，则中国的学术景观将会分外亮丽，一些"卡脖子"难题亦有望较快地获得解决。

其次，俞立平不仅注重研究上述带有基础性的学术问题，也十分注意观照一些技术细节问题。在科学计量学研究中，不观照技术细节问题，往往就无法操作，无法将好办想加以落实。

举一个小例子。在科技评价实践中，尤其是国别比较中，采用全计数法较多。全计数法指的是，对于每一篇国际合著论文，参与合著的国家都记为发表了一篇。这里有一个潜在问题，可能很多人没有注意到。比如，我们常听到的说法是：美国WOS论文数全球占比第一；中国WOS论文全球占比第二。这样说的时候，人们其实是用全计数法测度出的美国、中国的论文数，除以全世界 WOS 论文总数。但这样做是不对的！应该是用全计数法测度出美国、中国的数据，除以用全计数法测度出的世界 WOS 论文总数，但我们通常不知道后者是多少，因为我们对发文量极少的小国家通常不予关注，也就没人去计算全计数法下的全球论文总数。用分数统计法（如果中美学者合著一篇论文，则认为中国和美国各发表了 0.5 篇论文）测度出的各国论文数据，才可以与科睿唯安数据库检索出的世界 WOS 论文总量做比较，算出其份额，因为只有此时的各国论文数据之和才与世界论文总量相等。不明确计数法是什么，我们其实连各国论文的世界占比都搞不清楚。这个小例子说明，观照技术细节是多么重要。

在本书中，观照技术细节的情形比比皆是，此处不举例了。有时，俞立平是通过向读者普及一些知识来观照技术细节的。比如在本书 6.9 节"科技评价中不同评价方法指标之间互补研究"中，俞立平简单介绍了几种可供选择的多属性评价方法：线性加权法（用得最普遍的），调和平均法，几何平均法，TOPSIS 评价法，VIKOR 评价法，等等。虽说是简单的介绍，但对于某些读者也很受用了，因为他们原来在通过指标进行科技评价的时候，只晓得线性加权法，完全不知道还有其他的选择，不知道其他那些选择具有什么优势，适用于哪些评价场合。

最后，俞立平不仅关注具有普遍意义的研究主题，也注意研究具有中国特色的现象。像前述的标准化问题、权重选择问题、多属性评价方法问题等，是具有国际普遍意义的研究主题。而本书第六章第七节"高校综合性社会科学学报内稿比例与学术影响力"，则研究的是典型的中国独有的现象——其他国家可不是几乎每所大学都拥有自己的学报的。

研究中国特色的问题非常重要。不如此，"把论文写在祖国大地上"就成了一句空话。我希望，俞立平也好，其他学者也好，今后要更多地研究中国特色的问题。中医药，若我们中国的医药研究人员不加强研究，说得过去吗？"三农"问题，我们中国学者若不加强研究，难道等待外国学者为我们提供解决方案吗？破"四唯"之后立什么，这不是我们中国学者责无旁贷要回答的吗？

最后谈一条本书的缺点。多年来，俞立平教授撰写的论文基本上遵循着固定的套路，文章有着较固定的结构。那么，读者在阅读本书（其主体是一篇篇的论文）的时候，就难免产生视觉疲劳和审美疲劳。事实上，论文的写法不是非得遵循固定套路不可。如果我们努力将一篇论文作为故事来讲述，则文章的结构和表达方式都会与传统的典型论文有差异，而读者很可能觉得这样的论文清新可喜，愿意对之刮目相看。我希望，俞立平教授今后在论文写法上也不妨蹚一蹚新路。

　　总之，瑕不掩瑜，本书的含金量不低。对于科学计量学研究人员，对于科技评价的研究者和实践者，本书都有很好的参考意义。

　　是为序。

武夷山

2021 年 3 月 2 日

前　言

科技评价工作是建设创新型国家的重要保障。在建设创新型国家的背景下,科技评价工作担负着重要的测度功能,只有通过对科研人员、科研机构、学科、科研成果、专利、科技政策等进行广泛的评价和跟踪,才能发现其中存在的问题,并且采取相关措施加以及时调整,从而保障科技工作的良好运转,提高科研经费的使用绩效,有效调动广大科技人员的积极性,提升科技政策的绩效。

学术评价与创新绩效评价是科技评价中的重要内容,从计量方法角度看尚存在不少问题。主要表现如下:多属性评价方法作为重要的评价方法,在评价指标标准化、权重设定、数据处理、方法选取、方法自身优化等方面还存在不少问题,必须进行深入研究;统计学、经济计量学中的一些方法在文献计量学中应用得还较少;现有的计量研究方法还需要优化,研究的稳健性还需要提高;宏观产业创新速度与创新质量绩效评价还比较缺乏。方法和技术层面的问题是科技评价的基础问题,但没有得到应有的重视,而且这些问题往往是隐含的,容易被忽视,这非常不利于保障科技评价的科学、公平、公正。

本书侧重于科技评价问题研究,以学术评价为主,兼顾科技评价应用层面的问题研究,主要涉及文献计量学、科学计量学、多属性评价方法、经济计量学等。本书特别强调计量方法为应用问题服务,并在此基础上进行研究方法与研究对象的创新。

本书的框架以多属性评价过程为主,兼顾学术评价专题与创新绩效评价专题,以前者为主要研究对象。第一章是绪论;第二章是指标标准化方法研究;第三章是权重研究;第四章是评价方法优化与创新;第五章是多属性评价方法选择;第六章是学术评价专题研究;第七章是创新绩效评价专题研究。第二章至第五章为多属性评价过程,第六章学术评价专题与第七章创新绩效评价专题为科技评价中的两个重要内容。

　　本书在学术评价与创新绩效评价的理论和方法层面进行了大量的探索，并且在评价指标创新、评价指标优化、评价方法优化等方面做了大量的工作。相关研究丰富了文献计量学与科学计量学理论，推动了多属性评价方法的进步，对于学术评价与创新绩效评价不仅有重要的理论意义，而且有重要的实践意义。

　　由于信息量相对较大，主要采用每个小节单独成文的写作风格，从第二章开始每个小节相对独立。由于研究对象相近，研究方法存在交叉，文献综述和研究方法部分难免有重复之处，为了增强可读性，均进行了适当保留。

　　由于作者水平有限，难免有错误或不足之处，敬请批评指正。

目　录

图目录

表格目录

第一章 绪 论

第一节 科技评价工作的重要性

科技评价工作是建设创新型国家的重要保障。在建设创新型国家的背景下,科技评价工作担负着重要的测度功能,只有通过对科研人员、科研机构、学科、科研成果、专利、科技政策等进行广泛的评价和跟踪,才能发现其中存在的问题,并且采取相关措施加以及时调整,从而保障科技工作的良好运转,提高科研经费的使用绩效,有效调动广大科技人员的积极性,提升科技政策的绩效。

国家与政府层面对科技评价工作一直比较重视,从 2003 年开始,陆续出台了一系列关于科技评价的政策,尤其是近年来,政策更是密集发布。

2003 年,科技部联合五部门,以国科发基字〔2003〕142 号文的名义发布了《关于改进科学技术评价工作的决定》,这是国家层面首次对科技评价工作出台的相关政策。它强调科学技术评价工作要遵循"目标导向、分类实施、客观公正、注重实效"的要求,必须有利于加强原始性创新,提高我国科学技术的实力和水平,推动科技产业化,促进科学技术持续健康发展;有利于高素质科技人才队伍的成长与发展,有利于提高政府对科学技术的管理水平,促进全社会对科技的重视和支持。

2003 年科技部发布《科学技术评价方法(试行)》,界定科学技术评价是指受托方根据委托方明确的目的,按照规定的原则、程序和标准,运用科学、可行的方法对科学技术活动以及与科学技术活动相关的事项所进行的论证、评审、评议、评估、验收等活动。它指出科学技术评价工作应当遵循"目标导向、分类实施、客观公正、注重实效"的要求,必须有利于鼓励原始性创新,有利于促进科学技术成果转化和产业化,有利于发现和培育优秀人才，有利于营造宽松的创新环境，有利于防止和惩治学术不端行为。必须坚持公平、公正、公开的原则，保证评价活动依据客观事实做出科学的评价。

2013 年教育部发布《关于深化高等学校科技评价改革的意见》，其目标是根据不同类型科技活动特点，建立导向明确、激励约束并重的分类评价标准和开放评价方法，营造潜心治学、追求真理的创新文化氛围。着力提升基础研究和前沿技术研究的原始创新能力，关键共性技术的有效供给能力，支撑高质量创新人才培养的能力，服务国家和区域经济社会发展战略需求的能力。

2018 年中共中央办公厅、国务院办公厅印发《关于深化项目评审、人才评价、机构评估改革的意见》，强调按照党中央、国务院决策部署，坚定实施创新驱动发展战略，深化科技体制改革，以激发科研人员的积极性、创造性为核心，以构建科学、规范、高效、诚信的科技评价体系为目标，以改革科研项目评审、人才评价、机构评估为关键，统筹自然科学和哲学社会科学等不同学科门类，推进分类评价制度建设，发挥好评价指挥棒和风向标作用，营造潜心研究、追求卓越、风清气正的科研环境，形成中国特色科技评价体系，为提升我国科技创新能力、加快建设创新型国家和世界科技强国提供有力的制度保障。

2018 年中共中央办公厅、国务院办公厅印发《关于分类推进人才评价机制改革的指导意见》，强调要加快形成导向明确、精准科学、规范有序、竞争择优的科学化社会化市场化人才评价机制，建立与中国特色社会主义制度相适应的人才评价制度，努力形成人人渴望成才、人人努力成才、人人皆可成才、人人尽展其才的良好局面，使优秀人才脱颖而出。

第二节　科技评价对象框架

一　科技评价元素

科技评价元素是科技评价中的最小单元，侧重于科技成果本身，主要包括学术论文、专利、科研项目、科研奖励等。

科技评价元素是有层次的（见图1-1）。最底层的元素包括论文和专利，另外还包括科研项目。但是它们的性质是不一样的，论文和专利属于成果元素，即其本身就是科研成果的重要标志。科研项目严格意义上属于非成果元素，但在具体的科技评价实践中，科研项目的级别和数量又是一个重要的评价指标，构成了评价的重要基础元素。当然，项目与论文、专利是相关的，如果申请到项目，当然有利于开展研究，产生论文和专利，而如果拥有良好的论文和专利基础，又方便进一步申请到相关项目。

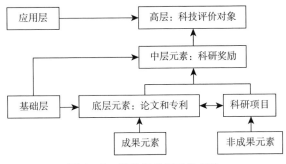

图1-1 科技评价元素的层次

科研奖励属于中层的评价元素。在科技评价中，科研奖励也是一个重要指标，但是科研奖励也是在论文、专利、科研项目的基础上评选获得的，所以它是一个中层的评价元素，不属于底层的评价元素。从这个角度看，如果同时选用论文、专利、科研项目、科研奖励来进行评价，实际上存在重复计算的问题。

在评价元素的基础上，才能进一步进行机构评价、人员评价、学科评价、学术期刊评价等。底层元素和中层元素属于科技评价的基础层，而具体的评价是科技评价的应用层。

二 科技评价对象框架

从科技评价应用层角度看，评价对象可以分为宏观评价与微观评价（见图1-2）。宏观评价包括科技政策评价与创新评价。广义的科技政策评价包括科技战略评价与政策效果评价；宏观上的创新评价包括产业创新评价与科技创新评价，重点面向宏观层面的创新绩效。

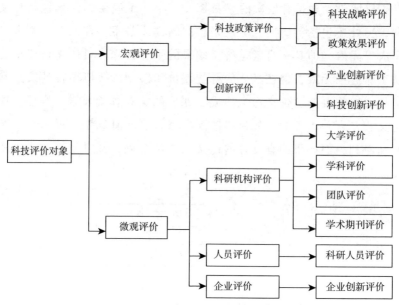

图 1 - 2　科技评价对象框架

　　微观评价对象包括三大类。第一是科研机构评价，包括大学评价、学科评价、团队评价、学术期刊评价等。第二是人员评价，主要包括科研人员评价，典型的如职称评审。第三是企业评价，主要是微观的企业创新评价。

　　宏观评价与微观评价是相对的，比如若干学者构成一个科研团队，对科研团队的评价总体上是侧重中观的。大学评价也是如此，大学与大学之间比较，大学就是微观的概念，如果单就一个大学评价而言，也涉及各种各样的科技成果评价，可以说其是宏观或中观层面的评价。

第三节　计量视角下的科技评价方法体系

一　"五计学"与科技定量评价方法

　　从计量方法的视角，"五计学"无疑是科技评价的主要方法。"五计学"包括文献计量学、科学计量学、信息计量学、网络计量学、知识计量学，是科技评价的主要方法，其学科关系如图 1 - 3 所示。数学、统计学和信息技术是"五计学"的基础。

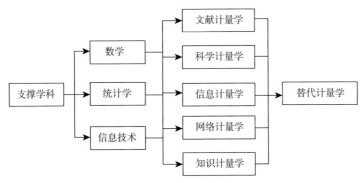

图 1-3 科技定量评价方法体系

文献计量学的发展最早可追溯到 20 世纪初，以科尔和伊尔斯为研究创始人。文献计量学主要是以文献体系和文献计量特征为研究对象，采用数学、统计学等计量方法，研究文献情报的分布结构、数量关系、变化规律和定量管理，并进而探讨科学技术的结构、特征和规律的学科。科学计量学是在文献计量学的发展之下，由苏联学者纳利莫夫和穆利钦科提出的"研究分析作为信息过程的科学的定量方法"的科学计量学。1961 年，普赖斯发表的《巴比伦以来的科学》为科学计量学的发展奠定了理论基础。科学计量学是以社会环境为背景，运用数学方法计量科学研究的成果，描述科学的体系结构，分析科学体系的内在运行机制，揭示科学发展的时空特征，探索整个科学活动的定量规律的学科。信息计量学最早被称为"情报计量学"，由德国学者奥托·纳克教授在 20 世纪 80 年代提出。网络计量学的相关研究可追溯到 20 世纪 90 年代后期，由 T. C. Almind 和 Peter Ingwersen（1997）提出网络计量学的概念，是网络计量学发展的标志。知识计量学是以整个人类知识体系和知识活动作为研究对象，采用计量学方法对知识载体、知识内容、知识活动及其影响等进行定量研究的交叉性学科（赵蓉英、魏明坤，2017）。

近年来替代计量学发展很快，它是在传统"五计学"基础上产生的。替代计量学可分为狭义替代计量学和广义替代计量学。狭义替代计量学主要基于引文传统指标的在线新型计量指标开展研究，尤其重视基于社交网络数据的计量指标；广义替代计量学强调研究方法视角的变化，即面向学术成果的全面影响力评价指标体系，旨在替代传统片面依靠引文指标的定量科研评价体系，同时促进开放科学和在线交流的全面发展。

"五计学"是科技评价方法的重要基础和支撑，科技评价方法与"五计学"的关系是交叉关系，必须在"五计学"的基础上拓展科技评价方法。

二 传统的科技评价方法

传统的科技评价方法范围相对较窄，侧重评价，淡化变量之间的关系。主要采用的评价方法包括专家会议法、同行评价、多属性评价、系统方法等，狭义的传统科技评价方法主要指多属性评价方法。

传统科技评价方法与评价对象之间的关系如图 1 - 4 所示。传统科技评价方法众多，如果细算的话应该有几十种到上百种。科技评价方法总体上包括四种。第一种是专家会议法，这是一种应用广泛的科技评价方法，既适用于科技评价的元素评价，包括底层元素与中层元素的评价，也适用于评价应用层的微观评价与宏观评价。第二种是同行评价，主要用来进行学术论文评价、专利评价、科研项目评价。第三种是多属性评价，严格意义上讲，多属性评价是一类评价方法，其本身又包括了几十种到上百种多属性评价方法，主要用于评价应用层的宏观评价与微观评价。第四种是系统方法，也是一大类评价方法，包括 DEA 效率分析、状态空间方程、系统动力学法等。

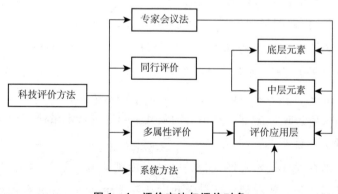

图 1 - 4 评价方法与评价对象

三 学术评价与科技绩效评价方法

在科技评价中，学术评价与科技绩效评价是其中最重要的两个评价内容，虽然各有侧重，但也存在联系。本书试图从方法论的视角，将传统的科技评价方法与经济计量方法有机结合起来，从计量方法视角分析科技评价中的相关问题。

定量评价或者以定量为主的评价占据十分重要的地位。科技定量评价从评价的性质可以分为水平评价与绩效评价两大类，水平评价重在不同评价对象之间的水平比较以及不同指标水平的差距，采用的评价方法主要是多属性评价方法、文献计量学方法、科学计量学方法等，当然涉及的具体方法种类和类型更多，仅多属性评价方法就有几十种；绩效评价重在效益和效率，采用的评价方法主要有经济计量学方法与系统科学方法，经济计量学方法如回归、面板数据、岭回归等，系统科学方法如数据包络分析（DEA）、系统动力学方法等（见图1－5）。

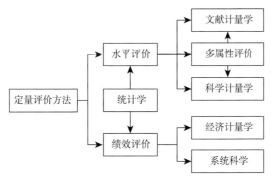

图1－5　科技定量评价方法体系

无论是水平评价还是绩效评价，统计学方法都是其基石，其实多属性评价方法中，已经涵盖统计学中的多元统计方法，只不过多属性评价方法涉及的评价方法更多更广。此外，文献计量学与科学计量学方法更多侧重评价指标设计与优化，虽然可以直接用这些指标进行评价，但单指标评价的信息量毕竟较少，所以更多采用多属性评价方法，因此多属性评价方法占据十分重要的地位。

四　多属性评价的关键要素分析

多属性评价无疑是科技评价中最重要的方法，涉及几十种具体的评价方法，也是本书关注的重点。多属性评价是一项复杂的系统工程，涉及因素众多，评价环节复杂。根据评价步骤，其评价要素包括指标选取、数据标准化、权重赋值、评价方法设计、评价方法选取、结果分析等环节（见图1-6）。在这些环节中，有些环节内的问题研究较多，但还有许多环节的研究值得深化，包括评价指标的设计与优化、评价指标的创新、权重赋值中的相关问题研究、评价方法的优化、评价方法的创新、评价方法的选取等，这些都是本书关注的问题。

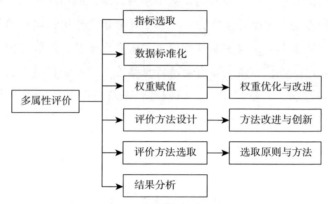

图1-6　多属性评价方法的要素

第四节　篇章结构与研究内容

一　研究特色

1. 以学术评价与创新绩效评价为主

科技评价对象众多，包罗万象，即使其中任意一个评价对象，采用一本著作开展专题研究也是不现实的，何况科技评价方法众多、体系庞大。本书以研究方法创新为驱动，研究对象一定程度上是为研究方法服务，并非从应用研究角度去解决实际的某个评价应用问题。本书属于应用基础研究的范畴，既重视基础理论，也结合具体的实际应用，应用基础研究是本书最大的亮点，它将推动科技评价方法的进一步深入研究。

基于以上原因，本书的研究对象涉及学术期刊、论文评价、大学评价、高技术产业创新绩效评价等。

2. 研究方法涉及领域较宽且相对集中

本文涉及的研究方法主要包括文献计量学、科学计量学，以多属性评价方法为主线，同时在创新绩效中采用经济计量方法，并将一些经济计量方法广泛应用于传统的文献计量与科学计量领域，从而推进文献计量学与科学计量学的深入。比如，采用面板数据模型、面板门槛模型、面板联立方程模型、贝叶斯向量自回归模型等研究创新绩效，发挥各种评价方法的长处，在同一个系统框架内进行综合分析，避免采用单一评价方法所带来的不足，同时也可以更好地研究其中的规律与问题。

3. 侧重宏观产业创新绩效评价

在科技绩效评价中，重点以高技术产业创新为研究对象，采用经济学方法研究其绩效问题。创新绩效评价内容较多，本书从宏观产业创新速度、产业创新质量的角度开展研究，这两个领域均具有较强的开拓性，因为传统研究更关注产品创新速度和产品创新质量。相关研究包括创新速度以及创新质量的作用机制、影响因素、作用绩效等。

二　篇章结构

本书的篇章结构如图 1-7 所示，共分为 7 章。第一章是绪论；第二章是指标标准化方法研究；第三章是权重研究；第四章是评价方法优化与创新；第五章是多属性评价方法选择；第六章是学术评价专题研究；第七章是创新绩效评价专题研究。

三　研究内容

第一章，绪论。

本章主要介绍科技评价工作的重要性、科技评价对象框架、科技评价方法的分类体系以及本书的研究特色、篇章结构与研究内容。

第二章，指标标准化方法研究。

首先，针对科技评价中数据标准化后评价指标均值不相等会导致自然权重、评价指标区分度较低问题，本章将其放在一个系统框架里进行研究，并提出了一种新的动态最小均值逼近标准化方法；其次，多数评价指标难以直接判断评价对象的优劣、使得文献计量指标的直接评价功能减弱，本章提出基于 Sigmoid 函数对文献计量指标进行标准化，从而解决了这个问题；最后，针对指标标准化对学术评价的影响机制一直缺乏系统问题，从理论上分析了标准化方法对学术评价结果的影响机制，并将其分为单一影响机制和综合影响机制，且进行了深入分析。

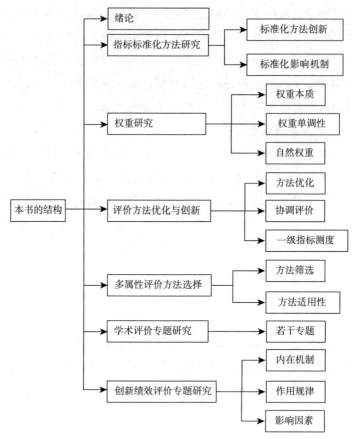

图 1 - 7　本书框架

第三章，权重研究。

首先，本章从理论上分析了科技评价中权重的本质。从哲学角度看，权重的本质是遵循自然规律和发挥主观能动性的体现。从指标属性角度看，权重的本质是属性之间的转换与替代系数。从利益相关者角度看，权重的本质是管理者、评价机构、领域专家、公众等利益相关者博弈的均衡结果。从管理的角度看，权重的本质是管理目标和改进路径的定量体现。其次，针对加权 TOPSIS 评价方法不具有权重单调性问题，采用分子加权进行了修正。再次，首次提出自然权重问题，即均值较大的指标在评价中往往具有更重要的作用，它会造成评价实际权重的严重扭曲，并影响评价结果。最后，对自然权重对线性评价与非线性评价的影响分别进行了深度分析。

第四章，评价方法优化与创新。

本章主要内容如下：针对科技评价中因子分析存在的信息损失问题进行了修正，提出采用最大信息因子分析方法进行评价；针对 VIKOR 评价方法在计算群体效用 S 时距离函数不采用直线距离，以及计算个体遗憾值 R 时没有考虑指标相关性问题，提出直线距离因子多准则妥协解排序法；针对目前绝大多数多属性评价方法都是取长补短性质的弥补式评价，难以评价期刊协调发展问题，提出因子几何平均法（FGM）和协调 TOPSIS 法，以及一种新的测度一级指标的客观方法——结构方程降维法。

第五章，多属性评价方法选择。

首先，为解决学术期刊多属性评价方法众多、评价结果不一致问题，本章提出了一种基于聚类分析的多属性评价方法选取办法——聚类结果一致度筛选法。其次，由于科技评价中非线性评价方法众多，本章提出根据评价指标的单调性与权重体现管理思想原则进行评价方法的选取，并称其为因子回归检验法。最后，本章分析了主成分分析与因子分析进行评价的相关问题，提出对主成分分析与因子分析是否适用于科技评价的选取原则与方法。

第六章，学术评价专题研究。

本章包括如下内容：第一，研究了载文量与影响因子之间的特殊互动机制，即对当期没有影响，对长期有影响；第二，基于一种学术期刊，对论文作者数与影响因子的关系进行再思考；第三，对研究机构指数 AAI 进行了深入分析，以评估其在科技评价中的适用性；第四，研究了外文引文比与影响因子的关系，认为其可用于科技评价；第五，用时间序列数据研究了期刊影响因子与载文量的关系；第六，研究了载文量、引文量与影响因子的关系；第七，分析了高校社科性学报校内稿件比例与影响因子的关系，还进一步分析了录用倾向；第八，分析了科技评价指标值与评价属性的背离问题，并对其原因进行了解析，提出改进思路；第九，对科技评价中不同评价方法指标的互补问题进行了深入分析，总结了其中的规律。

第七章，创新绩效评价专题研究。

本章包括如下内容：从产业创新速度与绩效关系入手，分析了产业创新速度的综合绩效；分析了创新速度的作用机制，研究了其要素替代效应和门槛效应特征；建立了高技术产业创新速度影响机制的研究框架，分析了要素投入、利润、产业规模等因素对它的影响；将高技术产业创新分为创新数量与创新质量，在此框架下分析了技术引进与自主创新的关系及其绩效；测度了高技术产业新产品的创新绩效，提供了一种新的分析框架。

四　几点说明

第一，鉴于本书信息量较大，研究内容众多，从第二章开始，采取每小节均为一篇独立论文的方式撰写。基于研究对象相近，研究方法之间存在交叉，因此文献综述和研究方法部分难免有重复之处，为了增强可读性，并没有进行删减，均予以保留。

第二，本书侧重方法论研究，兼顾研究对象和研究问题，因此研究数据一般更新到最近三年范围，但没有刻意更新为最新数据。

第三，本书的最大特色是研究方法的宽度与交叉，这种思路提高了研究的稳健性，也推进了文献计量学与科学计量学的发展。

第二章　指标标准化方法研究

第一节　科技评价中兼顾均值与区分度的标准化方法研究

针对科技评价中数据标准化后评价指标均值不相等会导致自然权重、评价指标区分度较低的问题，本节将其放在一个系统框架里进行研究，并提出了一种新的动态最小均值逼近标准化方法，还以中国知网《中国学术期刊影响因子年报（人文社会科学）》中图书馆、情报与文献学 20 种 CSSCI 期刊为例对其进行了实证。动态最小均值逼近标准化方法能够保证评价指标再次标准化后均值相等，并且能够增加标准化指标的区分度，同时也能增加评价结果的区分度；动态最小均值逼近标准化方法可与动态最大均值逼近标准化方法结合使用；采用动态最小均值逼近标准化方法会影响评价结果；关注专家人为打分值的均值与区分度标准化问题；指标均值与区分度兼顾标准化问题有待进一步探索。

一　引言

在科技评价中，即使在评价指标进行常规的标准化处理后，也要面临两类问题：第一个问题是评价指标的均值不相等，会导致指标存在自然权重，即指标的天然重要性并不相等（俞立平，2018）；第二个问题是指标的区分度如果较低，会影响评价结果的区分度。这两个问题均是科技评价的基础问题，解决好这两个问题对于优化科技评价方法、提高科技评价效果、改善科技评价的公平性具有重要意义。

对于自然权重问题，以中国知网《中国学术期刊影响因子年报（人文社会科学）》2016 版的图书馆、情报与文献学 20 种 CSSCI 期刊为例，评价指标采用除以极大值的百分制标准化方法，其结果如表 2 - 1 所示。5 个指标中均值最大的指标为总被引频次，均值为 36.80，其次是 5 年影响因

子，均值为 34.24，即年指标的均值最低，均值为 28.74。如果采用 5 个
指标进行等权重汇总评价，那么均值较高的总被引频次、5 年影响因子必
然占有优势，而均值相对较低的即年指标的重要性相对较小，其数据权重
可以通过计算均值的比重得到。从计算结果看，总被引频次的自然权重为
0.229，即年指标的自然权重为 0.179，前者是后者的 1.28 倍。这个问题
如果不关注，必然会对后续的多属性评价结果产生影响。

表 2 - 1　期刊影响力指标总体情况

项　　目	总被引频次	影响因子	他引影响因子	5 年影响因子	即年指标
极　大　值	100.00	100.00	100.00	100.00	100.00
极　小　值	3.64	10.18	9.82	11.35	3.04
标准化极差	96.36	89.82	90.18	88.65	96.96
均　　值	36.80	31.10	29.73	34.24	28.74
自 然 权 重	0.229	0.194	0.185	0.213	0.179

关于评价指标的区分度问题，同样以表 2 - 1 为例。数据标准化后，
用极大值减去极小值就得到标准化极差，标准化极差越大，说明评价指标
的区分度越好，当然对多属性评价结果的区分度提高也具有重要价值。5
个指标中，标准化极差最大的是即年指标，为 96.96，最小的为 5 年影响
因子，标准化极差为 88.65，前者是后者的 1.09 倍。

在专家打分中，自然权重与区分度问题会更明显。如果 A 专家打分总
体比较宽松，均值为 87，B 专家打分总体比较严格，均值为 75，本质上
就说明 A 专家的权重比 B 专家高，因为 A 专家评价得分的比重大于 B 专
家，是 B 专家的 1.16 倍（87/75）。对于区分度而言，比如 A 专家打分为
78 ~ 90，B 专家打分为 65 ~ 90，很明显 B 专家打分拥有更好的区分度。如
果专家打分时不重视区分度问题，在区分度低的专家比重较高时，会影响
评价结果的区分度。

以上两个问题的解决本质上均与指标数据标准化方法有关，所以将其
放在同一框架下进行研究。郭亚军等（2011）认为综合评价结果不仅受到
指标权重的影响，在很大程度上也取决于指标标准化的方法。本节首先分
析独立解决两个问题的标准化方法，然后将两者结合起来进行分析，以期
改进自然权重与数据区分度问题。

二 文献综述

关于自然权重问题，学术界较少关注，俞立平（2018）发现这个问题并总结了三个主要的原因：第一，评价指标大多服从正态分布，这样指标数据标准化后，尽管均值不相等，但总体上相差不大，从而掩盖了自然权重问题；第二，当评价对象较少、评价指标区分度较大时，也会掩盖自然权重问题；第三，在非线性评价中，自然权重问题更加隐蔽，有些非线性评价方法根本就不需要赋权。为了消除自然权重，提出采用动态最大均值逼近标准化方法，一定程度上解决了这个问题。

评价指标标准化也称为"归一化""无量纲化"等，属于多属性评价指标的基础问题，许多学者认为文献计量指标好坏的评价标准就包括区分度问题，Glänzel 等（2006）认为 h 指数的区分度过低，这是其主要问题之一。许新军（2015）认为 p 指数拥有较好的区分度、灵敏度和稳健性。

关于评价指标标准化与区分度的关系，冯晖、王奇（2011）提出了一种基于 Sigmoid 的奖优惩劣思想的综合评价方法，并对奖惩比例的调节变量进行了分析，认为该方法可以有效地提高评价对象的区分度。刘学之等（2018）探讨了用 Logistic 曲线函数进行某些特殊指标的标准化，认为该方法是对特定领域指标数据非线性标准化的补充。王文军等（2018）采用贝叶斯估计方法构建指数，增加了评价指标的区分度，减少了评价指标的不确定性。王力纲、何汉武（2018）在学生评教过程中，通过设定最终打分与指标体系打分差距小于 10 分的数据为有效数据，提高了学生评价数据的区分度与有效性。

长期以来，学者们对于综合评价方法、指标选择和权重设置的研究十分广泛、较为深入，而对于指标无量纲化方面的研究相对薄弱（蒋维杨等，2012）。关于标准化方法本身的研究，Ma 等（2011）认为指标之间由于各自量纲及量级的不同而存在不可公度性的问题，必须通过适当的标准化方法加以解决。Gregory 等（1992）从标准化方法的适用性出发，运用随机模拟技术，从序一致性和权重敏感性方面比较了 4 种常用标准化方法。Hwang 等（1981）比较分析了直（折）线型和曲线型无量纲化方法的特点及应用范围。Chakraborty（2009）对 SPSS 聚类分析中的数据无量纲化方法进行了比较分析。俞立平、潘云涛等（2009）提出了指标标准化的三大原则，即线性标准化原则、极小值不确定原则、极大值相等原则，筛选出一种正向指标标准化方法，同时提出了一种新的反向指标标准化方法。

从现有的研究看，关于科技评价中的指标自然权重问题，正逐步得到重视，并且已经有了初步的解决办法。关于单个学术指标区分度问题，学术界也比较认可，但是关于多属性评价中单个指标对综合评价结果区分度的影响研究，目前还没有得到关注。至于同时考虑指标自然权重与区分度问题，从而进一步讨论对多属性评价的影响研究，目前还比较缺乏，需要进一步深入研究。

三　研究方法

1. 动态最大均值逼近标准化方法对区分度的影响

俞立平等提出的动态最大均值逼近标准化方法是一种线性标准化方法，目的是通过标准化使所有指标的均值相等，并等于所有指标中均值最大的指标。其步骤如下。

将所有评价指标标准化，极大值为 100。对于正向指标，用所有指标除以极大值再乘以 100，其标准化方法为

$$y_i = \frac{x_i}{\max(x_i)} \times 100 \qquad\qquad (2-1)$$

对于反向指标，借鉴俞立平（2009），其标准化方法为

$$y_i = 100 - \frac{x_i}{\max(x_i)} \times 100 + \left\{ 100 - \max\left[100 - \frac{x_i}{\max(x_i)} \times 100 \right] \right\}$$

$$(2-2)$$

这两种方法的特点是标准化后极大值为 100，极小值根据实际数据确定，不会出现极小值为 0 的情况（除非原始指标数据为 0）。

计算各指标的平均值，并找到最大均值 k。

除了均值为极大值的指标外，对于任意指标 x_i，进行二次标准化，即

$$y'_{ij} = \frac{x_{ij} + k - \overline{x_{ij}}}{100 + k - \overline{x_{ij}}} \times 100 \qquad\qquad (2-3)$$

式（2-3）就是对 x_j 增加其均值与最大均值 k 的差，这样虽然使得均值与最大均值相等，但极大值就超过 100，所以要再进行三次标准化，可

是三次标准化又降低了均值。

重复，直到标准化后 x_j 的均值与 k 的差在许可范围内，比如 1%。

动态最大均值逼近标准化方法具有以下特点。

第一，它是一种线性变换，不会破坏原始数据的分布。

第二，这种标准化方法只能使得标准化后的均值接近最大均值，虽然两者之差可以无限小，但永远不会相等。

下面进一步分析动态最大均值逼近标准化方法对指标区分度的影响。在指标数据标准化后，极大值均为 100，如果用极小值表示区分度，那么极小值越小，说明区分度越好。标准化前极小值为 $\min(x_{ij})$，二次标准化后，极小值为

$$\min(y'_{ij}) = \frac{\min(x_{ij}) + k - \overline{x_{ij}}}{100 + k - \overline{x_{ij}}} \times 100 \qquad (2-4)$$

标准化后极小值与原极小值的差为

$$\min(y'_{ij}) \quad \min(x_{ij}) = \frac{\min(x_{ij}) + k - \overline{x_{ij}}}{100 + k - \overline{x_{ij}}} \times 100 - \min(x_{ij})$$

$$= \frac{(k - \overline{x_{ij}})\left[100 - \min(x_{ij})\right]}{100 + k - \overline{x_{ij}}} > 0 \qquad (2-5)$$

因此可以得出结论，虽然动态最大均值逼近标准化方法解决了自然权重问题，但减小了区分度。

2. 标准化方法与区分度

如果单纯为了提高区分度，传统的标准化方法其实已经解决。对于正向指标，其标准化方法为

$$y_i = c + (100 - c) \times \frac{x_i - \min(x_i)}{\max(x_i) - \min(x_i)} \quad 100 > c > 0 \quad (2-6)$$

当 $c = 0$ 时，公式（2-6）就变成经典的标准化公式

$$y_i = \frac{x_i - \min(x_i)}{\max(x_i) - \min(x_i)} \times 100 \qquad (2-7)$$

如果用标准化后指标的极差来衡量区分度的大小，那么公式（2-6）就是 $100 - c$，公式（2-7）就是 100，很明显，公式（2-6）的区分度要小于公式（2-7）。

遗憾的是，在科技评价中，区分度太低当然不行，但不能单纯考虑区分度问题，还要考虑评价指标自身的内涵和公众接受度问题。比如对于影

响因子，假设极大值为 10，极小值为 3，采用式（2-7）进行标准化，那么极小值就为 0，极端情况下，如果某期刊所有指标均为极小值，其最终评价值则为 0，这当然是不合适的。所以最好的标准化方法是采用公式（2-1）进行标准化，这样极大值为 100，极小值为 30。

3. 动态最小均值逼近标准化方法

如果不采用动态最大均值逼近标准化方法，而采用动态最小均值逼近标准化方法，在解决自然权重问题的同时，就可以进一步增加区分度，也就是说，在兼顾均值相等与区分度增加时，最好的标准化方法是动态最小均值逼近标准化方法。其步骤如下。

①对各评价指标进行标准化。

②计算各评价指标的平均值，并找到最小均值 k。

③除了均值为极小值的指标外，对于任意指标 x_j，进行二次标准化，当该指标极小值大于 $\overline{x_{ij}} - k$ 时

$$y'_{ij} = \frac{x_{ij} - (\overline{x_{ij}} - k)}{100 - (\overline{x_{ij}} - k)} \times 100 \qquad (2-8)$$

也就是说，将所有指标减去均值极小值 k，同时又要保证标准化值大于 0。

④当该指标极小值小于 $\overline{x_{ij}} - k$ 时

$$y'_{ij} = \frac{x_{ij} - \min(x_{ij}) + 1}{100 - \min(x_{ij}) + 1} \times 100 \qquad (2-9)$$

之所以分子与分母要同时加上 1，是为了避免标准化后指标为负数。这一步标准化后指标均值有所减小，但无法达到 k。但有个最大的优势，就是标准化后极小值接近 1，从而保证了良好的区分度。

⑤对于第四步，虽然指标均值有所降低，但还没有达到极小值 k，因此需要进行三次标准化，直到标准化后的均值与 k 相差在 1% 范围之内；或者由于极小值小于 $\overline{x_{ij}} - k$，采用公式（2-9）进行标准化。

⑥对于第四步的结果，即由于极小值过小而无法使标准化后均值与 k 大致相等的指标，其最终标准化值为

$$y''_{ij} = y'_{ij} \frac{k}{y'_{ij}} \qquad (2-10)$$

式（2-10）最大的问题是，虽然标准化后其均值相等，但是标准化

后的极大值并不为100，这是为了保证均值和区分度的一种必要牺牲，总体上这并不影响指标的自然权重，也保证了区分度，在处理少量指标时，它对评价结果影响甚微。

动态最小均值逼近标准化方法的特点如下。

第一，与动态最大均值逼近标准化方法类似，它是一种线性变换，不会破坏原始数据的分布。

第二，标准化后的均值会略大于最小均值，虽然两者之差可以无限小，但永远不会相等。

第三，提高了区分度，有利于评价。

第四，对于极小值小于均值与最小均值差的指标，标准化后其极大值要小于100，这是其不足。

4. 兼顾均值与区分度的标准化策略

自然权重的本质是标准化后指标均值不同导致评价指标的权重不相等，这是比较严重的问题，在评价指标不服从正态分布时会对评价结果产生较大的影响，有损评价公平，并且这个问题是隐含的。区分度的本质是为了保证评价指标和评价结果拥有足够的区分度，在评价指标较多的情况下，区分度问题不大。所以，在对自然权重与区分度两者难以得兼的情况下，优先保证标准化后指标均值相等，其次是适当降低区分度，这是处理这个问题的基本原则。

兼顾均值与区分度的标准化策略如图2－1所示。首先是采用动态最小均值逼近标准化进行标准化。其次是对于极小值过小而无法使标准化后均值与最小均值大致相等的指标，区别进行处理：如果评价指标众多，而该类指标不多，则维持现状不变，即该类指标的标准化后均值与最小均值相等，但极大值小于100；如果评价指标本身数量不多，而该类指标较多，并且指标总体区分度良好，那么也可以结合采用动态最大均值逼近标准化方法进行标准化，从而彻底解决该类指标极大值小于100问题，这种标准化方法也可以称为综合标准化。

四　实证结果

1. 研究数据

为了对兼顾指标均值与区分度的标准化策略进行验证，本节以中国知

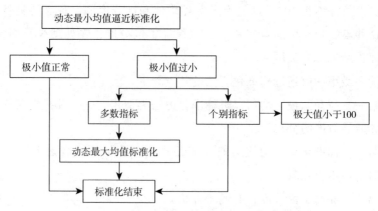

图 2 - 1　兼顾均值与区分度数据标准化策略

网《中国学术期刊影响因子年报（人文社会科学）》2016 版的图书馆、情报与文献学 20 种 CSSCI 期刊为例进行分析。该年报公布的期刊评价指标包括总被引频次、影响因子、他引影响因子、5 年影响因子、即年指标，这 5 个指标均为期刊影响力指标。

　　为了比较标准化对评价结果的影响，本节以 TOPSIS 法评价为例进行说明，该方法由 Hwang 等（1981）首先提出。简捷起见，采用等权重法，TOPSIS 的计算公式为

$$C_{ij} = \frac{\sqrt{\sum_{j=1}^{n} \omega_j \left(x_{ij} - x_j^- \right)^2}}{\sqrt{\sum_{j=1}^{n} \omega_j \left(x_{ij} - x_j^+ \right)^2} + \sqrt{\sum_{j=1}^{n} \omega_j \left(x_{ij} - x_j^- \right)^2}} \qquad (2-11)$$

　　在公式（2-11）中，x_{ij} 为归一化后的评价指标，x_j^+ 为正理想解，一般是 1；x_j^- 为负理想解，其大小依赖于评价数据；ω_j 为 x_{ij} 的权重。i、j 分别表示评价对象序号、评价指标序号，n 为评价指标数量。C_{ij} 表示 TOPSIS 的评价结果，其值介于 0 ~ 1，值越大说明评价对象越好。

　　2. 指标数据标准化比较

　　（1）原始数据首次标准化分析

　　根据公式（2-1），对原始数据进行首次标准化，结果如表 2-2 所示。5 个指标均值极小值为即年指标，均值为 28.74，对比各指标均值与即年指标均值的差，分别为总被引频次 8.06、影响因子 2.36、他引影响因子 0.99、5 年影响因子 5.50。进一步看各指标极小值与均值差，发现只

有总被引频次的极小值小于均值差,要采用公式 (2-9) 和公式 (2-10) 进行标准化。其他指标均可采用公式 (2-8) 进行标准化。当然,这些均可归结到动态最小均值逼近标准化方法。

表 2-2 原始数据首次标准化结果

期刊名称	总被引频次	影响因子	他引影响因子	5年影响因子	即年指标
《中国图书馆学报》	40.38	100.00	100.00	100.00	100.00
《图书情报工作》	100.00	36.73	32.57	40.60	24.02
《情报杂志》	91.03	31.07	26.90	41.93	23.33
《情报理论与实践》	52.66	28.53	26.29	33.67	30.00
《情报科学》	61.37	24.58	22.81	30.65	22.45
《大学图书馆学报》	27.61	41.97	40.84	48.60	36.37
《图书与情报》	26.94	40.18	40.12	40.86	25.29
《图书情报知识》	20.40	38.52	37.64	40.88	54.02
《图书馆论坛》	30.91	26.09	24.87	24.93	58.82
《情报资料工作》	19.62	34.83	34.46	38.99	26.08
《图书馆杂志》	27.15	26.57	26.48	24.15	26.08
《图书馆学研究》	42.24	23.65	21.78	23.00	19.22
《图书馆建设》	29.88	23.79	23.11	24.28	20.88
《情报学报》	27.89	23.88	20.07	28.75	3.04
《现代图书情报技术》	29.67	21.73	19.41	35.41	16.67
《现代情报》	48.51	19.36	17.74	19.84	15.98
《国家图书馆学刊》	12.59	37.49	37.63	32.73	26.18
《图书馆工作与研究》	24.89	19.55	18.81	17.30	24.02
《图书馆理论与实践》	18.56	10.18	9.82	11.35	9.41
《信息资源管理学报》	3.64	13.39	13.18	26.95	12.94
极大值	100.00	100.00	100.00	100.00	100.00
极小值	3.64	10.18	9.82	11.35	3.04
均值	36.80	31.10	29.73	34.24	28.74
均值与极小均值差	8.06	2.36	0.99	5.50	—
极小值与均值差	-4.42	7.82	8.83	5.85	—

（2）不同指标标准化策略比较

目前有两种标准化策略。一种是采用动态最小均值逼近标准化方法，结果如表2-3所示。另一种是，既然总被引频次只能有限降低均值，如果采用动态最小值逼近标准化方法，其极大值小于100，这是其不足。从原始指标数据首次标准化的结果看，各指标的总体区分度良好，因此也可以采用公式（2-8）对总被引频次进行标准化，其他指标均采用动态最大均值逼近标准化方法进行标准化，即采用综合标准化方法进行标准化，结果如表2-3所示。

表2-3　原始数据与不同标准化策略结果比较

评价指标	原始数据		动态最小均值逼近标准化		综合标准化方法	
	极差	均值	极差	均值	极差	均值
总被引频次	96.36	36.80	98.97	28.74	98.97	35.09
影响因子	89.82	31.10	92.64	28.94	84.83	34.93
他引影响因子	90.18	29.73	91.34	28.82	83.57	34.88
5年影响因子	88.65	34.24	95.89	28.88	87.91	34.80
即年指标	96.96	28.74	96.96	28.74	88.67	34.84
均值	92.40		95.16		88.79	

动态最小均值逼近标准化方法和综合标准化方法均解决了标准化后指标不相等的问题，也就是自然权重问题。从区分度看，原始数据的平均区分度为92.40，动态最小均值逼近标准化方法的区分度为95.16，提高了2.99%，但是综合标准化方法反而降低了区分度，平均区分度为88.79，由于总体上数据的区分度良好，这并不存在太大的问题。

3. 评价结果比较

为了比较采用原始数据标准化后评价结果与动态最小均值逼近标准化评价结果，分别采用TOPSIS法进行评价，评价结果排序如表2-4所示。传统标准化评价结果的数据范围为0.123~0.774，极小值/极大值为0.159；动态最小均值逼近标准化方法评价结果的数据范围为0.090~0.748，极小值/极大值为0.120，其区分度要明显大于传统数据标准化方法。从评价结果的排序看，7~15位的中间段学术期刊排序有变化，这是因为中间段的学术期刊评价值比较接近，区分度相对较弱。

表 2 - 4　评价结果比较

期刊名称	传统标准化	排序	动态最小均值逼近标准化	排序
《中国图书馆学报》	0.774	1	0.748	1
《图书情报工作》	0.475	2	0.429	2
《情报杂志》	0.443	3	0.395	3
《情报理论与实践》	0.393	4	0.368	4
《情报科学》	0.388	5	0.366	5
《大学图书馆学报》	0.350	6	0.324	6
《图书情报知识》	0.343	8	0.317	7
《图书与情报》	0.348	7	0.307	8
《图书馆论坛》	0.340	9	0.293	9
《情报资料工作》	0.312	10	0.287	10
《图书馆杂志》	0.302	11	0.280	11
《图书馆建设》	0.261	14	0.230	12
《图书馆学研究》	0.268	12	0.228	13
《现代图书情报技术》	0.252	15	0.218	14
《情报学报》	0.262	13	0.217	15
《现代情报》	0.245	16	0.211	16
《国家图书馆学刊》	0.222	17	0.187	17
《图书馆工作与研究》	0.211	18	0.180	18
《图书馆理论与实践》	0.155	19	0.129	19
《信息资源管理学报》	0.123	20	0.090	20
极小值	0.123		0.090	
极大值	0.774		0.748	
极小值/极大值	0.159		0.120	

五　结论与讨论

1. 动态最小均值逼近标准化方法效果较好

针对科技评价中采用传统标准化方法会导致评价均值不等、评价区分度不可控，进而产生评价指标的自然权重问题，从而影响评价结果的公平，本节提出了动态最小均值逼近标准化方法，它能够在保证评价指标再次标准化后均值相等，并且能够增加其区分度。实证结果表明，动态最小均值逼近标准化方法也能增加评价结果的区分度。

2. 动态最小均值逼近标准化方法可与动态最大均值逼近标准化方法结合使用

在首次标准化后指标极小值小于该指标均值与最小指标均值之差的情况下，如果指标体系区分度总体良好，则可以结合动态最大均值逼近标准化方法来综合进行数据的再次标准化，从而避免可能出现的个别指标标准化后极大值不是满分的情况，但是要注意这样处理对区分度的不良影响。

3. 采用动态最小均值逼近标准化方法会影响评价结果

采用 TOPSIS 方法进行评价，与采用传统标准化方法相比，采用动态最小均值逼近标准化方法的评价结果排序存在差异，主要体现在评价得分为中间分数段的学术期刊上。这也从另外一个角度说明，如果不重视自然权重与区分度问题，则会影响评价结果。

4. 关注专家人为打分值的均值与区分度标准化问题

在科技评价中，对于由多个同行评议专家打分的评价应用，比如评奖打分，其均值与区分度问题更为突出。人工打分的指标均值越低，变相说明了打分专家的权重降低，因此有必要做均值标准化使所有专家的打分均值相等。人为打分指标的区分度越低，越能削弱该专家打分的评价作用，因此有必要增加区分度。

5. 指标均值与区分度兼顾标准化问题有待进一步探索

在理想情况下，经数据标准化后，评价指标均值应该相等，所有指标的区分度应该相同。但这似乎是个两难问题，本节提出的动态最小均值逼近标准化方法在保证指标均值相等的情况下适当降低了区分度，但无法保证区分度相等，因此后续需要进一步的研究。

第二节　基于 Sigmoid 函数的文献计量指标评价标准研究

文献计量指标有几十种，但是多数评价指标难以直接判断评价对象的优劣，使得文献计量指标的直接评价功能减弱。本节提出基于 Sigmoid 函数对文献计量指标进行标准化，并基于 JCR2017 经济学期刊进行了实证。研究结果如下：Sigmoid 标准化符合事物发展的成长曲线规律，同时高度保留了原始指标的大量信息；Sigmoid 标准化结果可用于评价对象优劣水平的直接评价，比较评价对象之间的相对差距，判断评价对象的发展阶段，甚至不同指标之间的比较；Sigmoid 标准化降低了离散度，同时使得指标数据更加接近正态分布；Sigmoid 标准化抑制高分指标，同时提升低分指标，使得标准化结果更加符合实际情况。

一 引言

在学术评价中，各种评价指标从不同角度提供了评价对象的绩效情况，丰富了文献计量学与科学计量学。典型的评价指标包括总被引频次、影响因子、h 指数、特征因子、Z 指数等，目前已经出现过的文献计量指标已经有几十种到数百种，借助这些评价指标，人们可以从不同角度对学术机构、科研人员、学术期刊、大学等进行评价，从而更好地进行精细化管理。

评价对象的优劣判断标准是学术评价的基本问题，但是这个问题一直没有得到有效解决。换句话说，就是根据文献计量指标值来直接进行百分制打分。这包括两个问题。第一个是用某个文献计量指标评价时评价对象的优劣判断标准问题。以影响因子评价学术期刊为例，在拿到原始评价数据后，我们可以进行排序，大致判断各期刊影响因子的排序，但这远远不够，比如，在一定的时间范围内，如果按照百分制来进行衡量，排序第一的期刊就是 100 分吗？有没有一个相对客观的绝对判断标准来对各期刊进行打分？第二个是各期刊的相对差距问题。传统意义上，人们用原始指标的相对差距来进行衡量，比如 A 期刊的影响因子为 2.0，B 期刊的影响因子为 1.0，那么人们就习惯认为 B 期刊的水平就是 A 期刊的一半，如果期刊影响因子的发展是绝对线性的，这当然没有问题，但是实际情况是许多文献计量指标的发展并非线性的，因此说 B 期刊的水平是 A 期刊的一半就不对。如果 A 期刊进入了发展的成熟期，而 B 期刊在成长期，实际上 B 期刊与 A 期刊的差距并不大。

根据文献计量指标研究评价对象的优劣判断标准具有重要意义。首先，这是学术评价的基础问题，它一直没有得到足够的重视，或者被误用，比如简单地以指标原始数据进行比较来衡量相对差距。其次，如果这个问题得到解决，根据最好评价对象的得分情况，就可以进行文献计量指标的横向比较，以判断哪些是已经相对成熟的指标，其发展空间有限，哪些是发展中的指标，其发展空间还有多大。最后，相关研究对于文献计量指标的标准化方法、多属性评价等将产生深远的影响，能丰富文献计量学与科学计量学理论，进一步推动多属性评价理论与方法的研究。

二　文献综述

评价对象优劣的绝对判断标准是个隐含问题，很少有较为系统的研究，学术界更多关注评价指标的标准化方法。Gregory 等（1992）指出，在多属性评价过程中，经常会遇到由于各个指标之间的单位和量级等不同而无法直接评价的问题，必须对评价对象的原始指标数据做无量纲化处理。蒋维杨、赵嵩正等（2012）针对大样本评价的特点，提出了一种结合专家主观经验和指标原始数据客观特性的定量指标无量纲化方法。郭亚军、易平涛（2008）提出理想无量纲化方法不存在的观点，根据构建逼近理想性质的复合无量纲化方法的思路，构建一种新的无量纲化方法——极标复合法。廖志高、詹敏等（2015）结合现有非线性无量纲化方法，归纳出非线性无量纲化方法的三种类型并说明了其特点，提出一种基于反三角函数的无量纲化方法。刘学之、杨泽宇等（2018）利用 Logistic 曲线函数的特性构建 S 形曲线模型，对评价指标进行非线性标准化处理，认为该方法能够在不改变数据序列及整体分布的前提下对各数据点的取值进行非线性放缩，这是对特定领域指标数据非线性标准化的补充。

关于指标无量纲方法的选择，Chakraborty 等（2009）通过对各种综合评价方法的适用性研究发现，各种指标无量纲化方法都有其特定适用场合。李玲玉、郭亚军等（2016）提出选取无量纲化方法的 3 个原则，即变异性、差异性和稳定性原则。郭亚军、马凤妹等（2011）分析了极值处理法、标准化处理法、线性比例法、功效系数法、向量规范化等无量纲化方法对方差的影响。魏登云（2016）认为，在多数情况下原始指标只具有测量属性，不具有评价属性，标准化变量 $(X-\mu)/\sigma$ 以标准差为单位度量了变量 X 与均值 μ 的距离，使得标准化指标具有评价属性。

关于文献计量指标的标准化，多是为了解决不同学科比较、不同类型论文比较、不同时间跨度比较等问题。Bornmann（2010）提出将百分位数用于绩效评估的可能性，并指出百分位数可以不用考虑被引频次的分布情况。Small 等（1985）提出了引文分数统计标准化方法，并将其用于共被引分析，以平衡不同学科或领域论文共被引值的差异。Lundberg（2007）提出对论文被引频次取自然对数，再用 Z – Score 进行标准化，处理后的分布更接近正态分布。Radicchi 等（2008）研究发现，不同学科的论文被引频次除以其学科期望被引频次后获得的分布曲线是一致的，他们把这种现象称为大学引用标准分布。Bornmann（2008）指出，应该用分布来描述被引频次而不是用算术平均值，提出用带 Gini 系数的劳伦兹曲线来描述研究实体的绩效。

从现有的研究来看，标准化方法主要是为了进行指标体系多属性评价，由于评价指标众多，评价领域千差万别，指标体系标准化方法众多，这方面的研究比较深入，对于标准化方法的选择研究也比较充分。关于文献计量指标的标准化，包括一些新的文献计量指标提出，主要是为了解决其跨学科、跨时间等的可比问题，研究也比较深入。总体上，在以下方面有待进一步研究。

第一，关于评价指标的标准化，更多的是为了进行多属性评价，极少学者意识到其具有评价属性，即根据标准化打分直接判断优劣，这方面的研究不够深入。

第二，如果不是为了多属性评价，不是为了评价指标的跨学科可比，单纯考察某个单一的评价指标的某个评价对象，那么在一定时间范围内，该评价对象处于什么发展阶段，发展空间如何，与优秀评价对象差距如何，这方面的研究极为缺乏。

第三，如果找到某种方法对原始指标数据进行处理，以解决上述问题，那么其适用条件是什么，要注意哪些问题。

本节基于生命周期理论，以学术期刊评价为例，在对文献计量指标成长曲线分析的基础上，提出可以借助 Sigmoid 函数进行文献计量指标的标准化，从而解决学术评价中评价对象的优劣判断标准、相对差距、发展阶段判断等相关问题，并以 JCR 2017 经济学期刊为例进行实证。

三　基于 Sigmoid 函数的评价指标标准化方法

1. 评价对象优劣缺乏判断标准

与考试不同，考试成绩的满分就是 100 分，所以根据考试成绩的分数可以进行优、良、中、及格、不及格的等级判断。对于文献计量指标而言，我们无法简单地确认最高分就是满分，或者说某个文献计量指标的极大值就是理想的极优值，因为该极大值是在不断发展变化的，这就带来了一个问题，即如何根据评价指标值来进行优劣判断？比如 2018 年某学科期刊的影响因子极大值为 5.7，但是 5.7 并不是其终极结果，未来该值可能还会继续提高，所以如果按照百分制的话，5.7 打分多少就是个问题，需要一个绝对的判断标准。

对于不同文献计量指标而言，是打分能否进行横向比较的问题。比如某期刊，总被引频次为 800，影响因子为 2.0，那么哪个指标的表现更好一些？简单的比较方式是看排序或各自与极大值的相对值，比如总被引频次的极大值为 1600，影响因子的极大值为 5.0，那么该期刊总被引频次的相对值为 0.5（800/1600），影响因子的相对值为 0.4（2.0/5.0），那么就说该期刊总被引频次比影响因子的表现更好一些。但是这种处理方式是有问题的，即用指标极大值作为判断标准。如果总被引频次处于成熟期，其增长空间有限，而影响因子处于成长期，其增长空间巨大，那么就不能得出总被引频次比影响因子表现更好的结论，其根源还是需要一个判断评价对象的绝对标准。

2. 采用 Sigmoid 函数标准化的原理

评价对象的判断标准隐含着评价指标的成长与发展问题。Pearl 等（1920）首次提出成长曲线（见图 2-2），即 Logistic 曲线，它在生物繁殖研究中被发现，后被广泛应用于生物生长过程和产业成长过程的描述。对于学术期刊、学术机构、学者等评价对象而言，其发展壮大与成长曲线具有相通之处，可以用成长曲线来进行拟合，进而对其进行综合评价。

成长曲线一般用 Logistic 函数表示，即

$$Y = \frac{L}{1 + ae^{-bt}} \qquad (2-12)$$

式（2-12）中，t 为时间，Y 为发展变量，L 为 Y 的发展极限值。a、

b 为调节系数，其大小受环境和 Y 成长特征影响。

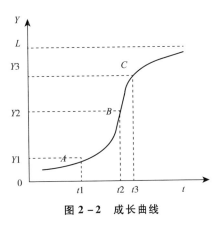

图 2 - 2　成长曲线

求 Logistic 函数的一阶导数，并令其为 0，即

$$\frac{\mathrm{d}y}{\mathrm{d}t} = \frac{Kabe^{-bt}(abe^{-bt} - b)}{(1 + ae^{-bt})^3} = 0 \qquad (2-13)$$

得到 $t = \ln(a)/b$，该点即为 B 点，即拐点。继续求 Logistic 函数的二阶导数，并令其为 0，即

$$\frac{\mathrm{d}^2 y}{\mathrm{d}t^2} = \frac{Kab^3 e^{-bt}(1 - 4abe^{-bt} + a^2 e^{-2bt})}{(1 + ae^{-bt})^4} = 0 \qquad (2-14)$$

解式（2-14），得到

$$t1 = \frac{\ln(a) - 1.317}{b} \qquad (2-15)$$

$$t3 = \frac{\ln(a) + 1.317}{b} \qquad (2-16)$$

即得到 A 点和 C 点的 t 值，A 点或时间 $t1$ 表示开始进入成长期，C 点或时间 $t3$ 表示开始进入衰退期。

当 $L = a = b = 1$ 时，Logistic 函数就变成了 Sigmoid 函数。

Sigmoid 函数如图 2-3 所示，其具有如下特点：第一，具有成长曲线的全部特征，便于模拟文献计量指标的发展规律；第二，极大值为 1，极小值为 0，如果 1 表示满分 100 分，那么通过 Sigmoid 转换，就强化了标准化后文献计量指标的评价功能，可以用来进行绝对优劣的判断；第三，拐点位置为（0，0.5），进入成长期的坐标为（-1.317，0.211），进入成熟期的坐标为（1.317，0.789），可以对评价对象所处发展阶段加以判断。

采用 Sigmoid 函数进行标准化，首先要计算评价指标的 z 值，即

$$z = \frac{X - \mu}{\delta} \qquad (2-17)$$

式（2-17）中，X 为原始指标，μ 为其平均值，δ 为标准差。

将 z 值代入 Sigmoid 函数，就得到标准化后的指标 Y，即

$$Y = \frac{1}{1 + e^{-z}} \qquad (2-18)$$

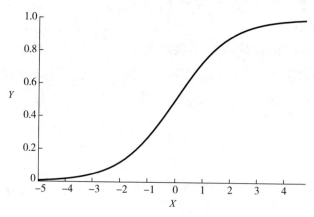

图 2 - 3　Sigmoid 函数

关于 z 值的取值范围，一般不会偏差太大，对于正态分布而言，大部分样本 z 值在（-2，2）区间内，这样即使有少部分指标标准化后接近 0 或者 1，也不会太多。

3. 关于 Sigmoid 函数标准化的适用条件讨论

根据 Sigmoid 曲线的原理，其源于事物自身的发展历程，因此对于同一事物的时间序列数据，采用 Sigmoid 曲线进行标准化，然后对其评价是可以的，所以实际上 Sigmoid 曲线的应用范围是比较苛刻的。比如基于 A 期刊 30 年来的影响因子时间序列数据，采用 Sigmoid 函数进行标准化才是合适的。

对于不同文献计量指标，能否采用 Sigmoid 函数进行标准化，进而进行优劣判断和分析，这个问题要进行具体分析。

第一，其前提条件是，文献计量指标排序后的散点图形状要接近 Sigmoid 曲线。这里面还隐含了另外一个前提假设，即所有较小指标的现在就是现在较好指标的过去。以影响因子为例，假设某学科期刊最好的影响因子为 2.0，另外还有几十种期刊，其影响因子均小于 2.0。我们认为最好期刊的影响因子也是慢慢从较低影响因子发展过来的，所以用截面期刊影响因子数据来代替时间序列数据做标准化也是可以的。

第二，什么样的指标更适合采用 Sigmoid 函数做标准化。文献计量指标大致可分为绝对指标和相对指标。所谓绝对指标就是总量指标，比如总被引频次、h 指数等，所谓相对指标就是具有比例性质的指标，比如影响因子、基金论文比、即年指标等。一般而言，相对指标更适合采用 Sigmoid 函数进行标准化，因为相对指标排除了规模对指标的影响，比较适合采用截面数据代替时间序列数据来进行标准化。

绝对文献计量指标的适用问题，其实并不严重。因为大多数绝对指标性质的文献计量指标，其增长是有上限的。以总被引频次为例，它即使增长，也不会一直增长下去，增长率会趋缓，甚至下降也有可能，因为其受文献老化、参考文献数量、知识更新快慢等多种因素影响。h 指数也一样，增加也有上限，受参考文献数量、论文数量等综合影响，到一定程度其增长也会趋缓。被引半衰期指标的情况也类似，毕竟被引参考文献有成百上千条，其变化到一定程度就会趋缓。

第三，原始指标的数据分布问题。由于系统的多样性，无论其是否服从正态分布，均是正常的。构成成长曲线的指标可能服从正态分布，也可能不服从正态分布，但这并不影响采用 Sigmoid 函数进行标准化。对于文献计量指标而言，不服从正态分布是一种常态，这一点已经有很多研究作为支撑，采用 Sigmoid 函数标准化暂时可不考虑数据分布问题。

第四，评价对象的同质性问题。通常情况下，同一学科内的期刊放在一起标准化是最佳的。如果基于某种原因，同一学科期刊特征有所差异，比如图书馆、情报与文献学期刊，涉及的学科实际上包括图书馆学、情报学与档案学，在这种情况下能否放在一起做标准化？通常情况下是可以的。这是因为即使对于同一期刊的时间序列数据，不同年度该期刊可能也存在异质性，或者说，正是期刊的异质性促进了期刊本身的进步。所以对于较大学科下有所差异的期刊，同样可以采用 Sigmoid 函数做标准化，但对于结果的比较最好是同类期刊进行比较。

综上所述，对于文献计量指标，虽然严格意义上只能对同一期刊的时间序列数据采用 Sigmoid 函数进行标准化，但只要散点图形状相似，对于所有文献计量指标的不同期刊，也可以采用 Sigmoid 函数进行标准化，进而判断该指标各期刊的绝对优劣情况以及相对差距。

四 数据与实证结果

1. 研究数据

本节以 JCR 2017 经济学期刊为例，选取总被引频次、影响因子、5

年影响因子、特征因子 4 个指标，采用 Sigmoid 函数进行标准化，并做进一步的统计分析。之所以选取这 4 个指标，是因为总被引频次属于绝对指标，而影响因子、5 年影响因子、特征因子本质上都是相对指标，这样指标的类型比较全面。此外，在相对指标中，影响因子属于短期 2 年指标，而 5 年影响因子、特征因子属于 5 年长期指标，并且 5 年影响因子与特征因子的原理完全不同，这样这 5 个指标就各具特色，代表性较好。

JCR 2017 共有经济学期刊 353 种，其中有 85 种期刊由于办刊年限不足 5 年，特征因子值为 0，另外还有一些期刊缺少 5 年影响因子数据，共涉及数据不全的期刊有 97 种，将其全部删除，实际还有 256 种期刊。

2. 标准化后结果比较

将总被引频次、影响因子、5 年影响因子、特征因子 4 个指标从小到大排列，绘出其散点图，如图 2－4 所示。需要说明的是，为了在一张图上体现 4 个指标，本文进行了必要的技术处理，即采用指标值除以极大值的方法进行了线性标准化。从图中可以看出，各指标的发展变化具有成长曲线的特征，可以采用 Sigmoid 函数进行标准化。

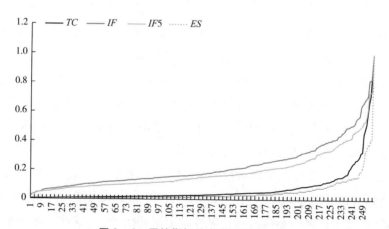

图 2－4　原始指标散点图的形状判断

计算各指标的均值和标准差，然后再计算各指标的 z 值，最后根据 Sigmoid 函数进行标准化，结果如表 2－5 所示。由于篇幅所限，本节仅公布了按影响因子排序的前 31 种期刊的评价结果。表 2－5 中，*TC*、*IF*、*IF5*、*ES* 分别代表总被引频次、影响因子、5 年影响因子、特征因子，

STC、*SIF*、*SIF*5、*SES* 分别为其标准化值。

表 2 – 5　Sigmoid 标准化后结果比较

期刊名称缩写	TC	IF	IF5	ES	STC	SIF	SIF5	SES
Q J ECON	24898	7. 863	12. 184	0. 056	0. 972	0. 992	0. 997	0. 982
J HUM RESOUR	4640	6. 531	4. 921	0. 010	0. 550	0. 977	0. 821	0. 568
J ECON GROWTH	2192	6. 480	5. 806	0. 005	0. 449	0. 976	0. 885	0. 467
ECON GEOGR	2840	6. 438	6. 854	0. 002	0. 476	0. 975	0. 934	0. 407
J ECON PERSPECT	11300	5. 607	9. 027	0. 022	0. 785	0. 953	0. 980	0. 777
VALUE HEALTH	7497	5. 494	5. 635	0. 017	0. 662	0. 949	0. 874	0. 699
J FINANC	34342	5. 397	8. 968	0. 052	0. 994	0. 945	0. 980	0. 975
J POLIT ECON	23281	5. 247	6. 209	0. 026	0. 963	0. 939	0. 907	0. 828
J FINANC ECON	28511	5. 162	7. 513	0. 058	0. 984	0. 935	0. 954	0. 985
AM ECON J – APPL ECON	2232	5. 028	5. 621	0. 018	0. 451	0. 928	0. 873	0. 715
AM ECON REV	48091	4. 528	6. 498	0. 137	0. 999	0. 897	0. 920	1. 000
REV ECON STUD	11981	4. 455	5. 992	0. 035	0. 804	0. 891	0. 895	0. 909
REV ENV ECON POLICY	1110	4. 419	6. 564	0. 004	0. 405	0. 888	0. 923	0. 447
REV FINANC STUD	13600	4. 270	5. 864	0. 045	0. 842	0. 876	0. 888	0. 957
TRANSPORT RES B – METH	10457	4. 081	5. 109	0. 014	0. 761	0. 859	0. 836	0. 645
ENERG POLICY	41513	4. 039	5. 038	0. 047	0. 998	0. 855	0. 830	0. 964
PHARMACOECONOMICS	4255	4. 011	3. 501	0. 007	0. 534	0. 852	0. 666	0. 507
CAMB J REG ECON SOC	1188	3. 968	3. 840	0. 002	0. 409	0. 848	0. 709	0. 407
AM ECON J – ECON POLIC	1637	3. 929	5. 217	0. 018	0. 427	0. 844	0. 845	0. 715
ENERG ECON	13099	3. 910	4. 963	0. 021	0. 831	0. 842	0. 824	0. 762
ECOL ECON	21723	3. 895	4. 803	0. 018	0. 953	0. 840	0. 810	0. 715
ECONOMETRICA	32128	3. 750	5. 742	0. 052	0. 991	0. 824	0. 881	0. 975
J ECON LIT	8586	3. 653	8. 991	0. 015	0. 700	0. 813	0. 980	0. 663
J LABOR ECON	3958	3. 607	4. 358	0. 013	0. 522	0. 807	0. 767	0. 626
REV ECON STAT	14391	3. 510	5. 125	0. 030	0. 859	0. 795	0. 837	0. 869
J ECON GEOGR	3426	3. 453	4. 596	0. 005	0. 500	0. 788	0. 791	0. 467
J POLICY ANAL MANAG	2390	3. 444	4. 093	0. 007	0. 457	0. 787	0. 738	0. 507
TRANSPORT RES E – LOG	5359	3. 289	4. 093	0. 009	0. 579	0. 765	0. 738	0. 548
J ACCOUNT ECON	8411	3. 282	6. 108	0. 011	0. 694	0. 764	0. 901	0. 588

期刊名称缩写	TC	IF	IF5	ES	STC	SIF	SIF5	SES
J HEALTH ECON	6509	3.250	3.842	0.014	0.624	0.760	0.709	0.645
TECHNOL ECON DEV ECO	1048	3.244	2.794	0.001	0.403	0.759	0.569	0.388
极大值	48091.000	7.863	12.184	0.137	0J.999	0.992	0.997	1.000
极小值	90.000	0.179	0.362	0.001	0.366	0.219	0.242	0.388
均值	3431.617	1.792	2.317	0.007	0.476	0.483	0.482	0.479

　　从期刊标准化后的均值看，4 个指标的均值位于 0.476～0.483，非常接近。从极大值看，4 个指标的均值位于 0.992～1.000，也比较接近，说明这些指标极大值均已进入成长曲线的成熟期。从极小值看，其值位于 0.219～0.388，离散相对较大，最低的是影响因子，其次是 5 年影响因子，再次是总被引频次，而特征因子的极小值最大。

　　对于单个期刊而言，采用 Sigmoid 函数标准化也可以一目了然地看出其绝对水平的情况。以影响因子排名第一的 *Q J ECON* 为例，其总被引频次为 24898，排第 6 位；影响因子为 7.863，排第 1 位；5 年影响因子为 12.184，排第 1 位；特征因子为 0.056，排第 3 位。如果不看排序是难以判断该期刊各指标的精确绝对水平的。采用 Sigmoid 函数标准化后，总被引频次为 0.972，影响因子为 0.992，5 年影响因子为 0.997，特征因子为 0.982，满分为 1，可以很明显地看出各指标的绝对值，而且不同指标可以横向比较。从标准化结果看，只有 5 年影响因子排第 1 位，但从原始指标排序看，影响因子和 5 年影响因子均为第 1 位，从这个角度看，Sigmoid 评价提高了区分度。

　　再以 *TRANSPORT POLICY* 期刊为例，其总被引频次为 4567，排第 50 位；影响因子为 2.512，排第 55 位；5 年影响因子为 3.040，排第 56 位；特征因子为 0.007，排第 63 位。即使看排序，也只能大致判断其排名位置，无法判断其绝对得分情况。采用 Sigmoid 函数标准化后，总被引频次为 0.547，影响因子为 0.638，5 年影响因子为 0.604，特征因子为 0.507，可以明显地看出影响因子和 5 年影响因子大于及格线，而总被引频次和特征因子低于及格线，如果同时结合排序进行分析，就可以得出更为精准的判断。

3. 标准化前后指标之间的对比

基于 Sigmoid 标准化后指标前后的描述统计变化如表 2 - 6 所示。不同指标标准化后极大值、极小值具有可比性，从离散系数看，4 个指标标准化后离散系数均有所减小。基于 Sigmoid 标准化是一种非线性变换，其数据分布也发生了变化，从偏度 S 看，标准化前所有指标的偏度均大于 0，标准化后偏度也是如此，但有所降低。从峰度 K 看，标准化前峰度呈现"高尖"形态，标准化后峰度有所降低。从 Jarque - Bera 检验看，无论是否标准化，4 个指标均没有通过正态分布检验，但标准化后 Jarque - Bera 检验值有所降低。总体上，标准化后指标有向正态分布转化的趋势。图 2 - 5、图 2 - 6 为总被引频次标准化前后的比较，可以更加明显地看出这种区别。

表 2 - 6　指标标准化前后描述统计比较

指　标	TC	STC	IF	SIF	IF5	SIF5	ES	SES
均　　值	3431.617	0.476	1.792	0.483	2.317	0.482	0.007	0.479
极 大 值	48091.000	0.999	7.863	0.992	12.184	0.997	0.137	1.000
极 小 值	90.000	0.366	0.179	0.219	0.362	0.242	0.001	0.388
标 准 差	6067.810	0.141	1.266	0.190	1.713	0.186	0.012	0.137
离散系数	1.768	0.295	0.706	0.394	0.739	0.386	1.858	0.286
偏 度 S	4.320	2.156	1.761	0.953	2.081	1.035	5.972	2.057
峰 度 K	25.170	7.276	6.680	2.982	8.970	3.129	53.950	6.809
Jarque - Bera	6039.372	393.485	276.729	38.725	564.931	45.911	29211.520	335.262
p	0.000	0.000	0.000	0.000	0.000	0.000	0.000	0.000

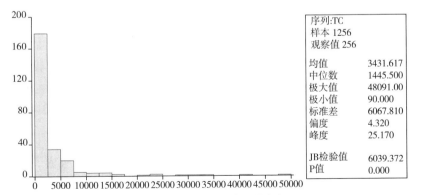

图 2 - 5　总被引频次原始数据

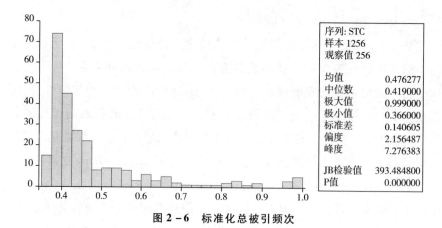

图 2 - 6　标准化总被引频次

4. 标准化前后指标之间的相对差距

根据"二八定律",分别计算 4 个指标标准化前 20% 期刊指标总分占所有总分的比值,以及标准化前后 20% 期刊总分占所有期刊总分的比值,与标准化后的相应比值进行对比,借此分析标准化前后指标数值的变化规律和打分倾向。基于期刊总数为 256 种,因此前 20% 的期刊和后 20% 的期刊均为 51 种,结果如表 2 - 7 所示。

表 2 - 7　标准化前后指标差距

指　　标	TC	STC	IF	SIF	IF5	SIF5	ES	SES
前 20% 占比	67.27	29.78	42.93	33.12	43.98	33.09	67.86	29.71
后 20% 占比	2.25	15.78	6.85	11.71	7.00	12.16	3.00	16.12

从前 20% 期刊的打分结果看,标准化前 20% 期刊打分占比偏高,标准化后 4 个指标的打分占比均有所降低。从后 20% 期刊的打分结果看,标准化后 4 个指标后 20% 期刊的打分占比均有所提高。也就是说,如果不做标准化,原始指标对优秀期刊的打分是偏高的,对较弱期刊的打分是偏低的。经过标准化后,打分总体更加公平,缩小了期刊之间的相对差距。

5. 标准化前后数据相关性情况

采用 Sigmoid 标准化是一种非线性标准化,对标准化后的指标有没有较好地反映标准化前指标的信息,需要计算其相关系数进行观察。4 个指标无论标准化前还是标准化后均不服从正态分布,因此采用 Speraman 相关系数进行分析,结果如表 2 - 8 所示。4 个指标标准化前后的相关系数极高，标准化较好地保留了原始指标的大量信息。

表 2 – 8　标准化前后相关系数

项　目	$TC – STC$	$IF – SIF$	$IF5 – SIF5$	$ES – SES$
相关系数	0.9999	0.9999	0.9999	1.0000

6. 处于不同阶段样本数量情况

根据 z 值结果，可以分为起步期、成长期、成熟期 3 个区间，分别是 $(-\infty, -1.317)$、$[-1.317、1.317]$、$(1.317, \infty)$，4 个指标的分布情况如表 2 – 9 所示。

表 2 – 9　各指标不同发展阶段分布情况

发展阶段	区　间	TC	IF	$IF5$	ES
起步期	$(-\infty, -1.317)$	0	0	0	0
成长期	$[-1.317、1.317]$	244	235	236	246
成熟期	$(1.317, \infty)$	12	20	21	10

4 个指标处于起步期的期刊数量均为 0，处于成长期的占大多数，处于成熟期的占少数，5 年影响因子在成熟期的期刊数量最多，为 21 种，其次是影响因子，处于成熟期的期刊数为 20 种，然后是总被引频次，处于成熟期的期刊为 12 种，最后是特征因子，处于成熟期的期刊为 10 种。

需要说明的是，97 种期刊存在数据缺失而删除，主要原因是办刊年限不足 5 年，应该说，处于起步期的期刊均来自这部分期刊，但因为无法列入计算，导致这 4 个指标处于起步期的期刊数量为 0。总体上，Sigmoid 标准化能够反映期刊发展变化的规律。

五　研究结论

1. Sigmoid 指标标准化符合事物发展规律

采用 Sigmoid 标准化符合事物发展规律，即成长曲线规律。只要文献计量指标排序后的散点图形状接近 Sigmoid 曲线，本着优秀评价对象的现在就是较弱评价对象未来的原则，完全可以用截面数据来反映学术期刊的发展变化，采用 Sigmoid 函数进行标准化。即使文献计量指标不服从正态分布，也可以继续进行 Sigmoid 标准化，毕竟 Sigmoid 标准化没有对数据分布加以限制。本节实证研究发现，标准化前后指标间高度相关，说明 Sigmoid 标准化最大限度地保留了原始指标的信息。

2. Sigmoid 可用于指标优劣水平的直接评价

采用 Sigmoid 进行数据标准化，有的是为了进行机器学习和仿真，有的是为了进行预测，有的是为了提高区分度，等等。本节拓展了 Sigmoid 标准化的使用范围，将其用于指标水平的绝对优劣评价，进而比较指标间的相对差距，同时可以判断评价对象的发展阶段，甚至可以在不同指标之间进行比较。

3. Sigmoid 标准化降低了离散度，同时使得指标数据更加接近正态分布

在学术评价中，许多指标并不服从正态分布，本节的研究表明，采用 Sigmoid 标准化大大降低了离散系数，同时使得文献计量指标更加接近正态分布，这对于学术评价具有重要意义，一方面使得指标数据更加均匀，提高了区分度；另一方面使得指标数据分布呈现"中间大、两头小"的规律，方便进行评价。

4. Sigmoid 标准化抑制指标高分、提升指标低分

采用 Sigmoid 标准化，使得所有不同指标的均值比较接近，提高了指标之间的可比性。对于指标原始数据处于前 20% 的评价对象，标准化后分值有所抑制，对于指标原始数据处于后 20% 的评价对象，标准化后分值有所提升，因为这样处理反映了指标的真实水平和差距。

第三节　指标标准化方法对科技评价的影响机制研究

到目前为止，已经出现了十多种评价指标数据的标准化方法，但是指标标准化对学术评价的影响机制一直缺乏系统的研究。本节从理论上分析了标准化方法对学术评价结果的影响机制，将其分为单一影响机制和综合影响机制。单一影响机制包括指标数据变化、区分度、打分偏好、自然权重、数据分布、极小值大小和客观权重，综合影响机制与评价方法密切相关，是多个单一影响机制的组合。基于 JCR 2017 机器人学术期刊数据，结合线性加权评价法、主成分分析、因子分析、TOPSIS 评价法，进行了实证研究，结果如下：指标标准化方法对评价结果具有综合影响机制；标

准化方法不同一定程度上会影响评价结果排序；标准化方法不同一定程度上会影响评价结果数据分布特征；应该结合具体的评价方法分析标准化对评价的影响；本节的研究结论也可以推广到其他领域的综合评价。

一　引言

采用指标体系多属性评价方法能够相对全面地进行科技评价，因而应用比较广泛。目前，指标体系多属性评价方法已经广泛应用于大学评价、学科评价、科研机构评价、学术期刊评价、科研人员评价。比如泰晤士报世界大学排名、教育部学科水平评估、教育部长江学者评估、南京大学CSSCI核心期刊、各高校的各种科研评价体系等，均采用多属性评价方法进行评价。

指标数据标准化是多属性评价的基础。指标标准化方法，又称为数据无量纲方法，包括线性无量纲化方法和非线性无量纲化方法（Lama等，2009）。由于指标标准化方法众多，其对评价结果会产生较大的影响，但该问题是隐含的，公众对此并不了解，在学术界也没有得到足够的重视。不同指标标准化方法如何影响评价，其深层次的内在机制缺乏系统的总结。开展相关问题的研究，不仅有利于丰富多属性评价或者多元统计的基础理论，而且有利于评估指标标准化方法对评价的影响大小，从而优化指标标准化方法的选取，对于提高科技评价的公正性、科学性也具有重要的意义。

关于指标标准化方法对评价的影响，俞立平、武夷山（2011）认为极差标准化方法的评价结果小于可调标准化，可调标准化对一些较弱的评价对象有一种"鼓励作用"。郭亚军、马凤妹等（2011）发现，多属性评价结果不仅受到指标权重的影响，而且在很大程度上受到指标数据标准化方法的影响。蒋维杨、赵嵩正等（2012）认为，采用直（折）线型无量纲化方法，易受极值数据干扰，导致样本评价结果差异极小；采用曲线型无量纲化方法，曲线无量纲化方法选择较难，参数确定难以把握，因此也无法保证评价结果的精度。魏登云（2016）指出，基于标准化指标的主成分分析结果，可能与基于原始数据的分析结果大不一样。

关于指标标准化方法对权重的影响，王会、郭超艺（2017）分析了线性标准化方法对熵值的影响，发现非零截距项会改变熵值，进而分析其对熵权权重的影响。江文奇（2012）分析了 6 种标准化方法对均方差方法确定指标权重的影响，发现极值法与功效系数法得到的权重相同。糜万俊（2013）分析了几种典型的指标数据标准化方法对均方差指标权重影响的传导机制。朱喜安、魏国栋（2015）分析了熵值法与无量纲化熵值法确定指标权重的区别，发现归一化熵值法、向量规范熵值法、线性比例熵值法确定的指标权重与熵值法相同。

关于评价标准化方法的选择，Chakraborty 等（2009）指出各种指标无量纲化方法都有其特定适用场合，因此应该根据需要进行选择。魏登云（2016）提出了标准化问题的复杂性，既要符合评价要求，又要顾及具体标准化方法的特点和局限性，选用不当会导致综合评价不合理，而且这些问题是隐性的。宫诚举、郭亚军等（2017）针对线性无量纲化方法对群体评价中信息集结结果的影响问题，提出提高评价对象区分度，并以群体信息最大为导向，给出群体信息集结中标准化方法选择的若干原则。李玲玉、郭亚军等（2016）提出选取指标标准化方法的 3 个原则，即稳定性、差异性、变异性原则。胡永宏（2012）认为选用无量纲化方法，应尽量保留指标数据所包含的变异信息，即离散系数不变。张立军、袁能文（2010）比较各种指标标准化方法对评价结果的影响，并构建兼容度指标以对无量纲化方法的相对有效性进行测度。李仕川、郭欢欢等（2015）发现，土地集约利用评价时，指标标准化一般基于极差标准化方法，默认各区域集约临界值相同，这是不合理的。

关于指标标准化方法的创新，周娟美、郭强华等（2018）分析了科技评价中数据分布有偏、指标区分度异常的深层次原因，认为这是评价指标值与评价属性的背离现象，提出对数中位数标准化方法。郭亚军、易平涛（2008）提出构建逼近理想性质的复合无量纲化方法的思路，提出极标复合法。廖志高、詹敏（2015）对线性无量纲化方法与异常点进行分析，指出该方法的不足，提出了一种新的基于反三角函数的无量纲化方法。刘学之、杨泽宇等（2018）认为线性标准化方法在处理非均匀分布数据时，无法有效地将数据划分层级，缺乏区分度，提出基于 Logistic 曲线模型，对指标数据进行非线性标准化处理。韩明彩（2012）梳理分析了目前期刊综合评价中常用的指标标准化方法，提出一种新的价值评估标准化方法。

从现有的研究看，关于指标标准化方法对评价的影响，涉及评价结果的排序、精度、打分偏好等。关于指标标准化方法对权重的影响，研究认为标准化会影响一些依赖评价数据的客观赋权方法，从而对权重产生影响，进而影响评价结果。关于标准化方法的选择，研究成果比较丰富，已经总结出若干选取原则。关于指标标准化方法的创新，也有不少成果。总体上，在以下方面有待进一步深入。

第一，指标标准化方法较多，有关指标标准化对学术评价的影响机制，学术界重视不够。

第二，指标标准化方法既是多属性评价的一个重要组成部分，也会对多属性评价的其他环节产生影响，这方面缺少系统的总结和归纳。

第三，标准化方法对每个环节的影响究竟如何影响，影响的结果又是如何，这方面虽然有一些研究，但还不够深入。

第四，标准化方法对各环节的影响是否存在某种联动机制，比如同时对 A 和 B 产生影响，或者通过影响 X 继而影响到 Y，这方面的研究也比较缺乏。

本节拟从理论上针对指标标准化方法对评价的影响机制进行系统的分析，然后基于 JCR 2017 机器人期刊评价数据，用主成分分析、因子分析、TOPSIS 等常见评价方法对其进行相关说明。

二　指标标准化对评价的影响机制

指标标准化对评价的影响比较复杂，既包括单一影响机制，也包括综合影响机制。

1. 指标标准化对评价的单一影响机制

本节首先分析指标标准化对评价的单一影响机制，即从一个角度分析标准化对评价的影响。单一影响机制又可以进一步分为直接影响机制与间接影响机制（见图 2-7）。所谓直接影响机制，就是标准化方法对评价结果产生直接影响，表现在标准化后指标数据变化、区分度、打分偏好、自然权重对评价结果影响 4 个方面，主要体现在线性加权汇总类评价中。所谓间接影响机制，就是指标标准化通过影响数据分布、极小值大小和客观权重，进一步影响评价方法，进而影响评价结果，主要体现在非线性评价以及客观赋权评价中。

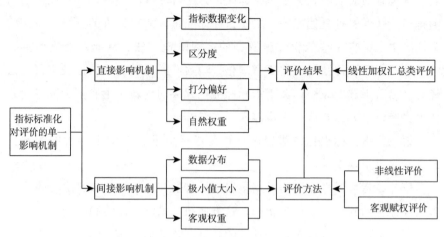

图 2 - 7　指标标准化对评价的单一影响机制

（1）直接影响机制分析

①指标数据变化

指标标准化方法包括线性标准化方法和非线性标准化方法两大类，无论哪一类标准化方法，均会改变原始数据，产生一列新的数据，评价指标是评价的基石，由于不同标准化方法标准化结果不同，必然会对评价结果产生或多或少的影响。

一种常见的线性标准化方法是，对于正向指标，采用极大值标准化即除以极大值的方法进行标准化，当然这是一种线性标准化方法，即

$$y_i = \frac{x_i}{\max(x_i)} \qquad (2 - 19)$$

另一种常见的正向指标标准化方法是极差标准化，其特点是标准化后指标极大值为 1，极小值为 0，即

$$y_i = \frac{x_i - \min(x_i)}{\max(x_i) - \min(x_i)} \qquad (2 - 20)$$

对于一些分布特殊、发展速度较快的指标，也可以采用对数标准化方法进行标准化，这是一种非线性标准化方法。当然，对数标准化也包括极大值标准化和极差标准化。由于取对数容易得到负数，对于这种情况，需要加上一个合适正数，比如 $|int \{min [ln (x_i)]\}|$，然后再根据公式（2 - 19）进行标准化。以极大值标准化为例，即

$$y_i = \begin{cases} \dfrac{\ln(x_i)}{\max[\ln(x_i)]} & \min[\ln(x_i)] > 0 \\[4mm] \dfrac{\ln(x_i) + |\operatorname{int}\{\min[\ln(x_i)]\}|}{\max[\ln(x_i)] + |\operatorname{int}\{\min[\ln(x_i)]\}|} & \min[\ln(x_i)] < 0 \end{cases}$$

$$(2-21)$$

对于反向指标，采用取倒数的标准化方法也是一种非线性标准化，即

$$y_i = \frac{1}{x_i} \qquad (2-22)$$

但是公式（2-21）的标准化方法并不彻底，因为标准化后其极大值不等于1，所以实际评价中还要除以极大值进行再次标准化，即

$$y_i = \frac{\dfrac{1}{x_i}}{\max\left(\dfrac{1}{x_i}\right)} \qquad (2-23)$$

综上所述，正向指标标准化方法有多种，反向指标的标准化方法也有多种，不同标准化方法对评价指标的标准化结果不同，会产生指标数据变化，当然会影响到评价结果。

②区分度

区分度也称为辨识度，最早出现在考试理论中（Linden，1996）。本文用评价指标或评价结果来区分不同评价对象的显示度，或者显著水平。不同标准化方法的区分度是不一样的，以功效系数标准化方法为例，即

$$y_i = c + (1 - c) \times \frac{x_i - \min(x_i)}{\max(x_i) - \min(x_i)} \qquad 1 > c >= 0 \quad (2-24)$$

公式（2-24）标准化后极大值为1，c 为调节系数。随着 c 值增加，标准化后的指标 y_i 区分度逐渐降低；随着 c 值变小，标准化后的指标 y_i 区分度逐渐提高，极端情况下，当 $c = 0$ 时，公式（2-24）就退化为极差标准化法，即公式（2-20）。

③打分偏好

所谓打分偏好，是指对较好、中等、较弱三类评价对象打分高低情况的总体判断，体现在不同评价方法的比较中。比如同时采用 M、N 两种评价方法，对于学术表现较好的评价对象 Z，打分结果分别为 C_M 和 C_N，如果 $C_M > C_N$，我们就认为 M 方法对较好评价对象的打分偏好高。俞立平、

潘云涛等（2012）对学术期刊评价的研究发现，标准 TOPSIS 是一种对较好期刊打分偏好偏高、对弱势期刊打分偏好偏低的评价方法。根据打分偏好的不同，大致可以分为奖励优秀、抑制优秀、鼓励落后、抑制落后 4 种类型。

打分偏好不仅体现在评价结果中，也体现在标准化方法中。或者说，不同标准化方法的打分偏好不同，也会影响到评价结果的打分偏好。

需要说明的是，不同评价方法打分偏好的比较，需要根据评价结果极差大小综合进行判定，以做到具有可比性。

④自然权重

自然权重是评价指标数据隐含的权重，由俞立平、宋夏云等（2018）首先提出。以加权汇总类的线性评价方法为例，即使在等权重情况下，各评价指标在评价总分中的重要性也是不同的，根本原因是标准化后各评价指标的均值不等，均值高的评价方法在评价中的相对重要性较高，均值低的评价方法在评价中的重要性相对较低。进一步地，标准化方法不同必然会影响到标准化后的平均值，进而影响评价结果。由于这个问题是隐含的，往往容易被忽视。

（2）间接影响机制分析

①标准化方法影响数据分布进而影响评价结果

对于所有的非线性标准化方法，标准化后必然改变了原始数据分布。这样后续在采用非线性标准化方法进行评价时，如果该方法对数据分布敏感，那么标准化方法不同，评价结果也会表现出较大差异。比如主成分分析和因子分析，尤其是非线性反向指标的标准化方法，会对评价结果产生影响。

②标准化方法改变了极小值大小进而影响评价结果

标准化后极大值一般为 1，极小值要么为 0、要么不固定，但是不同的标准化方法其极小值也是不同的，进而会影响到那些对极小值比较敏感的评价方法的评价结果。以常见的 TOPSIS 评价方法为例，该方法是 Hwang 等（1981）首创，目前在学术评价中应用广泛。传统 TOPSIS 的计算公式为

$$C_{ij} = \frac{\sqrt{\sum_{j=1}^{n} \omega_j (x_{ij} - x_j^-)^2}}{\sqrt{\sum_{j=1}^{n} \omega_j (x_{ij} - x_j^+)^2} + \sqrt{\sum_{j=1}^{n} \omega_j (x_{ij} - x_j^-)^2}} \qquad (2-25)$$

TOPSIS 的评价原理其实非常简单，它根据评价对象到正理想解与负理想解的相对距离进行评价。如图 2-8 所示，假设有两个评价指标 X_1 和 X_2，如果采用极值法进行标准化，那么负理想解就是原点，A 点的评价值为 $OA/(OA+AC)$，如果采用极大值法进行标准化，那么 A 点的评价值就是 $AB/$

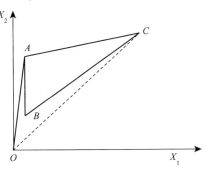

图 2-8 TOPSIS 评价原理

$(AB+AC)$，显然标准化方法不同，也会影响到评价方法，进而导致评价结果不同。

③标准化方法改变客观权重进而影响评价结果

对于一些客观赋权方法，如熵权法、离散系数法、概率权法等，由于标准化方法不同，所得到的客观权重自然也不同，如果采用线性加权评价法进行汇总，必然会影响到评价结果。当然，如果采用涉及权重的非线性评价方法进行评价，比如加权 TOPSIS，同样也会影响到评价结果。

2. 指标标准化对评价的综合影响机制

由于评价方法众多，本节以常见的线性加权评价方法、主成分分析、因子分析、TOPSIS 等为例，说明指标标准化方法对评价的影响机制，如表 2-10 所示。

表 2-10 标准化方法对评价的综合影响

评价方法	影响机制	标准化方法	典型方法
线性主观赋权评价法	指标数据、区分度、打分偏好、自然权重	线性标准化、非线性标准化	层次分析法、专家会议赋权法等，包括一切不依赖评价数据的赋权方法

评价方法	影响机制	标准化方法	典型方法
线性客观赋权评价法	指标数据、区分度、打分偏好、自然权重、客观权重	线性标准化、非线性标准化	概率权法、熵权法、离散系数法等，包括一切依赖评价数据的赋权方法
主成分分析、因子分析	数据分布	非线性标准化	主成分分析、因子分析
无权重 TOPSIS、主观赋权 TOPSIS	指标数据、区分度、打分偏好、自然权重、极小值	线性标准化、非线性标准化	各种 TOPSIS 评价法
客观赋权 TOPSIS	指标数据、区分度、打分偏好、自然权重、极小值、客观权重	线性标准化、非线性标准化	

（1）指标标准化对线性主观赋权法的影响机制

所谓线性主观赋权评价法，是指一切采用主观赋权的评价方法，典型的包括层次分析法、专家会议赋权法、主客观复合赋权法等。对于这类评价方法，无论是线性标准化方法还是非线性标准化方法，其影响机制均体现在指标数据、区分度、打分偏好、自然权重4个方面。

不同标准化方法会影响评价数据，进而影响评价结果，这是其指标数据的影响机制。至于不同标准化方法，如果其区分度、打分偏好有所变化，也会影响到评价结果的区分度和打分偏好，进而影响评价结果。

自然权重问题比较特殊，不同标准化方法标准化后其指标数据、区分度、打分偏好必然会发生变化，这些变化会带来评价指标的均值变化，从而影响自然权重，进而影响评价结果，所以自然权重对标准化对评价结果影响具有中介效应，是通过对评价方法的影响而影响评价结果的，如图2-9所示。

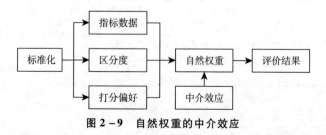

图2-9　自然权重的中介效应

（2）指标标准化对线性客观赋权法的影响机制

所谓线性客观赋权法，是采用某种客观赋权法确定权重，然后对评价指标标准化后加权汇总。典型的线性客观赋权法包括熵权法、概率权法、离散系数法等。

标准化方法对线性客观赋权法的影响机制，除了包括线性主观赋权法的影响机制外，还包括标准化方法对权重的影响机制。只要标准化方法影响到权重，那么必然也会影响评价结果。标准化方法对客观权重的影响，其原理和自然权重类似，也是一种中介效应。

标准化方法对客观赋权法的影响机制比较复杂（见图2-10），包括直接效应和间接效应。直接效应就是指标标准化方法通过对指标数据、区分度、打分偏好的影响进而影响评价结果。间接效应就是指标标准化方法通过对指标数据、区分度、打分偏好的影响，从而影响到客观权重和自然权重，进而影响评价结果，这里客观权重和自然权重也可以看作是一种中介效应。

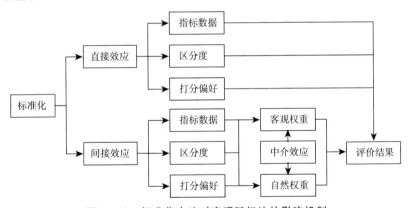

图2-10　标准化方法对客观赋权法的影响机制

（3）指标标准化对主成分分析、因子分析的影响机制

主成分分析与因子分析的原理在很多论文和教材中都有明确的说明，本节不再赘述。标准化方法对主成分分析、因子分析的影响机制，主要是通过改变评价指标的数据分布影响的。对于线性标准化方法而言，其不改变评价指标的数据分布，自然对主成分分析和因子分析的评价结果没有影响，实际上，主成分分析与因子分析在评价时，并不需要对评价指标进行标准化，但这仅仅适用于正向指标。对于负向指标而言，必须首先进行标

准化，否则不能采用主成分分析或因子分析进行评价。如果采用非线性评价方法对负向指标进行标准化，就改变了评价指标的数据分布，自然会影响评价结果。实际上，即使是正向指标，如果事先要采用非线性标准化方法进行预处理，也会影响到主成分分析或因子分析的评价结果。

（4）指标标准化对无权重 TOPSIS、主观赋权 TOPSIS 的影响机制

所谓无权重 TOPSIS 法，就是在评价时不需要对评价指标进行赋权，如公式（2-25）所示，将其中的 ω_j 删除，就是无权重 TOPSIS 法。所谓主观赋权的 TOPSIS 评价法，就是评价需要赋权，但权重的赋值方法是采用主观赋权，比如层次分析法赋权、专家会议法赋权等。对于无权重 TOPSIS、主观赋权 TOPSIS，指标标准化方法对评价结果的影响机制包括指标数据、区分度、打分偏好、自然权重、极小值。

不同标准化方法会影响评价指标数据，自然也会影响 TOPSIS 评价结果。不同标准化方法其区分度、打分偏好也会发生变化，这也会影响评价结果的区分度与打分偏好。如果不同标准化方法会影响评价指标的均值，即带来自然权重的变化，也会在评价值和评价结果的排序上影响评价结果，从这个角度看，自然权重对 TOPSIS 的影响机制类似于指标数据的影响机制，但与线性评价中自然权重的影响机制完全不同（见图 2-11）。至于不同标准化方法，如果极小值不同，也会对评价结果有所影响，这一点前文已有分析。

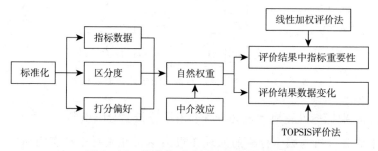

图 2-11　标准化对 TOPSIS 的影响机制

（5）指标标准化对客观赋权 TOPSIS 的影响机制

所谓客观赋权 TOPSIS 评价，就是评价时权重采用客观评价法确定，如概率权法、熵权法、离散系数法等。标准化方法对客观赋权 TOPSIS 的影响机制除了指标数据、区分度、打分偏好、自然权重、极小值外，还包

括客观权重影响机制，因为标准化方法改变了 TOPSIS 评价中客观赋权的权重，进而影响评价结果，当然，这也是一种中介效应。

三　评价数据

为了进行指标标准化方法对不同评价结果影响的比较，本节以 JCR 2017 机器人学术期刊为例进行说明。JCR 2017 公布了 11 个评价指标，简捷起见，本节从学术期刊影响力角度进行评价，选取的评价指标共 6 个，包括总被引频次、影响因子、5 年影响因子、即年指标、特征因子、论文影响分值。JCR 2017 机器人期刊共有 26 种，删除部分数据不全的期刊后还有 22 种。

本节采用 3 种标准化方法进行比较和说明。对于线性标准化方法，本节采用极大值标准化、极差标准化两种方法进行标准化；对于非线性标准化方法，本节采用对数标准化方法进行标准化。

四　实证结果

1. 不同标准化方法的单因素分析

为了说明不同标准化方法的差别，本节以影响因子标准化为例加以说明，主要比较内容如表 2 - 11 所示。

表 2 - 11　指标标准化方法的单因素分析：影响因子

指标	影响机制	极大值标准化	极差标准化	对数标准化
均值	自然权重、指标数据	0.294	0.250	0.679
极大值		1.000	1.000	1.000
极小值	区分度、极小值、指标数据	0.058	0.000	0.381
前 3 种期刊总分占比（%）	打分偏好、指标数据	33.706	38.626	18.538
后 3 种期刊总分占比（%）	打分偏好、指标数据	3.646	1.197	8.878
标准差	指标数据、区分度	0.221	0.235	0.161
离散系数	客观权重、区分度	0.754	0.939	0.237
偏度 S	数据分布	1.580	1.580	-0.045
峰度 K	数据分布	5.765	5.765	2.210
Jarque - Bera 检验	数据分布	16.164	16.164	0.579
p	数据分布	0.000	0.000	0.749

　　从指标数据影响机制看，不同标准化方法不同，其平均值、极小值、标准差、排序前3和后3的期刊评价值占所有期刊评价值的百分比均有很大的差异，这必然会对评价结果产生影响。

　　从区分度影响机制看，极差标准化的区分度最好，其极小值为0，在所有标准化方法中最小；标准差为0.235，离散系数为0.939，在所有标准化方法中最大。对数标准化的区分度最低，其极小值最大，为0.381，标准差和离散系数最小，分别为0.161、0.237。

　　从打分偏好影响机制看，极差标准化属于奖励优秀的标准化方法，前3种期刊总分占比为38.626%，同时也是一种惩罚落后的标准化方法，后3种期刊的总分占比仅为1.197%。对数标准化是一种抑制优秀的标准化方法，前3种期刊总分占比为18.538%，同时也是一种鼓励落后的标准化方法，后3种期刊占比为8.878%。极大值标准化方法中规中矩，介于两者之间。

　　从自然权重影响机制看，对数标准化的均值最大，为0.679，极差标准化的均值最小，为0.250。由于标准化方法不同，必然影响线性评价中各指标所占比重，深层次也是一种权重的体现，所以将其称为自然权重。

　　从数据分布影响机制看，极大值标准化与极差标准化都是线性标准化，并不改变数据分布，因此其偏度、峰度、Jarque－Bera检验值和 p 值均相同，但是对数标准化改变了数据分布。

　　从极小值影响机制看，对数标准化的极小值为0.381，极差标准化的极小值为0，这必然会影响TOPSIS评价中的负理想解，从而对评价结果产生影响。

　　从客观权重影响机制看，如果采用离散系数大小赋权，3种标准化方法的离散系数各不相同，极差标准化的离散系数最大，为0.939，而对数标准化的离散系数最小，为0.237。当然，采用不同标准化方法，不同评价指标离散系数的相对大小即权重也是不同的，这当然会影响评价结果。

　2. 标准化方法对线性主观赋权与客观赋权评价结果的影响

　　为了比较标准化方法对线性主观赋权评价法与线性客观赋权评价法的影响，本节采用极大值标准化与极差标准化两种方法，主观赋权评价法的权重设置如表2-12所示。客观赋权法采用离散系数法，由于标准化方法会影响到离散系数，所以客观赋权方法有两组权重。

表2-12　权重设置

权重结果	总被引频次	影响因子	5年影响因子	即年指标	特征因子	论文影响分值
主观赋权	0.10	0.25	0.15	0.05	0.25	0.20
极大值标准化 离散系数权重	0.231	0.137	0.138	0.143	0.185	0.165
极差标准化 离散系数权重	0.218	0.151	0.142	0.144	0.178	0.166

　　分别采用极大值标准化线性主观赋权评价法、极差标准化线性主观赋权评价法、极大值标准化线性客观赋权评价法、极差标准化线性客观赋权法进行评价，共有4组评价结果，其评价值和排序如表2-13所示。对于线性主观评价法，仅仅由于标准化方法不同，评价结果的排序有两组期刊有差异，J BIONIC ENG、INT J SOC ROBOT两种期刊排序分别为12、13，由于标准化方法不同，排序发生了对调。有趣的是，采用客观赋权评价方法，虽然权重发生了变化，但评价结果的排序完全一致，这主要是由于机器人学科期刊较少，其本身区分度相对较大。

表2-13　标准化对线性评价的影响

期刊名称	极大值 标准化线性 主观赋权	排序	极差 标准化线性 主观赋权	排序	极大值 标准化线性 客观赋权	排序	极差 标准化线性 客观赋权	排序
INT J ROBOT RES	0.748	1	0.737	1	0.723	1	0.709	1
SOFT ROBOT	0.652	2	0.645	2	0.527	3	0.536	3
IEEE T ROBOT	0.649	3	0.633	3	0.664	2	0.639	2
IEEE ROBOT AUTOM MAG	0.431	4	0.411	4	0.462	4	0.451	4
J FIELD ROBOT	0.383	5	0.363	5	0.346	6	0.333	6
BIOINSPIR BIOMIM	0.377	6	0.354	6	0.340	7	0.321	7
AUTON ROBOT	0.342	7	0.318	7	0.337	8	0.318	8
ROBOT CIM - INT MANUF	0.337	8	0.312	8	0.369	5	0.351	5
ROBOT AUTON SYST	0.296	9	0.269	9	0.299	9	0.272	9

期刊名称	极大值标准化线性主观赋权	排序	极差标准化线性主观赋权	排序	极大值标准化线性客观赋权	排序	极差标准化线性客观赋权	排序
SWARM INTELL – US	0.261	10	0.235	10	0.238	10	0.221	10
J MECH ROBOT	0.222	11	0.193	11	0.210	11	0.188	11
J INTELL ROBOT SYST	0.198	12	0.167	13	0.181	14	0.152	14
J BIONIC ENG	0.196	13	0.167	12	0.196	12	0.174	12
INT J SOC ROBOT	0.188	14	0.159	14	0.186	13	0.165	13
ROBOTICA	0.157	15	0.126	15	0.153	15	0.124	15
INT J ADV ROBOT SYST	0.132	16	0.098	16	0.125	17	0.094	17
ADV ROBOTICS	0.131	17	0.098	17	0.126	16	0.096	16
INT J HUM ROBOT	0.093	18	0.059	18	0.101	18	0.073	18
IND ROBOT	0.087	19	0.053	19	0.085	19	0.055	19
APPL BIONICS BIOMECH	0.063	20	0.028	20	0.056	20	0.026	20
INT J ROBOT AUTOM	0.057	21	0.022	21	0.050	21	0.019	21
REV IBEROAM AUTOM IN	0.037	22	0.001	22	0.036	22	0.004	22

评价结果的数据特征如表 2 - 14 所示，极差标准化明显降低了评价指标的均值。采用线性赋权汇总降低了评价结果的均值，表现为采用极大值标准化线性主观赋权评价结果的均值（0.274）大于采用极差标准化线性主观赋权评价结果的均值（0.248），采用极大值标准化线性客观赋权评价结果的均值（0.264）大于采用极差标准化线性客观赋权评价结果的均值（0.241）。

表 2 - 14　评价结果的数据特征比较

比较指标	极大值标准化线性主观赋权	极差标准化线性主观赋权	极大值标准化线性客观赋权	极差标准化线性客观赋权
均值	0.274	0.248	0.264	0.241
极大值	0.748	0.737	0.723	0.709
极小值	0.037	0.001	0.036	0.004
前 3 种期刊总分占比（%）	33.939	36.981	32.934	35.393
后 3 种期刊总分占比（%）	2.601	0.009	2.427	0.929

比较指标	极大值标准化线性主观赋权	极差标准化线性主观赋权	极大值标准化线性客观赋权	极差标准化线性客观赋权
标准差	0.202	0.210	0.193	0.199
离散系数	0.736	0.847	0.730	0.843
偏度 S	0.974	0.968	0.953	0.902
峰度 K	3.063	3.044	3.101	2.947
Jarque – Bera 检验	3.481	3.440	3.337	2.986
p	0.175	0.179	0.189	0.225

从评价结果的区分度看，极大值标准化主观线性赋权汇总的极差为0.711，小于极差标准化主观线性赋权汇总的极差（0.736），极大值标准化客观线性赋权汇总的极差为0.687，小于极差标准化客观线性赋权汇总的极差0.705。从离散系数看，采用极大值标准化的离散系数要小于采用极差标准化的离散系数，对于主观赋权评价，离散系数分别为0.736、0.847，对于客观赋权评价，离散系数分别为0.730、0.843。

从打分偏好看，极差标准化是一种奖励先进、惩罚落后的评价方法。采用线性主观赋权汇总，前3种优秀期刊得分占比极大值标准化为33.939%，小于极差标准化的36.981%；采用线性客观赋权方法汇总，前3种优秀期刊得分占比极大值标准化为32.934%，小于极差标准化的35.393%。采用线性主观赋权汇总，后3种期刊得分占比极大值标准化为2.601%，大于极差标准化的0.009%；采用线性客观赋权方法汇总，后3种期刊得分占比极大值标准化为2.427%，大于极差标准化的0.929%。

从评价结果的数据分布看，标准化方法不同对线性标准化的数据分布肯定有所影响，但这种影响不大，不是革命性的。

3. 标准化方法对主成分分析与因子分析评价结果的影响

采用线性标准化方法并不改变评价指标的数据分布，并不影响主成分分析和因子分析，因此采用极大值标准化方法和对数极大值标准化方法来比较主成分分析和因子分析的评价结果。采用极大值标准化，主成分分析、因子分析的KMO值为0.599；采用对数极大值标准化，主成分分析、因子分析的KMO值为0.676，基本符合采用主成分分析和因子分析进行评价的条件。对数标准化后，采用主成分分析评价，只有1个主成分，采用因子分析评价，矩阵旋转后只有 1 个公共因子，导致主成分分析、因子分析的评价结果相同，所以最终有 3 种评价结果，如表 2 - 15 所示。

表 2 - 15　标准化与主成分分析、因子分析评价结果比较

期刊名称	极大值标准化主成分分析	排序	极大值标准化因子分析	排序	对数极大值标准化主成分分析、因子分析	排序
INT J ROBOT RES	1. 747	1	1. 399	1	1. 597	1
IEEE T ROBOT	1. 689	2	1. 068	3	1. 258	2
IEEE ROBOT AUTOM MAG	0. 486	4	0. 700	4	1. 094	3
SOFT ROBOT	0. 728	3	1. 240	2	1. 008	4
J FIELD ROBOT	0. 239	7	0. 355	5	0. 828	5
ROBOT CIM – INT MANUF	0. 260	6	0. 311	6	0. 782	6
AUTON ROBOT	0. 223	8	0. 256	7	0. 755	7
BIOINSPIR BIOMIM	0. 281	5	0. 253	8	0. 717	8
ROBOT AUTON SYST	0. 202	9	0. 019	9	0. 427	9
SWARM INTELL – US	− 0. 185	10	0. 016	10	0. 230	10
J MECH ROBOT	− 0. 218	12	− 0. 157	11	0. 176	11
J BIONIC ENG	− 0. 290	13	− 0. 205	12	0. 065	12
INT J SOC ROBOT	− 0. 338	14	− 0. 217	13	− 0. 029	13
J INTELL ROBOT SYST	− 0. 207	11	− 0. 323	14	− 0. 213	14
ROBOTICA	− 0. 345	15	− 0. 401	15	− 0. 320	15
ADV ROBOTICS	− 0. 425	17	− 0. 498	16	− 0. 631	16
INT J ADV ROBOT SYST	− 0. 423	16	− 0. 511	17	− 0. 708	17
INT J HUM ROBOT	− 0. 597	18	− 0. 542	18	− 0. 825	18
IND ROBOT	− 0. 601	19	− 0. 604	19	− 0. 978	19
APPL BIONICS BIOMECH	− 0. 717	20	− 0. 683	20	− 1. 510	20
INT J ROBOT AUTOM	− 0. 724	21	− 0. 711	21	− 1. 636	21
REV IBEROAM AUTOM IN	− 0. 785	22	− 0. 765	22	− 2. 089	22

从评价结果看，采用主成分分析、因子分析进行评价，评价结果的排序相差很大，远远超过标准化方法对线性加权类评价方法的影响。或者说，主成分分析、因子分析对非线性数据标准化方法比较敏感，并且这两种评价方法之间差异较大。

4. 标准化方法主观赋权 TOPSIS 与客观赋权 TOPSIS 评价结果的影响

分别采用极大值标准化、极差标准化处理原始评价指标数据，然后再分别采用主观赋权 TOPSIS、客观赋权 TOPSIS 进行评价。共有 4 种评价结果，进行两两对比，即极大值标准化主观赋权 TOPSIS、极差标准化主观赋权 TOPSIS 对比，极大值标准化客观赋权 TOPSIS、极差标准化客观赋权 TOPSIS 对比。评价结果如表 2－16 所示。

表 2－16　标准化与 TOPSIS 评价结果

期刊名称	极大值标准化主观赋权 TOPSIS	排序	极差标准化主观赋权 TOPSIS	排序	极大值标准化客观赋权 TOPSIS	排序	极差标准化客观赋权 TOPSIS	排序
INT J ROBOT RES	0.712	1	0.709	1	0.693	1	0.688	1
IEEE T ROBOT	0.610	2	0.605	2	0.614	2	0.602	2
SOFT ROBOT	0.573	3	0.580	3	0.503	3	0.520	3
IEEE ROBOT AUTOM MAG	0.421	4	0.422	4	0.456	4	0.462	4
ROBOT CIM – INT MANUF	0.323	7	0.323	7	0.367	5	0.370	5
J FIELD ROBOT	0.368	5	0.372	5	0.334	6	0.344	6
BIOINSPIR BIOMIM	0.360	6	0.360	6	0.329	7	0.331	7
AUTON ROBOT	0.321	8	0.322	8	0.321	8	0.324	8
ROBOT AUTON SYST	0.284	9	0.281	9	0.286	9	0.281	9
SWARM INTELL – US	0.258	10	0.261	10	0.244	10	0.251	10
J MECH ROBOT	0.197	11	0.199	11	0.194	11	0.197	11
J BIONIC ENG	0.177	14	0.179	14	0.188	12	0.192	12
INT J SOC ROBOT	0.177	13	0.180	13	0.185	13	0.191	13
J INTELL ROBOT SYST	0.182	12	0.180	12	0.168	14	0.166	14
ROBOTICA	0.128	15	0.128	15	0.128	15	0.127	15
INT J ADV ROBOT SYST	0.118	16	0.117	16	0.112	16	0.109	16
ADV ROBOTICS	0.108	17	0.107	17	0.106	17	0.103	17
INT J HUM ROBOT	0.070	18	0.071	18	0.091	18	0.092	18
IND ROBOT	0.054	19	0.054	19	0.057	19	0.057	19
APPL BIONICS BIOMECH	0.035	20	0.035	20	0.031	20	0.032	20
INT J ROBOT AUTOM	0.024	21	0.024	21	0.022	21	0.023	21
REV IBEROAM AUTOM IN	0.007	22	0.007	22	0.011	22	0.011	22

从评价结果的排序看，极大值标准化主观赋权 TOPSIS 排序与极差标准化主观赋权 TOPSIS 排序的结果一致，这是因为在权重不变的情况下，标准化改变了负理想解，但并没有改变相对位置，所以排序相同。

极大值标准化客观赋权 TOPSIS 排序与极差标准化客观赋权 TOPSIS 排序的结果一致，虽然标准化改变了客观权重，但机器人学科期刊数量较少，期刊之间区分度较大，使得评价结果的排序相同，这只是偶然现象，当学科期刊数量较多时，这种现象必然改变。

评价结果的数据特征如表 2 - 17 所示。从评价结果的均值看，极差标准化似乎对均值影响不大，并没有明显的差别。

表 2 - 17   TOPSIS 评价结果的数据特征比较

比较指标	极大值标准化主观赋权 TOPSIS	极差标准化主观赋权 TOPSIS	极大值标准化客观赋权 TOPSIS	极差标准化客观赋权 TOPSIS
均值	0.250	0.251	0.247	0.248
极大值	0.712	0.709	0.693	0.688
极小值	0.007	0.007	0.011	0.011
前 3 种期刊总分占比	0.344	0.344	0.333	0.331
后 3 种期刊总分占比	0.012	0.012	0.012	0.012
标准差	0.197	0.197	0.190	0.190
离散系数	0.786	0.784	0.770	0.765
偏度 S	0.830	0.817	0.803	0.758
峰度 K	2.873	2.837	2.847	2.721
Jarque - Bera 检验	2.543	2.473	2.385	2.177
p	0.280	0.290	0.304	0.337

从评价结果的区分度看，极大值标准化主观 TOPSIS 的极差为 0.705，极差标准化主观 TOPSIS 的极差 0.702，两者并没有显著差异；极大值标准化客观 TOPSIS 的极差为 0.682，极差标准化客观 TOPSIS 的极差 0.677，两者同样没有显著的差异。从离散系数看，4 种评价方法的离散系数分别为 0.786、0.784、0.770、0.765，前两者与后两者并没有显著的差异。

从打分偏好看，4 种评价方法对前 3 种期刊的打分占比分别为 0.344、0.344、0.333、0.331，前两者之间与后两者之间相差均不大。4 种评价方法对后 3 种期刊的打分占比均为 0.012，几乎没有差异。

从评价结果的数据分布看，标准化方法不同对 TOPSIS 评价结果的数据分布肯定有所影响，但这种影响不大，不是革命性的。

综合上述情况可以看出，TOPSIS 评价方法对数据标准化方法具有一定的鲁棒性，尽管理论上标准化方法不同会对 TOPSIS 评价结果产生影响，但当评价对象较少时，这种影响并不显著。

五 研究结论

1. 指标标准化方法对评价结果具有单一影响机制

本节从理论上分析了标准化方法对学术评价结果的影响机制，为了研究方便，将其分为单一影响机制和综合影响机制。单一影响机制主要体现在原理上。单一影响机制又可以进一步分为直接影响机制与间接影响机制。所谓直接影响机制，就是标准化方法对评价结果产生直接影响，表现在标准化后指标数据变化、区分度、打分偏好、自然权重对评价结果影响 4 个方面，主要体现在线性加权汇总类评价中。所谓间接影响机制，就是指标标准化通过影响数据分布、极小值大小和客观权重，进一步影响评价方法，进而影响评价结果，主要体现在非线性评价以及客观赋权评价中。

2. 指标标准化方法对评价结果具有综合影响机制

结合具体的评价方法，指标标准化方法对评价的影响机制往往是多个单一影响机制的结合。对于线性主观赋权评价法，其影响机制均体现在指标数据、区分度、打分偏好、自然权重 4 个方面。对于线性客观赋权评价法，其影响机制体现在指标数据、区分度、打分偏好、自然权重、客观权重 5 个方面。对于主成分分析和因子分析评价，其影响机制是数据分布，只有非线性标准化方法能对其产生影响。对于主观赋权 TOPSIS 评价或者无权重的 TOPSIS 评价，其影响机制为指标数据、区分度、打分偏好、自然权重、极小值；对于客观赋权 TOPSIS 评价，其影响机制包括指标数据、区分度、打分偏好、自然权重、极小值、客观权重。

3. 标准化方法不同一定程度上会影响评价结果排序

本节的实证研究表明，对于线性加权评价法，标准化方法不同可能会影响评价结果的排序，尤其是在评价对象较多的情况下，当评价对象较少时，由于区分度较大，这种现象可能并不显著。对于 TOPSIS 评价方法，标准化改变的是负理想解的位置，因此对一般评价结果的排序影响不大。对于主成分分析或因子分析评价，其对数据分布非常敏感，非线性标准化对其排序影响较大。

4. 标准化方法不同一定程度上会影响评价结果数据分布特征

标准化方法不同也会导致评价结果的数据分布特征发生变化，主要体现在评价结果得分的均值、区分度、打分偏好上。对于线性加权汇总类评价，极差标准化会降低评价结果的均值，同时极差标准化评价结果的区分度会大于极大值标准化。从打分偏好看，极差标准化是一种奖励先进、惩罚落后的评价方法。标准化方法对 TOPSIS 评价法的均值、区分度、打分偏好虽然理论上也会产生影响，但这种影响具有一定的鲁棒性，当评价对象较少时，标准化对 TOPSIS 的影响并不显著。

5. 应该结合具体的评价方法分析标准化对评价结果的影响

本节提出了一种分析标准化方法对评价结果影响的框架，并且重点分析了标准化方法对线性加权评价、主成分分析、因子分析、TOPSIS 评价方法的影响。由于多属性评价方法众多，应该结合具体的评价方法来分析标准化对评价的影响。

本节的研究主要基于学术期刊数据，至于在科技评价的其他领域，由于评价指标类型众多，数据错综复杂，有待进一步验证。本节的研究虽然基于学术评价，但由于是在方法论层面进行的探索，研究成果具有一定的通用性，后续可以进行更深入的研究。

第三章　权重研究

第一节　科技评价中的权重本质研究

科技评价中，权重问题是最基本的问题，对科技评价工作意义重大。本节在对多属性评价方法进行系统梳理和分类的基础上，认为所有的多属性评价方法都存在权重问题，并从多视角分析了权重的本质。从哲学角度看，客观权重的本质是人们认识世界改造世界过程中遵循自然规律的体现，主观权重的本质是主观能动性的体现，主客观权重的本质是遵循自然规律和发挥主观能动性的综合体现；从指标属性角度看，不同属性指标权重的本质是不同属性转化为同一属性的转换系数，同属性评价指标权重的本质是同类指标之间的替代系数；从利益相关者角度看，权重的本质是管理者、评价机构、领域专家、公众等利益相关者博弈的均衡结果；从管理的角度看，权重的本质是管理目标和改进路径的定量体现。认清权重的本质对于改进科技评价工作具有重要意义。

一　引言

在建设创新型国家、经济转型升级的背景下，科技评价的地位和作用越发重要。从宏观角度看，涉及国家和区域科技评价、产业科技评价、科技政策评价等；从微观角度看，涉及的范围更广泛，包括企业科技评价、大学评价、科研机构评价、科研人员评价、学术期刊评价等。由于科学研究工作的复杂性，单从某个角度进行评价是不全面的，往往采用多属性评价方法，少则数个指标，多则数十个甚至上百个指标，以反映评价对象的全貌。

在科技评价中，指标权重是非常重要的要素。从权重确定方法的角度看，科技评价方法大致可以分为赋权评价与不赋权评价两大类，如图 3-1 所示。

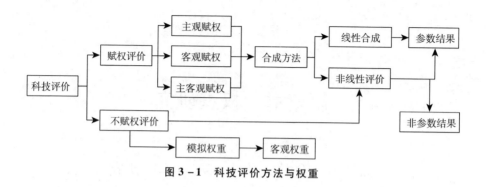

图 3 - 1　科技评价方法与权重

第一类是需要赋权的科技评价方法，赋权方法又可以分为主观赋权、客观赋权和主客观赋权，主观赋权方法如层次分析法、专家会议法等，客观赋权法如熵权法、变异系数法、概率权、CRITIC（Diakoulaki，1995）等，主客观赋权就是结合主观和客观因素及方法进行赋权。赋权仅仅是评价的一项重要环节，还要进行指标体系的合成，合成方法又包括两大类。一类是线性合成方法，其原理是将指标标准化后按照权重进行线性加权汇总，这也是实际工作中用得最多的一种评价方法。另一类是采用非线性评价方法进行评价，就是评价得分与评价指标之间并非简单的线性关系，如调和平均、几何平均、加权 TOPSIS、VIKOR、灰色关联分析、证据理论、模糊综合评价、人工神经网络等。

第二类是不需要赋权的评价方法，就是完全根据数据说话，不需要主观或客观赋权，该类评价方法都是非线性评价方法，如主成分分析、因子分析、数据包络分析（Charnes 等，1978）、聚类分析等。不需要赋权的评价方法其评价指标也是有隐含权重的，不可能每个指标的重要性相同。俞立平（2009）提出模拟权重的概念，其原理是将非线性评价方法的评价得分作为被解释变量，评价指标作为解释变量进行回归，对回归系数进行归一化处理后就得到模拟权重。这种模拟权重也可以称为实际权重，本质上属于客观权重的范畴。

对于线性评价方法，评价结果会得到分值，这是一种参数结果。对于非线性评价方法，大多数评价方法会得到参数结果，少数评价方法会得到非参数结果，即评价的排序。

从以上科技评价方法的分类体系可以看出，科技评价根本离不开权重，即使是不需要赋权的非线性评价方法，也可以通过计算模拟的方法得到其隐含的实际权重。权重不仅体现了评价者对评价指标体系中单项指标重要性程度的认识，也体现了评价指标体系中单项指标评价能力的大小（苏为华，2001）。权重的本质问题，是科技评价中的基础问题，弄清权重的本质，不仅可以丰富科技评价理论，而且可以指导科技评价实践，保证评价的公开、公平、公正，提高评价质量，因而具有十分重要的意义和价值。

二　不同评价方法的权重属性讨论

由于评价方法不同、赋权原理不同、评价结果的表现形式不同，对于所有的多属性评价方法，权重的本质能否在同一个框架下讨论是需要首先解决的问题，下面对这个问题进行讨论。

1. 不赋权非线性评价方法实际权重的进一步分析

随着多属性评价方法的发展，一些不需要赋权的客观评价方法近年来得到广泛的讨论，涌现出不少成果。首先要解决的问题就是不赋权非线性评价方法是否具有权重属性的问题。不赋权非线性评价方法尽管不需要设置权重，但其实是有权重属性的。比如主成分分析法评价，可以用评价得分作为被解释变量，评价指标作为解释变量进行回归，考虑到评价指标之间往往相关性较高，为了降低多重共线性的影响，回归方法可以采用岭回归或偏最小二乘法，然后将回归系数进行归一化处理，就得到模拟权重即实际权重。回归系数本质上是评价指标对评价结果分值的贡献大小，所以不需要赋权的非线性评价方法也是有权重的。

关于不需要赋权的非线性评价方法的选取问题，这和评价目的与管理要求紧密相关，评价方法必须服务于评价目的。比如，主成分分析评价提取的几个主成分的实际重要性是否和方差贡献率排序一致？通过实际权重筛选出的几个重要指标是否和管理需求相同？如果与管理需求和评价目的相差较大，那么就不能选取主成分分析方法进行评价。

综上所述，对于不赋权非线性评价方法，可以通过计算模拟得到其实际权重，本质上这是一种客观权重，同样存在权重的本质问题，可以在一个研究框架下讨论。

2. 赋权非线性评价方法的名义权重与实际权重

对于赋权的非线性评价方法，无论是主观赋权还是客观赋权，都仅仅是一种表象，并不是实际权重。如图 3－2 所示，共有三大类科技评价方法。第一类是赋权线性评价，权重赋值方法是主观赋权、客观赋权或主客观相结合赋权，最后进行线性汇总，这种情况只有一个权重的概念。第二类是不赋权非线性评价，不需要赋权，对指标数据汇总的方式是非线性汇总，可以通过计算得到实际权重，所以，也只有一个权重概念，这是实际权重。第三类是赋权非线性评价，赋权方法同样包括主观赋权、客观赋权或主客观相结合赋权，指标数据汇总同样采用非线性汇总，不过这里有两个权重的概念，一个是名义权重，这是在评价时赋值的，另一个是实际权重，这是评价后通过模拟得到的。需要注意的是，这两个权重是两回事，其权重大小排序往往不相同，真正发挥作用的是实际权重，而非名义权重。

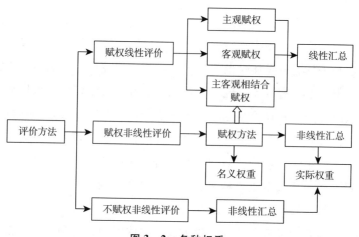

图 3－2　各种权重

不同评价方法权重的主客观问题如下。第一，对于赋权线性评价方法，也可以理解为名义权重与实际权重一致。赋权线性评价的赋权方式，决定了评价是主观评价、客观评价以及主客观相结合评价。第二，对于赋权非线性评价方法，名义权重可以是主观权重、客观权重或主客观权重，而实际权重的本质更多倾向于客观权重或主客观权重，因为通过模拟权重来计算的实际权重已经包括了客观数据信息，不可能是完全的主观权重。第三，对于不赋权非线性评价方法，本质上属于客观评价，其实际权重属于客观权重。

由于赋权非线性评价存在实际权重，同样可以置于本节的框架下来研究权重的本质。

3. 非参数评价方法的实际权重问题

在多属性评价方法中，绝大多数评价方法属于参数评价，评价结果为分值；少部分评价方法属于非参数评价方法，评价结果为排序（见图3－3）。非参数评价方法又分为不赋权的评价方法和赋权的评价方法，如ELECTRE（Roy，1996）就是一种非参数评价方法，评价结果是排序，此时不能采用岭回归或偏最小二乘法来模拟得到实际权重，可以采用排序因变量模型来进行回归，因为该模型的因变量是排序，可以克服非参数评价方法难以进行参数回归模拟计算实际权重的困难。所以，对于不赋权的非参数评价方法，同样可以通过计算得到实际权重，对于赋权的非参数评价方法，同样存在名义权重与实际权重的问题。这样，权重问题的讨论同样可以推广到非参数评价方法。

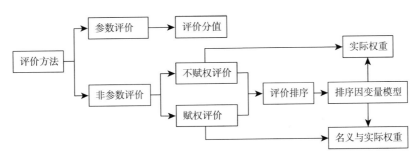

图3－3　非参数评价的实际权重

关于非参数评价方法的主客观问题与线性评价中的非线性评价类似，即不赋权的非参数评价其实际权重是客观权重，主观或主客观赋权的非参数评价其实际权重是主客观权重，客观赋权的非参数评价其实际权重是客观权重。不存在实际权重是主观权重的非参数评价方法。

4. 评价对象过少导致无法回归问题

对于非线性评价方法，无论是参数评价还是非参数评价，都可以通过一定的回归方法得到模拟权重，但是回归是有前提条件和要求的。比如，在指标众多、评价对象过少的情况下，回归自由度是不够的；有的回归方法需要评价指标服从正态分布；指标多重共线性导致回归系数难以通过统计检验甚至符号错误；等等。在这些情况下无法通过模拟的方法来估计实际权重，但这仅仅是个操作层面的问题，并不影响从基础理论层面进行权重的本质分析。

三　权重的本质分析

1. 客观权重与主观权重的本质

客观权重不仅体现在线性加权评价中，不赋权或客观赋权的非线性评价中的实际权重以及不赋权非参数评价或客观赋权非参数评价的实际权重，本质上都是客观权重。客观赋权方法完全根据数据说话，根本不需要人为确定权重。

客观评价方法用于评价是有前提条件的。首先一定要弄清客观赋权的原理，比如熵权法或变异系数法，其本质是根据评价指标的数据波动赋权，对于数据波动较大的指标，权重一般也较大，而数据波动较大的指标往往是一些新生事物指标。如果在科技评价中，评价目的是鼓励新生事物的发展，比如新一代信息技术、物联网、"互联网＋"等相关指标，采用熵权法或变异系数法评价未尝不可。客观赋权法是否能够采用，要看其是否符合评价目的，是否能够体现管理意图。或者说，采用客观评价方法进行评价，必须首先确定评价是否遵循该客观评价方法中体现的自然规律。

从哲学角度看，客观权重是人们在认识世界、改造世界过程中遵循自然规律的结果，客观权重的本质就是自然规律的体现。主观权重是人们在认识世界、改造世界中主观能动性的体现。

2. 主客观权重的本质

在科技评价中，单纯采用主观赋权进行评价受到一些诟病，认为主观性太强，不同专家权重重现性差，但是如果完全采用客观评价方法，也不一定能体现管理目标，因而一些评价方法在评价时将主观与客观相结合。主观评价主要通过人为设定权重来体现，而客观评价主要体现了一定的数学或统计学原理，一般采用非线性评价方法来进行评价，比如加权 TOP-SIS 评价，就要人为设定各指标的权重；多准则妥协解排序法 VIKOR（Opricovic，1998），就要设置群体满意度与个体遗憾度的权重。此外，主观赋权或主客观赋权的参数评价与非参数评价的实际权重，本质上也属于主客观权重。

主观评价本质上体现了人类认识世界改造世界的判断标准，是人类社会所特有的，而客观评价更多地体现了某种自然规律。从哲学层面看，主客观权重的本质是人类认识世界改造世界中遵循自然规律和发挥主观能动性的综合体现。

3. 指标属性与权重的关系

多属性评价起源于 20 世纪 50 年代，Churchman 等（1998）首次正式利用简单加权法处理了选择企业投资方案这样一个多属性决策问题。Hwang 等（1981）系统地总结回顾了前人关于多属性决策的大量研究成果，编辑和出版了第一本该领域的专著《多属性决策方法和应用》。本质上多属性评价与多属性决策或多目标决策有相通的地方，只不过评价对象都是现实存在的个体。

在多属性评价中，第一个需要解决的是评价目的与属性关系的问题。根据评价目的选取若干个属性，每个属性再选择若干个指标，多属性评价就是围绕评价目的，从多个属性的角度全面进行评价。比如评价区域科技创新能力，需要从创新环境、创新资源、研发成果、创新政策等多个属性角度进行评价，这些指标往往是一级指标，这里就涉及不同属性指标的权重问题（见图 3 - 4），对于不同属性指标，严格意义上讲指标之间是不可以互补的，设定不同权重的目的，是对不同属性进行某种转换。

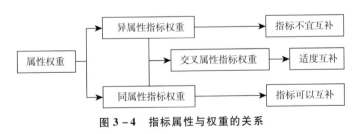

图 3 - 4　指标属性与权重的关系

对于同一属性下的不同指标，尽管指标不同，但其往往具有相似的属性，一个指标较差、其他指标较好也没有关系，因此指标间是可以互补的，或者说指标之间是可以互相替代的。比如科技成果中，科技申请数与科技授权数两个指标之间。再如学术期刊评价中，5 年影响因子与特征因子都具有相似的性质，是期刊影响力的重要体现。

其实在科技评价中，严格意义上讲，同属性指标之间还是有差异的，更多属于"多属性指标"，也就是说，虽然是在同属性下，但不同指标的属性具有一定的属性多样性，在这种情况下，指标之间既有互补关系也有一定的非互补关系，但总体上呈现互补关系。

多属性评价的本质目标，就是将多属性评价变为单属性评价，最终变成一个评价结果，这也是多元统计的最终目的。苏为华（2001）认为，从哲学高度审视，统计综合评价是一种认识手段，一种定量认识客观实际的手段，它使我们能够从纷杂的现象中把握事物的整体水平。

综上所述，对于不同属性的评价指标而言，权重的本质是不同属性转化为同一属性的转换系数；对于同一属性的评价指标而言，权重的本质是同类指标之间的替代系数。

4. 权重的确定主体分析

在科技评价中，权重的确定肯定是评价者，但是在具体评价中，情况却复杂得多，涉及以下几个方面。

第一，评价者自身。如专门的评价机构，或者是具体的评价小组等，比如学术期刊评价，评价者如中国科学技术信息研究所、北京大学图书馆、南京大学中国社会科学评价中心、中国社科院中国社会科学评价中心等，它们是评价的执行机构，对评价的权重有较大影响。

第二，领域专家。在具体的科技评价中，离不开相关领域的专家，在充分了解评价目的、评价背景的基础上，由领域专家对指标选取、权重设定、评价方法选取等提出意见，最终设计出科学合理的评价体系。

第三，公众。公众是评价结果的接受者，按道理与权重无关，但是事实并非如此。评价指标体系总体上是要公开的，包括评价目的、指标选取、权重设定、评价方法等，这也是公平、公开、透明原则的综合体现。由于权重对评价结果影响较大，不合理的权重一旦被公众发现并提出质疑，难免会产生负面的效果，在权重设定时必须充分考虑公众的需求和感受。

第四，管理者。评价的需求部门，往往是管理部门，如大学的科技评价，一般是大学的科研管理部门。区域科技创新评价，需求者往往是政府的相关管理部门。评价需求者更多的是从评价目的出发，提出评价的指导思想和具体目标要求。而这与指标权重密切相关，也会影响权重的设定和指标选取等诸多环节。

综上所述，从利益相关者角度，权重的本质是管理者、评价机构、领域专家、公众利益博弈的均衡结果。

5. 权重与管理的关系

评价是为管理服务的，没有科学的评价，就没有科学的管理（邱均平，2004）。即使是第三方评价机构发布的各种评价蓝皮书，本质上也是为管理部门服务的。评价为管理服务主要体现在以下几个方面。

评价必须体现管理目标。这是在评价之前必须确定的，否则评价就没有意义。当然，权重仅仅是评价的一个方面，但是与管理目标紧密相关的评价指标，其权重相对较大，这就是权重的重要性本质所在。

评价必须能为管理提供判断标准。评价本身就是一个标准体系，依靠这套标准体系，管理者能够对评价对象加以判断打分，或者对各个属性的情况进行统计分析，借以发现其中存在的问题，进而提出有效的政策措施加以改进。

权重能够指明改进的方向。通过设定不同指标的权重，可以明确关键指标，这样评价对象在改进时，在改进幅度相等的情况下，改进不同指标的效果是不同的，提高关键指标的水平有利于评价结果的快速提高。当然，这里面也会存在一些问题，如果不重视关键指标的质量，也容易被钻空子。比如期刊评价中，影响因子作为一个关键指标，有些期刊会通过增加自引的方式人为抬高自身的水平，所以比较合理的做法是尽量选取他引影响因子指标。

综上所述，从权重与管理的关系角度出发，权重的本质是管理目标和改进路径的定量体现。

四　结论与讨论

1. 所有的多属性评价方法均包含权重问题

本节的研究表明，不管是赋权还是不赋权，不管是参数评价还是非参数评价，不管是线性评价还是非线性评价，均存在权重。不过一些非线性评价方法和非参数评价需要通过一定的回归方法计算模拟权重，得到实际权重。所以，权重的本质问题存在于所有的多属性评价方法中，具有极其广泛的影响，是多属性评价的基础理论问题。

2. 权重的本质是多视角的

从哲学角度看，客观权重的本质是人们在认识世界改造世界过程中遵循自然规律的体现；主观权重的本质是人们在认识世界改造世界中主观能动性的体现；主客观权重的本质是人类认识世界改造世界中遵循自然规律和发挥主观能动性的综合体现。从指标属性角度看，对于不同属性的评价指标而言，权重的本质是不同属性转化为同一属性的转换系数；对于同一属性的评价指标而言，权重的本质是同类指标之间的替代系数。从利益相关者角度看，权重的本质是管理者、评价机构、领域专家、公众利益博弈的均衡结果。从管理的角度看，权重的本质是管理目标和改进路径的定量体现。

3. 权重的本质对于科技评价具有重要意义

正因为权重的本质是多视角的，所以在科技评价中一定要深刻认识权重的本质，并在评价指标选取、权重赋值、评价方法的选择、评价结果的运用中注意到相关问题，做到遵循自然规律与发挥人的主观能动性的统一，处理好评价中管理者、评价者、专家、公众之间的关系，处理好不同属性指标之间的关系，抓住主要矛盾和关键，努力做到评价的公开、公平、公正。

第二节　科技评价中加权 TOPSIS 权重的修正

本节将权重分为设定权重与实际权重，指出线性评价方法设定权重与设计权重是相等的，而在非线性评价方法中两者并不一致，实际权重可以用评价结果与评价指标进行岭回归，然后将回归系数标准化后得到。基于 JCR 经济学期刊数据，通过对加权 TOPSIS 的研究表明，加权 TOPSIS 评价方法不具有权重单调性，加权 TOPSIS 评价压低设定权重，TOPSIS 评价方法具有较强的权重鲁棒性，在此基础上，提出了分子加权 TOPSIS 方法，解决了权重单调性问题。

一　引言

TOPSIS 评价方法是 Hwang 等（1981）提出的一种优秀的评价方法，它根据评价对象到正理想解与负理想解之间的相对距离来进行评价，具有系统性强、数学意义明确、方法简捷的优点，因而得到广泛的应用，在中国知网查主题为"TOPSIS"的文献，共有4900多篇。TOPSIS 方法诞生之处并没有权重的概念，Shyur（2006）、Deng 等（2000）、Yue（2011）等学者将权重引入 TOPSIS，目前采用 TOPSIS 评价模型的文献虽然权重设定方法不同，但大多数均引入了权重进行评价。

在科技评价中，TOPSIS 也得到广泛的应用，大多数采用赋予权重的 TOPSIS 方法。第一类是普通 TOPSIS 法，Xu 等（2013）采用 TOPSIS 法评价研究机构的论文产出水平。胡永健、周琼琼（2009）采用加权 TOPSIS 评价国家科技基础条件平台运行服务绩效。第二类是采用模糊 TOPSIS 法进行评价，Metin 等（2009）在研究所学术人员招聘中，采用模糊 TOPSIS 进行辅助选择。Li（2014）在研究机构科研产出中，采用模糊 TOPSIS 进行多指标群决策。第三类是采用熵权 TOPSIS 进行评价，赵黎明、刘猛（2014）用熵权法确定指标权重，结合 TOPSIS 法建立区域科技创新能力综合评价模型。皮进修、彭建文等（2016）以 Web of Science 数据库中核心期刊论文为信息来源，采用熵权 TOPSIS 评价了科研机构在大数据研究领域中的影响力。第四类是层次分析和 TOPSIS 法相结合，王天歌、王金苗（2016）通过构建核心专利综合评价指标体系并结合 TOPSIS 方法和层次分析法确定各指标的权重，识别出 150 件我国生物医药核心专利。张夏恒、冀芳（2017）采用 AHP 和熵权确定权重，然后采用 TOPSIS 评价科技期刊微信公众号的满意度。第五类是其他 TOPSIS 法，邵景波、李柏洲等（2008）采用加权主成分 TOPSIS 价值函数比较了中俄科技潜力。石宝峰、迟国泰等（2014）通过在 TOPSIS 中引入矩阵距离对截面评价结果进行二次赋权，建立了基于矩阵距离时序赋权的科学技术评价模型。王映（2013）采用指标难度赋权法、TOPSIS 法结合 RSR 法，对学术期刊综合影响力进行了评价。

TOPSIS 根据评价对象到正理想解与负理想解的相对距离来综合进行评价，其计算公式为

$$C_i = \frac{\sqrt{\sum_{j=1}^{n} \omega_j (x_{ij} - x_j^-)^2}}{\sqrt{\sum_{j=1}^{n} \omega_j (x_{ij} - x_j^+)^2} + \sqrt{\sum_{j=1}^{n} \omega_j (x_{ij} - x_j^-)^2}} \qquad (3-1)$$

公式（3-1）中，设有 n 个评价指标，i 表示评价对象序号，j 表示评价指标序号；x_{ij} 为标准化后的评价指标；x_j^+ 为理想解，即标准化后的极

大值；x_j^- 为负理想解，即标准化后的极小值；ω_j 表示权重。分子其实表示评价对象到负理想解的距离，分母为评价对象到正负理想解的距离之和；C_i 表示 TOPSIS 的评价结果，其值介于 0～1。将公式（3－1）同时除以分子，变为

$$C_i = \cfrac{1}{\sqrt{\cfrac{\sum\limits_{j=1}^{n} \omega_j \left(x_{ij} - x_j^+ \right)^2}{\sum\limits_{j=1}^{n} \omega_j \left(x_{ij} - x_j^- \right)^2}} + 1} \qquad (3-2)$$

公式（3－2）中，分母中根号里面的分数部分，分子为评价对象到正理想解的距离，分母是评价对象到负理想解的距离，分子与分母都有权重，某个评价指标权重较高，那就意味着分子和分母中的权重同时较高，无法通过数学证明在其他指标权重不变的情况下，某个指标权重越大，评价结果越大，或者说评价结果与权重正相关，也就是权重具有单调性。如果这个问题成立，那么加权 TOPSIS 就没有存在的基础，目前大量采用加权 TOPSIS 方法的学术论文，可能其科学性就存在问题。比如在科技评价中，专家会议讨论某个指标的权重为 0.13，后来经过广泛讨论后认为不合理，应该提高到 0.18，能够想象权重提高后可能反而降低了权重吗？俞立平、刘爱军（2014）采用传统回归和岭回归计算模拟权重进而对 TOPSIS 权重的单调性进行检验，发现 TOPSIS 并不具有权重单调性。

学术界早就注意到 TOPSIS 方法自身存在的问题。Jahanshahloo 等（2006）研究了当属性数据为模糊数时 TOPSIS 方法的距离计算公式。陆伟锋、唐厚兴（2012）提出将相对正负理想点转换成绝对正负理想点，并利用投影方法改进贴近度公式来改进 TOPSIS 法。华小义、谭景信（2014）基于"垂面"距离正交投影法，提出了一种改进 TOPSIS 距离计算的方法。谭春桥（2010）基于区间值直觉模糊集，提出了一种新的 TOPSIS 模糊多属性决策方法。孙世岩、邱志明等（2006）提出了一种多属性决策鲁棒性评价的仿真方法，利用这种方法就方案和属性数量对 TOPSIS、ELECTRE Ⅲ 和 PROMETHEE Ⅱ 等经典的多属性决策方法进行了鲁棒性比较。徐泽水（2001）定义了目标贴近度概念，利用目标方案与正理想解和负理想解夹角的余弦，对 TOPSIS 进行改良。付巧峰（2007）提出在解决某些实际问

题时应放弃全序而采用偏序，能更合理地反映出方案的优劣性，优化了 TOPSIS 方法。

从目前的研究看，很少有学者意识到加权 TOPSIS 可能存在的权重单调性问题，更缺乏如果该问题存在的可能的解决方法。当然，由此也衍生出一个新的问题，就是无论是主观赋权还是客观权重，只要设定权重，那么这种设定的权重究竟有没有发挥应有的作用？这些问题都需要进行深入分析。本节首先建立分析框架，提出分析方法，然后以 JCR 数学期刊为例，对加权 TOPSIS 的权重问题进行深入分析，并提出改进思路，提出一种新的加权 TOPSIS 评价方法——分子加权 TOPSIS 法。

二　分析方法

1. 权重单调性的检验

（1）设定权重与实际权重

评价方法与权重之间的关系如图 3 - 5 所示。为了深入分析 TOPSIS 权重的单调性问题，本节引入设定权重与实际权重的概念。所谓设定权重，就是评价时通过主观或客观方法得到的权重，将其应用到评价当中。所谓实际权重，就是评价结果中指标的实际重要性所反映的权重。之所以这么区分，是因为评价方法总体上分为线性评价与非线性评价，线性评价方法就是数据标准化后进行加权汇总，如层次分析法、熵权法、离散系数法等，在线性评价中，设定权重与实际权重是一致的。非线性评价就是评价时评价指标与评价结果是非线性关系，非线性评价方法又包括含权重非线性评价与无权重非线性评价，含权重的非线性评价方法如加权 TOPSIS、主成分分析、因子分析等，而无权重非线性评价方法如粗糙集、数据包络分析（DEA）等。在含权重的非线性评价中，设定权重与实际权重是不对等的。无权重的非线性评价本质上就是等权重评价，那么其设定权重也不等于实际权重。所以所有的非线性评价方法都存在设定权重与实际权重不一致问题，根本原因是非线性评价将评价结果与设定权重之间的关系"扭曲"了，通过计算模拟可以得到实际权重。

（2）权重单调性检验的步骤

本节重点讨论的问题就是非线性评价方法中设定权重与实际权重不相

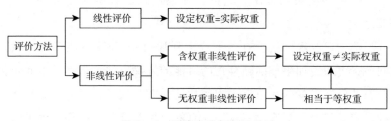

图 3 - 5　评价方法与权重关系

等问题。实际权重的计算方法是俞立平、潘云涛等（2010）提出来的，也称为模拟权重，就是将非线性评价结果与评价指标进行回归，回归系数经标准化后就是实际权重。这样就可以将实际权重与设定权重进行比较。具体到本节加权 TOPSIS 方法，其比较步骤如下。

第一，以学术期刊评价为例，引入若干评价指标 X_1，X_2，…，X_n，将其标准化后，采用 TOPSIS 进行评价，此时暂不设定权重，相当于等权重评价。然后将评价结果作为因变量、标准化后的评价指标作为自变量进行回归，再对回归系数进行规范化处理，得到模拟权重。考虑到评价指标之间往往存在严重的多重共线性，回归方法采用岭回归。

第二，以其中一个评价指标 X_i 为例，在 TOPSIS 距离计算时，在该指标前面依次乘以 2 ~ 9，相当于依次提高 X_i 的设定权重，然后重复第一步，分别得到每个设定权重的实际权重。

第三，计算设定权重。在 TOPSIS 评价中，共 n 个指标，X_i 的权重依次为 1 ~ 9，而其他指标的权重均为 1，可以通过以下公式计算 X_i 设定权重，即

$$\omega_t = \frac{i}{n-1+i} \qquad (3-3)$$

比如当 $i = 6$ 时，相当于 X_i 的权重是其他指标的 6 倍，假设共 10 个指标，其他 9 个指标的权重均为 1，其和为 9，而 X_i 的权重为 6，这样权重之和为 15，X_i 的权重就是 6/15，即 0.40。

第四，比较设定权重与实际权重。将 9 个设定权重从低到高排序，并与对应的实际权重进行比较，看实际权重是否也是单调递增。由于公式（3 - 2）并不能证明权重的单调性，为了提高研究的稳健性，可以比较多个指标。只要任意一个指标出现权重非单调递增现象，就说明加权 TOP-

SIS 存在问题，不能用来进行评价。

此外，还可以画出指标 X_t 设定权重与模拟权重的折线图，进一步比较设定权重与模拟权重的大小，分析实际权重究竟是提高了设定权重还是降低了设定权重，也就是设计权重对设定权重的扭曲程度。

2. 加权 TOPSIS 权重非单调性问题的修正

既然理论上不能证明加权 TOPSIS 不具有权重的单调性，那么如果实证数据也不能验证，那么就要考虑对加权 TOPSIS 法进行修正。考虑到 TOPSIS 权重非单调的原因是公式（3－1）分母中也有权重，因此对于分母的处理，采用等权重原则，即分母中无论是正理想解还是负理想解，均不进行加权，而分子计算评价对象到负理想解的距离则进行加权，即

$$C_i = \frac{\sqrt{\sum_{j=1}^{n} \omega_j \left(x_{ij} - x_j^-\right)^2}}{\sqrt{\sum_{j=1}^{n} \left(x_{ij} - x_j^+\right)^2} + \sqrt{\sum_{j=1}^{n} \left(x_{ij} - x_j^-\right)^2}} \qquad (3-4)$$

很明显，公式（3－4）中，权重只出现在分子中，因此完全满足权重单调递增的条件。优化方法只对分子进行赋权，因此也称为分子加权 TOPSIS 法。

当然，对于分子加权 TOPSIS 的特点，设定权重与实际权重的关系等也有必要进一步采用实证进行检验。

三　评价数据

为了验证加权 TOPSIS 法的权重单调性，本节基于 JCR 2015 数据库，以经济学期刊为例进行研究。JCR 2015 经济学期刊共有 333 种，数量较多，有利于保证研究的稳健性。2015 年 JCR 公布的评价指标共有 11 个，分别是总被引频次（X_1）、影响因子（X_2）、他引影响因子（X_3）、5 年影响因子（X_4）、即年指标（X_5）、特征因子（X_6）、论文影响分值（X_7）、标准化特征因子（X_8）、被引半衰期（X_9）、引用半衰期（X_{10}）、影响因子百分位（X_{11}）。

由于部分指标数据缺失，经过数据清洗后还有 278 种期刊，此外被引半衰期和引用半衰期是反向指标，需要进行正向处理。表 3－1 是各指标

的描述统计。

表 3 - 1　指标描述统计

评价指标	简称	均值	极大值	极小值	标准差
总被引频次	X_1	1958.227	33621.000	104.000	3703.205
影响因子	X_2	1.258	6.654	0.100	0.977
他引影响因子	X_3	1.099	6.383	0.045	0.926
5 年影响因子	X_4	1.716	11.762	0.245	1.491
即年指标	X_5	0.286	5.231	0.000	0.406
特征因子	X_6	0.006	0.121	0.000	0.011
论文影响分值	X_7	1.427	16.062	0.040	2.122
标准化特征因子	X_8	0.675	13.519	0.013	1.284
被引半衰期	X_9	8.025	10.000	0.800	2.157
引用半衰期	X_{10}	9.186	10.000	4.100	1.192
影响因子百分位	X_{11}	54.976	99.850	2.853	26.348

四　实证结果

1. 加权 TOPSIS 设定权重与实际权重的比较

首先以总被引频次为例，在计算 TOPSIS 距离时，用总被引频次减去正理想解或负理想解然后平方，再在前面依次乘以 1～9，相当于人为提高总被引频次的权重，然后分别进行岭回归，得到回归系数，在此基础上得到模拟权重，即实际权重。以 $i=6$ 为例，TOPSIS 计算公式为

$$C_i = \cfrac{1}{\sqrt{\cfrac{6 \times (x_{i1}-100)^2 + (x_{i2}-100)^2 + \cdots + (x_{i11}-100)^2}{6 \times (x_{i1}-k_{i1})^2 + (x_{i2}-k_{i2})^2 + \cdots + (x_{i11}-k_{i11})^2}} + 1}$$

(3 - 5)

至于设定权重，以公式（3 - 3）计算即可，所有结果如表 3 - 2 所示。

从表 3 - 2 可以看出，当权重初值 $i=1$ 时，总被引频次的设定权重为 0.091，实际权重为 0.041；当 $i=9$ 时，总被引频次的设定权重为 0.474，实际权重为 0.148。设定权重与实际权重均是单调递增的，并没有出现设

定权重增加、实际权重反而降低的情形。

表 3 - 2 总被引频次设定权重与实际权重比较

指 标	岭回归系数								
权重初值	$i=1$	$i=2$	$i=3$	$i=4$	$i=5$	$i=6$	$i=7$	$i=8$	$i=9$
X_1	0.055	0.079	0.100	0.100	0.114	0.115	0.122	0.163	0.190
X_2	0.147	0.142	0.157	0.154	0.150	0.115	0.121	0.131	0.127
X_3	0.166	0.150	0.135	0.142	0.144	0.121	0.117	0.105	0.102
X_4	0.134	0.151	0.161	0.171	0.157	0.153	0.146	0.152	0.143
X_5	0.075	0.087	0.072	0.065	0.064	0.067	0.067	0.057	0.048
X_6	0.032	0.029	0.058	0.057	0.070	0.135	0.135	0.092	0.099
X_7	0.124	0.119	0.078	0.084	0.087	0.074	0.073	0.064	0.068
X_8	0.029	0.029	0.057	0.056	0.068	0.122	0.119	0.090	0.097
X_9	0.199	0.182	0.164	0.149	0.146	0.109	0.111	0.121	0.107
X_{10}	0.155	0.155	0.157	0.148	0.149	0.109	0.110	0.099	0.109
X_{11}	0.219	0.219	0.201	0.191	0.186	0.174	0.176	0.206	0.191
设定权重	0.091	0.167	0.231	0.286	0.333	0.375	0.412	0.444	0.474
实际权重	0.041	0.059	0.075	0.076	0.085	0.089	0.094	0.127	0.148

为了提高研究的稳健性，再以特征因子为例，在计算 TOPSIS 距离时，用特征因子减去正理想解或负理想解然后平方，再在前面依次乘以 1～9，相当于人为提高特征因子的权重，然后分别进行岭回归，得到回归系数，在此基础上得到模拟权重，即实际权重。至于设定权重，由于实验方法一样，结果与总被引频次的情况相同。

从表 3 - 3 可以看出，当权重初值 $i=1$ 时，特征因子的设定权重为 0.091，实际权重为 0.022；当 $i=9$ 时，特征因子的设定权重为 0.474，实际权重为 0.059。但是，当 $i=1$ 向 $i=9$ 逐步提高时，设定权重是逐渐提高的，但实际权重并没有逐步提高，也就是说，当特征因子设定权重单调递增时，其实际权重并没有单调递增，存在多次降低的情形。因此，用特征因子做实验时，权重并不具有单调性。

表 3 – 3   特征因子设定权重与实际权重比较

指　　标	岭回归系数								
权重初值	$i = 1$	$i = 2$	$i = 3$	$i = 4$	$i = 5$	$i = 6$	$i = 7$	$i = 8$	$i = 9$
X_1	0.056	0.056	0.091	0.063	0.102	0.086	0.069	0.070	0.075
X_2	0.151	0.142	0.167	0.160	0.174	0.150	0.128	0.123	0.120
X_3	0.164	0.147	0.139	0.156	0.142	0.140	0.145	0.127	0.123
X_4	0.139	0.142	0.159	0.148	0.152	0.155	0.193	0.168	0.165
X_5	0.073	0.077	0.084	0.081	0.079	0.079	0.055	0.066	0.073
X_6	0.030	0.032	0.013	0.047	0.028	0.068	0.097	0.119	0.120
X_7	0.124	0.157	0.121	0.130	0.128	0.105	0.128	0.101	0.099
X_8	0.028	0.031	0.020	0.047	0.032	0.067	0.096	0.117	0.118
X_9	0.203	0.188	0.193	0.161	0.182	0.160	0.100	0.115	0.109
X_{10}	0.149	0.150	0.146	0.127	0.129	0.150	0.106	0.089	0.089
X_{11}	0.219	0.214	0.213	0.193	0.191	0.184	0.157	0.179	0.181
设定权重	0.091	0.167	0.231	0.286	0.333	0.375	0.412	0.444	0.474
实际权重	0.022	0.042	0.068	0.048	0.076	0.064	0.054	0.055	0.059

为了进行深度分析，将设定权重、总被引频次实际权重、特征因子实际权重画图进行对比（见图 3 – 6），可以非常明显地看出两个特点：第一，总被引频次的实际权重是单调递增的，但特征因子的实际权重并不呈现这种特点，也就是说，在采用加权 TOPSIS 进行评价时，我们在提高特征因子权重时，反而出现实际上是降低了特征因子权重的现象，这是不允许的，或者说是加权 TOPSIS 潜在的重要问题。第二，TOPSIS 的实际权重被压低了。在设定权重快速提升的过程中，实际权重并没有得到相应的提高，或者说提高的比例不快，也就是说，权重并没有显得那么重要，TOP-SIS 权重具有一定的鲁棒性。

那么，为什么总被引频次的实际权重具有单调性，而特征因子的实际权重不具有单调性呢？因为从加权 TOPSIS 的计算公式看，并不能证明其具有权重单调性，之所以呈现单调性，纯粹是由评价数据的特点决定的，换了一个指标，比如特征因子，立即可以看出其权重不具有单调性。

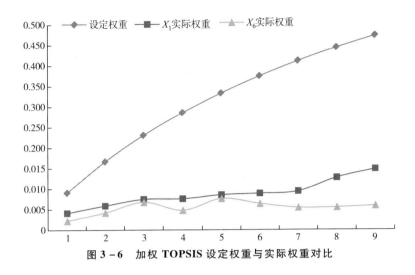

图 3 - 6 加权 TOPSIS 设定权重与实际权重对比

2. 分子加权 TOPSIS 的设定权重与实际权重的比较

首先基于分子加权 TOPSIS 进行评价，在计算 TOPSIS 距离时，公式（3 - 4）中，分母不加权，分子到负理想解的距离加权。以总被引频次为例，分子中，总被引频次减去负理想解然后平方，再在前面依次乘以 1 ~ 9，相当于人为提高总被引频次的权重，然后分别进行岭回归，得到回归系数，在此基础上得到模拟权重，即实际权重。以 $i = 6$ 为例，分子加权 TOPSIS 计算公式为

$$C_i = \frac{\sqrt{6 \times (x_{i1} - k_1)^2 + (x_{i2} - k_2)^2 + \cdots + (x_{i11} - k_{11})^2}}{\sqrt{(x_{i1} - 100)^2 + \cdots + (x_{i11} - 100)^2} + \sqrt{(x_{i1} - k_1)^2 + \cdots + (x_{i11} - k_{11})^2}}$$

$$(3 - 6)$$

公式（3 - 6）中，x_{ij} 表示标准化后评价指标 k_j 表示负理想解，标准化时，将极大值标准化为 100，即理想解全部是 100。

为了提高研究的稳健性，同样以特征因子为例进行类似的处理，最终得到表 3 - 4 和图 3 - 7 的总被引频次、特征因子的实际权重。

表 3 - 4 分子加权 TOPSIS 设定权重与实际权重比较

权重初值	$i = 1$	$i = 2$	$i = 3$	$i = 4$	$i = 5$	$i = 6$	$i = 7$	$i = 8$	$i = 9$	均值
设定权重	0.003	0.167	0.231	0.286	0.333	0.375	0.412	0.444	0.474	0.303
X_1 实际权重	0.042	0.059	0.070	0.073	0.074	0.077	0.098	0.088	0.103	0.076
X_6 实际权重	0.024	0.024	0.010	0.024	0.036	0.045	0.064	0.075	0.076	0.042

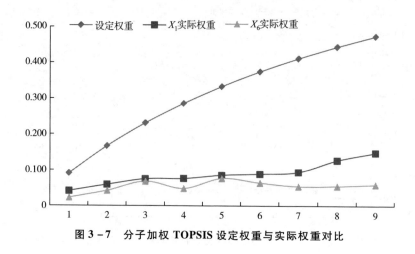

图 3-7　分子加权 TOPSIS 设定权重与实际权重对比

　　分子加权 TOPSIS 的权重单调性是可以证明的，但由于回归本身就是一种拟合，存在误差，实际情况并非如此。总被引频次的实际权重总体是单调递增的，但当初始权重 $i=8$ 时略有降低；同样，特征因子的实际权重总体也是单调递增的，但当初始权重 $i=3$ 时也略有降低，造成这种情况的主要原因是采用岭回归计算模拟权重毕竟是一种拟合，存在误差。

　　分子加权 TOPSIS 对于权重同样不敏感，9 次实验中设定权重均值为 0.303，总被引频次实际权重的均值为 0.076，为设定权重均值的 25.08%，特征因子实际权重的均值为 0.042，为设定权重均值的 13.86%，降低很多。

五　结论与讨论

1. 非线性评价方法要进行权重单调性及实际权重检验

　　本节将评价方法分为线性评价方法与非线性评价方法，并将权重分为设定权重与实际权重，指出线性评价方法设定权重与设计权重是相等的，而非线性评价方法两者并不一致。实际权重可以用评价结果与评价指标进行岭回归，然后将回归系数标准化后得到。

　　在非线性评价中，要注意的第一个问题是评价的单调性问题，就是设定权重增加，实际权重是否也相应增加，不具备单调性的非线性评价方法必须进行改进。非线性评价的第二个问题是实际权重有没有真实反映设定权重，是放大了还是降低了设定权重，如果实际权重与设定权重相差过大，也要重新反思评价方法。

2. 加权 TOPSIS 评价方法不具有权重单调性

评价是为管理服务的，在科技评价中，权重体现了管理理念，权重高的指标往往比较重要，是工作的重要抓手，对于评价结果的影响也较大。在采用加权 TOPSIS 方法的科技评价中，权重并不具有单调性，即随着某个指标权重增加，评价结果并没有相应程度地增加，甚至会降低，本质上是由于实际权重不具有单调性引起的。这个问题是十分重要的，也就是说，加权 TOPSIS 的权重失去了本来必须具备的意义，并不能反映权重的本质。

3. 加权 TOPSIS 评价会压低设定权重

加权 TOPSIS 对设定权重存在压低问题，压低程度取决于数据。本节通过设定权重从 0.003 逐步增加到 0.474 共 9 次的平均水平分析，发现总被引频次的实际权重只有设定权重的 25.08%，特征因子实际权重只有设定权重的 13.86%。

4. 分子加权 TOPSIS 解决了权重单调性问题

本节提出了分子加权 TOPSIS 评价方法，在进行评价时，分子到负理想解的距离进行加权，而分母中到正理想解和负理想解的距离不进行加权，从而彻底克服了权重单调性问题。在科技评价中，评价方法存在问题是最大的问题，因此分子加权 TOPSIS 可以做进一步的分析和研究，可以进行推广。

5. TOPSIS 评价方法具有较强的权重鲁棒性

本研究发现，TOPSIS 方法的实际权重存在较强的鲁棒性，即尽管指标设定权重变化较大，但其实际权重变化很小。在实际评价中，即使调整权重，一般幅度也比较小，加权 TOPSIS 进一步缩小了权重的作用，所以加权 TOPSIS 评价方法更适合等权重评价，比如对一些二级指标进行评价，如期刊影响力评价，评价指标往往都是与影响因子性质相似的指标，采用等权重评价是可以的。

第三节　线性科技评价中自然权重问题及修正研究

评价指标不服从正态分布、评价指标均值不相等，导致即使标准化后

的评价指标也存在隐含的自然权重问题，即均值较大的指标在评价中往往
具有更重要的作用。它会造成评价实际权重的严重扭曲，并影响评价结
果。本节将权重分为设计权重、自然权重、实际权重，从理论上分析了三
者之间的关系，并提出了动态最大均值逼近标准化方法，彻底消除了自然
权重问题。以 JCR 2015 经济学期刊评价为例，说明了自然权重对评价的
不良影响，在消除自然权重以后，使得实际权重与设计权重完全一致，从
而保证了评价的客观性与公正性。该方法也适用于反向指标，只不过对该
指标要首先进行正向化处理。

一　引言

在科技评价中，即使是在等权重的情况下，标准化后评价指标的均值
并不相等，导致评价得分中不同指标的重要性也不相同，即评价指标具有
"自然权重"。计算自然权重的方法是，在不赋权评价的情况下，分别计算
各指标均值占评价结果均值的比重。以学术期刊评价为例，JCR 2015 经济
学期刊中，指标经过标准化处理后，影响因子的均值为 18.911，总被引频
次的均值为 5.824，假设就采用这两个指标进行等权重评价，即直接相加，
那么评价结果的均值就是 24.735，影响因子均值占总得分的 76.45%，而
总被引频次均值仅占 23.55%。也就是说，评价指标的自然权重问题，导
致影响因子与总被引频次的权重分别为 0.765、0.235，而不是人们认为的
0.5、0.5，影响因子的权重会高很多（见表 3-5）。

表 3-5　JCR 2015 经济学期刊自然权重与数据特点

评价指标	均值	自然权重	极大值	极小值	标准差	偏度 S	峰度 K	Jarque-Bera	概率 p
总被引频次	5.824	0.030	100.000	0.309	11.015	4.838	32.281	11015.330	0.000
影响因子	18.911	0.099	100.000	1.503	14.683	2.030	8.555	548.259	0.000
他引影响因子	17.220	0.090	100.000	0.705	14.510	2.226	9.662	743.820	0.000
5 年影响因子	14.589	0.076	100.000	2.083	12.674	2.657	13.801	1678.543	0.000
即年指标	5.466	0.029	100.000	0.000	7.762	7.099	81.258	73274.450	0.000
特征因子	4.995	0.026	100.000	0.091	9.499	5.411	43.635	20482.630	0.000
论文影响分值	8.886	0.046	100.000	0.249	13.211	3.704	19.520	3797.144	0.000
标准化特征因子	4.995	0.026	100.000	0.094	9.499	5.410	43.631	20479.200	0.000

续表

评价指标	均值	自然权重	极大值	极小值	标准差	偏度 S	峰度 K	Jarque-Bera	概率 p
被引半衰期	29.165	0.152	100.000	9.804	21.145	0.858	2.593	36.068	0.000
引用半衰期	26.290	0.137	100.000	14.493	17.277	1.710	5.557	211.206	0.000
影响因子百分位	55.059	0.288	100.000	2.857	26.387	-0.059	1.834	15.913	0.000

在科技评价中，自然权重问题是个普遍问题，尤其在学术期刊评价中这个问题更为突出，但并没有引起足够的重视。主要原因是学术期刊评价指标数据绝大多数并不服从正态分布。Vinkler（2008）证明影响因子并不是论文的真实被引量，仅仅可作为被引概率的测度指标，认为引文分布具有右偏性。Seglen（1992）发现引文分析数据具有幂律分布特征，属于典型的偏态分布。Adler（2009）也发现引用数据分布是右偏的，服从幂律法则。在学术期刊不服从正态分布的情况下，为了评价进行进一步的指标数据标准化处理，无论是正向指标还是反向指标，大多数情况下会采用线性标准化方法，那么标准化指标的数据分布依然不会改变，即标准化指标同样不服从正态分布，这样标准化指标均值相等的可能性极小，自然权重问题就会很突出。

在 JCR 2015 经济学期刊中，根据 Jarque-Bera 正态分布检验结果，所有的评价指标均不服从正态分布。根据标准化数据计算的自然权重，最大的是影响因子百分位，权重高达 0.288，而最小的为特征因子和标准化特征因子，权重仅为 0.026。也就是说，影响因子百分位由于均值为 55.059，在评价中的实际重要性自然很大，而总被引频次的均值仅为 5.824，在评价结果中几乎可以忽略不计。

自然权重问题是个隐含问题，会严重影响科技评价的主观或客观赋权工作，导致科技评价赋权混乱，严重降低科技评价质量。比如在学术期刊评价中，专家一致认为某个指标的权重最高，但是由于自然权重的存在，一旦该指标自然权重较低，那么其实际权重不一定就是最高的，甚至较低也有可能。一旦该指标的自然权重较高，在专家赋权较高的情况下，最终该指标的实际权重也有可能高得离谱。因为专家在赋权时其实隐含了一个基本的假设或前提条件，那就是所有指标的自然权重相等。

自然权重问题是科技评价中的基础理论问题，分析其产生的原因以及对评价结果的影响，进而提出改进措施，不仅有利于丰富评价理论，而且对于科技评价实践具有重要的应用价值，可以降低评价系统误差，提高评价质量，因而具有重要的意义。

二 文献综述

在评价中，权重的确定方法一直是研究热点，也是评价工作的首要问题。

第一类是主观赋权方法，Dalkdy 等（1963）创立了德尔菲法，从而避免集体讨论存在的屈从于权威或盲目服从多数的缺陷，在新产品市场需求和技术预测等领域得到普遍应用。Saaty（1974）应用网络系统理论和多目标综合评价方法，创立了层次分析法（Analytial Hierarchy Process，AHP），从而为多准则、多目标或无结构特性的复杂决策和评价问题提供了相对简便的方法。Ramanathan 等（1994）在假设专家之间相互熟识的基础上，通过专家之间的互评来确定专家权重。刘仁义、陈士俊（2007）采用专家赋权法，对高校教师科技绩效进行评价。陆海琴、舒立（2008）认为专家权重应该由权威性权重、熟悉度权重和公正性权重等三部分构成，并且详细讨论了这三类权重的设计思路及总权重的计算模式。钟生艳、魏巍等（2011）运用层次分析法确定权重，对医院科技能力进行评价。许海云、方曙（2012）依据序关系转换权重的原理和算法，结合专家建议得出各文献类型的相对序关系，并进一步转换为相应的权重值，最终形成基于期刊文献类型的序关系转换权重的影响因子。何育静、夏永祥（2017）采用主观赋权进行产城融合评价。

第二类是客观赋权方法。Kahneman 等（1979）认为决策者概率权重函数遵循非线性的形式，给出了一种概率权重函数表达式，并对其中的参数取值进行了估计。Meymandpour 等（2013）基于信息论计算关联数据网络中资源（节点和关系）的信息量，以此来衡量资源在领域内的重要性。Gennert 等（1988）构造了一个凸性损失函数，依据能避免极端大或极端小权重的最小化最大值原则，通过求极值得出一个特殊的最优权重向量。江登英、康灿华（2008）构建了递阶层次结构模型，应用逐层序关系分析法确定了评价体系中各指标的权重系数，对公路交通科技创新能力进行评价。张立军、邹琦（2008）以路径分析方法为基础建立指标权重，构建基于路径系数权重体系的科技成果奖励评价模型。周志远、沈固朝（2011）基于粗糙集理论确定权重，认为该方法不需要任何先验信息即可完成权重计算，可使情报分析结果更加客观、有效。熊文涛、齐欢等（2010）针对两类利用离差计算属性客观权重的不足，提出了一种新的基于离差最大化的客观权重确定模型。陈亮、成榕等（2017）提出众里取大规则下由频率确定属性权重的方法，通过频率确定评价指标的权重。

第三类是主客观相结合赋权方法。赖敏、王广生（2009）采用专家调研法和层次分析法相结合的方法确定电力企业科技项目后评估指标权重系数。张立军、袁能文（2010）在分析专家权威性和可信度测量方法的基础上，提出一种同时考虑变异系数权重与专家权重的科技成果综合评价模型。何倩、顾洪等（2013）采用主观赋权（专家打分法、对比排序法、层次分析法）和客观赋权（标准离差法、熵权法、CRITIC 法）相结合的方法制定科技实力指标权重。王瑛、李菲（2016）采用聚类分析法将多专家的动态综合评价转换为静态综合评价，引入横向拉开档次法对各指标客观赋权，结合指标主观权重，运用数学规划法得到指标的集成权重。钟赛香、胡鹏等（2015）对 7 种指标权重客观赋值方法，采用"异同比较"，分析不同方法在不同参数设置下和聚类与否情况下的权重值、评价值和评价序的变化特征与分布规律，对 JCR 中 70 种人文地理期刊进行排序分析。夏维力、丁珮琪（2017）使用主客观方法对指标赋权，主观方法选用专家德尔菲法和层次分析法，客观方法选用标准离差法、熵权法和 CRITIC 法。

关于权重冲突与本源问题研究，傅蓉（2011）认为受考核指标的统计特征、计分方式等影响，平衡计分卡考核指标的结果权重与初始设定权重相比出现了明显的标准差和均值权重不一致情况，这种不一致情况影响考评排名和分数，从而扭曲考核的激励效果。俞立平、潘云涛等（2009）以 CSTPC 数据库医学学术期刊为例，首先应用客观评价方法进行评价，然后通过回归分析或排序选择模型估算出部分非直接赋权的客观评价法的权重，发现不同客观评价方法对相同指标的权重差异，单纯采用客观评价法进行评价其结果是不可靠的。俞立平、刘爱军（2014）采用传统回归和岭回归计算模拟权重进而对 TOPSIS 权重的单调性进行检验，发现 TOPSIS 并不具有权重单调性。

从目前的研究看，学术界在权重的分类、权重的赋值方法、现有评价方法的权重优化等领域研究成果极为丰富，由于主观赋权方法总体不多，学术界在客观赋权方法领域的成果更多，产生了几十种客观赋权方法。近年来，在评价应用中，结合主观与客观赋权方法得到广泛的应用，因为它能结合主观与客观赋权评价的优点。但是，关于评价指标自然权重问题的研究，学术界关注较少，主要原因如下。

第一，现实生活中，尽管一些领域的数据不服从正态分布，但是很多领域的评价指标往往服从正态分布，大多数评价指标的均值往往比较接近，所以自然权重问题不严重，但是只要存在这个问题，就要进行纠正，这是统计学方法不够优化的体现。

第二，在评价对象较少的情况下，由于区分度较大，即使不考虑自然权重引致最终的实际权重发生了扭曲，但是对评价结果排序的影响不至于太大，从而掩盖了这个问题。

第三，一些需要赋权的非线性评价方法，其方法本身就存在权重扭曲问题，即采用非线性数学方法进行评价，导致权重也是非线性的，发生了变化，同样掩盖了自然权重问题。

第四，自然权重问题是个隐含问题，容易被熟视无睹。

本节在对自然权重进行深入分析的基础上，提出自然权重、实际权重的概念以及测度方法，并采用一种新的均值标准化方法来解决这个问题，本文以 JCR 2015 经济学期刊为例，举例说明其原理与解决方法。

三　设计权重、自然权重与实际权重

1. 几个权重的关系

以线性加权汇总评价为例，其计算公式为

$$C_i = \omega_1 X_1 + \omega_2 X_2 + \cdots + \omega_n X_n \tag{3-7}$$

公式（3-7）中，ω_j 表示权重，X_j 是标准化后的评价指标，C_i 表示评价得分。ω_j 可以是主观赋权，也可以是客观赋权，或者说主客观相结合赋权，这是传统意义上的权重，为了加以区别，将该权重称为设计权重，傅荣（2011）将该权重称为初始权重，这里将其用 ω_D 表示。

自然权重 ω_S 是假设设计权重相等的情况下，各指标的相对重要性，可以用各指标的均值或汇总值所占比重表示，即

$$\omega_S = \frac{\displaystyle\sum_{i=1}^{m} X_{ij}}{\displaystyle\sum_{j=1}^{n} \sum_{i=1}^{m} X_{ij}} \qquad (3-8)$$

实际权重是在评价结果中，各指标实际均值或者汇总值所占的比重，傅荣（2011）称其为结果权重，这里用 ω_R 表示，即

$$\omega_R = \frac{\displaystyle\sum_{i=1}^{m} \omega_j X_{ij}}{\displaystyle\sum_{j=1}^{n} \sum_{i=1}^{m} \omega_j X_{ij}} \qquad (3-9)$$

很明显，设计权重 ω_D、自然权重 ω_S、实际权重 ω_R 并不相等。

2. 自然权重的修正

在线性评价中，只有保证实际权重与设计权重相等，才能真正发挥权重在评价中的作用。自然权重的存在，或者说评价指标数据的差异性，导致这种情况是一种理想状况，很难在现实生活中实现。为了做到设计权重与实际权重相等，必须彻底消除自然权重问题，一种最为简捷的方法就是通过标准化方法使得所有评价指标的均值相等，这样其汇总值也相等，即

$$\sum_{i=1}^{m} X_{ij} = m \overline{X_{ij}} = X_0 \qquad (3-10)$$

公式（3-9）就变为

$$\omega_R = \frac{\displaystyle\sum_{i=1}^{m} \omega_j X_{ij}}{\displaystyle\sum_{j=1}^{n} \sum_{i=1}^{m} \omega_j X_{ij}} = \frac{\omega_j \displaystyle\sum_{i=1}^{m} X_{ij}}{\displaystyle\sum \omega_j \sum_{i=1}^{m} X_{ij}} = \frac{\omega_j X_0}{\displaystyle\sum \omega_j X_0} = \omega_D \qquad (3-11)$$

均值标准化有两个前提条件必须处理好：第一，指标标准化后均值必须相等；第二，指标标准化后极大值相等，即极大值必须仍然是 1 或者是 100（以 100 为例）。第一个前提条件可以理解，第二个前提的根本原因是，在特殊情况下，不能使某个评价对象的评价值大于 100，如果某个评价对象每项指标都是最高，就有可能出现这种情况，不符合常理。为此，本节提出一种"动态最大均值逼近标准化"方法，其步骤如下（见图 3-8）。

第一，对所有指标进行标准化，并计算所有指标标准化后的均值，然后找到最大的均值 K。

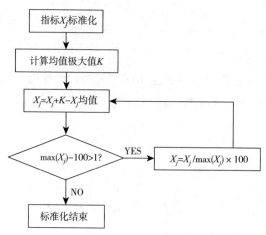

图 3-8 标准化过程

第二，除了均值极大值的指标外，其他指标需要继续处理，对于指标 X_j，加上所有指标中最大均值 K 与 X_j 均值的差，这样虽然均值相等，但极大值超过 100。

第三，对 X_j 进行二次标准化，所有指标除以极大值，这样极大值虽然为 100，但均值又减小了，所以还要第二步，以提高均值。

第四，如此循环，直到第二步极大值在许可范围内，比如极大值超过范围在 1% 以内，即小于 101。

因为这种数据标准化是动态的，需要循环多次，所以将这种标准化方法称为"动态最大均值逼近标准化"，这种标准化方法是一种线性变换，所以可以保持原始指标中的大量信息，不会破坏原始指标的数据分布。一般而言，只要保证标准化方法的线性变化，不会增加新的误差，也不会使标准化后的数据代表性降低。

下面对该标准化方法的均值逼近原理进行证明，即该方法如何保证均值是不断增加的。

假设评价指标中最大的指标均值为 K，二次标准化时首先将所有的指标加上均值差，即

$$X_j' = X_j + K - \overline{X_j} \qquad (3-12)$$

下面进行二次标准化，即

$$X_j'' = \frac{X_j + K - \overline{X_j}}{\max(X_j + K - \overline{X_j})} \times 100 = \frac{X_j + K - \overline{X_j}}{100 + K - \overline{X_j}} \times 100 \qquad (3-13)$$

只要证明 X_j'' 的均值递增即可，也就是说，要证明 X_j'' 的均值减去 X_j 的均值大于 0，即

$$\overline{X_j''} - \overline{X_j} = \frac{\displaystyle\sum_{i=1}^{m} \frac{X_j + K - \overline{X_j}}{100 + K - \overline{X_j}}}{m} - \overline{X_j}$$

$$= \frac{\displaystyle\sum_{i=1}^{m} X_{ij}/m + (K - \overline{X_j}) - \overline{X_j} - (K - \overline{X_j})\,\overline{X_j}}{100 + K - \overline{X_j}}$$

$$= \frac{(K - \overline{X_j})(100 - \overline{X_j})}{100 + K - \overline{X_j}} > 0 \qquad (3-14)$$

由于 K 是所有指标中均值极大值的指标，而 X_j 的均值肯定小于标准化的极大值 100，所以公式（3-14）一定是大于 0 的，也就是说，动态最大均值逼近标准化方法是单调递增的，理论上均值可以无限逼近 K。

四　实证结果

1. 资料来源

本节以 JCR 2015 经济学期刊为例，为了精简起见，以总被引频次、影响因子、特征因子 3 个指标评价为例，进行相关说明。JCR 2015 经济学期刊共有 333 种，删除了部分缺失数据期刊，最终还有 278 种。

2. 线性加权评价的自然权重

首先是设计权重，也就是评价时通过主观与客观方法确定的权重，作为一个算例，假定总被引频次的权重为 0.3、影响因子的权重为 0.5、特征因子的权重为 0.2。在计算自然权重时，对所有指标标准化后计算其汇总值和均值，然后再计算每个指标汇总值或均值占所有指标的比重，这就是自然权重，结果如表 3-6 所示。

表 3-6　自然权重

项　　目	总被引频次	影响因子	特征因子	合　计
汇 总 值	1619.187	5257.304	1388.568	8265.059
均　　值	5.824	18.911	4.995	29.730
自然权重	0.196	0.636	0.168	1.000

自然权重之间相差较大，影响因子的自然权重最大，为 0.636，总被

引频次的自然权重为 0.196，特征因子的自然权重为 0.168，影响因子的自然权重超过总被引频次和特征因子的总和。可见，在科技评价中，自然权重对评价产生了非常重要的影响，但是这种影响是隐含的、间接的。

3. 动态最大均值逼近标准化

（1）总被引频次的标准化

影响因子标准化结果如表 3-7 所示（部分期刊）。3 个指标中，均值极大值是影响因子的 18.911，总被引频次为 5.824，所以对总被引频次进行标准化时，首先加上均值差 13.087，这样虽然均值相等了，但极大值为 113.087 超过 100，所以进行二次标准化，这样导致均值又减小到 16.723，所以继续加上均值差 2.188，此时极大值又超过 100，变为 102.188，超过阈值 1%，所以还需要进行 3 次标准化，再加上均值差 0.405，此时均值和最大的影响因子均值相等，极大值为 100.405，在 1% 范围以内，此时标准化结束。也就是说，通过 3 次标准化，3 次加均值差以后，总被引频次标准化后均值和影响因子相等，从而消除了自然权重。

表 3-7　总被引频次标准化（部分）

期刊名称	①标准化值	②加均值差 ① + 13.087	③2 次标准化 ②/113.09 * 100	④加均值差 ③ + 2.188	⑤3 次标准化 ④/102.19 * 100	⑥加均值差 ⑤ + 0.405
Q J ECON	53.21	66.30	58.63	60.81	59.51	59.92
J FINANC	70.00	83.09	73.47	75.66	74.04	74.45
J ECON LIT	17.43	30.52	26.99	29.18	28.55	28.96
J ECON PERSPECT	21.14	34.23	30.27	32.46	31.76	32.17
J FINANC ECON	51.37	64.46	57.00	59.19	57.92	58.32
REV ECON STUD	26.00	39.09	34.56	36.75	35.97	36.37
ECONOMETRICA	71.90	84.99	75.16	77.34	75.69	76.09
AM ECON J - MACROECON	2.39	15.48	13.69	15.88	15.54	15.94
AM ECON REV	100.00	113.09	100.00	102.19	100.00	100.41
ECON SYST RES	2.41	15.49	13.70	15.89	15.55	15.95
J POLIT ECON	51.34	64.43	56.97	59.16	57.90	58.30

续表

期刊名称	①标准化值	②加均值差 ① + 13.087	③2 次标准化 ②/113.09 * 100	④加均值差 ③ + 2.188	⑤3 次标准化 ④/102.19 * 100	⑥加均值差 ⑤ + 0.405
BROOKINGS PAP ECO AC	5.33	18.42	16.29	18.48	18.08	18.49
J EUR ECON ASSOC	6.78	19.87	17.57	19.76	19.33	19.74
VALUE HEALTH	13.34	26.42	23.37	25.55	25.01	25.41
REV FINANC STUD	25.79	38.88	34.38	36.57	35.78	36.19
AM ECON J – APPL ECON	3.02	16.11	14.24	16.43	16.08	16.49
REV ENV ECON POLICY	1.42	14.51	12.83	15.02	14.70	15.10
J ECON GROWTH	4.22	17.31	15.30	17.49	17.12	17.52
TRANSPORT RES B – METH	17.89	30.97	27.39	29.58	28.94	29.35
TRANSPORT RES A – POL	14.32	27.41	24.23	26.42	25.86	26.26
AM ECON J – ECON POLIC	1.99	15.07	13.33	15.52	15.19	15.59
REV ECON STAT	29.57	42.66	37.72	39.91	39.05	39.46
ECON GEOGR	5.11	18.19	16.09	18.28	17.89	18.29
J ACCOUNT ECON	13.92	27.01	23.88	26.07	25.51	25.92
ECOL ECON	38.08	51.16	45.24	47.43	46.42	46.82
ENERG ECON	18.82	31.91	28.22	30.41	29.76	30.16
TRANSPORT RES E – LOG	8.77	21.85	19.32	21.51	21.05	21.46
J TRANSP GEOGR	8.27	21.36	18.89	21.08	20.62	21.03
ANNU REV ECON	1.37	14.46	12.79	14.98	14.66	15.06
J HEALTH ECON	15.03	28.12	24.86	27.05	26.47	26.88
极大值	100.00	113.087	100.00	102.188	100.00	100.405
均值	5.824	18.911	16.723	18.911	18.506	18.911

（2）特征因子标准化

根据同样原理进行特征因子的标准化，同样经过3轮标准化和3轮加均值差，最终特征因子的极大值为100.427，也在1%范围内，至此数据标准化结束。

4. 消除自然权重后评价结果比较

传统线性加权汇总评价，是不考虑自然权重的，为了比较采用"动态最大均值逼近标准化"消除自然权重后评价结果的差异，首先采用传统方

法进行加权汇总评价，然后消除自然权重后进行加权汇总评价，结果如表
3 - 8 所示，由于篇幅所限，本节只公布了排名前 30 的期刊。

表 3 - 8　消除自然权重前后评价结果比较

期刊名称	消除前评价	排序	消除后评价	排序
Q J ECON	75.01	2	78.66	1
AM ECON REV	77.60	1	77.81	2
J FINANC	70.55	3	73.56	3
ECONOMETRICA	59.87	4	62.77	4
J FINANC ECON	55.42	5	59.07	5
J ECON LIT	49.44	6	55.26	6
J ECON PERSPECT	47.85	7	53.50	7
J POLIT ECON	46.62	8	51.04	8
REV ECON STUD	44.19	9	49.37	9
REV FINANC STUD	41.67	10	46.28	10
ECOL ECON	36.13	11	41.07	11
REV ECON STAT	34.76	12	39.91	12
AM ECON J - MACROECON	32.12	13	38.69	13
VALUE HEALTH	31.08	14	37.28	14
J EUR ECON ASSOC	30.57	15	36.88	15
BROOKINGS PAP ECO AC	28.89	18	35.58	16
TRANSPORT RES B - METH	29.36	16	35.46	17
ECON SYST RES	28.13	21	35.07	18
AM ECON J - APPL ECON	28.41	20	34.79	19
ENERG ECON	28.87	19	34.79	20
ECON J	29.04	17	34.55	21
TRANSPORT RES A - POL	26.82	22	33.11	22
J HEALTH ECON	26.32	23	32.46	23
J ACCOUNT ECON	26.10	24	32.42	24
J ECON GROWTH	24.59	28	31.44	25
REV ENV ECON POLICY	24.21	29	31.17	26
J ECONOMETRICS	25.93	25	31.11	27
J INT ECON	25.00	27	31.09	28
WORLD DEV	25.16	26	30.83	29
TRANSPORT RES E - LOG	24.13	30	30.67	30

消除自然权重前后评价结果还是有差异的，首先是排名第1的期刊就发生了变化，然后是排名第2~15的期刊变化不大，但随后的期刊排名变化较大。两种评价结果的相关系数高达0.9995，尽管如此，涉及具体排名，还是有差异的，也就是说，消除自然权重与否对总体评价影响不大，但是对个体评价影响较大，在进行小组、区域等具有总体性质的评价中，可以不消除自然权重，但是在进行个体评价以及评优时，还是要消除自然权重的。

5. 三种权重的比较

计算出自然权重和实际权重，并与设计权重进行比较，结果如表3-9所示。如果采用传统的线性加权汇总，那么设计权重、自然权重和实际权重均不一样，本例中，影响因子的自然权重和设计权重均最大，因此其实际权重也最大，达到0.775，而特征因子的自然权重和设计权重均最小，因此其实际权重也最小，只有0.082。

表3-9　修正前三种权重比较

权　　重	总被引频次	影响因子	特征因子
设计权重	0.3	0.5	0.2
自然权重	0.196	0.636	0.168
实际权重	0.143	0.775	0.082

如果采用"动态最大均值逼近标准化"方法进行原始指标的标准化处理，那么这三种权重结果如表3-10所示，也就是说，实际权重等于设计权重，而自然权重相等，这样使得评价赋权的意义更为清晰，使得评价赋权真正发挥作用。

表3-10　修正后三种权重比较

权　　重	总被引频次	影响因子	特征因子
设计权重	0.3	0.5	0.2
自然权重	0.333	0.333	0.333
实际权重	0.3	0.5	0.2

五　结论与讨论

1. 自然权重对科技评价结果会造成干扰

在科技评价中，自然权重问题是普遍存在的现象，它是先天隐藏在评价指标数据中的一种权重，主要是评价指标不服从正态分布、评价指标均值不相等所致。在加权线性评价中，如果认识不到自然权重问题，那么就会造成实际权重的严重扭曲，从而对评价结果产生影响，降低评价质量，尤其是在个体评价中。

2. 动态最大均值逼近标准化能够消除自然权重

为了消除评价指标的自然权重，基于标准化指标均值相等、极大值相等原则，本节提出了动态最大均值逼近标准化方法，其原理是，首先采用传统的正向指标除以极大值方法进行标准化，然后全部指标加上该指标均值与均值极大值的差，这样处理后虽然均值相等，但极大值变大了，所以再次进行标准化处理，这样会导致均值降低，所以要再加上该指标均值与均值极大值的差，如此循环，直到极大值超过范围在 1% 以内。理论证明，每循环 1 次，指标均值就递增 1 次，具有单调性，实践证明，经过 3 次左右循环就能取得比较满意的效果，并且彻底消除了自然权重。

3. 反向指标也可以采用类似方法消除自然权重

反向指标也可以采用类似方法进行处理，只不过首先要进行正向化处理，在第一次标准化时进行，然后就可以采用动态最大均值逼近标准化方法进行消除自然权重处理，然后再进行评价。

4. 自然权重问题具有一定的普遍性

自然权重的存在会扭曲评价结果，该问题不仅仅是科技评价中的现象，而且它具有一定的普遍性，是统计学和多属性评价中的基本问题，只不过在科技评价中这个问题更加严重而已。所以重视自然权重现象，通过动态最大均值逼近标准化方法将其消除，有利于保证设计权重的初衷，使得评价更加公平合理。

第四节   自然权重对非线性科技评价的影响及纠正研究

本节提出了隐含在科技评价指标中的数据自然权重问题，并提出了修正方法。以 JCR 2016 数学期刊和 TOPSIS 评价方法为例，分析了自然权重对非线性评价方法的影响，提出动态最大均值逼近标准化方法，以消除自然权重的影响。研究发现，自然权重对非线性评价方法影响较大，对于加权类非线性评价方法，设计权重、自然权重和评价方法共同影响实际权重，对于非加权类线性评价方法，自然权重和评价方法影响实际权重；自然权重消除后可以有效降低评价方法对实际权重的影响，从而充分发挥设计权重的作用，这符合评价公理；指标数据分布特点也会影响实际权重。用来消除自然权重的动态最大均值逼近标准化方法是一种逼近算法，均值标准化结果难以完全相等。在科技评价中必须重视自然权重问题，这是一种系统误差，消除后才能保证评价公平。

一　问题提出

自然权重就是评价指标数据隐含的权重，其表现形式是某个指标的均值较大时该指标在评价中就占据较大的优势。以中学理科强化班考试为例，假设只考语文和数学两门课，每门 100 分，某次统考该班考试时数学平均成绩为 88 分，语文平均成绩为 73 分，从评分标准讲两门课的权重相等，权重之比为 1 : 1，但由于自然权重的存在，实际两门课的权重之比为 88 : 73 = 1.21 : 1，数学成绩好的同学占有优势。

在科技评价中，自然权重问题尤为突出，主要由科技评价指标数据特点决定。Vinkler（2008）、Adler（2009）等学者发现引文分布具有右偏性特征。Seglen（1992）发现引文数据属于典型的偏态分布，服从幂律法则。以 JCR 2016 数学期刊为例（见表 3 - 11），所有指标均没有通过 Jarque - Bera 正态分布检验，并不服从正态分布，指标平均值相差极大，数据经百分制标准化转换以后，影响因子百分位均值最大，为 47.073，引用半衰期均值最小，仅为 0.680，假设就用这两个指标进行评价，那么引用半衰期指标可以忽略不计，其自然权重接近 0。

表 3 - 11　JCR 2016 数学期刊指标描述统计

评价指标	均值	极大值	极小值	标准差	偏度	峰度	JB 检验	概率
总被引频次	7.252	100	0.521	11.467	4.016	23.612	5994.545	0.000
影响因子	16.785	100	4.710	12.098	3.243	17.460	3076.852	0.000
他引影响因子	15.646	100	2.675	12.098	3.308	17.983	3286.246	0.000
影响因子百分位	47.073	100	0.810	27.627	0.146	1.915	15.481	0.000
5 年影响因子	21.049	100	5.773	14.642	2.973	14.145	1954.897	0.000

续表

评价指标	均值	极大值	极小值	标准差	偏度	峰度	JB 检验	概率
特征因子	9.292	100	0.401	13.318	3.668	19.406	3956.367	0.000
标准化特征因子	9.292	100	0.411	13.317	3.668	19.406	3956.613	0.000
论文影响分值	13.795	100	1.164	14.562	3.484	18.406	3502.304	0.000
即年指标	7.526	100	0.000	8.757	5.200	47.209	25267.110	0.000
被引半衰期	21.196	100	0.000	27.304	0.995	2.651	50.026	0.000
引用半衰期	0.680	100	0.000	6.839	12.356	166.623	335445.512	0.000

科技评价权重可以分为设计权重、自然权重、实际权重三种（见图 3-9）。在日常的科技评价中，人们往往关注的是设计权重，这是一种显性权重，可以通过主观赋权、客观赋权或者主客观赋权方法确定。而自然权重、实际权重是一种隐性权重，往往没有受到重视。自然权重是评价数据包含的权重，可以通过评价指标均值所占比重来进行确定。实际权重是评价中指标真实重要性的反映，对于加权汇总类的线性评价，可以通过计算指标的加权均值比得到；对于非线性评价，俞立平等（2009、2014）提出可以通过计算模拟权重来得到，其原理是对评价得分与评价指标进行回归，然后将回归系数标准化后即可。

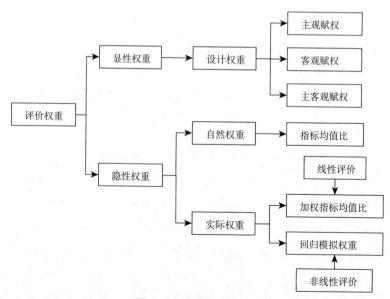

图 3-9　权重分类体系

　　在科技评价中，线性评价方法与非线性评价方法中设计权重、自然权重、实际权重之间的关系是不一样的（见图3-10）。评价方法大致可以分为两类：第一类是线性加权汇总类评价方法，其原理是将指标标准化，然后采用不同的方法赋权，最后进行加权汇总，如熵权法、变异系数法、概率权法、复相关系数法等。对于线性评价方法，实际权重由设计权重和自然权重共同确定。第二类是非线性评价，采用一些评价模型进行评价，评价结果与评价指标之间是非线性关系。非线性评价方法又分为加权非线性评价和不加权非线性评价两种，加权非线性评价的实际权重由设计权重、自然权重、评价方法共同确定，比如加权 TOPSIS、VIKOR 等。不加权非线性评价的实际权重由自然权重和评价方法共同确定，比如因子分析、主成分分析等。

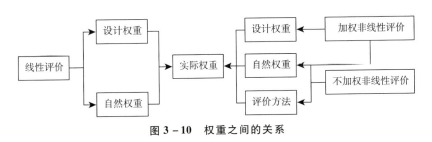

图 3 - 10　权重之间的关系

　　研究自然权重对科技评价的影响具有十分重要的意义。在评价中，真正发挥作用的是实际权重，当然实际权重也是隐含的。设计权重仅仅是评价者通过主客观方法确定后试图影响评价结果的一种意愿，究竟在实际权重中有没有体现有待进一步分析。自然权重是隐含的数据通过隐蔽方式影响评价结果。无论是线性评价还是非线性评价，自然权重对实际权重和评价结果均会产生影响，研究影响机制和影响大小，对自然权重问题进行修正，不仅可以深化科技评价理论，降低科技评价方法导致的系统误差，而且对于科技评价实践具有重要作用，有利于评价方法的公平公正，提高评价的科学性与公信力。

　　本节揭示了隐藏在科技评价指标中的自然权重问题，提出动态最大均值逼近标准化方法，通过标准化后所有指标均值和极大值相等的方法消除自然权重问题，并以 JCR 2016 数学学科学术期刊和 TOPSIS 评价方法为例，比较自然权重消除前后的评价结果，最后进行讨论。

二　文献综述

权重赋值的指导思想是权重确定的首要问题。何强（2011）认为，从某个特定的优化思想入手，严格地考察哪种方法在什么样的具体条件下最优，或许是从根本上减少权重设计争议的一种行之有效的途径。苏术锋（2015）认为数据差异大小不能反映指标重要程度的高低，因此数据差异的客观赋权法缺乏理论根据，是一种存在瑕疵的、有效性不稳定的方法。俞立平、刘爱军（2014）认为主成分分析或因子分析采用方差贡献率作为权重值得商榷，应结合专家打分来赋予权重。邹树梁、武良鹏（2017）提出从决策者对属性的重视程度、属性对决策的影响度、属性可靠性三个维度进行权重赋值的方法。王化中、强凤娇等（2015）将模糊综合评价中指标权重分为指标重要性权重与指标分类性权重，认为应该同时考虑这两种权重来进行评价。

在科技评价中，权重确定方法一直是研究关注的焦点。研究视角包括群评价、模糊评价、主客观评价、非线性评价等方面的权重设定与优化问题，研究成果众多。Hagerty 等（2007）同时考虑了存在和不存在评价主体的情形，证明了算术平均赋权在两种情形下都是有助于减少分歧的较优选择。Kahneman 等（1979）认为决策者概率权重函数遵循非线性的形式，给出了一种概率权重函数表达式，并对其中的参数取值进行了估计。Edwards 等（1994）认为序和法对重要属性赋予的权重值偏低，不便于方案排序，进而提出了 ROC（Rank Order Centroid Weights）赋权法，通过序数的倒数计算权重。周志远、沈固朝（2011）引入一种基于粗糙集的权重确定方法，以提高情报分析的客观有效性。曹秀英、梁静国（2002）提出将决策者权重同粗糙集理论权重结合起来最终确定属性权重。王祖和、亓霞（2002）针对网络计划技术中多资源均衡存在的问题，考虑各资源的重要程度及所有可后移的非关键工作，以权重方差作为衡量资源均衡效果的数量指标。周辉、鲁燕飞等（2006）依据属性重要性概念，提出基于信息粒度的属性权重客观确定方法，弥补了基于粗糙集评价的不足。何立华、栎绮等（2014）提出基于聚类的权重设定方法，将专家权重分为组间权重和组内权重，改进了专家聚类步骤和组间权重计算方法。张立军、邹琦（2008）基于结构方程模型，构建了基于路径系数权重体系的科技成果奖励评价模型。陈亮、成榕等（2017）提出众里取大规则下由频率确定属性权重的方法，要求决策者挑选一个最重要属性，进而通过频率确定属性权重。岳立柱、闫艳（2015）提出每个决策者均按属性重要程度给出排列，根据排列信息得到一个综合判断矩阵，之后确定指标权重。

关于权重的本源问题以及评价结果对权重的影响问题，现有研究尚未重视。傅蓉（2011）认为受考核指标的统计特征、计分方式等影响，平衡计分卡考核指标的结果权重与初始设定权重相比出现明显差异。俞立平、潘云涛等（2009）以 CSTPC 数据库医学学术期刊为例，首先采用非线性评价方法评价，然后通过回归分析或排序选择模型计算模拟权重，发现不同客观评价方法中同一指标的权重差异很大。俞立平、刘爱军（2014）采用传统回归和岭回归计算模拟权重进而对 TOPSIS 权重的单调性进行检验，发现 TOPSIS 并不具有权重单调性。

从现有的研究看，权重确定是评价中的基础问题，其确定方法研究成果众多，使得权重确定日益科学合理，推动了科技评价工作的开展。但是关于权重的异化问题学术界却没有引起足够的重视，只有少量零星研究，并且不够系统。从现有研究看，在以下几个方面有待深入。

第一，自然权重，或者称为数据权重，人们只能凭经验感觉到，如何进行测定？如何进行不同指标自然权重的比较？

第二，设计权重、自然权重与实际权重之间的关系如何？

第三，对于加权非线性评价方法，自然权重对实际权重影响大小；对于不赋权非线性评价方法，自然权重对实际权重影响大小；如何对自然权重的影响进行综合评估？

第四，如何修正自然权重？修正自然权重对非线性评价有什么影响？

三　自然权重的进一步讨论及其修正

1. 自然权重的测度

自然权重 ω_s 是指标数据所特有的，具体计算可以用评价指标标准化后的均值占所有指标均值的比重表示，即对于 m 个评价对象，n 个评价指标，指标 X_{ij} 的自然权重为

$$\omega_j = \frac{\overline{X_{ij}}}{\sum_{j=1}^{n} \overline{X_{ij}}} \qquad (3-15)$$

自然权重不具有评价特性，即不能用在评价中进行加权汇总或代替设计权重用于评价，但是自然权重隐藏在数据中，对评价结果或多或少产生影响。

2. 非线性评价实际权重的测度

所谓非线性评价，就是评价结果与评价指标之间并非简单的线性关系。非线性评价可能用到设计权重，称为加权非线性评价，也可能用不到，称为不加权非线性评价。对于非线性评价，如何对非线性评价的指标重要性进行测度呢？俞立平（2009、2014）提出了模拟权重的思想，指出可以用回归、岭回归或偏最小二乘法来估计评价得分与评价指标的关系，然后根据回归系数大小来判定不同指标的重要性，计算得到各指标的模拟权重，也就是实际权重。之所以采用不同的回归方法，是为了消除评价指标之间相关性较高导致的多重共线性影响。

实际权重虽然是通过模拟方法得到的，但是它真实地反映了评价中各指标的重要性，对于评价目的、评价方法选用、评价结果的运用均能产生较大的影响。

3. 几种权重的关系

设计权重是评价开始后确定的，自然权重和实际权重都是可以计算得到的，这样可以进一步分析自然权重对实际权重以及评价结果的影响。有以下三种情况：第一，对于线性评价方法，自然权重与设计权重影响实际权重；第二，对于不加权非线性评价方法，自然权重与评价方法的特质影响实际权重；第三，对于加权非线性评价方法，设计权重、自然权重与评价方法特质共同影响实际权重。当然，以上三种情况中，自然权重均影响评价结果，本节研究比较复杂的是第二、第三种情况。

在科技评价中，人们最为关注的是设计权重，自然权重和实际权重都是隐含的，如果自然权重的影响使得实际权重发生扭曲，与设计权重相差较大，这是要尽量避免的，所以必须对自然权重进行修正。

4. 自然权重的修正

自然权重是标准化后的评价指标均值不等引起的，如果采用某种标准化方法，使得所有指标的均值和极大值相等，那么自然权重问题就可以迎刃而解。为此，本节提出动态最大均值逼近标准化方法，以解决这个问题，其步骤如下（见图 3-11）。

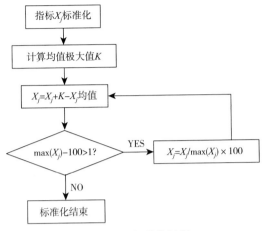

图 3－11　标准化过程

　　第一，对所有指标进行标准化，并计算标准化后的均值，然后找到最大均值 K。

$$K = \max(\overline{X_j}) \qquad (3-16)$$

　　第二，除了均值极大值的指标外，其他指标需要继续处理，比如对于指标 X_j，加上 $K - \overline{X_j}$，这样其均值就是 K，但极大值为 $100 + K - \overline{X_j}$，超过 100（假设标准化采取百分制）。

　　第三，对 X_j 进行二次标准化，全部指标除以极大值 $100 + K - \overline{X_j}$，但是又出现了新问题，极大值虽然降到 100 了，但均值又同样减小了，所以还需要重复第二步。

　　第四，如此进行循环，直到第二步极大值在许可阈值范围内，比如 1%，即极大值小于 101，至此标准化结束。

　　这种数据标准化方法具有以下三个特点：其一，它是动态的，需要循环多次；其二，理论上它可以无限逼近第一步的极大值，但永远会略微超过；其三，这是一种线性标准化方法，可以保留原始数据的大量信息，这对科技评价至关重要。

　　以上方法还有一个问题，就是如何保证二次标准化、三次标准化等均值是不断递增的。下面对此加以证明。二次标准化时，需要提高均值，即

$$X_j{'} = X_j + K - \overline{X_j} \qquad (3-17)$$

　　然后进行二次标准化，即

$$X_j'' = \frac{X_j + K - \overline{X_j}}{\max(X_j + K - \overline{X_j})} \times 100 = \frac{X_j + K - \overline{X_j}}{100 + K - \overline{X_j}} \times 100 \quad (3-18)$$

只要证明 X_j'' 的均值递增即可，也就是说，要证明 $\overline{X_j''} - \overline{X_j} > 0$，即

$$\overline{X_j''} - \overline{X_j} = \frac{\sum\limits_{i=1}^{m} \dfrac{X_j + K - \overline{X_j}}{100 + K - \overline{X_j}}}{m} - \overline{X_j}$$

$$= \frac{\sum\limits_{i=1}^{m} X_{ij}/m + (K - \overline{X_j}) - \overline{X_j} - (K - \overline{X_j})\overline{X_j}}{100 + K - \overline{X_j}}$$

$$= \frac{(K - \overline{X_j})(100 - \overline{X_j})}{100 + K - \overline{X_j}} > 0 \quad (3-19)$$

由于 K 是所有指标中均值极大值的指标，而 X_j 的均值肯定小于标准化的极大值 100，所以公式（3-19）一定是大于 0 的，也就是说，动态最大均值逼近标准化方法是可行的。借助计算机编程，可以非常方便地进行处理。

5. 研究框架

本节的研究框架如图 3-12 所示，拟以 TOPSIS 方法为例进行研究。TOPSIS 包括加权 TOPSIS 和非加权 TOPSIS，可以同时研究加权非线性评价方法与不加权非线性评价方法的自然权重问题。非加权 TOPSIS 的实际权重主要由自然权重、评价方法确定，而加权 TOPSIS 评价方法的实际权重主要由设计权重、自然权重和评价方法共同确定。由于评价方法采用的都是 TOPSIS，这样可以重点比较设计权重、自然权重对实际权重的影响。对于加权 TOPSIS 评价与非加权 TOPSIS 评价，分别在消除自然权重前后计算出实际权重与评价结果，并进行前后对比，最终得出结论。

四　数据与实证结果

1. 资料来源

本节以 JCR 2016 数学期刊为例，选取他引影响因子、特征因子、总被引频次 3 个指标，分别采用加权 TOPSIS、非加权 TOPSIS 进行评价，并比较自然权重消除前后对评价结果的影响。JCR 2016 数学期刊共有期刊 310 种，少数期刊存在数据缺失进行了清洗，最后还有 294 种期刊。

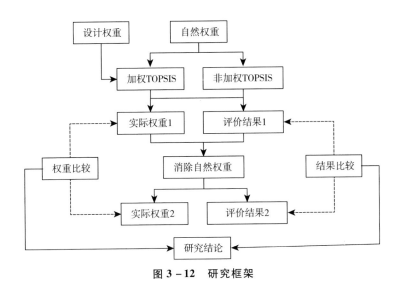

图 3 - 12　　研究框架

2. 自然权重对加权 TOPSIS 评价的影响

（1）自然权重消除前权重比较

南京大学 CSSCI 评价中，他引影响因子的权重为 0.8，总被引频次的权重为 0.2，作为一个算例，本节继续采用这两个指标，由于指标数量过少对自然权重的影响难以深入，于是又进一步引入特征因子指标，采用这3 个指标评价为例进行说明。他引影响因子是期刊过去两年刊载论文的评价，总被引频次针对的是期刊创刊以来所有论文的评价，而特征因子是针对期刊近 5 年发表论文的评价，根据时间越接近权重越大原则，设定他引影响因子的权重为 0.60，特征因子的权重为 0.25，总被引频次的权重为 0.15。

首先将评价指标标准化，然后计算各指标均值，他引影响因子均值为 15.646，特征因子的均值为 9.292，总被引频次的均值为 7.252，进一步计算各指标的均值比，得到自然权重，分别为 0.486、0.289、0.225。

然后采用加权 TOPSIS 进行评价，将评价结果作为因变量、评价指标作为自变量进行回归，结果为

$$\log(Y) = -5.327 + 0.976\log(X_1) + 0.198\log(X_2) + 0.059\log(X_3)$$

$$(-123.638) \quad (49.835) \quad (10.411) \quad (3.591) \quad R^2 = 0.956$$

$$(3 - 20)$$

所有回归系数均在 1% 的水平下通过了统计检验，模型的拟合优度 R^2 高达 0.956，拟合效果较好，回归系数分别为 0.976、0.198、0.059，由于已经取了对数，实际上代表的是各指标的弹性，相当于指标重要性大小，进一步做归一化处理得到实际权重，分别为 0.792、0.161、0.048。

加权 TOPSIS 评价三种权重的比较如表 3 - 12 所示，本来设计权重他引影响因子、特征因子、总被引频次的权重分别为 0.60、0.25、0.15，但由于自然权重和评价方法的影响，最终的实际权重为 0.792、0.161、0.048，他引影响因子权重加大了，而特征因子、总被引频次的权重减小了，这是设计权重、自然权重、TOPSIS 方法共同影响的结果。

表 3 - 12　加权 TOPSIS 三种权重比较

评价指标	设计权重	自然权重	实际权重
他引影响因子 X_1	0.60	0.486	0.792
特征因子 X_2	0.25	0.289	0.161
总被引频次 X_3	0.15	0.225	0.048

（2）自然权重消除后权重比较

下面采用动态最大均值逼近标准化方法，对特征因子和总被引频次进行标准化，以消除自然权重。经过两轮标准化后，特征因子的均值为 15.646，极大值为 100.934 < 101；经过三轮标准化后，总被引频次的均值为 15.646，极大值为 100.187 < 101。至此自然权重消除，或者说自然权重相等，均为 0.333。

继续采用加权 TOPSIS 进行评价，并以评价值为因变量、以消除自然权重后的评价指标为自变量进行回归，结果为

$$\log(Y) = -5.043 + 0.597\log(X_1) + 0.302\log(X_2) + 0.243\log(X_3)$$
$$(-140.932) \quad (56.696) \quad (12.545) \quad\quad (8.896) \quad R^2 = 0.973$$
$$(3 - 21)$$

所有回归系数均在 1% 的水平下通过了统计检验，模型的拟合优度 R^2 高达 0.973，拟合效果极高，回归系数分别为 0.597、0.302、0.243，进一步做归一化处理得到实际权重，分别为 0.523、0.264、0.213，结果如表 3 - 13 所示。

表 3 - 13　消除自然权重后加权 TOPSIS 权重比较

评价指标	设计权重	自然权重	实际权重
他引影响因子 X_1	0.60	0.333	0.523
特征因子 X_2	0.25	0.333	0.264
总被引频次 X_3	0.15	0.333	0.213

在评价时，设计权重分别为 0.60、0.25、0.15，消除自然权重的影响后，由于受 TOPSIS 评价方法自身的影响，实际权重分别为 0.523、0.264、0.213，他引影响因子的权重略有下降，特征因子、总被引频次的权重略有上升，这种影响主要是由设计权重和评价方法自身产生的。

（3）自然权重消除前后评价结果的比较

自然权重消除前，TOPSIS 评价得分均值为 0.119，自然权重消除后，TOPSIS 评价得分均值为 0.145，对于自然权重消除后排名前 30 的期刊，与自然权重消除前相比，个别期刊排序有变化，其他基本相同，这是排名靠前的期刊区分度较好所致。为了更好地比较两者排序的差异，选取排名第 50~79 的期刊进行比较，如表 3 - 14 所示，可见消除自然权重前后其评价结果排序差别还是较大的。

表 3 - 14　自然权重消除前后加权 TOPSIS 评价结果比较

期刊名称	消除前评价值	排序	消除后评价值	排序
KINET RELAT MOD	0.178	48	0.194	50
RANDOM STRUCT ALGOR	0.172	51	0.194	51
INDIANA U MATH J	0.165	53	0.192	52
J COMB THEORY A	0.161	56	0.191	53
COMMUN CONTEMP MATH	0.170	52	0.188	54
ADV CALC VAR	0.173	49	0.187	55
COMBINATORICA	0.161	55	0.182	56
MEM AM MATH SOC	0.153	59	0.181	57
J PURE APPL ALGEBRA	0.147	66	0.180	58
J ANAL MATH	0.158	58	0.179	59
ERGOD THEOR DYN SYST	0.149	63	0.176	60
CAN J MATH	0.152	60	0.175	61
COMMUN NUMBER THEORY	0.160	57	0.173	62

期刊名称	消除前评价值	排序	消除后评价值	排序
EUR J COMBIN	0. 140	74	0. 171	63
SCI CHINA MATH	0. 142	72	0. 168	64
MOSC MATH J	0. 150	61	0. 167	65
POTENTIAL ANAL	0. 146	67	0. 167	66
ELECTRON J COMB	0. 134	78	0. 166	67
J EVOL EQU	0. 149	62	0. 166	68
ELECTRON J DIFFER EQ	0. 138	75	0. 165	69
RUSS MATH SURV +	0. 141	73	0. 165	70
ALGEBR NUMBER THEORY	0. 142	70	0. 165	71
INTERFACE FREE BOUND	0. 149	64	0. 163	72
PAC J MATH	0. 128	87	0. 163	73
REND LINCEI – MAT APPL	0. 148	65	0. 162	74
REV MAT COMPLUT	0. 146	68	0. 161	75
B LOND MATH SOC	0. 129	83	0. 159	76
ADV NONLINEAR STUD	0. 142	71	0. 159	77
J NUMBER THEORY	0. 125	91	0. 158	78
J GEOM ANAL	0. 133	79	0. 158	79

3. 自然权重对非加权 TOPSIS 评价的影响

对于非加权 TOPSIS 评价，影响评价结果和实际权重的只有评价方法自身和自然权重，而没有设计权重。

（1）自然权重消除前权重比较

首先将原始指标标准化后采用 TOPSIS 进行评价，然后对评价结果与评价指标进行回归，结果为

$$\log(Y) = -5.239 + 0.790\log(X_1) + 0.272\log(X_2) + 0.141\log(X_3)$$

$$(-103.347) \quad (34.302) \quad (12.164) \quad (7.331) \quad R^2 = 0.943$$

$$(3-22)$$

所有回归系数均在 1% 的水平下通过了统计检验，模型的拟合优度 R^2 高达 0.943，拟合效果较好，回归系数分别为 0.790、0.272、0.141，进一步做归一化处理得到实际权重，分别为 0.657、0.226、0.117，它是由自然权重和 TOPSIS 评价方法共同影响的（见表 3 – 15）。

表 3 – 15 非加权 TOPSIS 两种权重比较

评价指标	自然权重	实际权重
他引影响因子（X_1）	0.486	0.657
特征因子（X_2）	0.289	0.226
总被引频次（X_3）	0.225	0.117

（2）自然权重消除后权重比较

为了进一步分析 TOPIS 评价方法自身的影响，将自然权重消除后进行评价，然后再进行回归，结果为

$$\log(Y) = -4.867 + 0.349\log(X_1) + 0.351\log(X_2) + 0.391\log(X_3)$$

$$(-152.385) \quad (37.073) \quad (16.291) \quad (16.076) \quad R^2 = 0.973$$

$$(3 – 23)$$

所有回归系数也是在 1% 的水平下通过了统计检验，模型的拟合优度 R^2 高达 0.973，拟合效果较好，回归系数分别为 0.349、0.351、0.391，进一步做归一化处理得到实际权重，分别为 0.320、0.322、0.358，三者大小比较接近，可见在消除自然权重以后，TOPSIS 评价的实际权重有等权重的趋势，由于自然权重消除，也不存在设计权重，这是评价方法与指标数据影响的结果（见表 3 – 16）。

表 3 – 16 非加权 TOPSIS 两种权重比较

评价指标	自然权重	实际权重
他引影响因子（X_1）	0.333	0.320
特征因子（X_2）	0.333	0.322
总被引频次（X_3）	0.333	0.358

（3）自然权重消除前后评价结果的比较

自然权重消除前，TOPSIS 评价得分均值为 0.106，自然权重消除后，TOPSIS 评价得分均值为 0.150，对于自然权重消除后排名前 30 的期刊，与自然权重消除前相比，有 10 种期刊排序发生变化。为了更好地比较两者排序的差异，选取排名第 50 ~ 79 的期刊进行比较，如表 3 – 17 所示，可见消除自然权重前后其评价结果排序差别较大。

表 3 - 17 自然权重消除前后加权 TOPSIS 评价结果比较

期刊名称	消除前评价值	排序	消除后评价值	排序
MEM AM MATH SOC	0.142	53	0.189	50
EUR J COMBIN	0.141	54	0.189	51
NUMER LINEAR ALGEBR	0.153	48	0.188	52
P ROY SOC EDINB A	0.146	52	0.185	53
J NUMBER THEORY	0.133	61	0.183	54
ERGOD THEOR DYN SYST	0.135	59	0.182	55
RANDOM STRUCT ALGOR	0.141	55	0.180	56
B LOND MATH SOC	0.125	68	0.174	57
CAN J MATH	0.130	63	0.174	58
ELECTRON J DIFFER EQ	0.125	67	0.172	59
SCI CHINA MATH	0.128	65	0.171	60
RUSS MATH SURV +	0.125	70	0.170	61
CALCOLO	0.146	51	0.169	62
COMBINATORICA	0.129	64	0.168	63
ADV DIFFERENTIAL EQU	0.138	57	0.168	64
SEL MATH – NEW SER	0.137	58	0.168	65
MATH RES LETT	0.121	71	0.168	66
J COMB THEORY B	0.117	74	0.167	67
J INEQUAL APPL	0.115	76	0.167	68
J INST MATH JUSSIEU	0.138	56	0.165	69
MATH NACHR	0.115	77	0.165	70
COMMUN CONTEMP MATH	0.131	62	0.164	71
J ANAL MATH	0.125	69	0.164	72
KINET RELAT MOD	0.134	60	0.163	73
COMMUN PUR APPL ANAL	0.114	78	0.159	74
CR MATH	0.107	92	0.159	75
J APPROX THEORY	0.112	81	0.159	76
SB MATH +	0.108	88	0.157	77
DISCRETE COMPUT GEOM	0.107	93	0.157	78
ALGEBR NUMBER THEORY	0.118	72	0.157	79

五　结论与讨论

1. 自然权重对非线性评价方法影响较大

自然权重是由于标准化后的评价指标均值不相等产生的。对于加权类的非线性评价方法而言，设计权重、自然权重和评价方法自身三个因素决定了评价结果的实际权重；对于非加权类的非线性评价方法而言，自然权重与评价方法自身两个因素决定了评价结果的实际权重。并且，在两种情况下，自然权重对评价结果的排序均产生了一定的影响。

2. 动态最大均值逼近标准化方法可以有效消除自然权重

本节采用动态最大均值逼近标准化方法，在保证所有评价指标均值相等的同时，还使得各指标极大值超过设定标准控制在1%以内，通过这种标准化方法，可以有效消除自然权重的影响，使得人们可以从设计权重与评价方法角度进一步提高评价的科学性。

3. 自然权重消除后可以有效降低评价方法对实际权重的影响

本节通过对TOPSIS的实证研究发现，在不需要加权的TOPSIS评价中，如果消除了自然权重的影响，评价指标的实际权重有等权重的趋势，评价方法对实际权重的影响得以降低。也就是说，消除自然权重后，对于加权TOPSIS，实际权重主要受设计权重的影响，对于不需要加权的TOPSIS评价，实际权重具有等权重性质。可以进一步推论，在消除自然权重以后，设计权重将发挥更大作用，这符合评价公理。当然，这是依据本节数据和TOPSIS方法得出的结论，有待进一步检验。

4. 指标数据分布特点也会影响实际权重

本节的研究还发现，在消除自然权重以后，非加权TOPSIS评价方法的实际权重还是有一定的差异，产生的原因主要是由指标数据分布特点决定的，这是一种正常现象。

数学学科比较特殊，影响因子往往较小，本节以数学学科为例进行研究，但并不影响问题的普遍性，因为文献计量指标的数据分布许多并不服从正态分布，因此本节的问题和方法具有扩展和通用意义，甚至可以广泛应用到其他评价中。

第四章　评价方法优化与创新

第一节　科技评价中因子分析信息损失的改进研究

在科技评价中，因子分析是非常重要的评价方法之一，但是存在牺牲原始数据信息的缺陷，本节提出了采用全部公共因子评价的完全信息因子分析法，以及采用可解释公共因子的最大信息因子分析法。基于 JCR 2015 经济学期刊的研究表明：因子分析法评价会损失原始数据的大量信息；完全信息因子分析评价弥补了因子分析评价的不足；因子分析评价与完全信息因子分析评价相比，虽然相关度较高但排序相差较大；最大信息因子分析最大限度地保留了原始数据中的信息，评价结果与完全信息因子分析高度相关并且基本一致，而且方便主观赋权，克服了完全信息因子分析完全进行客观赋权的不足，可根据需要灵活选择完全信息因子分析方法或最大信息因子分析方法进行评价；在使用传统因子分析时应该重分析轻评价，以分析为主。

一　引言

在建设创新型国家的背景下，科技评价的地位与作用越来越重要。因子分析是 Spearman（1904）提出的一种重要的客观评价方法，具有能够处理大量多指标数据、便于提取少数公共因子等优点，因此在科技评价中的应用越来越广泛。在中国知网查篇名"因子分析"的论文高达 9000 篇，而主题包括"因子分析"＋"科技"的论文有 1200 多篇，包含"因子分析"＋"期刊"的论文有 200 多篇。其他还有许多涉及采用因子分析的大学评价、学科评价、机构评价的论文。

因子分析评价也存在一些不足。在因子分析评价中，一般采用 SPSS 软件进行，通过降维将众多指标精简为少数关键因子，然后对这些因子按照方差贡献率大小进行赋权，最后进行加权汇总即得到评价总分，通常情况下需要累计方差贡献率大于85%，不过在实际应用中可以接受的方差贡献率在80%左右即可。因子分析方法评价有三个问题：第一，在科技评价中，往往采用2~4个关键因子进行评价，目前的实证论文中，累计方差贡献率很少超过90%，那么剩下的其他因子就被省略掉了，存在较大的信息损失，这是不合理的。第二，在评价对象众多的情况下，区分度会很低，评价时是否舍弃其他公共因子对评价结果影响较大，对于增加其他公共因子能够得到排名改善的评价对象而言，会认为评价不够公平。第三，在计算机技术日益发达的今天，如果说降维作用不可忽视，那么省略其他因子精简计算根本就没有必要。以上三个问题的根源主要还是因子分析评价对原始数据信息的遗弃。对因子分析评价存在的问题进行深入分析，不仅可以优化因子分析方法，深化对其应用的理解，丰富因子分析理论，而且在实际应用中也便于对因子分析方法的选择，提高评价的科学性、适用性和公众接受程度。本节以学术期刊评价为例，对相关问题进行探讨。

在科技评价中，因子分析涉及范围非常广泛，绝大多数领域均有采用因子分析的研究文献。李子伦（2014）从产业体系的科技创新能力、人力资本积累水平与资源利用效率水平三个方面建立指标体系，采用因子分析对金砖国家产业结构升级水平进行评价。顾雪松、迟国泰等（2010）从科技投入、科技产出、科技对经济与社会的影响三个方面选取科学技术评价指标，利用R聚类与因子分析相结合的方法定量筛选指标，构建了科学技术综合评价指标体系。董晔璐（2015）运用因子分析法对我国31个省（自治区、直辖市）的高校科技创新能力进行分析与评价。黄斌、汪长柳等（2013）运用因子分析模型对江苏省13个地级市的科技服务业竞争力进行评价。夏文莉（2013）通过因子分析法分析了科研学术不端行为的有关要素，认为科研诚信和科技评价紧密相关。翁媛媛、高汝熹（2009）在对科技创新环境内涵界定的基础上，采用因子分析法对上海市的科技创新环境进行了分析。

学术期刊评价中因子分析也得到广泛的应用。吴涛、杨筠等（2015）采用6个文献计量指标，通过对WoS数据库和Scopus数据库共有的1881种医学学术期刊进行评价，寻找公共因子。郑丽霞（2014）选取2014年汤森路透社 JCR 中 SCI 收录的 20 种期刊数据为样本，采用因子分析法对其 8 个评价指标进行综合评价。贺颖（2007）采用因子分析的方法，寻求管理类学术期刊引文的基本特点和一般规律，同时透视管理类期刊的学术水平和期刊质量及其学术影响力。柴玉婷、温学兵（2016）以 2015 版中国科技期刊引证报告（扩刊版）中的 14 个量化评价指标为依托，利用因子分析法对 42 所师范大学理科学报的学术影响力进行分析排名。刘岩（2016）利用多维面板数据，采用因子分析法对中国图书情报学 19 种核心期刊的发展态势进行了研究。何莉、董梅生等（2014）采用 11 个文献计量指标，运用因子分析法，对安徽省高校自然科学学报的学术影响力水平进行综合评价。

关于因子分析法应用的注意事项与存在的问题，MacCallum 等（1999）探讨了不同样本大小及不同变量公共方差情况下，所得的因子负载的精确程度，认为因子分析在大样本下应用更好。Fabrigar（1999）认为因子分析中每个因子至少应包含 4 个或是更多的变量才能确保因子被有效识别，指标数量不能太少。Edward（1992）认为因子分析与主成分分析的前提条件是数据必须服从正态分布，而实践中这种条件很难具备。林海明（2006）从找因子分析精确解的角度，以主成分分析理论为基础，应用矩阵运算方法，建立了新的因子分析模型，消除了理论假设的误差，给出了因子分析模型的精确解，找到因子分析与主成分分析的关系式。傅德印（2007）提出建立因子分析统计检验体系，包括因子分析适用性的统计检验以及提取公共因子数目多少的检验，并对如何进行上述检验进行探讨。熊国经、熊玲玲等（2016）认为采用多属性评价方法评价学术期刊会遇到指标间多重共线性以及指标权重不确定的影响，采用因子分析确定关键因子，采用熵权法确定权重，最后用加权 TOPSIS 进行评价。俞立平、刘爱军（2014）根据因子分析隐含的假设是评价指标必须服从正态分布的原理，认为在期刊评价指标普遍呈幂律分布的情况下，最好将评价指标取对数后再进行评价，否则会扩大系统误差。靖飞、俞立平（2012）针对因子分析和主成分分析在期刊评价中存在的问题，提出了一种新的学术期刊评价方法——因子理想解法，首先采用因子分析筛选出关键因子，然后确定各关键因子的权重，在此基础上将关键因子标准化后采用加权 TOPSIS 进行评价。

　　从现有的研究看，因子分析在科研机构评价、大学评价、学术期刊评价、科研人员评价等科技评价中得到了广泛应用，是迄今为止应用较多、影响较广的客观评价方法之一。关于因子分析评价的适用条件、评价方法可能存在的问题，现有的研究总体上不多，有待进一步深入。本节在对因子分析存在问题分析的基础上，提出了一种新的评价方法——完全信息因子分析法，并以 JCR 经济学期刊为例，比较采用传统因子分析评价与完全信息因子分析评价结果的区别，最后进行总结。

二　因子分析评价存在的问题及改进

1. 因子分析法

（1）科技评价方法的分类

　　在科技评价中，根据评价数据的确定性情况，宏观上有两大类评价方法（见图 4-1）。第一大类是确定性评价方法，从信息完全度角度看，又包括两类：一类是完全信息评价方法，大多数评价方法均是如此，比如层次分析法（AHP）、理想解法（TOPSIS）、熵权法、灰色关联法等，其特点是尽管评价方法不同，但是评价结果严格反映评价指标数据的信息。另一类是不完全信息评价方法，如因子分析、主成分分析、粗糙集等，其特点是评价结果只反映评价指标的大部分信息，主成分分析和因子分析均采用特征根大于 1 的主成分或主因子来进行评价，粗糙集则干脆通过约简进行了指标精简，删除了一些指标。第二大类评价方法称为模糊性评价方法，又包括指标数据模糊和权重数据模糊两类。当然，这并不是本节重点关注的范畴，因为在科技评价中，绝大多数评价是确定性评价方法，本节重点分析确定性评价中因子分析法存在的问题。

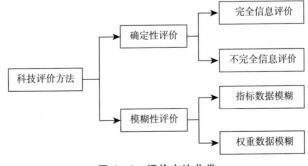

图 4-1　评价方法分类

（2）因子分析法评价的优点

在科技评价中，从因子分析法的优点入手，可以分析不完全信息的原因，在此基础上进行改进。

第一，因子分析方法是一种客观评价方法。在科技评价中，如果采用主观方法确定权重，则重复性往往较差，换一批专家权重设定肯定不一致，当然评价结果也不一致，这导致许多诟病，认为主观评价方法不公平，而客观评价方法不需要设定指标权重，完全根据客观数据来评价，数据确定，结果就确定，减少了人为因素干扰评价结果的可能，因此有一定的价值。

第二，因子分析方法能够降维。因子分析通过数十个甚至上百个评价指标的处理，能将其降维为少数公共因子，这些少数公共因子中包括了原始数据的大量信息，而且可以在现实世界中对其命名，化繁为简，便于总结提炼。在指标众多的情况下，单靠人的大脑对指标分类是非常困难的，何况有些评价指标具有多重含义，比如即年指标，既可以用来表示期刊影响力，也可以用来表示期刊的时效性。

第三，因子分析提取的公共因子不相关。这一点是因子分析的又一个重要优点，在技术经济分析中，变量之间的相关容易造成多重共线性，因子分析彻底解决了这一问题，而且每个因子均具有经济含义，这是非常了不起的算法。

第四，因子分析方便计算，运用 SPSS 软件，将处理好的数据导入，短短数分钟可以得到评价结果，这是许多其他评价方法难以做到的。

（3）因子分析法评价存在的问题

上述四个优点是因子分析法得到广泛运用的原因，但是因子分析法也带来了新的问题。

第一，客观评价一定就没有问题吗？虽然客观评价方法优点众多，但是如果评价不能体现出管理者的意志，评价不能为管理服务，那么这种评价又有什么意义？比如科技创新评价中，研发投入是最重要的指标，但哪种客观评价方法能保证该指标最重要？虽然因子分析法中回避了直接权重的概念，但采用俞立平、潘云涛等（2010）提出的模拟权重计算方法，将因子分析评价结果与评价指标进行回归，对回归系数进行标准化，就可以得到各评价指标的模拟权重。这样，因子分析作为客观评价方法不需要人工赋权的优点就要打折扣，因为它不能保证评价为管理服务，不能保证关键指标的重要性。

第二，因子分析法丢失了原始数据的大量信息。由于因子分析法只采用少数公共因子进行评价，这样其他因子中的大量信息就会舍弃，这种处理方法是值得商榷的。从信息量看，少数公共因子基本能够解释所有数据信息量的80%以上，总体上似乎没有问题，但对评价个体就不同了，在评价对象众多、区分度较低的情况下，是否舍弃其他不重要的公共因子，对评价结果就会产生较大的影响。比如在大学评价中，采用因子分析对全世界大学进行排名，采用少数公共因子和采用全部公共因子评价大学排名肯定会有较大的不同。

降维是因子分析的最大优点，但是降维的目的是便于分析，不一定是为了评价，或者说，为了对数据进行更为精准的分析，可以采用因子分析方法进行降维，但不一定要采用因子分析进行评价。根据以上分析，因子分析适合降维这是无可争议的，但是因子分析未必就适合评价。

第三，精简计算在现代是没有意义的。降维可以精简计算这是肯定的，尽管提取公共因子的过程略显烦琐，但通过SPSS软件非常方便。采用少数公共因子评价与采用全部公共因子评价增加的计算量可以忽略不计。在科技评价中，随着计算机技术、软件技术日趋成熟，加上大数据、云计算等新一代信息技术的普及，已经没有必要考虑科技评价的算法了，最重要的是评价方法是否科学、合理、合适、公平。

第四，因子分析并没有降低评价成本。有些不完全信息评价方法是有其存在意义的，比如说粗糙集，评价指标个数众多必然意味着评价成本增加，在这种情况下，通过指标约简虽然牺牲了部分信息，但是大大降低了评价指标数量，节约了评价成本。但是因子分析方法通过降维并没有减少评价指标，当然也没有降低评价成本，因此不能从节省成本的角度肯定因子分析方法。

2. 完全信息因子分析法

所谓完全信息因子分析（All Information Factor Analysis，AIFA），是指在因子分析评价中，采用全部公共因子进行评价，而不是少数几个公共因子。这种做法的最大好处如下。

第一，一点也不牺牲原始数据信息，做到评价方法的公平公正，容易被公众所接受。

第二，计算简单，可以继续基于 SPSS 软件进行，不同的是在提取公共因子时采用全部可能的公共因子，也就是说，公共因子的数量与评价指标的数量是一样的。

第三，并不影响因子分析的其他优点。比如降维，在评价过程中，同样可以通过降维找到少数几个公共因子，计算方差贡献率，分析哪些指标对评价影响较大等，只不过不采用少数几个公共因子评价而已。

3. 最大信息因子分析法

在因子分析中，根据方差贡献率设定权重不一定是可取的，虽然这种权重确定方法本质上是一种客观赋权法，完全根据数据说话，但不一定就是最有效的赋权方法。因子分析中因子的权重取决于相关指标的数量，比如期刊评价，如果影响力指标较多，时效性指标较少，那么第一因子肯定是影响力，权重最高，第二因子就是时效性，权重要低一些。假设我们现在评价的目的主要是评价期刊的学术活力，那么影响力指标的权重必须低于时效性指标，所以客观赋权就不一定合理了。

采用因子分析提取公共因子个数的上限是由评价指标的数量决定的，但是如果从对公共因子命名、具有经济含义的角度看，公共因子的数量又是有限的。究竟如何选取，可以设置最大公共因子后根据旋转矩阵来进行判定，此时得到的可以解释的公共因子数量往往比传统因子分析评价多，但肯定少于所有公共因子数量，可以将这种采用可解释公共因子进行评价的方法称为最大信息因子分析法（Maximum Information Factor Analysis, MIFA）。权重设定不必采用方差贡献率，可以通过专家会议法等主观评价方法确定。

根据最大信息因子分析法获得所有的可解释和命名的公共因子后，这些公共因子互不相关，因此便于专家进行赋权，然后进行加权汇总，这样一方面最大限度地保留了原始数据的信息，另一方面体现了评价的管理目的，具有加强实践的意义。

三　研究数据

为了比较因子分析评价、完全信息因子分析评价、最大信息因子分析评价的区别，本节以 JCR 2015 经济学期刊评价为例进行分析。2015 年

JCR 经济学期刊共有 333 种，数据量较大，便于因子分析。JCR 评价指标共有 11 个，分别是总被引频次（Z_1）、影响因子（Z_2）、他引影响因子（Z_3）、5 年影响因子（Z_4）、即年指标（Z_5）、特征因子（Z_6）、论文影响分值（Z_7）、标准化特征因子（Z_8）、被引半衰期（Z_9）、引用半衰期（Z_{10}）、影响因子百分位（Z_{11}）。

　　部分期刊评价指标数据缺失，原因包括期刊办刊年限较短、0 引用等，需要进行数据清洗，经处理后还有 278 种期刊，指标数据描述统计如表 4 - 1 所示。

表 4 - 1　指标描述统计

评价指标	简称	均值	极大值	极小值	标准差
总被引频次	Z_1	1958.227	33621.000	104.000	3703.205
影响因子	Z_2	1.258	6.654	0.100	0.977
他引影响因子	Z_3	1.099	6.383	0.045	0.926
5 年影响因子	Z_4	1.716	11.762	0.245	1.491
即年指标	Z_5	0.286	5.231	0.000	0.406
特征因子	Z_6	0.006	0.121	0.000	0.011
论文影响分值	Z_7	1.427	16.062	0.040	2.122
标准化特征因子	Z_8	0.675	13.519	0.013	1.284
被引半衰期	Z_9	8.025	10.000	0.800	2.157
引用半衰期	Z_{10}	9.186	10.000	4.100	1.192
影响因子百分位	Z_{11}	54.976	99.850	2.853	26.348

四　实证结果

1. 因子分析法评价的旋转矩阵与载荷分析

　　首先采用因子分析法进行评价，KMO 检验值为 0.839，Bartlett's 球形检验值为 7933.350，相伴概率为 0.000，说明适合采用因子分析法进行评价。旋转矩阵如表 4 - 2 所示，特征根大于 1 的共有两个公共因子。第一公共因子的方差贡献率为 56.95%，第二公共因子的方差贡献率为 17.37%，合计为 74.32%。除了即年指标（Z_5）、被引半衰期（Z_9）、引用半衰期（Z_{10}）属于第二公共因子外，其他指标均属于第一公共因子，所以第一公共因子可以命名为期刊影响力因子，第二公共因子可以命名为期刊时效因子。

表 4 - 2　因子分析旋转矩阵

指　标	$F1$	$F2$	指标隶属
Z_1	0.829	-0.366	$F1$
Z_2	0.939	0.168	$F1$
Z_3	0.946	0.116	$F1$
Z_4	0.931	0.125	$F1$
Z_5	0.416	0.497	$F2$
Z_6	0.860	-0.319	$F1$
Z_7	0.887	-0.049	$F1$
Z_8	0.860	-0.319	$F1$
Z_9	-0.101	0.704	$F2$
Z_{10}	0.225	0.732	$F2$
Z_{11}	0.769	0.277	$F1$

2. 完全信息因子分析法评价的旋转矩阵与载荷分析

下面采用完全信息因子分析法进行评价，由于采用完全信息，在提取公共因子时，采取可能极大值原则，11 个评价指标选取 11 个公共因子，旋转矩阵如表 4 - 3 所示。虽然提取了 11 个公共因子，但是所有指标只能归到 5 个公共因子中。第一公共因子包括影响因子（Z_2）、他引影响因子（Z_3）、5 年影响因子（Z_4）、论文影响分值（Z_7）、影响因子百分位（Z_{11}），可以将其命名为影响因子类指标；第二公共因子包括总被引频次（Z_1）、特征因子（Z_6）、标准化特征因子（Z_8）三个指标，可以将其命名为期刊总体影响力指标；第三公共因子就是即年指标（Z_5）一个，为当年时效性指标；第四公共因子就是引用半衰期（Z_{10}）一个；第五公共因子就是被引半衰期（Z_9）一个。

表 4 - 3　完全信息因子分析旋转矩阵

指标	$F1$	$F2$	$F3$	$F4$	$F5$	$F6$	$F7$	$F8$	$F9$	$F10$	$F11$	指标隶属
Z_1	0.343	0.878	0.084	-0.004	-0.154	0.080	-0.018	0.271	0.001	0.002	0.000	$F2$
Z_2	0.875	0.360	0.126	0.126	0.014	0.226	-0.095	0.029	-0.075	0.082	0.000	$F1$
Z_3	0.889	0.369	0.132	0.089	-0.025	0.170	-0.040	0.004	-0.111	-0.064	0.000	$F1$
Z_4	0.891	0.354	0.107	0.136	-0.035	0.119	0.009	0.006	0.188	-0.010	0.000	$F1$
Z_5	0.181	0.131	0.951	0.179	0.100	0.065	0.010	0.003	0.001	0.000	0.000	$F3$

续表

指标	$F1$	$F2$	$F3$	$F4$	$F5$	$F6$	$F7$	$F8$	$F9$	$F10$	$F11$	指标隶属
Z_6	0.364	0.917	0.087	-0.005	-0.051	0.074	0.036	-0.096	0.002	0.000	0.000	$F2$
Z_7	0.807	0.434	0.112	-0.014	-0.042	-0.048	0.379	-0.009	0.004	-0.001	0.000	$F1$
Z_8	0.364	0.917	0.087	-0.005	-0.051	0.074	0.036	-0.096	0.002	0.000	0.000	$F2$
Z_9	-0.023	-0.126	0.092	0.153	0.975	0.018	-0.004	-0.005	-0.001	0.000	0.000	$F5$
Z_{10}	0.142	-0.020	0.172	0.960	0.160	0.050	-0.003	0.000	0.001	0.000	0.000	$F4$
Z_{11}	0.655	0.196	0.131	0.103	0.044	0.709	-0.010	0.006	0.003	-0.001	0.000	$F1$

从旋转载荷平方和看（见表4-4），前5个因子的累计方差贡献率为91.47%。后几个因子的方差贡献率很小，$F11$几乎为0，$F10$仅为0.098%，$F9$仅为0.487%，$F8$仅为0.848%，均不到1%。当然，在具体评价时，为了保持原始数据信息的完整性，全部纳入进行评价。

表4-4 旋转载荷平方和

因 子	特征根	方差贡献率（%）	累计方差贡献率（%）
$F1$	3.867	35.158	35.158
$F2$	3.104	28.218	63.376
$F3$	1.039	9.444	72.820
$F4$	1.030	9.361	82.181
$F5$	1.022	9.289	91.470
$F6$	0.623	5.667	97.137
$F7$	0.157	1.431	98.567
$F8$	0.093	0.848	99.415
$F9$	0.054	0.487	99.902
$F10$	0.011	0.098	100.000
$F11$	3.014E-08	2.740E-07	100.000

3. 两种方法评价结果比较

因子分析与完全信息因子分析的评价结果如表4-5所示，由于期刊较多，仅列出了因子分析排名前30的期刊。两种评价方法的评价结果相差较大，排名前 30 的期刊区分度本来就大，正常情况下应该具有一定的评价鲁棒性，即评价方法的差异不会带来评价结果排序的较大变化，但在实际情况中并非如此。

表 4 - 5   评价结果比较

期刊名称	因子分析评价结果	因子分析排序	完全信息评价结果	完全信息排序
AM ECON REV	58.37	1	50.45	1
Q J ECON	58.26	2	45.26	4
J FINANC	52.02	3	47.03	2
J ECON LIT	48.70	4	41.33	9
ECONOMETRICA	48.58	5	40.37	10
J FINANC ECON	44.81	6	38.43	14
REV FINANC STUD	41.97	7	42.01	5
J ECON PERSPECT	41.22	8	41.55	8
J POLIT ECON	40.87	9	46.71	3
REV ECON STUD	40.18	10	36.32	23
AM ECON J - MACROECON	36.05	11	38.78	12
AM ECON J - APPL ECON	35.85	12	38.16	16
BROOKINGS PAP ECO AC	34.38	13	36.49	22
REV ECON STAT	33.85	14	38.23	15
ECOL ECON	31.96	15	41.72	7
J EUR ECON ASSOC	31.67	16	41.88	6
AM ECON J - ECON POLIC	31.44	17	36.95	19
ECON J	31.30	18	30.53	69
VALUE HEALTH	30.17	19	32.41	46
ANNU REV ECON	29.74	20	33.49	32
ENERG ECON	29.04	21	38.50	13
J ACCOUNT ECON	28.51	22	33.83	31
REV ENV ECON POLICY	28.43	23	32.88	40
J HEALTH ECON	28.37	24	31.91	49
TRANSPORT RES B - METH	28.37	25	36.97	18

期刊名称	因子分析评价结果	因子分析排序	完全信息评价结果	完全信息排序
J ECONOMETRICS	28.05	26	36.83	20
J INT ECON	27.98	27	35.78	24
ECON GEOGR	27.86	28	36.53	21
ECON SYST RES	27.75	29	39.41	11
ECON POLICY	27.68	30	32.63	43

　　因子分析评价与完全信息因子分析评价的散点图如图 4-2 所示，很明显可以看出两者正相关，通过相关系数分析发现，两者的相关系数为 0.866，并且通过了统计检验，具有较高的相关度。但是相关度较高是从总体分析的，对于个体而言，两种评价方法的评价结果还是相差较大的。

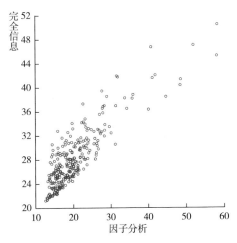

图 4-2　完全信息因子分析与因子分析评价结果对比

　　4. 最大信息因子分析法评价

　　从完全信息因子分析的旋转矩阵看，11 个评价指标中共提取了 5 个公共因子，我们以这 5 个公共因子为基础采用最大信息因子分析法进行评价，为了和完全信息因子分析评价结果进行比较，这里继续采用方差贡献率赋权，评价结果如表 4-6 所示。同样给出前 29 种期刊，可以很明显地看出，尽管评价结果排序有所区别，但是评价结果排序的一致性较高。

表 4 - 6 完全信息因子分析与最大信息因子分析评价结果比较

期刊名称	完全信息因子分析	完全信息排序	最大信息因子分析	最大信息排序
Q J ECON	50.45216	1	48.64068	1
J ECON LIT	47.03062	2	44.84348	2
J FINANC	45.26153	4	41.90566	3
AM ECON REV	46.71079	3	41.06856	4
J ECON PERSPECT	41.32642	9	38.29623	5
AM ECON J – MACROECON	41.55390	8	37.34553	6
AM ECON J – APPL ECON	41.88083	6	36.93083	7
REV FINANC STUD	41.72456	7	36.77396	8
ECONOMETRICA	42.00712	5	36.28466	9
J FINANC ECON	40.36589	10	35.87938	10
ANNU REV ECON	39.40916	11	33.90929	11
VALUE HEALTH	38.22763	15	33.82866	12
REV ECON STUD	38.43436	14	33.60447	13
AM ECON J – ECON POLIC	38.50002	13	33.29183	14
BROOKINGS PAP ECO AC	38.16216	16	33.17697	15
J POLIT ECON	38.78053	12	32.96801	16
REV ENV ECON POLICY	36.94898	19	32.29131	17
ECOL ECON	36.96695	18	31.98200	18
J EUR ECON ASSOC	36.48662	22	31.56454	19
ECON SYST RES	36.32181	23	31.37317	20
ENERG ECON	36.82762	20	31.24562	21
IMF ECON REV	37.27646	17	31.11160	22
J TRANSP GEOGR	36.52679	21	31.09737	23
TRANSPORT RES E – LOG	35.78308	24	30.52204	24
ECON POLICY	35.52640	25	29.88138	25
CAMB J REG ECON SOC	34.06622	29	29.32022	26
ASIAN ECON POLICY R	32.75898	41	29.02802	27
QUANT ECON	34.78975	26	28.50220	28
FOOD POLICY	33.20020	34	28.32162	29

同样绘出完全信息因子分析评价结果与最大信息因子分析评价结果的散点图（见图4-3），两者不仅相关度高，而且几乎呈一条直线，两者的相关系数高达0.982，说明最大信息因子分析评价虽然也牺牲了原始数据的部分信息，但是与因子分析法评价相比，已经得到很大提升，关键是通过其他方法赋予权重体现了评价为管理服务，具有较强的适用性。

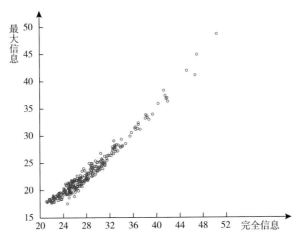

图4-3 完全信息因子分析与最大信息因子分析评价结果对比

五 结论与讨论

1. 因子分析评价会损失原始数据的大量信息

因子分析评价由于采用少数公共因子进行加权汇总评价，这样会丢失原始数据的大量信息，从而影响评价结果。本节分析发现，因子分析法通过降维增加了公共因子的解释能力，从而便于进行深入分析，但是降维本身并没有精简计算，也没有减少评价指标的数量从而降低评价成本，因此以牺牲原始数据信息为代价的因子分析评价并不具备太多的优势。

2. 完全信息因子分析评价弥补了因子分析评价的信息不足

完全信息因子分析评价克服了传统因子分析评价的弊端，完全不会牺牲原始数据信息，而且保留了因子分析方法的优点。本节研究发现，虽然传统的因子分析评价结果与完全信息因子分析评价结果高度相关，但是对于评价对象个体而言，两种方法评价的结果排序相差较大，不利于科技评价的公平公正。

当然，完全信息因子分析完全采用方差贡献率大小进行赋权是值得商榷的，这是所有客观评价方法面临的问题。

3. 最大信息因子分析评价方便主观赋权

最大信息因子分析法在尽可能保持原始数据信息的情况下，比传统因子分析提取了更多的公共因子，而且这些公共因子互不相关，在此基础上，可以根据评价目的与管理要求采用其他方法确定权重进行评价，克服了完全信息因子分析完全进行客观赋权的不足。

当然，最大信息因子分析虽然也牺牲了部分原始数据的信息，但总体上这种影响较小，不像因子分析评价那样牺牲的信息量较大。

4. 对于传统因子分析应该重分析轻评价

可以说，因子分析法的优点无可替代，比如降维技术、客观的洞察力、公共因子不相关等，因此因子分析更适合对数据进行分析，但是从评价的角度，这并不是因子分析的强项，但可以借用。本节在因子分析的基础上提出了完全信息因子分析与最大信息因子分析两种评价方法，前者不会牺牲原始数据的任何信息但不宜主观赋权，后者在尽可能少牺牲原始数据信息的情况下结合主观赋权进行评价，各有特点，可以根据需要灵活选用。

第二节　基于改进的 VIKOR 科技评价研究

针对 VIKOR 评价方法在计算群体效用 S 时距离函数不采用直线距离，以及计算个体遗憾值 R 时没有考虑指标相关性问题，本节提出了直线距离因子多准则妥协解评价法，其原理是采用因子分析降维后的公共因子进行评价，同时评价群体效用 S 时采用直线距离，在此基础上，基于 JCR 2015 数学期刊进行了对比分析。LDF – VIKOR 是对多准则妥协解评价法的改进；传统 VIKOR 用来评优是不合适的，其发散度较高；LDF – VIKOR 适用的前提条件和因子分析一致；当不满足因子分析前提条件时，可以采用直线距离多准则妥协解法（LD – VIKOR）进行评价。

一　引言

科技评价是一项复杂的系统工程，评价方法对于科技评价具有十分重要的影响。多准则妥协解排序法（VIKOR）是一种针对复杂系统的多属性评价方法，由 Opricovic（1998）首先提出。它受 TOPSIS 评价方法影响，其特点是提供最大化的"群体效益"和最小化的"反对意见的个体遗憾"，得到距理想解最近的折中可行解（Opricovic 等，2007）。其评价原理容易被管理者所接受，方法简捷，因此得到了广泛的应用。

在科技评价中，直接采用 VIKOR 进行评价是值得商榷的，原因有两个：第一，VIKOR 在计算评价对象到理想解距离时采取的是线性加权汇总，没有采用"两点之间直线最短"的公理，显然没有直线距离科学。第二，在计算评价对象最差指标即"个别遗憾"时，没有考虑到同类指标的互补性，也就是说，即使某些指标较差问题也不大。比如某个学术期刊影响因子较低，但只要其他总被引频次、即年指标、5 年影响因子等指标不太低，那么用最低的影响因子指标作为该期刊的"个别遗憾"是没有意义的。对于这两个问题进行改进，有助于优化 VIKOR 评价方法，提高评价方法的科学性，保证评价方法的公平公正，揭高评价质量。

在科技评价中，已经有不少研究开始采用 VIKOR 方法。张瑞、丁日佳等（2015）从成果性质、技术水平、经济效益、社会效益 4 个方面构建了可转化为国际标准的科技成果选择指标体系，建立了基于 VIKOR 法的科技成果选择决策模型，并对材料领域 6 项国家科技计划成果进行评价。夏绪梅、孙青青（2015）建立包括增长指数、质量指数、效率指数和潜力指数的专利成长性综合评价指标体系，运用 VIKOR 方法对我国 31 个省市的专利成长性水平进行评价和分析。毕克新、王筱等（2011）从企业内部和外部两个层面构建了科技型中小企业自主创新能力评价指标体系，并以 VIKOR 法对企业自主创新能力进行综合评价。孔峰、贾宇等（2008）基于 VIKOR 法建立了企业技术创新综合能力评价模型，并运用该模型对 4 家企业进行了横向的技术创新综合能力评价。林向义、罗洪云等（2013）构建了高校虚拟科研团队成员选择决策指标体系，提出基于模糊 VIKOR 方法的高校虚拟科研团队成员选择方法。方曦、李治东等（2015）从情报来源、情报价值、情报成本 3 个维度建立决策情报评价指标体系，运用模糊 VIKOR 法对决策情报进行排序。周慧妮、江文奇（2015）针对营销竞争情报来源的多样性和差异性等特征，采用前景理论和 VIKOR 方法进行情报渠道评价。

　　由于评价数据不通、评价对象不同、评价目的不同等，VIKOR 评价方法自诞生后就不断有学者进行补充和优化。Büyükozkan 等（2008）在模糊环境下拓展了 VIKOR 方法，解决了软件评估问题。Sanayei 等（2010）利用模糊集和语言值推广了 VIKOR 方法，并将该方法用于供应商选择问题。Mohammad 等（2009）基于区间数比较提出了拓展的区间数 VIKOR 方法。Jin 等（2013）提出了动态和不确定直觉模糊赋权几何算子，并将其应用于 VIKOR 评价。Ju 等（2013）提出了准则值和权重均为语言值的 VIKOR 方法。张市芳、刘三阳等（2012）针对各决策时段的时间权重，以及属性权重已知、属性值以三角模糊数形式给出的动态多属性决策问题，提出了一种基于多准则妥协解排序拓展的决策分析方法。李磊、王富章（2012）运用熵权法求解权重，结合 VIKOR 方法评估铁路突发事件应急预案。肖利哲、邵维佳（2011）选择灰色关联分析方法对 VIKOR 法排序范围与方法给予了补充，扩大了评价或决策的范围。闫广华、王庆林等（2016）提出了一种基于区间数改进权重和灰色 VIKOR 法的多属性决策方法。孙红霞、李煜（2015）针对备选方案的属性值为三角直觉模糊数且权重为实数的多属性决策问题，提出三角直觉模糊数型 VIKOR 方法。李庆胜、刘思峰（2014）为防止个别较差指标的消极影响被其他指标所中和，强化指标的协同效应，提高决策的合理性，提出了一种基于协同度的灰关联 VIKOR 决策方法。

　　从现有的研究看，VIKOR 方法确实有其独到之处，在科技评价中已经产生了一定的影响，涉及科技成果、专利、创新能力、科研团队、竞争情报等多个方面。VIKOR 仅仅是一种理论模型，在实际应用中还需要根据评价目的、数据以及权重的特点适当进行改进，因此学术界从模糊数、区间数、权重设定方法等方面进行了广泛的研究，进一步丰富了 VIKOR 方法。但是从距离函数和同类指标互补性方面进行优化的研究不多，本节以 JCR 2015 数学期刊为例，在分析 VIKOR 原理与不足的基础上，提出了基于直线距离与不相关因子进行改进的评价方法——直线距离因子多准则解法，进一步优化了 VIKOR 方法。

二　VIKOR 评价方法的原理分析

1. VIKOR 方法简介

VIKOR 方法的核心思想是确定正理想解和负理想解，根据各评价对象的评估值与理想解的接近程度，最后在一定条件下对评价对象进行优先排序（Sayadi 等，2009）。VIKOR 方法可以克服 TOPSIS 方法的不足，因为 TOPSIS 求得的最优解未必是最接近理想点的解，VIKOR 同时考虑群体效用的最大化与个体遗憾的最小化，能充分考虑决策者的主观偏好，从而使决策更具合理性（Opricovic 等，2007，2004）。其评价的基本步骤如下。

对原始数据进行标准化处理，确定正理想解 f_{ij}^+ 和负理想解 f_{ij}^-，i 为评价对象的个数，j 为评价指标的个数。

计算评价对象 i 的 S 值和 R 值，即

$$S_i = \sum_{j=1}^{n} \omega_j \frac{f_{ij}^+ - f_{ij}}{f_{ij}^+ - f_{ij}^-}$$

$$R_i = \max_j \omega_j \frac{f_{ij}^+ - f_{ij}}{f_{ij}^+ - f_{ij}^-} \tag{4-1}$$

计算评价对象 i 的 Q 值，即

$$Q_i = v\left(\frac{S_i - S^-}{S^+ - S^-}\right) + (1-v)\left(\frac{R_i - R^-}{R^+ - R^-}\right) \tag{4-2}$$

其中，S^+ 为 $\max S_i$，S^- 为 $\min S_i$，R^+ 为 $\max R_i$，R^- 为 $\min R_i$。v 为"群体效用"和"个体遗憾"调节系数，$v > 0.5$ 说明更关注群体满意度，$v < 0.5$ 表示更关注个体遗憾度，通常情况下 $v = 0.5$，但也可以根据评价目的进行适当调整。

根据 S、R、Q 的升序对结果排序，值越小，则评价对象越好。

对妥协解的验证，是许多指标体系评价方法不具备的。对 Q 进行升序排序，假设 A 是最优解，B 排第二位，那么 Q 满足以下条件（若有一个条件不满足，则存在一组妥协解）：

条件 1：假设 M 是评价对象个数，$DQ = 1/(M-1)$，那么 $Q(B) - Q(A) \geqslant DQ$。

条件 2：根据 S 和 R 值，A 也是最优解。

2. VIKOR 的不足分析

（1）距离函数分析

如图 4-4 所示，假设共有两个评价指标 X、Y，数据标准化后 G 点为最优解，其坐标为（1，1），所有的评价对象均位于正方形内，H 为任意一个评价对象。为了精简计算，假设负理想解为（0，0），暂不考虑权重，

根据公式（4-1），H 点到最优解的距离为

$$S_H = (1-x) + (1-y) = 2 - x - y$$

$$(4-3)$$

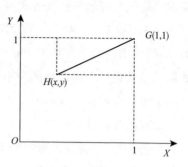

图 4-4   距离函数分析

这是一种间接距离计算公式，某种程度上还没有 TOPSIS 采用的欧氏距离科学，TOPSIS 计算的是直线距离，即

$$S_{TOPSIS} = \sqrt{(1-X)^2 + (1-Y)^2}$$

$$(4-4)$$

很明显，VIKOR 距离要大于 TOPSIS 距离，由于最终评价值 Q 是根据公式（4-2）计算，先计算公式（4-2）的前半部，为了精简计算，假设 S^- 就是最优解，此时 $S^- = 0$，而 S^+ 为最劣解，$S^+ = 2$，则公式（4-2）表示群体决策的部分为

$$Q_{all} = v\left(\frac{S_i - S^-}{S^+ - S^-}\right) = v\frac{S_H - 0}{2 - 0} = \frac{1}{2}vS_H > \frac{1}{2}vS_{TOPSIS} \qquad (4-5)$$

也就是说，VIKOR 的距离计算会产生两个后果：第一，非直线距离，不符合距离公理；第二，在评价结果中，代表群体效用最大化的部分计算值变大，这相当于增加了群体效用的权重。

（2）个体遗憾值分析

根据公式（4-1），每个评价对象的个体遗憾值 R 是选其所有指标遗憾值中最大的，对于最大遗憾值仍然很小的评价对象，其得分越有优势。其实，这里隐含的一个假设，就是评价指标之间不相关或者相关度较低。比如历史中的古代史和现代史，都是历史，两者可以互相补充，古代史成绩差一些没关系，现代史成绩好就可以了，在这种情况下，如果还是选择两者中最差成绩作为个体遗憾值是没有意义的。如果是数学和语文两门课，两者一是文科、一是理科，此时选择最差的做个体遗憾值是可以的。

关于 VIKOR 中个体遗憾值 R 的计算，如果不考虑指标之间的相关问题，则很大可能夸大了一些相关指标的"遗憾"，使得 R 计算值偏大，最终评价结果增加，从而变相扩大了"个体遗憾"的权重。

3. 直线距离因子多准则妥协解法评价

为了克服 VIKOR 方法中距离计算问题与因子相关导致个体遗憾值偏

大问题，本节提出了直线距离因子多准则妥协解法（Linear Distance Factor VIKOR，LDF – VIKOR）。其主要不同是：第一，采用因子分析法提取公共因子评价。第二，在计算群体效用 S 时，各评价对象到理想解的距离采用直线距离，或者称为欧氏距离。第三，在计算个体遗憾值时，不是针对原始指标，而是通过因子分析提取公共因子，然后对公共因子计算各评价对象的最大遗憾值。公共因子之间不相关，而且往往都有经济意义，在降低赋权难度的同时，也使得个体遗憾值更具说服力。

需要说明的是，采用直线距离因子多准则妥协解法进行评价，首先必须满足因子分析的前提条件，比如 KMO 检验以及 Bartlett's 球形检验，如果评价指标较少，并且指标间相关度不高，可以直接采用 VIKOR 进行评价，不过在科技评价中，总体上评价指标众多，指标之间相关度较高，更加容易满足采用 LDF – VIKOR 法的前提条件。

三　研究数据

本节以 JCR 2015 数学期刊评价为例，说明 VIKOR 评价与 LDF – VIKOR 评价的区别。JCR 2015 公布的评价指标主要有总被引频次、影响因子、他引影响因子、5 年影响因子、平均影响因子百分位、即年指标、特征因子、标准化特征因子、论文影响分值、被引半衰期、引用半衰期（Citing Half – life），共 11 个。

2015 年 JCR 数学期刊共有 312 种，由于数据缺失，经清洗后最后还有 275 种期刊，各指标的描述统计量如表 4 – 7 所示。

表 4 – 7　指标描述统计

指标	均值	中位数	极大值	极小值	标准差
总被引频次	1354.364	627.000	18695.000	101.000	2167.646
影响因子	0.740	0.630	3.236	0.144	0.483
他引影响因子	0.679	0.553	3.146	0.134	0.472
5 年影响因子	0.821	0.660	3.654	0.249	0.560
平均影响因子百分位	49.124	48.491	99.519	1.173	26.985
即年指标	0.165	0.120	2.273	0.000	0.196
特征因子	0.005	0.003	0.051	0.000	0.008

续表

指标	均值	中位数	极大值	极小值	标准差
标准化特征因子	0.607	0.336	5.750	0.026	0.856
论文影响分值	0.971	0.691	6.771	0.117	1.006
被引半衰期	8.174	10.000	10.000	2.600	2.342
引用半衰期	9.966	10.000	10.000	6.400	0.293

四　评价结果对比

在进行 LDF – VIKOR 评价时，首先要提取公共因子。KMO 值为 0.809，大于 0.5，Bartlett's 球形检验值为 7664.122，其相伴概率为 0.000，也通过了统计检验，说明比较适合采用因子分析降维。因子旋转矩阵如表 4 – 8 所示，根据特征根大于 1 的原则，共提取了三个公共因子：第一公共因子包括影响因子、他引影响因子、5 年影响因子、即年指标、论文影响分值、平均影响因子百分位，代表期刊影响力指标；第二公共因子包括总被引频次、特征因子、标准化特征因子，代表期刊历史影响力指标；第三公共因子包括被引半衰期和引用半衰期，可以将其命名为期刊时效性指标。这样就可以利用这 3 个公共因子进行 VIKOR 和 LDF – VIKOR 评价和分析。

表 4 – 8　因子旋转矩阵

指标	第一因子	第二因子	第三因子
影响因子	0.944	0.217	0.128
他引影响因子	0.954	0.202	0.044
5 年影响因子	0.945	0.230	0.037
即年指标	0.765	0.137	-0.020
论文影响分值	0.885	0.183	-0.224
平均影响因子百分位	0.792	0.237	0.150
总被引频次	0.211	0.925	-0.082
特征因子	0.266	0.947	-0.051
标准化特征因子	0.266	0.947	-0.051
被引半衰期	0.003	-0.181	0.767
引用半衰期	0.052	0.052	0.795

分别采用 VIKOR 评价方法与 LDF – VIKOR 评价方法进行评价，简捷起见，本节中没有考虑评价指标的权重，在计算最终评价值时 $v = 0.5$，结果如表 4 – 9 所示。由于篇幅所限，本节只公布了采用 LDF – VIKOR 评价方法的前 30 种期刊。为了比较两种评价方法的相关情况，绘成散点图如图 4 – 5 所示。

表 4 – 9　两种评价方法结果比较

期刊名称	VIKOR 得分	VIKOR 排序	LDF – VIKOR 得分	LDF – VIKOR 排序
FIXED POINT THEORY A	0.270	1	0.000	1
ANN MATH	0.500	3	0.070	2
J MATH ANAL APPL	0.668	13	0.173	3
COMMUN PUR APPL MATH	0.614	5	0.173	4
INVENT MATH	0.631	8	0.193	5
NONLINEAR ANAL – THEOR	0.674	14	0.195	6
ADV MATH	0.667	12	0.198	7
J AM MATH SOC	0.617	6	0.199	8
J DIFFER EQUATIONS	0.677	15	0.202	9
ADV DIFFER EQU – NY	0.740	22	0.209	10
B AM MATH SOC	0.665	11	0.226	11
FOUND COMPUT MATH	0.659	10	0.226	12
ACTA MATH – DJURSHOLM	0.656	9	0.233	13
J FUNCT ANAL	0.724	20	0.249	14
T AM MATH SOC	0.729	21	0.250	15
J INEQUAL APPL	0.618	7	0.260	16
J EUR MATH SOC	0.708	18	0.268	17
DUKE MATH J	0.721	19	0.271	18
PUBL MATH – PARIS	0.699	17	0.273	19
J NUMER MATH	0.747	23	0.295	20
J REINE ANGEW MATH	0.767	28	0.305	21
MATH ANN	0.775	30	0.307	22
CALC VAR PARTIAL DIF	0.763	27	0.307	23
J DIFFER GEOM	0.758	26	0.307	24

期刊名称	VIKOR 得分	VIKOR 排序	LDF - VIKOR 得分	LDF - VIKOR 排序
GEOM FUNCT ANAL	0.755	24	0.308	25
INT MATH RES NOTICES	0.776	31	0.311	26
DISCRETE CONT DYN - A	0.780	32	0.312	27
ANAL PDE	0.755	25	0.313	28
P AM MATH SOC	0.813	38	0.317	29
MEM AM MATH SOC	0.768	29	0.320	30

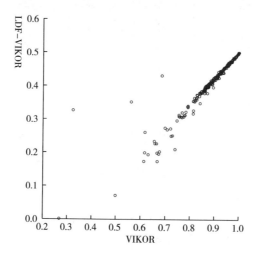

图 4 - 5　两种方法散点图示意

　　两种评价方法的相关系数为 0.925，相伴概率为 0.000，虽然高度相关，但是从散点图可以看出，对于评价水平较高的期刊（得分较低），两种评价方法的评价结果分歧较大，处于发散状态，而对于评价水平较低的期刊，两者一致度较高。

　　在 VIKOR 评价方法中，S、R、Q 值的计算均是相对数，因此 VIKOR 评价方法与 LDF - VIKOR 评价方法的相关参数可以直接进行对比，本节对比了平均值，结果如表 4 - 10 所示。与理论分析相同，VIKOR 评价方法中代表群体效用的距离均值 S、个体遗憾值 R 均大于 LDF - VIKOR 评价方法，后者分别只有前者的 27.44% 与 92.49%，从而对评价结果产生了较大的影响。

表 4 – 10 两种评价方法均值比较

比较对象	VIKOR	LDF – VIKOR	LDF – VIKOR/VIKOR（%）
S	9.243	2.536	27.44
R	0.999	0.924	92.49
Q	0.882	0.408	46.26

五 结论与讨论

1. LDF – VIKOR 是对多准则妥协解评价方法的改进

传统多准则妥协解评价方法存在两个问题。第一是计算距离时，采用的是非直线距离，不具有唯一性，而且增加了群体效用的计算值，相当于变相增加了群体效用系数 v；第二是在计算个体遗憾值时，当评价指标之间相关可以互补时，VIKOR 评价方法会增加个体遗憾值，夸大了个体遗憾。本节提出的 LDF – VIKOR 评价方法，在计算群体效益距离时采用直线距离，保证了结果的唯一性，也符合距离公理，在计算个体遗憾值时，先用因子分析法对原始数据进行处理，用公共因子代替原始指标，从而保证了指标之间不相关，使得个体遗憾值更加精确。此外，通过提取公共因子也使得公共因子赋权更加直观，降低了赋权难度，所以 LDF – VIKOR 从根本上解决了传统 VIKOR 方法的不足。

2. 传统 VIKOR 用来评优是不合适的

本节的研究表明，虽然 VIKOR 的评价结果与 LDF – VIKOR 的评价结果之间高度相关，其相关系数高达 0.925，但是，受 VIKOR 评价方法的局限，对优秀的评价对象的排序影响极大，所以传统 VIKOR 评价方法更适合评价中低水平的评价对象，不适合评价高水平的评价对象。

3. LDF – VIKOR 适用的前提条件和因子分析一致

对于 LDF – VIKOR 评价方法，由于在计算个体遗憾值 R 时，采用因子分析法降维，从而保证了精确性，但是这也带来了另外一个问题，当评价指标之间相关度不高，此时是不适合采用因子分析来进行降维的，LDF – VIKOR 的适用条件本质上和因子分析相同，即 KMO 要大于 0.5，并且 Bartlett 值要通过统计检验。当然，一旦出现这种情况，对传统 VIKOR 改进的思路是，在计算群体效用 S 时继续采用直线距离，但在计算个体遗憾值 R 时，采用原始指标，这种评价方法也可以称为直线距离多准则妥协解评价法（LD – VIKOR）。

第三节　一种兼顾协调发展的学术期刊评价方法

在期刊评价中，影响力与时效性是非常重要的两个方面，应该协调发展，但目前的绝大多数多属性评价方法，都是取长补短性质的弥补式评价，难以评价期刊协调发展，需要解决这个问题。而因子几何平均法（FGM），首先通过因子分析提取公共因子，然后标准化后进行几何平均。本节以 JCR 2015 数学期刊为例进行了说明，发现影响力与时效性较高的期刊评价得分较高，因子几何平均法具有较高的区分度。因子分析在提取公共因子时存在信息损失，也会导致评价数据存在信息损失，另外要求评价指标具有较高的相关性。综上，要重视非弥补式评价的协调发展评价方法研究；因子几何平均法是一种有效的协调发展评价方法，适合比较成熟领域的学术期刊协调发展评价；采用因子几何平均法评价要注意学科差异。

一　引言

对科技期刊评价有利于期刊之间进行办刊竞争，吸引作者向优秀期刊投稿，办出特色，提高期刊质量。在期刊评价中，往往采用指标体系进行多属性评价，从而弥补单指标评价信息量不足的缺陷。基于历史原因与文献计量学发展的特点，影响力与时效性是期刊评价中非常重要的两个方面，虽然反映期刊论文刊载基本情况的来源指标也很重要，但来源指标中很少有较好的正向指标，比如载文量、基金论文比、平均作者数、地区分布数等指标并非越大越好，在这种情况下，考虑期刊的影响力与时效性的协调发展，采用科学的方法进行客观公正的评价具有十分重要的意义。

学术界已经关注到期刊协调发展的相关问题。刘雪立（2009）提出必须处理好影响因子与质量、时效性与时滞、自引与他引、基础研究与应用研究等十大关系。郝秋红（2013）围绕作者、编辑、读者为核心的人本发展内涵，认为学术期刊自身科学发展与学术研究必须协调。李建英、石晓峰等（2007）认为学科均衡、协调发展的狭义界定是学科内部之间的均衡布局与协调发展，广义界定是以学科布局为核心，在人才队伍、地域分布、国家战略需求、社会影响等各方面的综合协调。陈景春（2015）认为高校科技学术期刊要取得科学发展，要注重办刊特色、选好原创精品，对期刊资源进行优化和重组，使期刊的学科分布结构得到优化，基本解决主体趋同、重复建设、同质竞争等问题。康兰媛（2008）采用经济学原理分析科技期刊可持续发展，提出科技期刊应该特色化经营、协调化发展、创新性运行、社会化导向。张惠（2010）认为从生态学视野看，科技期刊的生存与发展不是孤立的，必须适应出版环境并对出版环境进行优化。

关于学术期刊协调发展的分析与评价方法。桂文林、韩兆洲（2009）通过对统计类学术期刊历年被 CSSCI 收录情况，即年评价指标和综合评价指标的统计分析，指出我国统计类学术期刊协调发展问题，并提出相关对策。李咏梅、袁学良（2010）探讨了纸本资源与电子资源协调发展的基本原则，认为在推进两者协调发展时，应遵从各图书馆的发展目标，坚持以用户需求为导向，考虑两者的互为补充，保障重点馆藏，并重视成本效益分析。俞立平、潘云涛等（2009）提出了一个用来衡量单一期刊均衡发展的新指标——和谐指数，认为可以将其作为期刊评价指标之一，与其他期刊评价指标一起共同进行期刊评价。俞立平、刘骏（2016）提出"协调指数"，综合采用中位数均值比和基尼系数建立学科协调发展水平的评价指标。

从目前的研究看，关于期刊协调发展的研究主要集中在期刊与外部社会、环境的关系，包括期刊社与主管部门、作者、读者之间的关系，较少从学术质量角度研究期刊影响力与时效性之间的协调研究。从期刊评价方法角度，已经有数十种多属性评价方法在期刊评价中得到广泛应用，这些评价方法原理不同，评价结果也各不相同，如何进行选择缺乏研究。总体上，从期刊质量角度看，注重影响力与时效性的协调评价比较缺乏，更缺少相应的评价方法。本节在对期刊评价本质和原理分析的基础上，提出采用因子分析方法提取公共因子，然后再进行几何平均的方法进行评价，从而解决这个问题。

二　研究方法

1. 影响力指标与时效性指标是学术评价的重要基石

（1）期刊评价指标的分类

期刊评价指标的分类是期刊评价的基础，只有在分类的基础上根据评价目的有所侧重地选择评价指标，才能让期刊评价服从管理需求。Shotton（2015）提出新时期学术期刊评价的 5 个标准：同行评议、内容丰富化程度、开放获取、数据集、计算机可读元数据。Franceschet（2010）认为，期刊的影响力或者重要性可以从两个方面来描述：第一是知名度（Popularity），可以通过影响因子类指标来衡量；第二是信誉度（Prestige），可以通过特征因子类指标来衡量。Mark 等（2004）从投稿作者获益度、论文随机质量、编辑审稿能力等方面建立了开放存取期刊质量评价模型。叶继元（2016）在其建立的学术"全评价"分析框架中提出评价的三大维度，即形式评价、内容评价和价值、效用评价。赖茂生、屈鹏等（2009）将期刊评价指标分为基础理论指标、实际应用指标和定性评价三部分。李海燕、安静等（2009）从学术水平、编辑质量、出版发行三个方面建立指标体系，对医学期刊进行评价。张晓雪（2014）将评价指标分为引用指标、内容指标与数字化出版指标。魏晓峰（2013）将期刊分为来源指标与被引指标，以数学期刊为例进行评价。

　　期刊评价指标分类如图 4 - 6 所示。综合现有的期刊评价指标分类文献，可以将期刊评价指标分为办刊方针、自身特征、形式质量、内容质量、网络指标五大类，办刊方针是政治方向、利益相关者，自身特征是来源指标，形式质量主要是编辑出版指标，内容质量是其影响力和时效性，网络指标是开放存取、网络应用等，这种分类体现了先内容后形式、先定性后定量、先内在后外在的思想。从学术评价角度看，目前采用较多的指标是自身特征、内容质量和网络指标三大类。

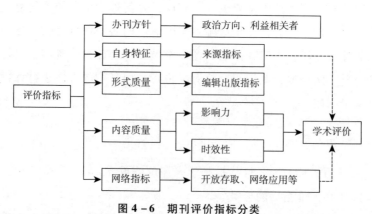

图 4 - 6　期刊评价指标分类

第一，办刊方针指标，包括办刊方向，与主管部门、评审专家、作者、读者的关系等，是期刊生存发展的重要指标。

第二，自身特征指标，主要是期刊来源指标，包括载文量、基金论文比、平均作者数、地区分布数、海外论文比等。

第三，形式质量指标，主要是编辑出版方面的指标，是期刊排版编辑质量的重要反映，一般在期刊学术评价中不选用，但在编辑出版质量评价中是非常重要的指标。

第四，内容质量指标，包括影响力指标和时效性指标。影响力指标包括总被引频次、影响因子、他引影响因子、5年影响因子、特征因子、h指数、学科扩散指标等，该类指标众多，已经有几十种。时效性指标包括被引半衰期、引用半衰期等。需要说明的是，有些指标具有多重性质，如引用半衰期是来源指标，即年指标也可以说是影响力指标，之所以将其归类为时效性指标，是因为时效性指标数量本来就不多，但又比较重要。

期刊影响力指标的计算时间间隔与时效性是两个不同概念。比如影响因子涉及过去两年的载文量在统计当年的平均被引次数，5年影响因子涉及过去5年的载文量在统计当年的平均被引次数，但这两个指标仍然属于影响力指标，或者说，所有影响力指标均必须界定在一定时间范围内计算。

第五，网络指标，包括是否开放存取、网络下载量、网络下载率、网络引用率等。

（2）学术评价的重点就是影响力与时效性

以上指标中，从学术评价的角度看，主要以内容质量即影响力和时效性评价为主，根本原因是期刊论文学术质量指标总体上难以获取。当然，部分来源指标也能反映一部分学术质量，也可以适当引入；部分网络指标，也是期刊影响力的体现，同样可以引入。但在学术评价中，现有的文献一般不评价出版质量与办刊方针，但在国家新闻出版部门组织的评价中却非常重视这两个指标，主要是评价目的不同。

需要说明的是，期刊自身特征指标即来源指标，许多指标并不一定是越大越好，许多指标的选取存在一定的争议，比如地区分布数，作者地区分布太少固然不好，但是也并没有证据表明地区分布数越大越好，这样的指标还有载文量、平均作者数、海外论文比等，在这样的情况下，来源指标用于期刊学术评价，其可选范围是有限的。

基于以上分析，在期刊学术评价时，立足内容质量，从影响力和时效性两个方面进行评价是可取的，也是一种比较理想的组合，评价时可以适当选取少数来源指标与网络指标，这些指标总体上也可以分类为影响力指标或时效性指标。

2. 现有多属性评价方法分类

（1）期刊评价方法的分类

学术期刊多属性评价方法分类如图 4-7 所示。期刊评价方法大致有以下三大类。

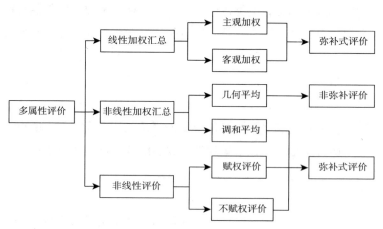

图 4-7　多属性评价方法分类

第一类是线性加权汇总评价方法，也是在实际应用中使用较多的评价方法，其原理是，将所有评价指标标准化，然后根据主观或客观方法设定权重，最后再进行加权汇总。根据主观方法确定权重的评价方法主要有层次分析法、专家会议法，根据客观方法确定权重的主要有熵权法、概率权法、离散系数法等。

第二类是非线性加权汇总评价方法，又包括几何平均、调和平均、直接乘法合成等，常见的是前两者，其评价过程和第一类基本类似，不同的是在计算评价得分时，第一类评价方法是计算数学平均，第二类评价方法是计算几何平均、调和平均或直接相乘，呈现广义的非线性特征。

第三类评价方法是非线性评价方法，包括赋权评价与不赋权评价，不过不赋权评价本质上是假设所有指标权重相等，所以所有非线性评价其实也有权重概念，俞立平、潘云涛等（2009）提出了该类评价方法模拟权重的概念，将评价结果与评价指标进行回归，为了减少多重共线性的影响，回归采用岭回归，然后对回归系数进行标准化，这样就可以得到各评价指标的模拟权重，进而衡量非线性评价方法的实际权重。该类评价方法众多，包括主成分分析、因子分析、DEA 数据包络分析、TOPSIS、ELEC-TRE、秩和比法、灰色关联评价等。

（2）弥补式评价与非弥补式评价

如果考虑评价方法的协调发展因素，又可以分为弥补式评价和非弥补式评价，弥补式评价并不适合评价协调发展，只有非弥补式评价才能更好地评价协调发展，但是在多属性评价方案中，大多数属于弥补式评价。

所谓弥补式评价，就是在评价总得分中，评价指标的得分是取长补短式互相补充的，各项指标增加都能对评价结果有所贡献。该类评价中，权重是非常重要的因素，对于权重较高的指标，其得分增加对评价结果影响较大，对于权重较小的指标，其得分增加对评价结果影响较小。

所谓非弥补式评价，就是在评价总得分中，评价指标必须协调发展，任意一个指标变化对评价结果均影响较大。在该类评价中，权重没有意义，不会影响评价结果之间的排序。典型的就是几何平均，对于 n 个评价对象，m 个评价指标 X_{ij}，其评价公式为

$$C_{ij} = \sqrt[m]{X_{i1}X_{i2}\cdots X_{im}} \tag{4-6}$$

公式（4-6）中，由于采用几何平均，指标无法设置权重，也没有必要设置权重。这种评价方式要求所有指标之间必须协同发展，彻底回避了指标权重设置时主客观赋权之间、不同权重设定方法之间的矛盾。

进一步地，所有乘法合成类评价方法均是非弥补式评价，但是直接相乘结果对评价结果影响很大，所以实际应用不多，而平方平均降低了评价结果之间的差距，符合人们的直觉。

3. 因子几何平均法

在实际应用中，几何平均应用较少，原因主要有以下几点：第一，现实生活中有许多事物确实也是可以取长补短的，人们习惯于弥补式评价。第二，同类可以相加类似评价基本公理，同类指标不适合采用几何平均合

成的，普通的加法合成或者其他评价方法就可以处理。第三，不同类指标之间的相关性也决定了采用几何平均不合适，这是因为，如果两类指标之间相关，则意味着它们之间有共同因素，此时采用加法合成类的弥补式评价方法也是合适的。

为了评价协调发展，本节提出了因子几何平均法（Factor Geometric Mean，FGM），其原理是，通过因子分析筛选出特征根大于1的公共因子，将其标准化后再进行几何平均得到评价结果。因子几何平均法的优点如下。

第一，由于公共因子之间不相关，完全可以进行几何平均。

第二，是一种非弥补式评价，用来评价需要协调发展的对象，尤其是发展比较成熟的事物。

第三，计算简捷，可以采用SPSS软件方便处理。

第四，适用于兼顾不同几个方面协调发展的评价，每个方面涉及数个指标。

当然，因子几何平均法也必须满足因子分析的前提条件，对于累计方差贡献率，达到70%以上即可，因为公共因子本质上是投影结果，只要理论分析认为评价的公共因子比较重要即可，牺牲掉的信息毕竟是其他非关键公共因子的信息。

4. 关于因子几何平均法的几点说明

公共因子适合采用几何平均。根据前文分析，在期刊学术评价中，影响力和时效性是非常重要的两类指标，这两类指标通过弥补式的评价方法进行评价也是可以的，因为两者高度相关。影响力比较高的指标，其时效性也比较好；时效性比较高的期刊，往往也容易获得更高的引用。唯有通过因子分析，才能真正提取出不相关的影响力与时效性得分值，这样才适合采用几何平均合成。因子分析的本质，就是通过投影运算，将影响力指标与时效性指标投影到影响力与时效性两个公共因子上，否则，原始影响力指标中也包括时效性成分，而原始时效性指标中，也包括影响力成分，不适合进行几何平均。

学术期刊发展相对成熟，可以采用因子几何平均法。如果说在互联网发展之初对学术期刊进行几何平均评价，那是值得商榷的，因为互联网对学术期刊的影响较大，学术期刊发展中存在很多新生事物，此时应该鼓励期刊创新，发挥弥补式评价的取长补短优势。在成熟阶段，应该鼓励协调发展。

采用因子几何平均评价学术期刊并不影响期刊特色。这是因为期刊只有办出特色，才能保证影响力和时效性，从这个角度看，影响力和时效性已经超越了原始影响力指标与时效性指标的范畴，可以说影响力与时效性是学术期刊质量的关键因素。

由于学科不同、研究类型不同，因子几何平均法的评价结果也有一些问题，比如对于基础科学类学科，一般影响力和时效性得分较低，经过几何平均后总得分也不高。对于同一类学科，侧重基础研究的期刊，评价得分也不高。但这些现象不是因子几何平均法所独有的，而是所有其他评价方法也要共同面对的问题。对于学术期刊，应该注重分类评价与分级管理。学术期刊的分类评价和分级管理的理念与原则不仅有利于各学术期刊对其发展现状进行明确定位，还有利于期刊管理部门建立起学术期刊的准入和淘汰机制，从而促进我国学术期刊的繁荣发展，提升我国学术期刊的学术质量（邱均平，2009）。

三 研究数据

本节以 JCR 2015 数学期刊为例进行评价，选取的影响力指标包括总被引频次（Total Cites）、影响因子（Journal Impact Factor）、他引影响因子（Impact Factor without Journal Self Cites）、5 年影响因子（5 - Year Impact Factor）、平均影响因子百分位（Average Journal Impact Factor Percentile）、特征因子（Eigenfactor）、标准化特征因子（Normalized Eigenfactor）、论文影响分值（Article Influence Score）；时效性指标包括被引半衰期（Cited Half - life）、引用半衰期（Citing Half - life）、即年指标（Immediacy Index）。其他载文量（Citable Items）、文献选出率（Articles in Citable Items）指标没有选取，因为这和期刊的学术质量相关不大。

2015 年 JCR 数学期刊共有 312 种，有些期刊部分数据缺失，因此进行了必要的清洗，最后还有 275 种期刊。此外，许多期刊的被引半衰期和引用半衰期超过 10 年，JCR 只公布 "＞10"，对于这种情况全部采用 10 年代替。各指标的描述统计如表 4 - 11 所示。

表 4 - 11　指标描述统计

指标类型	指标名称	均值	中位数	极大值	极小值	标准差
影响力指标	总被引频次（X_1）	1354.364	627.000	18695.000	101.000	2167.646
	影响因子（X_2）	0.740	0.630	3.236	0.144	0.483
	他引影响因子（X_3）	0.679	0.553	3.146	0.134	0.472
	5 年影响因子（X_4）	0.821	0.660	3.654	0.249	0.560
	平均影响因子百分位（X_5）	49.124	48.491	99.519	1.173	26.985
	特征因子（X_6）	0.005	0.003	0.051	0.000	0.008
	标准化特征因子（X_7）	0.607	0.336	5.750	0.026	0.856
	论文影响分值（X_8）	0.971	0.691	6.771	0.117	1.006
时效性指标	被引半衰期（X_9）	8.174	10.000	10.000	2.600	2.342
	引用半衰期（X_{10}）	9.966	10.000	10.000	6.400	0.293
	即年指标（X_{11}）	0.165	0.120	2.273	0.000	0.196

四　评价结果

首先采用因子分析提取公共因子，KMO 检验值为 0.809，Bartlett's 球形检验值为 7664.122，相伴概率为 0.000，说明适合采用因子分析。因子旋转矩阵如表 4 - 12 所示。特征根大于 1 的共有 3 个公共因子。第一个公共因子包括影响因子、他引影响因子、5 年影响因子、即年指标、论文影响分值、平均影响因子百分位，可以将其命名为期刊影响力指标；第二个公共因子包括总被引频次、特征因子、标准化特征因子，由于后两个指标是以 5 年为期计算的，总被引频次中的论文跨度时间是期刊创刊以来的所有论文，可以将其命名为长期影响力指标；第三个公共因子包括被引半衰期和引用半衰期，可以将其命名为期刊时效性指标。第一个公共因子的方差贡献率为 44.34%，第二个公共因子的方差贡献率为 26.67%，第三个公共因子的方差贡献率为 12.05%，累计贡献率为 83.06%。

表 4 - 12　因子旋转矩阵

指标	第一因子	第二因子	第三因子
影响因子	*0.944*	0.217	0.128
他引影响因子	*0.954*	0.202	0.044
5 年影响因子	*0.945*	0.230	0.037

续表

指标	第一因子	第二因子	第三因子
即年指标	*0.765*	0.137	-0.020
论文影响分值	*0.885*	0.183	-0.224
平均影响因子百分位	*0.792*	0.237	0.150
总被引频次	0.211	*0.925*	-0.082
特征因子	0.266	*0.947*	-0.051
标准化特征因子	0.266	*0.947*	-0.051
被引半衰期	0.003	-0.181	*0.767*
引用半衰期	0.052	0.052	*0.795*

原始指标之间相关度总体较高（见表4-13），除了被引半衰期、引用半衰期与其他指标之间多数相关度不大并且没有通过统计检验外，其他指标之间的相关系数均通过了统计检验。

表4-13　原始指标相关度分析

指标	X_1	X_2	X_3	X_4	X_5	X_6	X_7	X_8	X_9	X_{10}	X_{11}
X_1	1										
	—										
X_2	0.396	1									
	0.000	—									
X_3	0.388	0.988	1								
	0.000	0.000	—								
X_4	0.414	0.944	0.946	1							
	0.000	0.000	0.000	—							
X_5	0.347	0.830	0.819	0.742	1						
	0.000	0.000	0.000	0.000	—						
X_6	0.889	0.442	0.439	0.466	0.430	1					
	0.000	0.000	0.000	0.000	0.000	—					
X_7	0.889	0.442	0.439	0.466	0.430	1.000	1				
	0.000	0.000	0.000	0.000	0.000	0.000	—				

指标	X_1	X_2	X_3	X_4	X_5	X_6	X_7	X_8	X_9	X_{10}	X_{11}
X_8	0.350	0.814	0.854	0.894	0.624	0.437	0.437	1			
	0.000	0.000	0.000	0.000	0.000	0.000	0.000	—			
X_9	0.253	-0.038	0.001	0.002	-0.073	0.152	0.152	0.180	1		
	0.000	0.535	0.988	0.976	0.225	0.012	0.012	0.003	—		
X_{10}	-0.017	-0.163	-0.079	-0.099	-0.088	0.029	0.029	0.086	0.250	1	
	0.778	0.007	0.190	0.100	0.145	0.628	0.628	0.155	0.000	—	
X_{11}	0.332	0.677	0.669	0.739	0.499	0.321	0.321	0.667	0.055	-0.092	1
	0.000	0.000	0.000	0.000	0.000	0.000	0.000	0.000	0.368	0.129	—

因子之间的相关系数如表 4 - 14 所示，通过因子旋转计算，三个公共因子之间的相关系数几乎均为 0，并且均无法通过统计检验，说明公共因子的提炼效果极好。

表 4 - 14　因子之间的相关系数

因子	$F1$	$F2$	$F3$
$F1$	1		
	—		
$F2$	-0.000123	1	
	0.9984	—	
$F3$	0.000110	0.000153	1
	0.9986	0.9980	—

考虑到第一因子和第二因子的性质基本相近，都是期刊影响力指标，因此将其进行数学平均后再和第三因子进行几何平均，计算公式为

$$C = \sqrt{\left(\frac{F_1 + F_2}{2}\right) F_3} \qquad (4-7)$$

因子几何平均法的评价结果由表 4 - 15 所示，由于篇幅所限，本节只公布了得分排名前 30 的期刊。由于采用几何平均，注重协调发展，影响力与时效性协调较好的期刊评价得分较高，这是由几何平均的特点所决定的，当变量和一定，只有当变量大小接近时其积才更大。另外还有一个特点，即排名前 30 的期刊之间由于几何平均而区分度较大，第 1 名得分为

64.65，而第 30 名很快衰减到 25.74，这也是由乘法合成的特点所决定的，变量在相乘的情况下其差距比相加更大。

表 4 - 15 因子几何平均法部分评价结果

期刊名称	第一因子	第二因子	第三因子	评价得分
FIXED POINT THEORY A	54.84	28.76	100.00	64.65
ADV DIFFER EQU - NY	19.63	27.19	79.30	43.09
J INEQUAL APPL	23.81	27.60	59.83	39.21
NONLINEAR ANAL - THEOR	26.59	75.64	27.19	37.28
J MATH ANAL APPL	15.04	100.00	21.42	35.10
ADV MATH	32.33	76.79	19.14	32.31
J NUMER MATH	58.45	10.06	30.31	32.22
BOUND VALUE PROBL	32.42	20.41	38.87	32.04
FOUND COMPUT MATH	84.50	10.98	21.30	31.88
J DIFFER EQUATIONS	37.56	70.35	18.75	31.80
J EUR MATH SOC	59.17	23.88	23.34	31.13
ANAL PDE	51.13	15.44	27.49	30.25
ELECTRON J QUAL THEO	27.95	18.70	38.26	29.87
DISCRETE CONT DYN - A	34.73	36.38	24.46	29.49
J FUNCT ANAL	33.47	63.55	16.44	28.24
T AM MATH SOC	29.39	68.28	15.84	27.81
KINET RELAT MOD	39.77	15.56	27.65	27.66
BANACH J MATH ANAL	37.68	13.59	29.03	27.28
COMMUN NUMBER THEORY	43.47	13.47	25.89	27.15
ANN MATH	95.95	55.00	9.75	27.12
CALC VAR PARTIAL DIF	50.73	25.99	19.01	27.01
COMMUN PUR APPL MATH	89.10	30.26	12.18	26.96
INT MATH RES NOTICES	36.49	41.24	18.06	26.49
COMMUN PUR APPL ANAL	31.48	21.96	25.92	26.32
REV SYMB LOGIC	33.00	14.91	28.42	26.09
KYOTO J MATH	32.90	15.50	28.02	26.04

期刊名称	第一因子	第二因子	第三因子	评价得分
GEOM TOPOL	41.98	25.45	20.05	26.00
SCI CHINA MATH	24.53	22.35	28.61	25.90
FIXED POINT THEOR – RO	34.36	14.68	27.30	25.87
J NONCOMMUT GEOM	33.80	15.45	26.90	25.74

五　结论与讨论

1. 要重视非弥补式评价的协调发展评价方法研究

本节将多属性评价方法分为线性加权汇总类、非线性加权汇总类以及非线性评价三种，指出绝大多数评价方法属于取长补短式的弥补式评价，只有乘法合成类评价方法属于非弥补式评价，可以用来评价事物的协调发展，该类评价方法不多，只有几何平均和乘法合成，基于指标之间的相关性，非弥补式评价方法应用不多，因此需要加强研究。

2. 因子几何平均法是一种有效的协调发展评价方法

因子几何平均法通过因子分析提取公共因子，然后再进行几何平均，从而从根本上解决了人工分类导致的指标间相关度较高的问题，而几何平均又是一种非弥补式评价方法，适合评价对象的协调发展，两者结合，适合比较成熟的发展领域评价。

3. 因子几何平均法适合期刊协调发展的学术评价

在期刊评价指标中，适合学术评价的主要是影响力指标与时效性指标，来源指标很少是越大越好的正向指标，所以难以进行期刊评价，期刊编辑出版指标与学术评价也关系不大，外在展示指标中有少数也可以归类为影响力指标，社会关系指标与学术水平关系也不大。在这种情况下，精选期刊影响力与时效性指标，采用因子几何平均法进行评价是比较合适的。此外，学术期刊发展已经相对成熟，采用因子几何平均法评价学术期刊并不影响期刊特色。这是因为期刊只有办出特色，才能保证影响力和时效性，最终获得较高的得分。

4. 采用因子几何平均法评价要注意学科差异

与其他多属性评价方法一样，在期刊评价中，学科与研究类型差异对因子几何平均法评价结果影响也较大，基础研究类的期刊得分往往不高，所以在评价时要客观对待。此外，受被引半衰期和引用半衰期数据所限，本节评价结果差异较大，如果有完备的相关数据，评价效果会更好。

第四节　协调发展视角下的学术期刊评价——协调 TOPSIS

在学术期刊评价中，TOPSIS 是一种应用较广的评价方法，但是该评价方法并没有考虑评价指标之间的协调发展，有必要对这个问题进行改进。本节在分析 TOPSIS 评价原理的基础上，提出根据评价对象到原点连线与理想解到原点连线的夹角大小衡量评价指标协调度的方法，并与 TOPSIS 相结合进行评价。基于 JCR 2016 数学期刊的研究表明，协调 TOPSIS 与原 TOPSIS 评价结果具有较高的相关性，对于少数优秀期刊，协调 TOPSIS 评价结果与 TOPSIS 评价结果排序一致度较高，但对于绝大多数期刊而言，考虑协调度以后，评价结果排序差异较大。协调 TOPSIS 评价法具有一定的通用性，可以广泛应用于需要考虑评价指标协调发展的评价领域。

一　引言

TOPSIS 是 Hwang 等（1981）提出的一种多属性评价方法，其根据评价对象到正理想解与负理想解的相对距离来进行评价，方法简捷，所以已经广泛应用于经济、社会、军事、自然科学等领域。在中国知网数据库查询论文篇名为"TOPSIS"的论文，可以查到 3348 篇论文（截至 2018 年 6 月 23 日），TOPSIS 已经成为使用范围最多、应用频率最高的多属性评价方法之一。

在学术期刊评价中，TOPSIS 也得到了广泛的应用。Xu 等（2013）采用 TOPSIS 法评价机构的论文产出水平。Yu 等（2009）基于面板数据，采用 TOPSIS 对学术期刊进行评价。熊国经、熊玲玲（2016）用因子分析确定评价指标、熵权法确定权重，然后采用 TOPSIS 评价 40 种综合类科学技术期刊。王映（2013）同时采用 TOPSIS 法、指标难度赋权法和秩和比法，对学术期刊进行综合评价。牟明、徐建勋等（2004）基于 TOPSIS 方法建立了图书馆馆藏期刊的评价选择模型。陈文凯（2005）同时采用 TOPSIS

和秩和比两种方法进行学术期刊评价。金晶、何钦成等（2009）采用 TOPSIS 法评价跨学科门类的学术论文影响力。刘卫锋、王战伟（2012）采用层次分析法确定指标权重，采用 TOPSIS 法评价大学生数学建模竞赛论文。

任何评价方法都有优点和不足，TOPSIS 也存在一定的优化空间。徐泽水（2001）提出了基于目标贴近度的多属性决策方法，贴近度为评价对象与正理想解和负理想解的夹角余弦。张欣、钟晓兵（2012）提出在 TOPSIS 评价中用垂面距离代替欧氏距离。李艳凯、张俊容（2008）等发现 TOPSIS 应用中存在逆序问题，同时提出了改进思路。俞立平、潘云涛等（2012）根据 TOPSIS 正理想解和负理想解连线垂线上的点的评价值会随位置不同出现逆序问题，提出了修正 TOPSIS 法。陆伟锋、唐厚兴（2012）认为 TOPSIS 法在正负理想点的确定、权重的确定和贴近度的计算上都存在不足，导致逆序，提出采用绝对正负理想点，利用投影方法改进贴近度公式。李存斌、张建业（2015）利用灰关联贴近度代替 TOPSIS 正负理想解距离进行评价。

关于学术期刊评价中体现协调思想的研究，于秀艳、刘宏军（2005）在传统 TOPSIS 方法的基础上，考虑了指标之间的均衡度，根据离散系数来计算均衡系数，然后乘以评价值来修正评价结果。桂文林、韩兆洲（2009）通过对统计类学术期刊历年被 CSSCI 收录情况、即年评价指标和综合评价指标的统计分析，指出我国统计类学术期刊协调发展问题，并提出相关对策。

从现有的研究看，TOPSIS 评价方法作为主流的多属性评价方法得到了广泛的应用，一些学者还对 TOPSIS 进行了改进。对此，要综合分析，有一些确实是 TOPSIS 评价方法自身存在的问题需要优化，另一些本质上并不属于 TOPSIS 方法自身的问题。比如增加评价对象，如果评价对象中包含负理想解会导致逆序，这是非常正常的现象。还有许多评价方法提出要优化 TOPSIS 的权重设置，但是权重问题是多属性评价的基础问题，并不是 TOPSIS 评价方法所特有的。此外，将 TOPSIS 推广到面板数据、模糊数等，这属于方法拓展，不属于 TOPSIS 评价方法自身存在的问题。总体上，TOPSIS 是一种优秀的评价方法，但是从指标协调角度对 TOPSIS 进行改进是有意义的，目前该领域的相关研究较少，有必要深入。

第一，在学术期刊评价中，可以从期刊影响力、国际化程度、作者合作、时效性、编辑出版质量等多个角度进行评价，一本优秀的期刊，在保证学术质量的基础上，应该力求做到全面发展，即各指标发展相对均衡，也就是说，各评价指标需要协调发展。

第二，从协调角度进行学术期刊评价，某种程度上也属于质量评价，在期刊多属性评价的基础上再加上协调水平，使得评价更加全面。

第三，现有的多属性评价方法从协调角度加以评价的不多。TOPSIS作为一种应用较为广泛的评价方法，设计之初并没有考虑多属性的协调度问题，如果加以改进，不仅能够优化 TOPSIS 评价方法，丰富基础评价理论，而且对于学术期刊评价也具有重要的现实意义，可以促进学术期刊全方位均衡发展。

本节在分析 TOPSIS 方法原理的基础上，提出协调 TOPSIS 评价法，并以 JCR 2016 数学期刊为例，比较该评价方法与原 TOPSIS 评价法的差异，最后得出结论。

二 协调 TOPSIS 评价法的原理

1. TOPSIS 评价法简介

传统 TOPSIS 的计算公式为

$$C_{ij} = \frac{\sqrt{\sum_{j=1}^{n} \omega_j (x_{ij} - x_j^-)^2}}{\sqrt{\sum_{j=1}^{n} \omega_j (x_{ij} - x_j^+)^2} + \sqrt{\sum_{j=1}^{n} \omega_j (x_{ij} - x_j^-)^2}} \quad (4-8)$$

公式（4-8）中，x_{ij} 表示标准化后的评价指标，x_j^+ 为正理想解，x_j^- 为负理想解，ω_j 为评价指标的权重。i、j 分别表示评价对象序号、评价指标序号，m 为评价对象数量，n 为评价指标数量。C_{ij} 表示 TOPSIS 的评价结果，其值介于 0~1，值越大说明评价对象越好。

图 4-8 可以进一步说明 TOPSIS 的评价原理。假设只有两个评价指标 X、Y，A 点为标准化后的理想解，其坐标

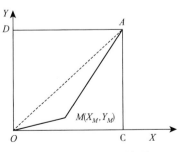

图 4-8　TOPSIS 评价原理

为（1，1），OA 为夹角 45°的直线。负理想解的位置不确定，简捷起见，假设负理想解为原点，坐标为（0，0）。M 为需要评价的任意一点，其坐标值为（X_M，Y_M），M 到理想解的距离为 MA，到负理想解的距离为 OM，此时 TOPSIS 评价值为

$$C_M = \frac{OM}{OM + MA} \qquad\qquad (4-9)$$

2. 指标协调发展的体现

如图 4-9 所示，假设有两个评价对象 M（X_M，Y_M）、N（X_N，Y_N），对于 M 点，有 $X_M > Y_M$；对于 N 点，有 $X_N < Y_N$。但是从 M、N 两点 X、Y 坐标的差距来看，N 点的差距更大，因为 N 点的横坐标 X_N 要远远小于其纵坐标 Y_N，表现为 $\angle NOA > \angle AOM$。也就是说，如果 X、Y 两个指标越是协调发展，那么两者的差距应该越来越小，极限情况下，$X = Y$，即位于直线 OA 上的所有评价对象是最为协调的。协调水平的大小可以用原点到该点连线与直线 OA 的夹角大小表示，对于 M 点而言，该夹角就是 $\angle AOM$，对于 N 点而言，该夹角就是 $\angle NOA$，该夹角越小，表示其发展越是均衡。

3. 协调度的测度

如图 4-10 所示，为了在 TOPSIS 评价中体现出指标的均衡发展，必须首先计算协调度。$\angle NOA$ 的大小表示协调水平，该角越大，说明越不协调，是个反向指标，转换为正向指标就非常简单，即 45 - $\angle NOA$ 即可。

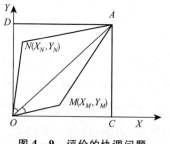

图 4-9　评价的协调问题

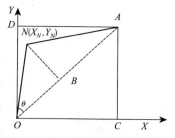

图 4-10　协调度的计算

为了求 $\angle NOA$ 的大小，可以先求得该角的余弦值，然后通过反余弦函数进行转换即可。俞立平、张全（2014）证明了 OB 的长度为（X_N + Y_N）/2，而 ON 的长度即 N 点到原点的欧氏距离，这样，$\angle NOA$ 的余弦就

迎刃而解了。

可以进一步推广到一般状态，假设一般意义上的 $\angle NOA = \theta$，其余弦大小为

$$\cos(\theta_{ij}) = \frac{\sum_{j=1}^{n} x_{ij}}{n \sqrt{\sum_{j=1}^{n} x_{ij}^2}} \qquad (4-10)$$

根据反余弦函数，就可以求出 θ 值，θ 值越大，越不协调，因为 θ 值处于 $0° \sim 45°$，用 45 减去 θ，然后再除以 45，稍微做个转换，就可以得到协调度，其极大值为 1，极小值为 0，即

$$P_{ij} = \frac{45 - \theta_{ij}}{45} \qquad (4-11)$$

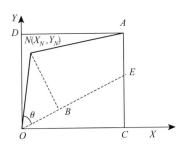

图 4 - 11 加权 TOPSIS 参照基准

本方法同样适用于加权 TOPSIS，只不过加权后指标协调的参照线并不呈 45°角的直线，如图 4 - 11 中的 OE 所示，也许会大于 45°，也许会小于 45°，但肯定会小于 90°，因此考虑权重后协调度计算采用 90 减去 θ 的方法进行标准化更为合理。图 4 - 11 中，X 的权重大于 Y 的权重，导致协调参照基准线变成 OE，更加靠近 X 轴，θ 角进一步增大，N 点更不协调了。

在加权 TOPSIS 评价中，θ 余弦大小为

$$\cos(\theta_{ij}) = \frac{\sum_{j=1}^{n} \omega_j x_{ij}}{\sqrt{\sum_{j=1}^{n} \omega_j x_{ij}^2}} \qquad (4-12)$$

加权 TOPSIS 导致参照基准线不是 45°，因此计算协调度时，采用 90 进行转换更好，即

$$P_{ij} = \frac{90 - \theta_{ij}}{90} \qquad (4-13)$$

4. 协调 TOPSIS 法

从协调发展角度对 TOPSIS 进行修正，必须考虑两个问题：第一要考

虑 TOPSIS 的评价结果，体现 TOPSIS 的优越性和特点；第二是协调度。至于两者的合成方式，有两种思路，一种是采取加法合成，另一种是采取乘法合成。乘法合成中对于处于 X 轴或 Y 轴上的点，也就是完全不协调的点而言，其协调度为 0，这样总体评价值为 0，不合乎常规，因此采取加法合成。

此外，还要注意处理好 TOPSIS 评价值与协调度的量纲问题，TOPSIS 评价中，正、负理想解往往不在同一评价对象中，因此虽然理论上极大值为 1，极小值为 0，但是实际评价中这种情况往往不存在。为了做好 TOP-SIS 评价值与协调度相加，必须对 TOPSIS 评价结果进行标准化处理。同样，对于协调度而言，也要进行标准化处理。这样，协调 TOPSIS 的计算公式为

$$T_{ij} = \frac{\dfrac{C_{ij}}{\max(C_{ij})} + \dfrac{P_{ij}}{\max(P_{ij})}}{2} \qquad (4-14)$$

5. 协调 TOPSIS 评价采用绝对负理想解的说明

在 TOPSIS 评价中，如果采用负理想解，正常情况下负理想解到理想解的连线一般不会呈 45°角，用非 45°角的连线作为判断评价指标是否协调是没有意义的，因此在这种情况下，采用绝对负理想解，即以原点作为负理想解是比较科学的做法。此外，采用绝对负理想解还可以从根本上杜绝 TOPSIS 的逆序问题。

需要说明的是，在实证研究中，为了对 TOPSIS 和协调 TOPSIS 进行比较分析，在 TOPSIS 评价中，也采用绝对负理想解，从而增强可比性，此外也可以克服原 TOPSIS 的逆序问题。

三　资料来源

本节以 JCR 2016 数学期刊为例，对 TOPSIS 与协调 TOPSIS 评价结果进行对比。数学学科是 JCR 2016 中期刊数量较多的学科之一，用数学期刊进行评价具有较好的代表性。2016 JCR 中，选取了 11 个主要指标，分别是总被引频次、影响因子、5 年影响因子、他引影响因子、平均影响因子百分位、特征因子、标准化特征因子、论文影响分值、被引半衰期、引用半衰期、即年指标。JCR 2016 数学学科共有期刊 310 种，由于部分期刊

数据缺失，经清洗后还有 294 种。

四 评价结果比较

首先采用 TOPSIS 法进行评价，然后采用协调 TOPSIS 进行评价，由于篇幅所限，表 4–16 只公布了前 30 种期刊的评价结果比较。按协调 TOP-SIS 评价结果排序后，前 4 种期刊与 TOPSIS 评价结果一致，但其他期刊排序结果有较大差异。

表 4–16 TOPSIS 与协调 TOPSIS 评价比较

期刊名称缩写	余弦	角度	协调度	TOPSIS	排序	协调 TOPSIS	排序
ANN MATH	0.262	74.815	0.169	0.570	1	0.986	1
J AM MATH SOC	0.243	75.914	0.157	0.538	2	0.923	2
COMMUN PUR APPL MATH	0.248	75.639	0.160	0.506	3	0.903	3
INVENT MATH	0.257	75.129	0.165	0.483	4	0.900	4
J DIFFER EQUATIONS	0.249	75.593	0.160	0.464	6	0.868	5
ADV MATH	0.239	76.181	0.154	0.463	7	0.848	6
ADV NONLINEAR ANAL	0.228	76.822	0.146	0.477	5	0.840	7
J EUR MATH SOC	0.253	75.325	0.163	0.408	14	0.828	8
DUKE MATH J	0.249	75.609	0.160	0.414	13	0.824	9
T AM MATH SOC	0.246	75.754	0.158	0.419	12	0.824	10
FOUND COMPUT MATH	0.244	75.865	0.157	0.422	11	0.822	11
ACTA MATH – DJURSHOLM	0.229	76.735	0.147	0.452	9	0.821	12
PUBL MATH – PARIS	0.218	77.403	0.140	0.455	8	0.803	13
J MATH ANAL APPL	0.222	77.153	0.143	0.443	10	0.800	14
J FUNCT ANAL	0.240	76.099	0.154	0.385	16	0.783	15
FRACT CALC APPL ANAL	0.239	76.188	0.153	0.388	15	0.783	16
NONLINEAR ANAL – THEOR	0.251	75.480	0.161	0.347	20	0.769	17
CALC VAR PARTIAL DIF	0.246	75.753	0.158	0.340	23	0.754	18
J REINE ANGEW MATH	0.241	76.029	0.155	0.348	19	0.753	19
ANAL PDE	0.230	76.691	0.148	0.371	17	0.751	20
MATH ANN	0.238	76.222	0.153	0.343	22	0.742	21
DISCRETE CONT DYN – A	0.250	75.498	0.161	0.312	33	0.738	22
INT MATH RES NOTICES	0.245	75.829	0.157	0.324	26	0.738	23
ANN SCI ECOLE NORM S	0.227	76.903	0.146	0.355	18	0.731	24

续表

期刊名称缩写	余弦	角度	协调度	TOPSIS	排序	协调 TOPSIS	排序
J MATH PURE APPL	0.230	76.697	0.148	0.336	24	0.721	25
LINEAR ALGEBRA APPL	0.235	76.421	0.151	0.318	31	0.714	26
GEOM FUNCT ANAL	0.223	77.134	0.143	0.344	21	0.713	27
COMMUN PART DIFF EQ	0.228	76.818	0.146	0.321	27	0.703	28
J DIFFER GEOM	0.227	76.884	0.146	0.319	30	0.699	29
COMPOS MATH	0.227	76.863	0.146	0.315	32	0.696	30
全部期刊平均	0.212	77.767	0.136	0.198	—	0.565	—

从全部期刊的平均值看，θ 总体较高，平均角度在 77.767°，说明期刊总体协调情况不好，其根本原因是，学术期刊文献计量指标之间本来的差异就较大，Seglen（1992）发现引文数据呈现典型的偏态分布，异常值和离群点会引起统计平均值的较大变化，Vinkler（2008）也发现引文分布的右偏性。此外，还有一个重要原因是数学学科期刊的半衰期往往较长，而 JCR 公布的数据只有 10 年，很多期刊的半衰期超过 10 年。

TOPSIS 和协调 TOPSIS 评价结果的相关程度较高，相关系数为 0.886，说明两者有高度的一致性。从评价结果的散点图看，当评价分值较高时，两者的一致度较高，当评价分值较低时，两者排序差异较大（见图 4 - 12）。

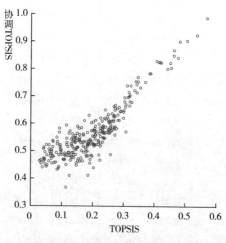

图 4 - 12　评价结果散点图比较

五 结论与讨论

1. 协调 TOPSIS 是一种兼顾评价指标协调水平与 TOPSIS 评价优点的评价方法

本节在 TOPSIS 评价的基础上，提出协调度的判定方法，其原理是根据评价对象到原点连线与理想解到原点连线夹角大小进行衡量，夹角越小，指标协调程度越好；还提出了一种新的评价方法——协调 TOPSIS，结合 TOPSIS 与协调度共同进行评价。实证研究表明，TOPSIS 评价结果与协调 TOPSIS 评价结果具有较高的相关度。对于少数优秀期刊，TOPSIS 评价结果与协调 TOPSIS 评价结果的排序具有较高一致性，但对于其他期刊，排序有较大差异，说明在考虑协调水平以后，期刊排序发生的变化较大。

2. 协调 TOPSIS 非常适合需要考虑协调发展的评价领域

在科技评价中，评价指标的均衡发展越来越重要，比如科技与经济、经济发展与人民生活、科技研发与成果转化等，该方法从评价方法角度进行了有益的探索，并且具有一定的通用性，在一定程度上可以推广。

第五节 学术评价中一级指标测度方法研究——结构方程降维法

由于学术评价指标众多，指标分类复杂，赋权困难，降维可以解决这个问题，但现有主成分分析、因子分析降维是非线性的，会破坏原始指标中包含的大量信息，对评价是不利的，迫切需要解决这个问题。为此，本节提出采用聚类分析、因子分析辅助进行指标分类，然后采用结构方程模型建模，对显变量与潜变量之间的回归系数进行归一化处理得到权重，进而通过计算得到潜变量即一级指标来进行降维。本节以 JCR 2015 经济学期刊以及 TOPSIS 评价方法为例进行了实证研究，并比较了降维前后评价结果的差异。研究发现，结构方程降维法具有线性降维、方便赋权、降低一级指标之间相关性、计算方式客观唯一等优点，体现了学术评价的系统性思想。结构方程的稳定性对评价具有重要影响，可适当降低对结构方程的统计检验要求。本节基于 JCR 经济学期刊进行相关研究，至于其他学科有待进一步探讨。本节的方法在评价机制相对成熟的评价中具有进一步推广价值。

一　引言

在学术评价中，采用指标体系进行多属性评价已经得到广泛的应用，指标的分类、权重设置、评价方法的不同对评价结果具有重要影响。现有的评价体系，少则数十个指标，多则几十个甚至上百个指标，由于评价指标众多，人为地将评价指标分为一级指标、二级指标等是常见现象，评价指标众多带来了评价的复杂性、不确定性，从而影响了评价的客观性、公正性，是多属性评价需要重点解决的问题。

首先，有些评价指标分类困难。在学术评价中，基于多种原因，有的指标分类是模糊的，既可以归类到 A 类，也可以归类到 B 类，会影响到后续 A 类指标或 B 类指标的权重配置，进而会对多属性评价结果产生影响。以学术期刊评价为例，即年指标是统计年度发表的论文在统计当年的平均被引次数，它具有学术期刊影响力指标的特性，同时也具有学术期刊时效性指标的特性。而现有的研究大多采用主观分类，极少采用客观分类或者主观与客观分类相结合来进行分类。

其次，一级指标评价困难。现有的多属性评价方法对于底层指标的汇总，一般用线性加权汇总进行评价，比如通过底层指标的加权汇总得到学术期刊影响力值、时效性值等一级指标。底层指标的权重采用主观或客观方法确定，目前赋权方式就有数十种，如何进行选择？比如，假设只用影响因子和总被引频次评价期刊的影响力，采用人工权重影响因子假设是 0.7，总被引频次假设是 0.3；采用熵权法确定权重，影响因子假设是 0.613，总被引频次的权重假设是 0.387；采用离散系数法赋权总被引频次权重为 0.65，影响因子是 0.35。还可能有更多的赋权方法，究竟如何选择权重进而得到学术期刊影响力值？

以上问题的解决需要降维，但是现有的主成分和因子分析降维是一种非线性降维，虽然降维后主成分或公共因子之间不相关，但也牺牲了评价指标中包含的大量信息，多属性评价结果无疑也会产生信息扭曲和信息损失，所以主成分和因子分析在实际学术评价中应用并不多。

找到新的线性降维方法无疑对学术评价具有重要意义。其优点是显而易见的。第一，可以方便地对评价指标进行分类并计算得到一级指标，从而大大简化了后续评价的工作量；第二，指标众多，赋权时已经超越了人工的分辨水平，通过降维后只需要对一级指标赋权，大大降低了难度；第三，可以降低一级指标之间的相关性，从而为计量分析打下良好基础；第四，新的降维方法必须是线性的，从而保留原始指标中的大量信息。所以，降维问题的研究属于学术评价的基础理论问题，也是多元统计的基本问题，如果有所推进无疑具有重要意义。

学术评价指标分类是降维的基本问题。Sombatsompo 等（2005）认为，不同学科基础研究与应用研究的不同、研究范围与研究方法的不同，使得不同学科期刊的总被引频次、影响因子、即年指标等存在差异。赵惠祥、张弘等（2008）认为学术质量应该是指期刊论文的学术水平，引证指标直接反映的是内容信息的传播影响程度，间接反映刊物的学术水平，目前往往将引证指标等同于学术水平指标是不合适的。赵静、杜志波（2008）通过对林学类、军事医学与特种医学类、眼科学、耳鼻喉科医学类期刊的研究，采用学科影响指标来验证期刊学科分类是否合理。俞立平、潘云涛等（2009）采用聚类分析和因子分析进行期刊评价指标分类，发现因子分析解释力较强，为学术期刊评价指标分类提供了一种较好的方法。邓雪、黄夏岚（2016）研究了四种典型的景气指标分类方法——峰谷对应法、时差相关分析法、K–L 信息量法、灰色关联度指标分类法，发现这四种方法的优化调整结果比单一方法的结果更合理、更有效、更具有科学性。顾雪松、迟国泰（2010）通过 R 聚类将同一准则层内的指标分类，使不同的类代表科技评价的不同方面。

评价指标的客观分类本质上是一种机器辅助分类。Luhn（1957）开创性地在自动分类领域进行研究，提出将词频统计应用到自动分类的思路。Maron 等（1960）在此基础上对论文关键词的自动分类进行研究，标志着自动分类学科的诞生。Salton（1970）提出了向量空间模型，对文本特征进行抽象描述与统计分析。Anderberg（1973）认为聚类分析是一种客观分类技术，在无先验信息情况下对数据集进行分类，使得同组相似性尽可能大，不同组相似性尽可能小。刘爱军、俞立平（2017）认为，客观分类法有助于加强对文献计量指标的深入理解，客观分类法与主观分类法要结合使用，聚类分析分类比因子和主成分分析更有优势。

在学术评价中，一级指标的计算会涉及权重问题。客观赋权法包括熵权法、概率权法、变异系数法、复相关系数法等，主观赋权方法包括专家会议法、层次分析法等。俞立平、宋夏云等（2018）从哲学、指标属性、利益相关者、管理等多角度分析了科技评价中权重的本质，并将赋权方法分为主观赋权、客观赋权、主客观赋权、无须赋权。熊国经、熊玲玲等（2018）通过偏最小二乘法来消除共线性，得到各期刊评价指标的权重。苏术锋（2015）认为数据差异大小不能反映指标重要程度高低，数据差异客观赋权法缺乏理论根据，是一种有效性不稳定的方法。周志远、沈固朝（2012）在海外并购风险评估中采用粗糙集理论确定权重。

从现有的研究看，在学术评价中，关于指标分类问题已经涉及主观分类与客观分类，但实证研究主要集中在主观分类，对于客观分类及其对评价影响的研究重视不够，对于分类不同对评价结果的影响重视不够。在权重赋值领域，主观赋权方法与客观赋权方法的研究成果众多，方法也千差万别，存在的最大问题是，赋权方法不唯一，如何进行选择比较困难。关于数据降维方法，目前总体还停留在主成分分析与因子分析。总体上，在以下几个方面有待深入。

第一，在学术评价中，关于评价指标的分类，仅仅采用主观分类方法是不够的，应该将主观与客观分类方法相结合，综合进行分类。

第二，在学术评价中，将评价指标采用人工分类，这是研究的起点。某种类型的评价值一般是一级指标，本质上是个潜变量，其大小取决于下属的评价指标，本质上是客观的，现有技术比如结构方程建模完全能够解决这个问题。那么，现有的采用主观或客观赋权方法对同类指标赋权并进行汇总就价值不大，这对学术评价的影响将是巨大的。

第三，进一步地，有没有更好的降维技术？如果在该领域取得进展，无疑对推进学术评价意义重大。

本节拟以学术期刊评价为例，基于 JCR 2016 数学期刊数据，首先采用主观与客观评价方法对评价指标进行分类，然后基于结构方程模型，根据各指标的回归系数计算出期刊影响力指标与时效性指标，提出了一种新的降维技术，进而对评价指标分类与权重赋值对学术评价的影响进行讨论。

二 结构方程降维与评价

1. 评价指标客观分类方法

客观分类方法主要有聚类分析和因子分析两种方法。客观分类可以辅助人们进行人工分类，尤其是在评价指标具有多重属性的情况下。当然，完全依靠客观分类是不对的，对问题本质的把握还是要靠人工分类，主客观分类方法相结合是一种较好的分类方法。

聚类分析是常见的分类方法，系统聚类又包括 Q 型聚类和 R 型聚类，Q 型聚类是对样本进行聚类，R 型聚类是对变量与指标进行聚类。对计算机而言，两者并无本质区别。聚类分析由于算法不同，其结果也不尽相同。并不是所有聚类分析方法的结果都是有意义的（俞立平、潘云涛等，2009）。

因子分析本质上是一种数据挖掘方法，既可以用于数据分析，也可以用于评价，在这个过程中，因子分析还可以对评价指标进行分类，即对于特征根大于 1.0 的公共因子，分析变量与其的关系，可以辅助分类。

2. 结构方程模型与 PLS 回归

结构方程模型（Structural Equation Modeling，SEM）是一种建立、估计和检验因果关系模型的分析技术。它包含多元回归分析、因子分析、路径分析和多元方差分析技术，在经济学、管理学、社会学、心理学、行为科学、学术评价等领域得到了广泛的应用。

结构方程模型包括结构模型与测量模型两大类。结构模型为

$$\eta = B\eta + \Gamma\xi + \zeta \tag{4-15}$$

结构模型主要测量各个潜变量之间的因果关系，其中 ξ 为模型中的外生潜变量，η 为模型中的内生潜变量，Γ 和 B 为结构系数向量，分别表示结构模型中外生潜变量 ξ 对内生潜变量 η 的关系以及与 η 之间的相互关系，ζ 为模型中的残差。对于本节而言，结构模型是为了测量学术期刊时效性指标与影响力指标的关系。

测量模型为

$$X_\eta = \pi_\eta\eta + \varepsilon \tag{4-16}$$

$$X_\xi = \pi_\xi\xi + \delta \tag{4-17}$$

测量模型主要测量潜变量与显变量之间的对应关系，公式（4-16）

表示内生潜变量与对应的显变量之间的关系，π_η 为测量系数向量，ε 为残差向量。公式（4-17）表示外生潜变量与对应的显变量之间的关系，π_ξ 为测量系数向量，δ 为残差向量。

结构方程模型通过验证观测变量之间的协方差，从而估计出线性回归模型的系数值，并检验假设模型对研究过程是否合适，即检验观测变量的协方差向量与模型拟合后的引申协方差向量的拟合程度。从这个角度看，结构方程模型是证实性技术，而不是探索性技术，比较适合研究在一定理论支撑下各潜变量之间的复杂关系。

结构方程模型主要采用偏最小二乘法（PLS，Partial Least Squares）进行估计。该方法由 Wold 等（1983）提出，与传统多元回归采用最小二乘法估计相比，在观测数据较少、变量较多并且关系复杂时，具有更大优势。

3. 回归系数与模拟权重

任何多属性评价方法均有权重，只不过许多方法的权重是隐含的。从多属性评价方法角度看，更多的评价方法属于非线性评价方法。假设通过某种评价方法得到评价值，如果用评价值作为因变量，评价指标作为自变量，全部取对数进行回归，那么此时回归系数就具有弹性性质，不会受评价指标量纲的影响，如果将回归系数进行归一化处理，此时的回归系数实际上就是实际权重（俞立平、刘爱军，2014）。

在结构方程中，潜变量是通过显变量进行估计的，此时显变量的回归系数是可以观测到的，本质上这就是权重。换句话说，如果结构方程模型通过主要的统计检验，那么潜变量某种程度上就是客观的，而与潜变量相关的显变量即评价指标的回归系数又是已知的，那么潜变量就是可以精确计算的。

借用结构方程模型，巧妙地解决了评价指标的分类汇总问题，达到降维的作用，而且方法是客观的，也是相对精确的，兼顾了不同类型指标之间的关系，是一举多得的方法。

4. 进一步的评价方法

潜变量本质上就是某类评价指标的分类评价结果，通常情况下表现为一级评价指标，如果这个问题得到解决，那么学术评价在大多数情况下就变成在已知各类一级指标值的情况下，如何得到评价结果总值。由于学术评价指标分类一般只有三、四种，并且各类指标的内涵是有所侧重的，在这种情况下，汇总就相对简单，评价方法既可以采用专家赋权汇总，也可以采用其他线性或非线性评价方法，这就大大降低了评价工作量。

5. 评价步骤

基于评价指标分类与结构方程降维的学术评价全过程，评价步骤如图4－13所示。

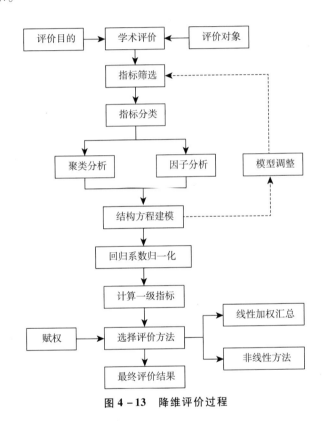

图 4－13　降维评价过程

第一，确定评价目的与评价对象。这一点往往容易被忽视，比如评价的是个体还是团队，评价目的是"评优"还是"惩劣"，评价是兼顾全面发展还是适当促进某个弱项的提高，等等。

第二，评价指标筛选。从评价角度看，指标越多、越全面越好，但是有的指标获取成本高，要适当兼顾，另外还有一些指标属于主观指标，要注意保证客观公平和数据质量。此外，还要注意指标数据类型，一般非参数指标选取需要慎重，比如有的指标就是排序序号，一般不宜选用。

第三，采用聚类分析、因子分析对指标进行分类，并根据指标内涵慎重确定指标分类方案。

第四，结构方程建模，导入数据并进行初步估计，同时检验各个重要统计量，必要时需要对模型进行进一步调整。

第五，将显变量与潜变量回归系数进行归一化处理，得到权重。

第六，将评价指标数据进行标准化处理，并将归一化的权重进行加权汇总，得到潜变量的值，即各一级指标的值。

第七，对一级指标进行赋权，并选择评价方法对各一级指标值进行进一步处理，得到最终评价结果。

本节以 TOPSIS 评价方法为例，比较降维评价前后评价结果的区别。

三　研究数据

本节基于 JCR 2015 数据库，选择学科期刊较多的经济学期刊为例进行研究。JCR 2015 共有经济学期刊 333 种，公布的相关指标共有 12 个，分别是总被引频次（TC）、影响因子（$IF2$）、他引影响因子（IFW）、5 年影响因子（$IF5$）、即年指标（II）、特征因子（ES）、论文影响分值（AIS）、标准化特征因子（NES）、被引半衰期（$CHL1$）、引用半衰期（$CHL2$）、影响因子百分位（$JIFP$）、载文量（CI）。

由于部分期刊有数据缺失现象，需要进行数据清理，最终保留 278 种期刊。此外，对于经济学期刊而言，被引半衰期和引用半衰期总体上属于反向指标，它反映了期刊的时效性，因此在后续标准化时需要进行正向处理。表 4 - 17 是各指标的描述统计。

表 4 - 17　指标描述统计

评价指标	变量	均值	极大值	极小值	标准差
总被引频次	TC	1958. 227	33621. 000	104. 000	3703. 205
影响因子	$IF2$	1. 258	6. 654	0. 100	0. 977
他引影响因子	IFW	1. 099	6. 383	0. 045	0. 926
5 年影响因子	$IF5$	1. 716	11. 762	0. 245	1. 491
即年指标	II	0. 286	5. 231	0. 000	0. 406
特征因子	ES	0. 006	0. 121	0. 000	0. 011
论文影响分值	AIS	1. 427	16. 062	0. 040	2. 122

续表

评价指标	变量	均值	极大值	极小值	标准差
标准化特征因子	NES	0.675	13.519	0.013	1.284
被引半衰期	$CHL1$	8.025	10.000	0.800	2.157
引用半衰期	$CHL2$	9.186	10.000	4.100	1.192
影响因子百分位	$JIFP$	54.976	99.850	2.853	26.348
载文量	CI	57.690	430.000	4.000	58.090

四 实证结果

1. 指标选取

首先进行指标初选，在 12 个指标中，载文量指标不宜选取，在评价学术期刊时，载文量一般不作为评价指标，它只是反映了学术期刊的规模，与学术质量无关，一定程度上载文量越大，反而会降低学术期刊的影响力。加上 SCI 经济学期刊总体比较规范，不会通过控制载文量来提高影响因子。

其次是影响因子百分位，该指标是根据影响因子大小的排序进一步计算而得，科睿唯安（Clarivate Analytics）的计算公式为

$$JIFP = \frac{(N - R + 0.5)}{N} \times 100\% \qquad (4-18)$$

公式（4-18）中，$JIFP$ 是影响因子百分位，N 是学科期刊数量，R 是影响因子降序后的排序。很明显，影响因子百分位具有非参数性质，当然不宜与其他参数性质的指标一起进行评价。

2. 指标分类

首先采用聚类分析方法对指标进行分类，采用系统聚类，聚类方法采用组间连接，距离函数采用平方欧氏距离，采用 SPSS 20.0 进行聚类，结果如图 4-14 所示。

聚类分析结果大致分为三大类：第一类是特征因子、标准化特征因子、总被引频次、论文影响分值、即年指标；第二类是影响因子、他引影响因子、5 年影响因子；第三类是被引半衰期和引用半衰期。第一类和第二类本质上多属于学术期刊影响力指标，所以将其合并为一类，即期刊影响力，将被引半衰期和引用半衰期统称为期刊时效性指标，这两个指标用

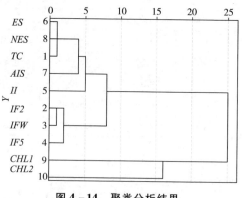

图 4 - 14   聚类分析结果

结构方程的术语都是潜变量。从聚类分析结果可以看出，完全客观的评价方法是不存在的，需要人工进行干预。

继续采用因子分析分类，因子分析需要进行 KMO 检验和 Bartlett's 球形检验，结果 KMO 检验值为 0.812，Bartlett's 球形检验值为 7576.955，相伴概率为 0.000，符合进行因子分析的前提条件。因子分析特征根大于 1.0 的共有两个因子，第一因子的方差贡献率为 57.86%，第二因子的方差贡献率为 17.77%，两者合计 75.63%，因子旋转矩阵如表 4 - 18 所示。

表 4 - 18   因子旋转矩阵

评价指标	简称	第一因子	第二因子
总被引频次	TC	0.890	- 0.176
影响因子	IF2	0.881	0.311
他引影响因子	IFW	0.900	0.267
5 年影响因子	IF5	0.887	0.279
即年指标	II	0.324	0.600
特征因子	ES	0.913	- 0.120
论文影响分值	AIS	0.887	0.125
标准化特征因子	NES	0.913	- 0.120
被引半衰期	CHL1	- 0.228	0.690
引用半衰期	CHL2	0.092	0.787

从旋转矩阵看，第一因子包括总被引频次、影响因子、他引影响因

子、5 年影响因子、特征因子、论文影响分支、标准特征因子，第二因子包括即年指标、被引半衰期、引用半衰期。该分类和聚类分析并不一致，主要原因是即年指标的分类不同，该指标兼具影响力指标和时效性指标的特点，加上时效性指标较少，因此综合考虑将其归类到时效性指标。

3. 结构方程估计

建立如图 4 – 15 所示的结构方程模型。影响力的 AVE 值为 0.851，组合信度为 0.975，时效性的 AVE 值偏低，仅为 0.378，组合信度也不高，为 0.437，由于本节以评价为主，可以适当降低对模型的统计检验要求。

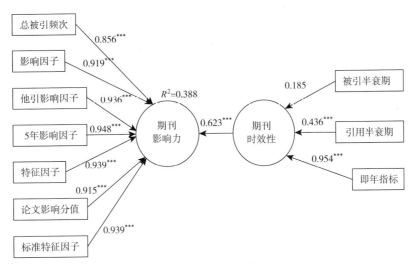

图 4 – 15　结构方程模型估计结果

注：＊、＊＊、＊＊＊分别表示在 10%、5%、1% 的水平下检验通过。

期刊时效性指标是期刊影响力的重要影响因素，一般认为，学术期刊时效性越强，越是关注学术热点，越容易吸引读者并增强影响力。时效性对影响力的弹性系数为 0.623，也就是说，期刊时效性每增加 1%，影响力增加 0.623%，期刊时效性解释了影响力的 38.8%，拟合优度为 0.388，虽然拟合优度不高，但仅从时效性角度看其实也不低，毕竟时效性指标和影响力指标是两类指标。

各指标对期刊影响力的回归系数均通过了统计检验，但是被引半衰期对期刊时效性的回归系数没有通过统计检验，引用半衰期和即年指标通过了统计检验。

4. 影响力与时效性的计算

（1）权重归一化

学术期刊影响力指标的权重归一化结果如表 4 - 19 所示。总体上权重相差不大，5 年影响因子的权重最大，为 0.147，总被引频次的权重最小，为 0.133。

表 4 - 19　期刊影响力指标的权重

影响力指标	回归系数	归一化权重	权重排序
总被引频次	0.856	0.133	7
影响因子	0.919	0.142	5
他引影响因子	0.936	0.145	4
5 年影响因子	0.948	0.147	1
特征因子	0.939	0.146	2
论文影响分值	0.915	0.142	6
标准特征因子	0.939	0.146	3

学术期刊时效性指标的权重归一化结果如表 4 - 20 所示。即年指标的权重最大，为 0.606，其次是引用半衰期，权重为 0.277，最小的是被引半衰期，权重为 0.117。

表 4 - 20　期刊时效性指标的权重

影响力指标	回归系数	归一化权重	权重排序
被引半衰期	0.185	0.117	3
引用半衰期	0.436	0.277	2
即年指标	0.954	0.606	1

（2）期刊影响力与时效性指标的计算结果

为了比较降维与否对评价结果的影响，本节以 TOPSIS 法评价为例，该方法由 Hwang 等（1981）首先提出。采用等权重法，比较降维前后评价结果的差异。TOPSIS 的计算公式为

$$C_{ij} = \frac{\sqrt{\sum_{j=1}^{n} \omega_j \left(x_{ij} - x_j^{-} \right)^2}}{\sqrt{\sum_{j=1}^{n} \omega_j \left(x_{ij} - x_j^{+} \right)^2} + \sqrt{\sum_{j=1}^{n} \omega_j \left(x_{ij} - x_j^{-} \right)^2}} \qquad (4-19)$$

公式（4-19）中，x_{ij} 为归一化后的评价指标，x_j^{+} 为正理想解，一般是 1；x_j^{-} 为负理想解，其大小依赖于评价数据；ω_j 为 x_{ij} 的权重。i、j 分别表示评价对象序号、评价指标序号，m 为评价对象数量，n 为评价指标数量。C_{ij} 表示 TOPSIS 的评价结果，其值介于 0~1，值越大说明评价对象越好。

　　首先计算出期刊的影响力与时效性，然后将计算结果标准化后采用 TOPSIS 进行评价，结果如表 4-21 中的"降维后 TOPSIS"所示。为了以示区别，原 10 个指标直接采用 TOPSIS 评价结果如"降维前 TOPSIS"所示。由于篇幅所限，本节仅公布新 TOPSIS 评价前 30 名的期刊。由于评价方法不同，评价结果相差较大，前 30 种期刊只有 6 种排序相同，并且排名第一的期刊也发生了变化。

表 4-21 评价结果比较

期刊名称缩写	影响力	时效性	降维后 TOPSIS	排序	降维前 TOPSIS	排序
AM ECON REV	70.534	24.038	0.554	1	0.540	2
Q J ECON	75.337	18.220	0.550	2	0.550	1
J FINANC	63.344	17.769	0.501	3	0.489	3
ASIAN ECON POLICY R	3.746	100.000	0.500	4	0.386	8
J ECON LIT	58.584	21.569	0.491	5	0.478	4
ECONOMETRICA	56.128	20.634	0.474	6	0.449	5
J FINANC ECON	50.604	13.124	0.418	7	0.400	6
J ECON PERSPECT	44.609	22.592	0.410	8	0.397	7
REV FINANC STUD	45.240	17.206	0.396	9	0.381	9
J POLIT ECON	45.185	11.892	0.380	10	0.370	10
AM ECON J - APPL ECON	33.642	32.449	0.371	11	0.362	12
REV ECON STUD	43.728	11.938	0.371	12	0.357	13
AM ECON J - MACROECON	34.471	30.548	0.369	13	0.365	11
BROOKINGS PAP ECO AC	32.370	25.479	0.332	14	0.338	14

期刊名称缩写	影响力	时效性	降维后 TOPSIS	排序	降维前 TOPSIS	排序
AM ECON J - ECON POLIC	25.716	32.935	0.315	15	0.315	15
ECOL ECON	28.350	22.050	0.288	16	0.285	20
CAMB J REG ECON SOC	10.051	44.637	0.287	17	0.272	24
VALUE HEALTH	24.451	28.796	0.286	18	0.300	17
REV ECON STAT	32.293	10.548	0.285	19	0.265	26
ANNU REV ECON	24.452	27.033	0.278	20	0.305	16
REV ENV ECON POLICY	21.071	30.538	0.270	21	0.286	19
OXFORD REV ECON POL	7.843	42.711	0.267	22	0.216	43
J EUR ECON ASSOC	29.166	13.137	0.266	23	0.277	23
ECON POLICY	19.681	31.197	0.264	24	0.293	18
ECON J	26.921	18.223	0.263	25	0.239	30
ECON SYST RES	19.540	31.179	0.263	26	0.280	22
PHARMACOECONOMICS	16.536	33.756	0.257	27	0.253	28
ENERG ECON	22.604	24.711	0.254	28	0.266	25
IMF ECON REV	13.455	33.000	0.235	29	0.284	21
TRANSPORT RES E - LOG	19.009	25.327	0.230	30	0.252	29

降维前后评价结果的相关系数为 0.949，虽然相关度较高，但由于原理不同，评价结果的排序和散点图（见图 4 - 16）还是有所差别。从图 4 - 16 看，降维后 TOPSIS 最后阶段相当于采用两个指标进行评价，因此比较简捷，而降维前 TOPSIS 采用 10 个指标进行评价，导致中低水平期刊评价值比降维前 TOPSIS 大，处于 45°线的左上方，这是一种虚高。

此外，影响力指标与时效性指标计算结果的相关系数仅为 0.243，总体上不高，这样指标的分类属性更加鲜明，便于后续评价，本质上，这是由于分类产生的。

五　研究结论

1. 结构方程降维对学术评价具有重要意义

本节提出采用聚类分析、因子分析协助人工对评价指标进行分类，进而采用结构方程模型对评价指标进行加权汇总，从而获得一级指标的方法

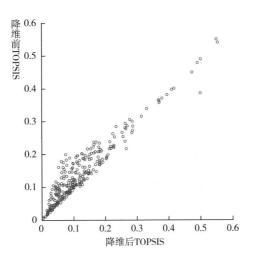

图 4 – 16　降维前后评价结果比较

进行降维，这一工作的重要贡献表现在以下五个方面。

第一，线性降维。在学术评价指标众多、属性复杂的情况下，它通过分类汇总大大降低了指标数量，使得原来数十个甚至上百个指标变成少数几个一级指标，与因子分析、主成分分析等降维技术不同，结构方程降维本质上是对评价指标的一种线性降维，不会牺牲指标中包含的大量信息。

第二，方便赋权。通过降维，降低了评价系统的复杂程度，使得少数一级指标赋权简单方便，提高了评价效率，降低了赋权的复杂性，减少了可能的错误。

第三，降低了一级指标之间的相关性。与因子分析和主成分分析降维不同，因子分析或主成分分析降维后公共因子或主成分之间不相关，它们是一种非线性降维，牺牲了原有指标中的大量信息。结构方程降维指标之间还是相关的，但相关度得到大幅降低，并且它是线性降维，从而使得一级指标属性鲜明，便于赋权进行进一步评价，也便于可能需要进行的计量分析，能够降低多重共线性。

第四，一级指标的计算方式具有某种"唯一性"和"客观性"。本节将一级指标视为潜变量，与之相关的评价指标视为显变量，通过结构方程模型得到显变量的权重，进而通过计算得到潜变量的值。这种方法具有客观性和唯一性，避免了多属性评价方法众多会产生许多评价结果的影响。

第五，体现了学术评价的系统性思想。在学术评价中，不同类型指标之间往往是互相关联的，如期刊时效性会影响期刊的影响力，科技投入会促进科技产出，科技政策对创新成果也有积极影响，但是截至目前所有的评价方法均是从指标出发，很少考虑不同类型指标之间的这种必然联系，结构方程降维本质上体现了学术评价的系统性思想，是一种系统性评价。

2. 结构方程的稳定性对评价具有重要影响

在成熟的学术评价系统中，结构方程模型总体上是相对稳定的，如学术期刊评价、高校科技绩效评价、企业创新评价等，但现实情况中并不总是如此，对于一些新生事物，如果评价机制尚不稳定，不同类型指标之间关系不够清晰，此时不宜采用该方法进行评价。

需要特别强调的是，在学术评价中，结构方程模型仅仅服务于指标分类汇总，起到降维作用，并不重点研究不同潜变量之间的关系，因此，对于方程稳定性的许多统计检验值，要求可以适当降低。

3. 本节的方法可以进一步推广

本节提出的指标主客观分类与结构方程降维方法可以在一些机制相对成熟的评价领域推广，特别适用于采用线性加权汇总评价，因而具有较大的推广意义。

当然，由于学科不同、数据处理方法不同，研究结果会有一定差异，相关研究有待进一步深入。

第五章　多属性评价方法选择

第一节　基于聚类分析的多属性评价方法选择研究

为解决学术期刊多属性评价方法众多、评价结果不一致问题，本节提出了一种基于聚类分析的多属性评价方法选取方法——聚类结果一致度筛选法。其原理是，首先对原始评价指标进行聚类，然后采用可行的多属性评价方法进行评价并对评价结果进行二次聚类，最后根据评价结果聚类与原始指标聚类结果一致度的高低来选择评价方法，优先选取聚类结果一致度最高的评价方法。本节基于 JCR 2015 数学期刊，选取 11 个指标，分别采用线性加权汇总、TOPSIS、VIKOR、主成分分析、调和平均进行评价，然后基于聚类结果一致度进行评价方法选取，发现调和平均的聚类一致度最高。总之，可以采用该方法对多属性评价方法进行选择；聚类种类设置对结果影响较小；该方法具有较高的稳健性。

一　引言

学术期刊评价的复杂性决定了采用单一性量化指标是不够全面的，采用多属性评价方法具有明显的优势。M. Franceschet（2010）认为，评价期刊影响力和重要性有两个关键的一级指标——知名度和信誉度（Popularity and Prestige），前者由期刊影响力指标来反映，后者由特征因子类指标来体现。D. Shotton（2012）提出期刊评价的 5 个标准：内容丰富化程度、数据集、开放获取、计算机可读元数据、同行评议。N. Sombatsompop 等（2008）提出通过文章影响因子（Article Impact Factors，AIF）、位置影响因子（Position Impact Factors，PIF）、期刊影响影子（Journal Impact Factors，JIF）等多个指标进行评价，特别指出文章引用位置不同权重也应该不同。苏新宁（2008）根据科学性、合理性和可获得性等原则选取了 20

个指标，对人文社科 3000 多种学术期刊进行多属性评价。此外，国内还有大量学者采用多属性评价方法进行学术期刊评价，涌现出不少成果。从实践应用的角度看，北京大学图书馆、中国科学技术信息研究所、南京大学中国社会科学评价研究中心、武汉大学中国科学评价研究中心、中国社会科学院中国社会科学评价中心等机构均采用多属性评价方法对学术期刊进行评价。

多属性评价方法众多，评价方法有几十种，如果算上对某种方法的优化和改良，评价方法就有数百种甚至更多，许多多属性评价方法已经在学术期刊评价中得到广泛的应用。陈国福、王亮（2017）采用主成分和集对分析选取 16 个指标对学术期刊进行评价。刘莲花（2016）采用主成分聚类分析法对 17 种数学中文核心期刊进行综合评价。吴美琴、李常洪（2017）采用 DEA 分析方法评价图书馆、情报与档案学期刊的引证效率。王金萍、杨连生等（2015）采用层次分析法与熵权法对科技期刊编辑能力进行评价。吴涛、杨筠等（2015）采用因子分析对 Sco-pus 数据库中的 1881 种医学类期刊进行评价。王映（2013）采用加权 TOPSIS 和秩和比法评价体育学术期刊。郭雪梅、李沂濛（2017）基于 DEA 博弈交叉效率评价图书情报类期刊。刘军、王筠（2011）采用灰色关联分析对高校图书馆订购期刊质量进行评价。由于多属性评价方法发展较快，新的评价方法和技术将继续在学术期刊评价中得到广泛应用。

不同多属性评价方法评价结果不一致是学术期刊评价的重要问题。各种评价方法均有自己的优点和理论逻辑，一些评价方法也提供了自身的检验方法（比如层次分析法的排序一致性检验），但是方法的好坏甄别并没有绝对标准，单纯从评价方法的评价机理选择评价方法是非常困难的。一些学者在多属性评价方法的选取中取得了一些进展，苏为华（2001）认为可以从评价方法的区分度、灵敏度等角度进行选取。陈述云、张崇甫（1994）提出根据不同多属性评价方法结果得分的相关系数大小来进行选择。韩轶、唐小我（1999）给出了采用斯皮尔曼等级相关系数进行多属性评价方法的选择思路。俞立平、宋夏云（2014）提出采用偏最小二乘法对评价结果与评价指标进行回归，如果正向指标回归系数出现负数，就应该淘汰该评价方法。

还有一种解决思路是将数种多属性评价方法的评价结果进行组合评价。A. J. Gregory（1996）、J. W. Lee 等（2001）在该领域做了大量有益的尝试。熊国经、熊玲玲等（2018）运用熵值法、因子分析法和 TOP-SIS 法对学术期刊进行学术影响力评价，然后采用模糊 Borda 法进行组合评价。王一华（2011）应用拉开档次的组合评价法，在计算排序结果两两之间的 Spearman 相关系数的基础上，对学术期刊进行组合评价。俞立平、潘云涛等（2009）提出首先选用各种可行的多属性评价方法进行评价，然后将评价结果标准化，将同一期刊不同评价结果的极大值作为该期刊的最终评价结果。王居平（2003）提出了一种基于离差最大化的学术期刊组合评价方法。徐建中、王纯旭（2016）采用粒子群算法对集对分析、因子分析和主成分投影法进行组合，实现对产业技术创新生态系统运行稳定性评价。李美娟、陈国宏等（2009）在利用组合评价研究区域技术创新能力时，发现经过若干次组合，几种组合评价结论能趋于一致（收敛）。

多属性评价方法众多导致评价结果多样性的解决方法有两种思路（见图 5－1）。第一种思路是从单一方法优选角度进行甄别，存在的问题是目前优选的方法不多，但是一旦取得突破，可以筛掉一些不太合适的评价方法，从而取得较好的评价效果。第二种思路是将重点放在组合评价上，存在的问题是组合评价方法也有十多种，常用的是算术平均组合、Borda 组合和 Copeland 组合，这样组合评价结果同样不唯一。需要反复进行多次组合，结果可能会收敛，但这仅仅是经验总结，难以进行严格的数学证明，何况这种做法比较烦琐，大大增加了评价的工作量。

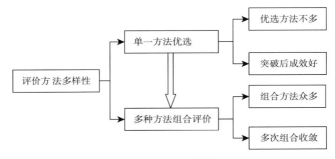

图 5－1　评价方法多样性解决思路

　　单一评价方法是组合评价的基础，如果能够有效地筛掉一些不合适的评价方法，可以大大降低组合评价的工作量，甚至在某些情况下，根本就不需要进行组合评价，因为只剩下一种评价方法了。在多属性评价方法众多、组合评价方法众多，而多属性评价方法筛选方法较少的情况下，从单一评价方法筛选的角度入手，加强相关领域的研究，不仅可以丰富学术期刊多属性评价理论，而且有利于评价方法的优选，从而降低评价成本，提高评价方法的公信力，具有十分重要的理论和实践意义。

　　本节利用聚类分析的原理，提出一种基于聚类分析的多属性评价方法筛选方法，并以 JCR 2015 数学期刊评价为例，选取线性加权汇总、TOP-SIS、VIKOR、主成分分析、调和平均 5 种方法进行评价，说明该方法的原理及评价方法筛选过程，从而为学术期刊多属性评价方法众多难以选择寻找一条解决路径。

二　基于聚类分析的多属性评价方法筛选原理

1. 聚类分析简介

　　分类是人类认识客观世界的基础。传统意义上往往根据人类的经验来进行分类，随着客观世界越来越复杂，依靠人工分类有时也难以做好。比如在学术期刊评价中，即年指标既代表了期刊的影响力，也代表了期刊的时效性，究竟侧重哪个方面人工很难判断。在对学术期刊进行分类中，由于评价指标较多、数据量较大、期刊种类多，依靠人工分类更加困难。

　　聚类分析是根据分类对象之间的相关程度进行分类的，在聚类之前，类别是隐蔽的，事先并不知道分类数量。聚类分析的思想是，同一类中的个体相似性较大，不同类中的个体差异较大。比如对于某个学科的学术期刊，采用若干评价指标进行评价，影响力较大、质量较高的期刊显然属于第一类，影响力中等、质量中等的期刊可以归为第二类，影响力较低、质量一般的期刊归为第三类。具体聚类的过程是，开始时每种期刊均自成一类，通过一定的算法计算期刊之间的相似性，把其中最相似的两种期刊合并为一类，这样分类总数减少一个，然后再继续进行聚类，计算类与类的相似性，再选择其中最相似的两类进行合并……一直到所有的期刊被归为一大类。

聚类方法包括组间连接法、组内连接法、最短距离法、最长距离法、重心法、中位数法等，常用的有组间连接法。

2. 聚类结果一致度筛选法原理

采用聚类方法筛选多属性评价方法是基于这样一个原则：在多属性评价前后进行两次聚类分析，两次聚类结果一致性最高的多属性评价方法为优，该方法也称为聚类结果一致度筛选法。

在期刊评价之前进行的聚类是针对原始评价指标而言的，没有采取任何多属性评价方法进行处理，此时进行的聚类是最本源的，也是最可靠的聚类。在进行多属性评价时，不管采用什么多属性评价方法，一个首要前提是尽量不破坏原始数据的分类，或者说，对原始数据分类破坏最少的多属性评价方法才是较好的评价方法。如果一个期刊在原始数据中被归为优秀期刊，但是评价以后却变成了中等期刊，少数情况下出现这种现象是可以理解的，比如对于优秀期刊中排名相对靠后的期刊。但是如果有太多这种情况出现，评价后有较多的优秀期刊变成一般期刊，或者有较多的一般期刊变成优秀期刊，这一定是评价方法出了某种问题，说明评价方法选取不当。

聚类种类多少取决于期刊数量多少。当评价期刊较多时，比如300种左右，可以分为3~4类；当评价期刊较少时，比如小学科只有20几种期刊，可以分为两类。

聚类结果一致度筛选法的步骤如下。

第一步，确定评价对象，根据评价对象的数量确定聚类的种类。

第二步，对原始指标采用 K-MEANS 聚类进行分类，输入聚类种类数量，正常情况是2~4种，得到每种期刊的分类属性集 X。

第三步，采用可行的 n 种多属性评价方法进行评价，得到 n 种评价结果集 Y。

第四步，对每种多属性评价方法的评价结果进行聚类，得到 n 种不同的聚类结果集 Z。

第五步，计算每种聚类结果 Z 与原始聚类结果 X 的一致度，选取一致度最高的多属性评价方法。

第六步，以聚类结果一致度最高的多属性评价方法的评价结果作为学术期刊评价的最终结果。

三　评价方法与数据

1. 评价方法

为了说明多属性评价方法选取的应用，本节同时采用线性加权汇总、TOPSIS、VIKOR、主成分分析、调和平均 5 种评价方法进行评价，然后采用聚类分析对评价方法进行选择。

（1）线性加权汇总评价

线性加权汇总评价是最传统的评价方法，其原理是将原始评价指标标准化以后，采用主观或客观评价方法赋予权重，然后再进行加权汇总。

$$C_i = \sum_{j=1}^{n} \omega_j x_{ij} \qquad (5-1)$$

公式（5-1）中，C_i 表示评价结果，ω_j 表示权重，x_{ij} 表示评价指标。

（2）TOPSIS 评价

TOPSIS 评价是 Hwang 等（1981）提出的一种评价和决策方法，也称为理想解法，根据评价对象到正理想解与负理想解的相对距离来进行评价，正理想解是最好的评价值，负理想解是最差的评价值，距离理想解越近、负理想解越远的方案为最优。

$$C_i = \frac{\sqrt{\sum_{j=1}^{n} \omega_j \left(x_{ij} - x_j^- \right)^2}}{\sqrt{\sum_{j=1}^{n} \omega_j \left(x_{ij} - x_j^+ \right)^2} + \sqrt{\sum_{j=1}^{n} \omega_j \left(x_{ij} - x_j^- \right)^2}} \qquad (5-2)$$

公式（5-2）中，x_{ij} 为标准化后的评价指标，x_j^+ 为正理想解，x_j^- 为负理想解，ω_j 表示权重。n 为评价指标数量，i 为评价对象序号，j 为评价指标序号。C_i 表示评价结果，其值介于 0~1。

（3）VIKOR 评价

VIKOR 评价是 Opricovic（1998）提出的，其最大优点是充分考虑最大化的"群体效益"和最小化的"反对意见的个体遗憾"，其评价的基本步骤如下。

对原始评价指标标准化，确定正理想解 f_{ij}^+ 和负理想解 f_{ij}^-。

计算评价对象 i 的 S 值和 R 值。

$$S_i = \sum_{j=1}^{n} \omega_j \frac{f_{ij}^+ - f_{ij}}{f_{ij}^+ - f_{ij}}$$

$$R_i = \max_j \omega_j \frac{f_{ij}^+ - f_{ij}}{f_{ij}^+ - f_{ij}^-} \qquad (5-3)$$

计算评价对象 i 的 Q 值。

$$Q_i = v\left(\frac{S_i - S^-}{S^+ - S^-}\right) + (1-v)\left(\frac{R_i - R^-}{R^+ - R^-}\right) \qquad (5-4)$$

式中，$S^+ = \max S_i$，$S^- = \min S_i$，$R^+ = \max R_i$，$R^- = \min R_i$。v 表示"群体效用"和"个体遗憾"之间的调节系数，当 $v > 0.5$ 时说明评价侧重群体满意度，当 $v < 0.5$ 时说明评价侧重个体遗憾度，通常情况下 $v = 0.5$。

根据 S、R、Q 的升序对结果排序，越排在前面的评价对象越好。

对妥协解的验证，是自我检验的过程。对 Q 进行升序排序，假设 A 是最优解，B 排第二位，那么 Q 满足以下条件（若有一个条件不满足，则存在一组妥协解）：

条件 1：假设 M 是方案个数，$DQ = 1/(M-1)$，那么 $Q(B) - Q(A) \geqslant DQ$。

条件 2：根据 S 和 R 值，A 也是最优解。

（4）主成分分析评价

主成分分析评价是相对成熟的评价方法，X_1，X_2，$\cdots$，X_p 为标准化后的评价指标，n 为评价对象数，p 为评价指标数，评价矩阵为

$$X = \begin{bmatrix} x_{11} & x_{12} & \cdots & x_{1p} \\ x_{21} & x_{22} & \cdots & x_{2p} \\ & & \cdots & \\ x_{n1} & x_{n2} & \cdots & x_{np} \end{bmatrix} = (X_1, X_2, \cdots, X_p) \qquad (5-5)$$

用数据矩阵 X 的 p 个指标向量做线形组合，即

$$\begin{cases} F_1 = a_{11}X_1 + a_{21}X_2 + \cdots + a_{p1}X_p \\ F_2 = a_{12}X_1 + a_{22}X_2 + \cdots + a_{p2}X_p \\ \qquad\qquad \cdots\cdots \\ F_p = a_{1p}X_p + a_{2p}X_2 + \cdots + a_{pp}X_p \end{cases} \qquad (5-6)$$

公式（5-6）要求

$$a_{1i}^2 + a_{2i}^2 + \cdots + a_{pi}^2 = 1 \qquad (5-7)$$

同时系数 α_{ij} 具备以下特点。

第一，F_i 与 F_j（$i \neq j$，i，$j = 1$，$\cdots$，p）不相关。

第二，F_1是X_1，X_2，$\cdots$，X_p的所有线性组合中方差最大的，F_2是与F_1不相关的X_1，X_2，$\cdots$，X_p的所有线性组合中方差最大的，$\cdots$，F_p是与F_1，F_2，$\cdots$，F_{p-1}都不相关的X_1，X_2，$\cdots$，X_p的所有线性组合中方差最大的。

综合变量F_1，F_2，$\cdots$，F_p也称为原始变量的第一，第二，$\cdots$，第p主成分，F_1的方差在总方差中占比最大，其余主成分F_2，F_3，$\cdots$，F_p的方差逐渐减小。在评价中往往挑选特征根大于1的少数几个主成分进行评价，根据方差贡献率进行加权汇总，最终得到评价结果。

（5）调和平均评价

调和平均评价是一种传统的评价方法，也称为倒数平均法，其评价结果小于线性加权汇总，对较差指标敏感度高，能兼顾指标之间的协调。其计算公式为

$$C_i = \cfrac{1}{\cfrac{1}{\omega_1 X_1} + \cfrac{1}{\omega_2 X_2} + \cdots + \cfrac{1}{\omega_n X_n}} \qquad (5-8)$$

2. 评价数据

本节以 JCR 2015 数学期刊为例，数学学科是期刊数量最多的学科之一，以该学科为例加以说明具有较好的代表性。它共有 11 个评价指标，分别是总被引频次、影响因子、他引影响因子、5 年影响因子、平均影响因子百分位、特征因子、标准化特征因子、论文影响分值、被引半衰期、引用半衰期、即年指标。相对于国内相关引文数据库而言，JCR 引文数据库影响更为广泛，而且公布的评价指标特点鲜明。

JCR 2015 数学期刊共 312 种，部分期刊办刊历史较短，有些评价指标数据缺失，比如特征因子、5 年影响因子计算需要 5 年以上数据，此外还有部分期刊数据缺失，因此删除了数据不全的期刊，剩余 275 种期刊。所有评价指标数据进行了标准化处理，被引半衰期和引用半衰期是两个反向指标，也进行了正向化。所有评价指标原始数据的摘要描述统计量如表 5-1 所示。

表 5-1　指标描述统计

指标	均值	极大值	极小值	标准差
总被引频次	1354.364	18695.000	101.000	2167.646
影响因子	0.740	3.236	0.144	0.483
他引影响因子	0.679	3.146	0.134	0.472

续表

指标	均　值	极大值	极小值	标准差
5 年影响因子	0.821	3.654	0.249	0.560
平均影响因子百分位	49.124	99.519	1.173	26.985
特征因子	0.005	0.051	0.000	0.008
标准化特征因子	0.607	5.750	0.026	0.856
论文影响分值	0.971	6.771	0.117	1.006
被引半衰期	8.174	10.000	2.600	2.342
引用半衰期	9.966	10.000	6.400	0.293
即年指标	0.165	2.273	0.000	0.196

四　实证结果

1. 聚类分析

首先采用 K - MEANS 聚类分析对原始 11 个评价指标进行聚类，距离计算方法采用组内连接法，即保证每一类中各期刊之间的距离最近、相似度最高。评价期刊较多，有 275 种，因此分为三类，经过聚类后，原始指标分类总体情况为，第一类 33 种，第二类 173 种，第三类 69 种。

2. 期刊评价及结果聚类

采用线性加权汇总、TOPSIS、VIKOR、主成分分析、调和平均对期刊进行评价，得到评价结果。需要说明的是，作为一个算例，本节设定所有指标的权重相等，也就是说，在线性加权汇总、TOPSIS、调和平均时不设置权重，然后分别对每种评价方法的评价结果进行聚类分析，结果如表 5 - 2 所示。

表 5 - 2　各种评价方法结果的聚类

评价方法	第一类	第二类	第三类
原始数据	33	173	69
线性加权汇总	21	99	155
TOPSIS	31	139	105
VIKOR	2	40	233
主成分分析	9	76	190
调和平均	30	86	159

　　参照原始数据分类，优秀期刊 33 种，良好期刊 173 种，一般期刊 69 种，基本符合中间大、两头小的规律。VIKOR 评价中优秀期刊只有 2 种，良好期刊 40 种，一般期刊最多，为 233 种，可以初步淘汰。主成分分析评价结果中，优秀期刊只有 9 种，良好期刊 76 种，一般期刊数量最多，为 190 种，也可以初步淘汰。

　　需要说明的是，将所有评价方法分别按分数高低排序，每种评价方法的分类排序是 1、2、3，和原始数据分类排序完全相同。比如 TOPSIS 评价结果从高到低排序后，其对应的分类排序也是 1、2、3，并且与原始指标的分类排序也完全一致，并没有出现排序错位的情况，说明各种评价方法的评价结果与原始数据分类的评价结果是严格对应的，也就是说，对原始数据的聚类本身就体现了期刊评价，分类越低的期刊越优秀。

　　3. 计算聚类一致度

　　将每种评价方法聚类分类结果与原始数据聚类分析结果进行比较，看两者是否属于同一类，在此基础上计算一致度，结果如表 5 - 3 所示。调和平均聚类分析结果与原始数据聚类分析结果一致的期刊共有 141 种，其次是 TOPSIS 评价，有 96 种结果一致，再次是线性加权汇总，有 65 种，而 VIKOR 评价一致的有 60 种，主成分分析结果一致的有 58 种，因此这 5 种评价方法中，应该选调和平均进行评价。

表 5 - 3　聚类一致数量及一致度

分类数	原始数据	线性加权汇总	TOPSIS	VIKOR	主成分分析	调和平均
第 一 类	33	18	27	1	8	29
第 二 类	173	32	68	1	16	63
第 三 类	69	15	1	58	34	49
一致数量	275	65	96	60	58	141
一 致 度	100	23.64	34.91	21.82	21.09	51.27

　　4. 稳健性检验

　　为了研究聚类种类设置对评价方法选取有无影响，将聚类种类设置为四类，重新进行聚类一致度检验。首先进行聚类分析，按照四种分类进行聚类，各种评价方法的分类结果如表 5 - 4 所示。

表 5 - 4 各种评价方法结果的聚类

评价方法	第一类	第二类	第三类	第四类
原始数据	17	70	174	14
线性加权汇总	1	27	120	127
TOPSIS	22	97	75	81
VIKOR	106	2	148	19
主成分分析	2	190	75	8
调和平均	7	24	153	91

原始数据共分为四类，第一类 17 种，第二类 70 种，第三类 174 种，第四类 14 种，这也符合期刊评价预期。在这些分类种，VIKOR 第一类期刊 106 种，第二类只有 2 种，明显不符合实际，属于优先淘汰的评价方法。

继续计算聚类结果一致度（见表 5 - 5），从各种评价方法聚类结果与原始数据聚类结果一致的期刊数量看，调和平均最高，为 142 种，其次是 TOPSIS，为 97 种，再次是线性加权汇总，为 66 种，然后是 VIKOR，为 60 种，最后为主成分分析，为 59 种。需要注意的是，在四种分类的情况下，聚类结果一致的评价方法排序与三种分类完全一致，说明聚类数量总体上不会影响评价方法选择。

表 5 - 5 聚类一致数量及一致度

分类数	原始数据	线性加权汇总	TOPSIS	VIKOR	主成分分析	调和平均
第 一 类	17	13	17	1	5	17
第 二 类	70	32	49	1	17	66
第 三 类	174	17	31	45	28	45
第 四 类	14	4	0	13	9	14
一致数量	275	66	97	60	59	142
一 致 度	100	24.00	35.27	21.82	21.45	51.64

5. 调和平均评价结果

最终采用聚类结果一致度最高的调和平均来进行评价，结果如表 5 - 6 所示，由于篇幅所限，本节仅公布排名前 30 的数学期刊。在分类数量为三种的情况下，调和平均排序前 30 种期刊中，只有 1 种期刊聚类结果与原始评价指标聚类结果不一致。

表 5 - 6　评价结果

期刊名称	排序	评价结果	评价结果聚类	原始指标聚类
ANN MATH	1	4.058	1	1
INVENT MATH	2	3.354	1	1
COMMUN PUR APPL MATH	3	3.215	1	1
ADV MATH	4	3.127	1	1
J AM MATH SOC	5	2.919	1	1
J DIFFER EQUATIONS	6	2.897	1	1
DUKE MATH J	7	2.859	1	1
T AM MATH SOC	8	2.633	1	1
J MATH ANAL APPL	9	2.595	1	1
NONLINEAR ANAL – THEOR	10	2.563	1	1
J REINE ANGEW MATH	11	2.554	1	1
J FUNCT ANAL	12	2.498	1	1
J DIFFER GEOM	13	2.435	1	1
INT MATH RES NOTICES	14	2.415	1	1
ACTA MATH – DJURSHOLM	15	2.376	1	1
DISCRETE CONT DYN – A	16	2.376	1	3
CALC VAR PARTIAL DIF	17	2.309	1	1
MATH ANN	18	2.183	1	1
B AM MATH SOC	19	2.129	1	1
J EUR MATH SOC	20	2.109	1	1
J MATH PURE APPL	21	2.079	1	1
P LOND MATH SOC	22	2.057	1	1
GEOM FUNCT ANAL	23	2.010	1	1
COMMUN PART DIFF EQ	24	1.998	1	1
AM J MATH	25	1.932	1	1
MEM AM MATH SOC	26	1.895	1	1
LINEAR ALGEBRA APPL	27	1.871	1	1

期刊名称	排序	评价结果	评价结果聚类	原始指标聚类
P AM MATH SOC	28	1.855	1	1
FOUND COMPUT MATH	29	1.826	1	1
COMPOS MATH	30	1.816	1	1

五　结论与讨论

本节根据聚类分析的原理，提出了一种基于原始数据聚类与评价结果聚类进行比较，根据分类结果一致度的大小来进行多属性评价方法选取的方法，从而为学术期刊评价中多属性评价方法众多、难以进行评价方法的选取提供了一种解决思路。实证研究表明，聚类数量设置对该方法的结果影响较小，说明根据聚类结果一致度进行评价方法选取具有较好的稳健性，该方法具有一定的通用性，可以进一步开展相关研究。

聚类分析虽然立足于分类，但本质上也属于一种粗粒度的评价。因为在分类时好的期刊之间相似度高，自然归为一类；一般化的期刊之间相似度也高，也会归为一类。类别本身也说明了期刊的优劣，各种多属性评价方法在评价时由于原理不同，必然会对期刊原始数据包含的分类性质做一定的改变，但是这种改变不宜太大，该原则可以上升为评价公理，从而用于多属性评价方法筛选。

第二节　科技评价中非线性评价方法选取的检验研究

非线性评价方法众多，对其筛选是统计学中的基本问题。本节提出了根据评价指标的单调性与权重体现管理思想原则进行选取，并称其为因子回归检验法。其原理是，采用因子分析对评价指标抽取公共因子，然后将非线性评价结果与公共因子回归得到模拟权重，基于三个标准进行评价方法选取：第一，公共因子的回归系数必须大于零；第二，公共因子相关指标的模拟权重大小排序与人为设计权重大小必须一致，对于不需要赋权的评价方法默认等权重；第三，模拟权重与设计权重的偏离度最小。本节以JCR数学期刊为例，采用TOPSIS、VIKOR、主成分分析、调和平均4种方法进行评价，然后进行评价方法的筛选。研究表明，采用这种方法进行非线性评价方法的筛选是一种非常有效的筛选方法，其适用条件是必须符合因子分析的前提条件。因子回归检验法可以和其他方法结合进行评价方法筛选。

一 引言

在科技评价中，采用指标体系评价更加系统，并且能够提供更多的信息，因而得到了广泛的应用，涉及科技政策评价、大学评价、科研机构评价、学科评价、学术期刊评价、科研人员评价等各个方面。目前在科技评价中采用的评价方法除了传统的线性加权汇总方法以外，还包括大量采用各种模型的非线性评价方法，如理想解（TOPSIS）、主成分方法、因子分析法、数据包络分析方法（DEA）、和谐性评价 ELECTRE、秩和比、支持向量机等。每种评价方法均有其优点和特点，不同的评价方法得出的评价结果也不是完全一样的，有时甚至差别很大，究竟如何筛选是个大问题。评价方法会严重影响评价结果的可靠性和准确性，许多技术评价失效的重要原因之一就是对具体评价方法的不适当运用（王学政等，2006）。在实际评价过程中，评价方法选取的前提条件其实十分宽泛，除了极少数评价方法有适用性检验外，如主成分分析中的 KMO 检验和 Bartlett's 球形检验，大多数评价方法并没有适用性检验，也就是说，科技评价中许多评价方法都是可以选用的，究竟如何选取评价方法是一个非常重要和现实的问题。对此进行研究，不仅可以丰富评价基础理论，而且对评价实践也具有重要的指导意义，有利于选择科学合理的评价方法，保证评价的公平公正。

科技评价方法分类如图 5-2 所示。从评价原理的角度可以分为两大类，一类是线性评价方法，另一类是非线性评价方法。线性评价方法中，又包括主观赋权与客观赋权评价方法，主观赋权评价方法较少，主要有专家会议法、层次分析法（AHP）等少数几种，客观赋权法稍微多一些，如熵权法、变异系数法、概率权、复相关系数法、CRITIC 等。非线性评价方法是评价指标与评价得分之间的关系是非线性关系的评价方法，这是其最重要的特征。根据赋权特点它分为无须赋权方法与需要赋权方法，无须赋权方法如主成分分析、因子分析、DEA、秩和比等，需要赋权方法如加权 TOPSIS、多准则妥协解 VIKOR 等。其实无须赋权方法本质上是等权重，需要赋权方法同样包括主观赋权与客观赋权。目前非线性评价方法大类有几十种，如果算上细分的评价方法有数百种。

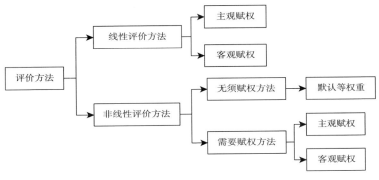

图 5 - 2　评价方法分类

　　无论是线性评价方法还是非线性评价方法，赋权都是一个十分重要的问题，除了传统的主观赋权与客观赋权方法外，主客观赋权相结合也是非常重要的方法。此外，从评价方法种类数量的角度看，非线性评价方法的种类要远远超过线性评价方法，所以对非线性评价方法的选取是迫切需要解决的问题。

　　关于指标体系综合评价方法的选取方法研究，苏为华（2001）讨论了评价方法的区分度、灵敏度等问题，以及这些因素对于评价方法选取的影响。陈述云、张崇甫（1994）根据不同评价方法评价结果相关系数大小来选择多属性评价方法。韩轶、唐小我（1999）在假定评价对象的一组指标数值满足某种分布规律的情况下，给出了采用斯皮尔曼等级相关系数进行多指标综合评价方法优化选择的分析思路。俞立平、宋夏云（2014）采用偏最小二乘法对评价结果与评价指标进行回归，如果效益型指标回归系数出现负数，说明评价方法选取不当。王燕、王熙（2010）认为在资产评估方法的选取中，要充分考虑该方法在具体评估项目中的适用性、效率性和安全性等因素。盛明科（2009）认为正负绩效评价是一个伦理和价值问题，而非纯技术问题，在选择评估方法时，一方面必须考虑不同类型方法的利弊，选择合适的评估方法；另一方面要求所选择的评估方法必须契合政府服务及其绩效评估本身的价值取向和理念。

　　还有一种研究思路是采用组合评价方法进行评价，这是因为单一评价方法各有特点，不够全面，将多种单一评价方法进行组合，可以提高评价结果的准确性和可信度。Gregory（1996）、Lee 等（2001）一大批学者在该领域做了大量有益的尝试，传统的组合评价方法有 Borda 法、Copeland 法等，后来又出现了一批新的组合评价方法，如基于排序的组合评价 Venkata（2008）、最小二乘法（毛定祥，2000）、线性目标规划（徐泽水等，2002）、离差最大化方法（陈华友，2004）等。在科技评价中，组合评价方法也得到了广泛的运用，如熊国经、熊玲玲等（2017）采用模糊 Borda 组合评价法对学术期刊进行评价。舒予、张黎俐（2017）采用离差最小和整体差异度最大的组合评价方法，对 985 高校科研业绩进行评价。石宝峰、程砚秋等（2016）构建了变异系数加权后组合权重最大的目标函数，评价区域科技创新能力。

从目前的研究看，关于单一评价方法的选取研究，一些学者探索基于不同评价方法结果相关系数大小的原理来进行选取，从应用角度看其理论依据不足，相近原理的评价方法相关度较高是正常的。基于指标单调性原理进行评价方法选取也存在由于多重共线性影响带来回归的失效问题，还有一些从定性角度研究单一评价方法选取的思路，总体上比较零碎，尚处于探索阶段，并没有可操作性。在实际评价中，选取某种评价方法的原因是该评价方法具有某些优点，而不是不同评价方法的比较，但是每种评价方法都有其优点，所以这种选取方法是不合适的。正因为单一评价方法选取问题没有解决，所以组合评价方法得到了长足的发展，但是组合评价方法并没能解决单一评价方法的选取问题，甚至使问题更复杂化了，这是基于以下几种原因。

第一，单一评价方法的选取是组合评价方法的基础，如果不合适的单一评价方法被选用并参与组合评价，只能降低组合评价方法的精确性，影响组合评价的效果。

第二，组合评价的引入，导致评价方法的选取不仅仅涉及单一评价方法的选取，而且涉及组合评价方法的选取，需要解决的问题更多更大。

第三，组合评价方法本质上也是无限的，原理不同，算法众多，就组合评价方法自身而言，也存在选取问题。

基于以上原因，迫切需要解决的问题还是要找到一些基本的单一评价方法的筛选方法，由于线性评价方法总体上数量较少，而非线性评价方法众多，本节重点讨论非线性评价方法的选取问题，提出了因子回归检验法进行筛选，首先提出选取标准与原则，或者称为选取公理，然后以 JCR 2015 数学期刊评价为例，同时采取 TOPSIS、VIKOR、主成分分析、调和平均 4 种方法进行评价，最后说明如何筛选。

二 非线性评价方法筛选及算例

1. 非线性评价方法的筛选

（1）非线性评价方法筛选的原则

第一，正向指标单调性原则。评价指标分为效益型指标和成本型指标，效益型指标是越大越好的指标，也称为正向指标；成本型指标是越小越好的指标，也称为反向指标。两者是可以互相转化的，反向指标可以通过一定的方法转化为正向指标，这个过程称为标准化。标准化以后的指标全部是正向指标，对于正向指标而言，所有的线性评价指标都具有正向的单调性，即正向指标越大，评价得分越大，这是可以证明的。但是对于非线性评价方法而言，正向指标是否具有单调性往往需要证明，有的难以证明，比如会出现正向指标增加、评价得分反而减少的现象，这明显是不合理的（俞立平、潘云涛等，2011）。

第二，权重体现管理思想原则。对于非线性评价方法而言，存在设计权重与模拟权重两个概念。所谓设计权重，就是评价者给予的权重；所谓模拟权重，就是用评价结果与评价指标进行回归，根据回归系数间接计算得到的权重（俞立平、潘云涛等，2009），模拟权重本质上是评价时的实际权重。一些非线性评价方法无须设定权重，在这种情况下可以默认设计权重相等。

对于非线性评价方法而言，其模拟权重与设计权重应该尽可能接近，这就是权重体现管理思想的精髓。如果一个评价指标的设计权重最大，但是模拟权重最小，那么无论如何是说不过去的。一些非线性评价方法没有设定权重，根据前文分析，那就默认权重相等。

（2）非线性评价方法筛选需要解决的问题

第一，在检验指标单调性时要计算模拟权重，当评价指标众多时，必然会存在多重共线性问题。在科技评价中，评价指标之间相关是司空见惯的现象，多重共线性问题往往比较严重，会导致回归的 t 检验值偏小，p

值偏大，回归系数难以通过统计检验，甚至回归系数的符号出现完全相反的结果。当然，采用岭回归以及偏最小二乘法一定程度上可以减少这个问题，但无法从根本上予以解决。

在这种情况下，通过因子分析进行降维是一种较好的解决思路，因为因子分析降维后变成少数几个公共因子，这些公共因子包含了原始评价指标的大量信息，并且公共因子之间不相关，这样就杜绝了多重共线性问题。

第二，权重体现管理思想的把握。在方法选取中，设计权重与模拟权重的尽可能接近可以保证评价逻辑的一致性，但是在具体把握时也要注意，如果有几十个甚至上百个指标，那么如何进行判断？解决的方法其实还是降维，即用公共因子涉及评价指标的设计权重之和与公共因子的模拟权重进行比较，只要比较少数几个公共因子的权重是否体现管理思想即可，这样既精简了计算，也保证了与指标单调性检验所采用的方法相同。

（3）非线性评价方法筛选的步骤

步骤一：采用可行的非线性评价方法进行评价。

根据评价目的和评价要求，选取相关的数种非线性评价方法进行评价，得到评价结果。当然，这些评价结果各不相同。注意评价指标必须进行标准化处理，保证全部是正向指标。

步骤二：评价指标提取公共因子。

对评价指标提取公共因子，选择特征根大于 1 的数个公共因子，对每个公共因子进行命名，弄清每个公共因子涉及的评价指标，或者说，根据公共因子对评价指标进行分类。

步骤三：公共因子回归。

分别对每种非线性评价方法的评价结果与公共因子进行回归，得到各公共因子的回归系数、t 检验值与 p 值，如果发现某种评价方法出现公共因子回归系数为负数，说明该评价方法不具有评价指标的单调性，必须进行剔除，这是第一轮剔除。

步骤四：计算公共因子的设计权重 w_i。

评价指标的设计权重是人为设定的，公共因子的设计权重是将评价指标按照公共因子分类后，每个公共因子涉及的相关指标的设计权重之和。对于不需要赋权的，可以假定设计权重相等，比如 m 个评价指标，每个指

标的设计权重均为 $1/m$。

步骤五：计算公共因子的模拟权重 s_i。

将每种评价方法的公共因子回归系数进行标准化处理，即计算某个公共因子回归系数占所有公共因子回归系数之和的比重，这就是公共因子的模拟权重。

步骤六：设计权重与模拟权重的排序检验。

对公共因子分别按设计权重模拟权重进行排序，看两者是否一致，如果不一致，将该种评价方法删除，因为这不能体现管理思想和权重重要性逻辑，这是第二轮剔除。

步骤七：计算各种非线性评价方法的权重偏离度。

$$c = \sum_{i=1}^{n} \frac{|s_i - w_i|}{w_i} \quad (5-9)$$

对于公共因子设计权重与模拟权重排序一致的评价方法，进行第三轮剔除。首先计算每个公共因子的模拟权重 s_i 与设计权重 w_i 的绝对偏离度，即两者差的绝对值除以设计权重，然后将 n 个公共因子的绝对偏离度相加，得到总体偏离度，选择总体偏离度 c 最小的评价方法进行评价。

但是，公式（5-9）并没有解决一个问题，即偏离度的权重问题，也就是说，权重较高的公共因子偏离度本身应该占有较高的权重，权重较低的公共因子偏离度应该占有较低的权重，所以应该对偏离度进行加权汇总。

$$c = \sum_{i=1}^{n} \frac{|s_i - w_i|}{w_i} \times w_i = \sum_{i=1}^{n} |s_i - w_i| \quad (5-10)$$

这种评价方法筛选的基石是将评价结果与公共因子进行回归，因此该方法也称为因子回归检验法。

2. 几种非线性评价方法简介

本节拟以 TOPSIS、VIKOR、主成分分析、调和平均 4 种非线性评价方法进行评价，然后说明评价方法的选取。

（1）TOPSIS 评价

TOPSIS 评价方法简称为理想解法，是 Hwang 等（1981）提出的，其原理是首先确定正理想解（最好的评价指标）和负理想解（最差的评价

指标），然后根据评价对象到正理想解与负理想解的相对距离进行打分，计算公式为

$$C_i = \frac{\sqrt{\sum_{j=1}^{n} \omega_j (x_{ij} - x_j^-)^2}}{\sqrt{\sum_{j=1}^{n} \omega_j (x_{ij} - x_j^+)^2} + \sqrt{\sum_{j=1}^{n} \omega_j (x_{ij} - x_j^-)^2}} \quad (5-11)$$

公式（5-11）中，n 是评价指标个数，i 表示评价对象序号，j 表示评价指标序号；x_j^+ 为正理想解，x_j^- 为负理想解；x_{ij} 为标准化后的评价指标，ω_j 为权重。分子表示评价对象到负理想解的距离，分母表示评价对象到正负理想解的距离之和。C_i 表示 TOPSIS 的评价结果，其值介于 0~1。

（2）VIKOR 评价

VIKOR 评价方法由 Opricovic（1998）首先提出，VIKOR 同时考虑群体效用的最大化与个体遗憾的最小化，能充分考虑决策者的主观偏好，从而使决策更具合理性（Opricovic 等，2004）。其评价的基本步骤如下。

对原始指标进行标准化处理，确定正理想解 f_{ij}^+ 和负理想解 f_{ij}^-。

计算评价对象 i 的 S 值和 R 值

$$S_i = \sum_{j=1}^{n} \omega_j \frac{f_{ij}^+ - f_{ij}}{f_{ij}^+ - f_{ij}^-}$$

$$R_i = \max_j \omega_j \frac{f_{ij}^+ - f_{ij}}{f_{ij}^+ - f_{ij}^-} \quad (5-12)$$

计算评价对象 i 的 Q 值

$$Q_i = v\left(\frac{S_i - S^-}{S^+ - S^-}\right) + (1-v)\left(\frac{R_i - R^-}{R^+ - R^-}\right) \quad (5-13)$$

式中，$S^+ = \max S_i$，$S^- = \min S_i$，$R^+ = \max R_i$，$R^- = \min R_i$。v 为"群体效用"和"个体遗憾"的调节系数，也就是两者的权重，通常情况下 $v=0.5$。

根据 S、R、Q 的升序对结果排序，值越小，则方案越好。

对妥协解的验证。对 Q 进行升序排序，假设 A 是最优解，B 排第二位，那么 Q 满足以下条件：

条件1：如果对于 M 个评价对象，$DQ = 1/(M-1)$。那么，$Q(B) - Q(A) \geq DQ$。

条件2：根据 S 和 R 值，A 也是最优解。

（3）主成分分析评价

主成分分析（Principle Components Analysis）评价由 Karl Parson 在 1901 年提出，它将原来复杂的指标体系重新组合成一组新的互相无关的几个综合指标，然后根据实际需要从中选取几个较少的综合指标并尽可能多地反映原来指标的信息，本质上是一种降维。主成分分析评价就是以方差贡献率为权重，对少数几个综合指标进行加权汇总，由于主成分分析评价的权重是间接的，一般认为它不需要赋权。

（4）调和平均评价

调和平均评价是一种历史悠久的评价方法，也称为倒数平均法，它将评价指标标准化后进行调和平均，评价结果小于数学平均，对较差指标比较敏感，能适当兼顾指标之间的协调。其计算公式为

$$C_i = \cfrac{1}{\cfrac{1}{\omega_1 X_1} + \cfrac{1}{\omega_2 X_2} + \cdots + \cfrac{1}{\omega_n X_n}} \tag{5-14}$$

三　研究数据

本节以 JCR 2015 中期刊数量较多的数学期刊为例，选取的评价指标包括总被引频次（X_1）、影响因子（X_2）、他引影响因子（X_3）、5 年影响因子（X_4）、平均影响因子百分位（X_5）、特征因子（X_6）、标准化特征因子（X_7）、论文影响分值（X_8）、被引半衰期（X_9）、引用半衰期（X_{10}）、即年指标（X_{11}）。

2015 年 JCR 数学期刊共有 312 种，因为部分数据缺失，所以进行了必要的清洗，最后还有 275 种期刊。所有指标在评价时都进行了标准化处理，其中被引半衰期和引用半衰期是两个反向指标，也进行了正向化处理。各指标原始数据的描述统计量如表 5-7 所示。

表 5-7　指标描述统计

指标	均值	极大值	极小值	标准差
总被引频次（X_1）	1354.364	18695.000	101.000	2167.646
影响因子（X_2）	0.740	3.236	0.144	0.483
他引影响因子（X_3）	0.679	3.146	0.134	0.472
5 年影响因子（X_4）	0.821	3.654	0.249	0.560

指标	均值	极大值	极小值	标准差
平均影响因子百分位（X_5）	49.124	99.519	1.173	26.985
特征因子（X_6）	0.005	0.051	0.000	0.008
标准化特征因子（X_7）	0.607	5.750	0.026	0.856
论文影响分值（X_8）	0.971	6.771	0.117	1.006
被引半衰期（X_9）	8.174	10.000	2.600	2.342
引用半衰期（X_{10}）	9.966	10.000	6.400	0.293
即年指标（X_{11}）	0.165	2.273	0.000	0.196

四 实证结果

1. 四种评价方法结果对比

首先采用 4 种评价方法进行评价，对评价结果进行简单比较，其中主成分分析要进行 KMO 检验和 Bartlett's 球形检验，结果 KMO 检验值为 0.809，Bartlett's 球形检验值为 7664.122，相伴概率为 0.000，符合主成分分析的前提条件。由于 4 种评价方法的评价结果各不相同，这里只给出按 TOPSIS 评价排名前 30 种期刊的不同评价方法排名，结果如表 5 - 8 所示。由于评价方法不同，对评价结果的排序影响很大，选取合适的评价方法是非常重要的。

表 5 - 8　部分评价结果比较

期刊名称	TOPSIS 得分	TOPSIS 排序	VIKOR 得分	VIKOR 排序	主成分 得分	主成分 排序	调和平均 得分	调和平均 排序
ANN MATH	0.638	1	0.450	2	2.822	1	4.058	1
COMMUN PUR APPL MATH	0.530	2	0.347	4	2.242	3	3.215	3
J AM MATH SOC	0.527	3	0.321	8	2.230	4	2.919	5
INVENT MATH	0.520	4	0.327	5	1.852	8	3.354	2
ACTA MATH - DJURSHOLM	0.491	5	0.287	13	2.074	6	2.376	15
J MATH ANAL APPL	0.488	6	0.347	3	0.741	26	2.595	9
ADV MATH	0.487	7	0.322	7	0.985	15	3.127	4
B AM MATH SOC	0.486	8	0.294	11	2.221	5	2.129	19
FOUND COMPUT MATH	0.479	9	0.294	12	1.952	7	1.826	29

期刊名称	TOPSIS 得分	TOPSIS 排序	VIKOR 得分	VIKOR 排序	主成分 得分	主成分 排序	调和 平均 得分	调和 平均 排序
J DIFFER EQUATIONS	0.475	10	0.318	9	1.073	13	2.897	6
FIXED POINT THEORY A	0.472	11	0.520	1	2.594	2	1.472	38
NONLINEAR ANAL - THEOR	0.471	12	0.325	6	0.906	19	2.563	10
PUBL MATH - PARIS	0.456	13	0.247	19	1.759	9	1.236	53
J EUR MATH SOC	0.426	14	0.252	17	1.252	10	2.109	20
J FUNCT ANAL	0.425	15	0.271	14	0.776	25	2.498	12
DUKE MATH J	0.422	16	0.249	18	1.150	11	2.859	7
T AM MATH SOC	0.420	17	0.270	15	0.686	28	2.633	8
J NUMER MATH	0.401	18	0.225	20	1.147	12	0.403	218
GEOM FUNCT ANAL	0.388	19	0.212	25	0.979	16	2.010	23
ANAL PDE	0.382	20	0.207	28	0.907	18	0.839	111
J DIFFER GEOM	0.381	21	0.213	24	0.975	17	2.435	13
MEM AM MATH SOC	0.377	22	0.200	30	1.038	14	1.895	26
J REINE ANGEW MATH	0.369	23	0.215	21	0.826	24	2.554	11
CALC VAR PARTIAL DIF	0.366	24	0.213	23	0.893	21	2.309	17
MATH ANN	0.362	25	0.213	22	0.578	32	2.183	18
J MATH PURE APPL	0.357	26	0.198	31	0.894	20	2.079	21
INT MATH RES NOTICES	0.355	27	0.209	26	0.581	31	2.415	14
ANN SCI ECOLE NORM S	0.350	28	0.180	36	0.849	23	1.756	31
AM J MATH	0.343	29	0.184	34	0.629	29	1.932	25
DISCRETE CONT DYN - A	0.339	30	0.208	27	0.563	35	2.376	16

2. 评价方法的筛选

（1）公共因子提取

首先基于因子分析提取公共因子，因子分析与主成分分析方法原理有相似之处，因此 KMO 检验值和 Bartlett's 球形检验值相同。因子旋转矩阵如表 5-9 所示。根据特征根大于 1 的原则提取了 3 个公共因子：第一因子是期刊影响力指标，包括影响因子、他引影响因子、5 年影响因子、即年指标、论文影响分值、平均影响因子百分位；第二因子是期刊长期影响力指标，包括总被引频次、特征因子、标准化特征因子，总被引频次中的论文跨度时间是期刊创刊以来的所有论文，时间跨度较长，特征因子、标准化特征因子都是以 5 年为期计算的；第三因子是期刊时效性指标，包括被引半衰期和引用半衰期。

表 5 – 9　　因子旋转矩阵

指标	第一因子	第二因子	第三因子
影响因子	0.944	0.217	0.128
他引影响因子	0.954	0.202	0.044
5 年影响因子	0.945	0.230	0.037
即年指标	0.765	0.137	- 0.020
论文影响分值	0.885	0.183	- 0.224
平均影响因子百分位	0.792	0.237	0.150
总被引频次	0.211	0.925	- 0.082
特征因子	0.266	0.947	- 0.051
标准特征因子	0.266	0.947	- 0.051
被引半衰期	0.003	- 0.181	0.767
引用半衰期	0.052	0.052	0.795

（2）公共因子回归结果

分别将 4 种非线性评价方法的评价结果作为因变量、公共因子作为自变量进行回归，结果如表 5 – 10 所示。公共因子之间不相关，所以 4 种评价方法的回归系数均通过了统计检验，拟合优度 R^2 总体较高。从回归系数的符号看，调和平均回归结果中，公共因子 F3 的回归系数为负，也就是说，学术期刊的时效性越好，其评价值越低，这明显不符合正向指标的单调性原则，因此这一轮删除调和平均法。

表 5 – 10　　公共因子回归

自变量	因变量 TOPSIS	因变量 VIKOR	因变量 主成分分析	因变量 调和平均
常数项 c	0.207 (0.000)	0.112 (0.000)	0.000 (0.000)	0.913 (0.000)
公共因子 F1	0.089 (0.000)	0.054 (0.000)	0.531 (0.000)	0.410 (0.000)

自变量	因变量 TOPSIS	因变量 VIKOR	因变量 主成分分析	因变量 调和平均
公共因子 $F2$	0.046 (0.000)	0.038 (0.000)	0.165 (0.000)	0.436 (0.000)
公共因子 $F3$	0.034 (0.000)	0.031 (0.000)	0.164 (0.000)	- 0.063 (0.000)
拟合优度 R^2	0.905	0.999	0.999	0.881

（3）模拟权重计算结果

模拟权重的计算结果如表 5 - 11 所示，为了进行设计权重与模拟权重的比较并筛选评价方法，还要计算设计权重。为了简化起见，本节的几种评价方法中，并没有设定权重，也就是说，默认指标权重相等，这样就可以根据公共因子涉及指标的数量来计算设计权重，第一公共因子共 6 个指标，第二公共因子共 3 个指标，第三公共因子共 2 个指标，其权重分别为 0.545、0.273、0.182，设计权重排序为第一公共因子 > 第二公共因子 > 第三公共因子。而剩下的三种评价方法中，模拟权重的排序与设计权重的排序一致，因此第二轮不删除任何评价方法。

表 5 - 11　模拟权重

自变量	TOPSIS 回归系数	TOPSIS 模拟权重	VIKOR 回归系数	VIKOR 模拟权重	主成分分析 回归系数	主成分分析 模拟权重
公共因子 $F1$	0.089	0.527	0.054	0.439	0.531	0.617
公共因子 $F2$	0.046	0.272	0.038	0.309	0.165	0.192
公共因子 $F3$	0.034	0.201	0.031	0.252	0.164	0.191

（4）计算权重偏离度

三种评价方法与设计权重的总体偏离度如表 5 - 12 所示，TOPSIS 的总体偏离度为 0.038，VIKOR 的总体偏离度为 0.212，主成分分析的总体偏离度为 0.162，其中 TOPSIS 的总体偏离度最小，因此最终应该选择TOPSIS 方法进行评价，这是第三轮筛选。

表 5 - 12　　三种评价方法权重偏离度

自变量	TOPSIS 模拟权重	TOPSIS 偏离度	VIKOR 模拟权重	VIKOR 偏离度	主成分分析 模拟权重	主成分分析 偏离度	设计权重
公共因子 $F1$	0.527	0.018	0.439	0.106	0.617	0.072	0.545
公共因子 $F2$	0.272	0.001	0.309	0.036	0.192	0.081	0.273
公共因子 $F3$	0.201	0.019	0.252	0.070	0.191	0.009	0.182
权重总体偏离度	—	0.038	—	0.212	—	0.162	—

五　结论与讨论

1. 因子回归检验法是一种有效的非线性评价方法筛选工具

本节根据非线性评价方法的原理与管理实际，提出了非线性评价方法选取的两大原则，即评价指标的单调性与权重体现管理思想原则，在此基础上，为了消除多重共线性的影响，提出通过抽取公共因子，然后再进行回归得到模拟权重，并选取评价方法。主要有三个原则：第一，公共因子的回归系数必须大于零；第二，公共因子相关指标的模拟权重大小排序与设计权重大小排序必须一致，以体现权重符合管理思想原则；第三，权重偏离度最小，在同时满足第一、第二原则后，选取权重最接近设计权重的评价方法。对于不需要设定权重的非线性评价方法，采取默认等权重方法确定。本节的研究表明，采用这种方法进行非线性评价方法的选取是一种非常有效的筛选方法。

2. 因子回归检验法必须符合因子分析的前提条件

因子回归检验法要抽取公共因子并在此基础上进行回归得到模拟权重，所以必须符合因子分析的前提条件，即进行 KMO 检验与 Bartlett's 球形检验。通常情况下，这是没有问题的，因为在科技评价中，当评价指标较多时，指标间的相关性往往也较高，KMO 检验与 Bartlett's 球形检验通常也不会有问题，换句话说，因子回归检验法比较适合指标较多，并且指标之间相关度较高的情况，具有广泛的应用前景。

3. 因子回归检验法可以和其他方法结合进行评价方法筛选

因子回归检验法只解决了非线性评价方法的筛选问题，至于线性评价方法的筛选，以及线性与非线性评价方法的筛选是不能选用该方法的，需要结合其他因素进行选取，比如评价的区分度、评价方法的纵向可比性、评价结果的数据分布、评价目的等。

第三节 主成分分析与因子分析法对科技评价的适用性研究

主成分分析和因子分析广泛应用于科技评价，但是对评价方法选用缺乏检验问题。本节建立了主成分分析与因子分析评价方法适用性的检验框架与检验体系，从评价前检验、评价中检验、评价后检验三个角度进行检验。评价前检验包括 KMO 检验与 Bartlett's 球形检验、指标数据分布检验；评价中检验主要是评价指标信息损失检验；评价后检验主要包括主成分（因子）解释力检验、代表性检验、指标单调性检验和权重合理性检验。本节以 JCR 2015 经济学期刊为例进行了实证分析，研究认为，采用主成分分析和因子分析评价必须进行方法适用性检验；因子分析在信息损失较大时不适用于科技评价；主成分分析并不适合评价对象较多的情况。

一 引言

主成分分析与因子分析是两种性质相近的多属性评价方法，由于两种方法均具有降维和不需要主观赋权的特点，在科技评价中得到了广泛的应用，但是对于评价方法的适用性，目前学术界基本采用 KMO 检验与 Bartlett's 球形检验，这也是这两种方法自带的检验方法，很少有从其他角度对这两种方法的适用性进行思考的研究。对这个问题进行深入研究，不仅能够从理论上丰富多属性评价理论，对于科技评价实践也具有重要意义，可以减少评价方法的误用，从技术层面保证评价的公平公正。

在科技评价中，主成分分析得到了广泛的应用。在宏观研究层面，谭开明、魏世红（2013）构建了西部地区创新能力评价指标体系，运用主成分分析方法对西部地区各省、区创新能力进行综合评价。杨武、解时宇等（2014）以创新周期为理论依据，利用主成分分析方法，构建了中国科技创新景气指数。史晓燕、张优智（2009）利用主成分分析法对包括陕西在内的全国内地30个省、自治区、直辖市科技竞争力进行排序，分析陕西在科技发展水平方面与全国整体水平及与其他发达省市的差距。徐顽强、孙正翠等（2016）根据波特钻石模型从科技资源市场需求外部环境和政府行为两个维度构建科技服务业集聚化发展分析框架。

在微观主成分分析科技评价领域，李敬锁、赵芝俊（2015）采用主成分分析对国家科技支撑计划农业领域项目绩效的影响因素进行了分析评价。吴岩（2013）基于主成分分析法对科技型中小企业技术创新能力的影响因素进行了评价与分析。韩晓明、王金国等（2015）结合主成分分析和熵值法，以省部共建的高校为研究对象，构建了高校科技创新能力评价指标体系。辛督强（2012）采用主成分分析法对13种力学类中文期刊进行分析和排名，认为主成分分析法不仅可以解决期刊综合评价中指标的相关性和权重选取问题，还可以有效消除自引过高导致的影响力评价失真问题。何先刚、马跃等（2014）按照分层分类分级思想，给出了网络电子期刊的综合评价指标体系，提出了基于主成分分析的网络电子期刊模糊综合评价方法。

科技评价中因子分析的应用也比较广泛。顾雪松、迟国泰等（2010）从科技投入、科技产出、科技对经济与社会影响三个方面选取指标，利用因子分析构建了科技综合评价指标体系。李子伦（2014）建立了包括资源利用效率水平、人力资本积累水平以及科技创新能力的产业结构指标体系，基于因子分析对金砖国家产业结构升级水平进行测度。董晔璐（2015）运用因子分析法评价了全国31个省区市的高校科技创新能力。黄斌、汪长柳等（2013）运用因子分析方法测度了江苏省13个地级市的科技服务业竞争力。翁媛媛、高汝熹（2009）采用因子分析法对上海市的科技创新环境进行了评价与分析。郑丽霞（2014）以2014年汤森路透社 JCR 中 SCI 收录的 20 种期刊数据为样本，选取 8 个指标采用因子分析法进行综合评价。柴玉婷、温学兵（2016）选取2015版中国科技期刊引证报告（扩刊版）中的 14 个文献计量指标，利用因子分析法对 42 所师范大学理科学报进行评价。何莉、董梅生等（2014）运用因子分析法，选取 11 个文献计量指标，评价了安徽省高校自然科学学报。

关于主成分分析在评价中的适用性研究，Edward（1992）认为主成分或因子分析的前提条件是评价指标数据必须服从正态分布。俞立平、潘云涛等（2009）认为采用主成分分析进行学术期刊评价，必须增加主成分分析回归系数为正这一条件。楼文高、吴雷鸣（2010）认为采用主成分分析进行评价，评价对象数量越多，效果越好。

关于因子分析在评价中的适用性研究，MacCallum 等（1999）探讨了不同变量公共方差和不同样本大小情况下，因子载荷的精确程度问题，提出在大样本下应用因子分析较好。Fabrigar（1999）认为每个公共因子至少应包含 4 个或是更多的指标才能确保因子能被有效识别。傅德印（2007）提出建立因子分析适用性以及提取公共因子数目多少的检验方法。俞立平、刘爱军（2014）根据因子分析隐含的假设是评价指标必须服从正态分布的原理，认为在期刊评价指标普遍呈幂律分布的情况下，最好将评价指标取对数后再进行评价，否则会扩大系统误差。

从目前的研究现状看，无论是主成分分析还是因子分析，在科技评价中应用均比较广泛，既涉及宏观与微观层面的评价，也涉及采用这两种方法进行降维，然后进行探索性分析。关于主成分分析与因子分析的适用性检验，除了这两种方法自身提出的检验方法外，学术界还提出数据分布、评价对象数量、指标数量、指标单调性等，但是在实证研究中，很少有学者注意到这些问题。此外，关于主成分分析与因子分析评价的适用性检验方法，总体上还不够系统，在理论上需要进一步深化。本节首先建立主成分分析与因子分析的适用性检验框架，然后进行理论分析，并以 JCR 2015 经济学期刊评价为例，进一步分析讨论主成分分析与因子分析的适用性检验相关问题。

二 主成分分析与因子分析的适用性检验分析

1. 主成分分析与因子分析检验框架

主成分分析与因子分析的检验框架如图 5 – 3 所示，通过这个检验框架，可以全面检验主成分分析与因子分析两种方法在科技评价中的适用性。根据评价过程，分为评价前检验、评价中检验与评价后检验三个部分。评价前检验包括主成分分析与因子分析自带的 KMO 检验与 Bartlett's 球形检验，此外还增加了指标数据分布检验。评价中检验主要指主成分分析与因子分析本质上都是降维技术，那么必然存在信息损失，从而影响评价结果，所以要评估信息损失的大小。评价后检验包括主成分（因子）解释力检验，即每个主成分（因子）的含义是否明确；代表性检验，即每个主成分（因子）涉及相关指标数量多少，以及是否具有代表性；指标单调性检验，即主成分分析和因子分析的评价结果与评价指标是否正相关；权重合理性检验就是指每个主成分（因子）涉及的指标权重之和是否合理，是否体现评价目的，是否具有管理意义。

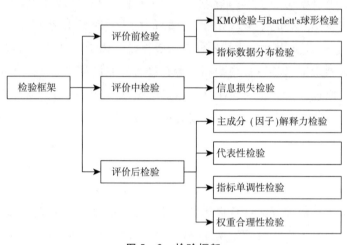

图 5 - 3　检验框架

2. 主成分分析与因子分析的评价前检验

（1）KMO 检验与 Bartlett's 球形检验

这是主成分分析与因子分析检验的第一步，也是所有实证研究均比较重视的检验，KMO 检验重点检验指标之间的相关度，以决定是否能够进行主成分或因子分析，这两种方法的检验结果相同。关于 KMO 检验值的大小问题，目前并没有严格的说法，大致大于 0.5 就可以，当然值越大越好，KMO 检验值越大，意味着评价指标之间的相关度越高。从评价的角度看，KMO 检验值越小，意味着评价时数据的信息损失会越大，所以本节认为，无论是主成分还是因子分析评价，KMO 检验值不宜低于 0.8，当然，从数据探索的角度看，这个要求可以低一些，大于 0.5 即可。

（2）指标数据分布检验

①主成分分析原理与指标数据分布

设有 n 个评价对象，每个评价对象有 p 个指标；X_1，X_2，$\cdots$，X_p 为标准化后的评价指标，评价矩阵为

$$X = \begin{bmatrix} x_{11} & x_{12} & \cdots & x_{1p} \\ x_{21} & x_{22} & \cdots & x_{2p} \\ & & \cdots\cdots & \\ x_{n1} & x_{n2} & \cdots & x_{np} \end{bmatrix} = (X_1, X_2, \cdots, X_p) \qquad (5-15)$$

用数据矩阵 X 的 p 个指标向量做线形组合

$$\begin{cases} F_1 = a_{11}X_1 + a_{21}X_2 + \cdots + a_{p1}X_p \\ F_2 = a_{12}X_1 + a_{22}X_2 + \cdots + a_{p2}X_p \\ \qquad\qquad \cdots\cdots \\ F_p = a_{1p}X_p + a_{2p}X_2 + \cdots + a_{pp}X_p \end{cases} \qquad (5-16)$$

公式（5-16）要求

$$a_{1i}^2 + a_{2i}^2 + \cdots + a_{pi}^2 = 1 \qquad (5-17)$$

并且系数 α_{ij} 具备以下特点。

第一，F_i 与 F_j（$i \neq j$，i，$j=1$，$\cdots$，p）不相关。

第二，F_1 是 X_1，X_2，$\cdots$，X_p 的一切线性组合中方差最大的，F_2 是与 F_1 不相关的 X_1，X_2，$\cdots$，X_p 的一切线性组合中方差最大的，$\cdots\cdots$，F_p 是与 F_1，F_2，$\cdots$，F_{p-1} 都不相关的 X_1，X_2，$\cdots$，X_p 的一切线性组合中方差最大的。

综合变量 F_1，F_2，$\cdots$，F_p 也称为原始变量的第一，第二，$\cdots$，第 p 主成分，F_1 的方差在总方差中占比最大，其余主成分 F_2，F_3，$\cdots$，F_p 的方差逐渐减小。在评价中往往挑选特征根大于 1 的少数几个主成分进行评价，同时达到降维的目的。

根据主成分分析的原理，主成分分析不需要对评价指标数据的先验分布有任何假设。

②因子分析的原理与指标数据分布

设 m 个可能存在相关关系的评价指标 X_1，X_2，$\cdots$，X_p 含有 m 个独立的公共因子 F_1，F_2，$\cdots$，F_m（$p \geq m$），这些公共因子之间互不相关。每个评价指标 X_i 含有独特因子 U_i（$i=1$，$\cdots$，p），U_i 之间互不相关，且 U_i 与 F_j（$j=1$，$\cdots$，m）也互不相关。每个 X_i 可由 p 个公共因子和自身对应的独特因子 U_i 线性表示，即

$$
\begin{cases}
X_1 = a_{11}F_1 + a_{12}F_2 + \cdots + a_{1m}F_m + c_1U_1 \\
X_2 = a_{21}F_1 + a_{22}F_2 + \cdots + a_{2m}F_m + c_2U_2 \\
\qquad\qquad\qquad \cdots\cdots \\
X_p = a_{p1}F_1 + a_{p2}F_2 + \cdots + a_{pm}F_m + c_pU_p
\end{cases}
\tag{5-18}
$$

公式（5-18）中，F_1，F_2，$\cdots$，F_m 为公共因子，代表反映某一方面信息的不可观测的潜在变量；a_{ij} 为因子载荷系数，是第 i 个指标在第 j 个因子上的载荷，表示重要性；U_i 为特殊因子，是各个指标自身包含的独特信息。

采用因子分析评价的关键是找出公共因子，并且解释每个公共因子的实际含义，以便对实际问题进行分析。为增强公共因子的解释效应，往往要对因子载荷矩阵进行正交旋转或斜交旋转。公共因子用到的算法包括主因子法、加权最小二乘法、不加权最小二乘法、重心法等。

从因子分析的原理看，采用因子分析需要用到回归分析，那么回归分析的前提之一数据必须服从正态分布，而因子分析也必须具备，所以因子分析要进行评价指标的正态分布检验。

3. 主成分分析与因子分析的评价中检验

评价中检验主要是主成分分析与因子分析对原始评价指标的信息损失检验，由于主成分分析与因子分析均进行降维，难免有信息损失。对于主成分分析而言，其信息损失主要表现在只选取有限的几个主成分进行评价，即特征根大于 1 的主成分，舍弃的主成分就是损失的信息，其信息损失可以用 1 减去累计方差贡献率来衡量。指标信息损失的存在，必然会影响评价结果的排序，这难免会得不到评价对象的认可，尤其是信息损失使得其排序下降时。

因子分析的信息损失包括两部分。第一部分是每个原始指标的特殊因子，因子分析将每个原始指标信息用公共因子与特殊因子两部分进行衡量，在具体评价时只采用公共因子进行评价，而特殊因子信息被省略了，这部分信息损失就是 1 减去共同度。第二部分是舍弃的特征根小于 1 的公共因子，与主成分分析类似，其信息损失就是 1 减去特征根大于 1 的公共因子的累计方差贡献率。

根据以上分析，因子分析的信息损失大于主成分分析，从评价的角度看，主成分分析更合适。

4. 主成分分析与因子分析的评价后检验

（1）主成分与公共因子的解释力检验

主成分或公共因子的解释能力，就是每个主成分或公共因子是否具有明确的含义。从主成分分析与因子分析的原理看，因子分析进行了矩阵旋转，因此公共因子的内涵往往比较明显，而主成分分析采用的原始指标矩阵，其解释力相对弱一些。在科技评价中，采用有限的公共因子或主成分进行评价，在赋权时如果经济含义不明显，解释力较差，这是不利于评价的，所以从这个角度看，采用因子分析会更好一些。

（2）主成分与公共因子的代表性检验

所谓代表性就是主成分或公共因子涉及的指标数量，以及其是否具有代表性。Fabrigar（1999）认为，每个公共因子至少应包含 4 个或是更多的指标才能确保因子能被有效识别，但并没有给出严格的证明。但如果主成分或公共因子涉及的指标太少，比如 1 个，那也说明代表性不够，所以主成分或公共因子涉及的指标数量最好为 3 个以上，最少不能低于两个。

（3）指标单调性检验

所谓单调性检验，就是检验主成分分析和因子分析的评价得分与评价指标之间是否正相关，当然前提条件是所有的评价指标必须都是正向指标，事先要进行标准化处理。但是评价指标之间往往相关，存在多重共线性，因此难以采用传统的回归分析法进行评价指标的单调性检验。但是可以采用岭回归来降低多重共线性的影响，如果绝大多数指标的回归系数为正，则说明单调性较好。

（4）主成分分析与因子分析的权重合理性检验

无论是主成分分析还是因子分析，在评价中是不需要权重的，其实默认的是等权重。在评价中往往选取特征根大于 1 的前几个主成分或公共因子进行评价，基于方差贡献率进行加权汇总。那么，这些主成分或公共因子是否真的重要呢？能否真正为管理服务？方差贡献率能否体现权重？所有这些还需要进行人工专家判断，这就是权重合理性检验的本质所在。俞立平（2009）提出模拟权重的概念，就是将评价结果作为因变量、评价指标作为自变量进行回归，将回归系数标准化后就是模拟权重。这样，将每个主成分或公共因子涉及的指标模拟权重相加，就得到主成分或公共因子的模拟权重，从而进行进一步的分析判断。

　　因子分析对公共因子经济含义的解释能力往往较好，而主成分分析对主成分所代表的经济含义的解释能力相对较低，所以从权重解释力的角度看，因子分析评价更容易进行权重合理性检验，而主成分分析相对弱一些。

　　5. 主成分分析与因子分析检验对比

　　主成分分析与因子分析检验的对比如表 5 – 13 所示，两者还是有较大差异的，在 SPSS 软件中主成分分析与因子分析在一个菜单下面，极易混淆，所以要给予足够的重视。

表 5 – 13　主成分分析与因子分析检验对照

评价过程	检验内容	主成分分析	因子分析
评价前检验	KMO 检验与 Bartlett's 球形检验	需要	需要
	指标数据分布检验	不需要正态分布	要求正态分布
评价中检验	信息损失检验	较小	较大
评价后检验	主成分（因子）解释力检验	一般	较好
	代表性检验	相当	相当
	指标单调性检验	较好	较好
	权重合理性检验	一般	较好

三　研究数据

　　为了对比主成分分析与因子分析的检验，本节以 JCR 2015 经济学期刊为例进行研究。JCR 2015 经济学期刊共有 333 种，2015 版 JCR 公布的评价指标共有 11 个，包括总被引频次、影响因子、他引影响因子、5 年影响因子、即年指标、特征因子、论文影响分值、标准化特征因子、被引半衰期、引用半衰期、影响因子百分位。由于存在数据缺失，需要进行清洗，经处理后还有 278 种期刊。另外，被引半衰期和引用半衰期是反向指标，在标准化时必须进行正向处理。

四　实证结果

　　1. 评价前检验

　　（1）KMO 检验与 Bartlett's 球形检验

　　主成分分析与因子分析在评价前均须进行 KMO 检验和 Bartlett's 球形

检验，而且两者的检验结果相同。经检验，KMO 值为 0.839，远远大于 0.5 的底线水平；Bartlett's 球形检验值为 7933.244，相伴概率为 0.000，通过了统计检验，所以从 KMO 检验与 Bartlett's 球形检验角度看，JCR 2015 经济学期刊评价可以采用主成分分析或因子分析。

（2）指标数据分布检验

主成分分析不需要评价指标服从正态分布，因子分析需要评价指标服从正态分布。从正态分布检验结果看（见表 5 - 14），全部 11 个指标均不服从正态分布。Price（1965）最早发现引文网络的入度和出度均服从幂律分布特征，并指出幂指数介于 2.5 ~ 3.0。Redner（1998）也发现了引文网络的幂律分布规律，并指出出度幂指数为 3.0。Seglen（1992）发现引文指标数据呈典型的偏态分布，并不服从正态分布。由于 JCR 2015 数据库中经济学期刊数量位居前三，对于期刊数量较少的学科而言，服从正态分布的概率更小。所以从数据分布看，JCR 2015 经济学期刊评价并不适合采用因子分析。

表 5 - 14　正态分布检验

指　　标	偏度 S	峰度 K	Jarque - Bera	相伴概率
总被引频次	4.838	32.281	11015.770	0.000
影响因子	2.030	8.554	548.207	0.000
他引影响因子	2.226	9.662	743.683	0.000
5 年影响因子	2.657	13.802	1678.800	0.000
即年指标	7.099	81.259	73276.760	0.000
特征因子	5.410	43.631	20478.590	0.000
论文影响分值	3.704	19.520	3797.015	0.000
标准特征因子	5.410	43.628	20475.630	0.000
被引半衰期	0.858	2.593	36.062	0.000
引用半衰期	1.710	5.556	211.158	0.000
影响因子百分位	- 0.059	1.834	15.913	0.000

2. 评价中检验

（1）主成分分析评价的信息损失检验

采用主成分分析进行评价共提取特征根大于 1 的两个主成分（见表 5 - 15），第一主成分方差贡献率为 58.394%，第二主成分的方差贡献率为

15.927%，累计方差贡献率为 74.321%，信息损失为 25.68%，应该说，这个比例还是比较高的，用主成分分析进行评价要慎重。

表 5－15　主成分提取

主成分	特征根	方差贡献率（%）	累计方差贡献率（%）
1	6.423	58.394	58.394
2	1.752	15.927	74.321
3	0.932	8.469	82.790
4	0.686	6.233	89.022
5	0.581	5.283	94.305
6	0.371	3.370	97.675
7	0.115	1.048	98.723
8	0.079	0.719	99.442
9	0.051	0.462	99.905
10	0.010	0.095	100.000
11	$3.014E-08$	$2.740E-07$	100.000

（2）因子分析评价的信息损失检验

因子分析的信息损失包括两部分，一是提取公共因子造成的信息损失，二是原始指标的特殊因子信息损失。因子分析同样提取特征根大于 1 的两个公共因子（见表 5－16），第一公共因子的方差贡献率为 56.956%，第二公共因子的方差贡献率为 17.365%，累计方差贡献率为 74.321%，因子分析第一部分的信息损失为 25.68%，和主成分分析的信息损失一致。

表 5－16　公共因子提取

主成分	初始特征值			旋转平方和载入		
	特征根	方差贡献率（%）	累计贡献率（%）	特征根	方差贡献率（%）	累计贡献率（%）
1	6.423	58.394	58.394	6.265	56.956	56.956
2	1.752	15.927	74.321	1.910	17.365	74.321
3	0.932	8.469	82.790			
4	0.686	6.233	89.022			
5	0.581	5.283	94.305			
6	0.371	3.370	97.675			
7	0.115	1.048	98.723			

续表

主成分	初始特征值			旋转平方和载入		
	特征根	方差贡献率（%）	累计贡献率（%）	特征根	方差贡献率（%）	累计贡献率（%）
8	0.079	0.719	99.442			
9	0.051	0.462	99.905			
10	0.010	0.095	100.000			
11	$3.014E-08$	$2.740E-07$	100.000			

因子分析评价的第二个信息损失是每个原始指标提取公共因子后的特殊因子信息（见表5-17），每个指标的信息损失可以用1减去共同度表示，不同指标的信息损失程度是不一样的，影响因子、他引影响因子的信息损失要小一些，只有9%左右，但是即年指标的信息损失很大，为58%。

表5-17 特殊因子信息损失

评价指标	共同度	特殊因子信息
总被引频次	0.822	0.178
影响因子	0.910	0.090
他引影响因子	0.908	0.092
5年影响因子	0.882	0.118
即年指标	0.420	0.580
特征因子	0.842	0.158
论文影响分值	0.789	0.211
标准化特征因子	0.842	0.158
被引半衰期	0.506	0.494
引用半衰期	0.586	0.414
影响因子百分位	0.668	0.332

3. 评价后检验

（1）主成分分析的解释力与代表性检验

主成分载荷矩阵如表5-18所示。第一主成分载荷较大的指标包括总被引频次、影响因子、他引影响因子、5年影响因子、特征因子、论文影响分值、标准化特征因子、影响因子百分位，是期刊影响力指标；第二主成分载荷较大的指标包括即年指标、被引半衰期、引用半衰期，是期刊时效性指标。第一主成分涉及 8 个指标，第二主成分涉及 3 个指标，总体上主成分分析的代表性较好。

表 5 - 18　主成分载荷矩阵

评价指标	第一主成分	第二主成分
总被引频次	0.829	- 0.366
影响因子	0.939	0.168
他引影响因子	0.946	0.116
5 年影响因子	0.931	0.125
即年指标	0.417	0.496
特征因子	0.860	- 0.320
论文影响分值	0.887	- 0.049
标准化特征因子	0.860	- 0.320
被引半衰期	- 0.101	0.704
引用半衰期	0.225	0.732
影响因子百分位	0.769	0.277

（2）因子分析的解释力与代表性检验

因子旋转矩阵如表 5 - 19 所示，其结果与主成分分析类似，虽然从理论上讲，因子分析的解释能力要大于主成分分析，但本例中，两者均具有较好的解释力。

表 5 - 19　因子旋转矩阵

评价指标	公共因子 1	公共因子 2
总被引频次	0.883	- 0.207
影响因子	0.892	0.338
他引影响因子	0.908	0.288
5 年影响因子	0.892	0.294
即年指标	0.319	0.564
特征因子	0.904	- 0.156
论文影响分值	0.881	0.115
标准化特征因子	0.904	- 0.156
被引半衰期	- 0.229	0.673
引用半衰期	0.087	0.761
影响因子百分位	0.705	0.414

从公共因子涉及指标数量看，第一公共因子同样涉及 8 个指标，第二公共因子涉及 3 个指标，代表性也较好。

（3）主成分分析与因子分析的单调性检验

首先将主成分分析的评价结果作为因变量、两个主成分作为自变量进行岭回归，然后将因子分析的评价结果作为因变量、两个公共因子作为自变量进行岭回归，结果如表 5 - 20 所示。

表 5 - 20　单调性检验

评价指标	主成分回归	因子回归
总被引频次	0.085	0.087
影响因子	0.148	0.140
他引影响因子	0.158	0.183
5 年影响因子	0.172	0.131
即年指标	0.123	0.118
特征因子	0.040	0.092
论文影响分值	0.096	0.126
标准化特征因子	0.047	0.091
被引半衰期	0.096	0.016
引用半衰期	0.181	0.101
影响因子百分位	0.159	0.121
R^2	0.948	0.954

从岭回归结果看，无论是主成分分析还是因子分析，所有的回归系数均为正数，回归拟合优度 R^2 均较高，所以单调性检验结果良好。

（4）主成分分析与因子分析的权重合理性检验

在主成分分析与因子分析两种评价方法中，第一主成分与第一公共因子的含义一致，第二主成分与第二公共因子的含义也一致，主成分分析中，第一主成分的方差贡献率大于第二主成分的方差贡献率，因子分析中，第一公共因子的方差贡献率也大于第二公共因子的方差贡献率，因此无法从主成分或公共因子方差贡献率（权重）角度比较两种方法。

但是可以从模拟权重角度进行主成分分析与因子分析的比较，单调性检验中采用岭回归得到的回归系数，本质上就说明了不同指标的重要性，将其标准化处理后就是权重。将主成分或公共因子涉及的指标权重相加，就得到各个主成分或公共因子的模拟权重，然后就可以进行对比分析（见表 5 –21）。

表 5 – 21　　主成分分析与因子分析模拟权重比较

一级指标	评价指标	主成分分析模拟权重	因子分析模拟权重	主成分分析权重合计	因子分析权重合计
期刊影响力	总被引频次	0.065	0.072	0.693	0.805
	影响因子	0.113	0.116		
	他引影响因子	0.121	0.152		
	5 年影响因子	0.132	0.109		
	特征因子	0.031	0.076		
	论文影响分值	0.074	0.104		
	标准化特征因子	0.036	0.075		
	影响因子百分位	0.122	0.100		
期刊时效性	被引半衰期	0.074	0.013	0.307	0.195
	引用半衰期	0.139	0.084		
	即年指标	0.094	0.098		

从主成分分析与因子分析模拟权重的比较看，主成分分析期刊影响力指标的模拟权重为 0.693，时效性指标的模拟权重为 0.307；因子分析期刊影响力指标的模拟权重 0.805，时效性指标的权重为 0.195。考虑到在经济学期刊评价中影响力比较重要，因此采用因子分析更为合理，当然，也可以根据评价目的来进行选择。

（5）主成分分析与因子分析的检验结果比较

根据实证研究的全部检验过程，结果如表 5 – 22 所示。主成分分析评价通过了 KMO 检验与 Bartlett's 球形检验，不需要评价指标服从正态分布，主成分的含义清晰，指标单调性检验较好，但是信息损失高达 25.68%，权重合理性也一般，因此并不适合采用该方法对经济学期刊进行评价。因子分析通过了 KMO 检验与 Bartlett's 球形检验，公共因子含义清晰，指标单调性较好，但是评价指标均不服从正态分布，除了公共因子信息损失较大外，每个指标中也存在特殊因子损失，因此不适合采用该方法对经济学期刊进行评价。

表 5 - 22　主成分分析与因子分析检验对照

评价过程	检验内容	主成分分析	因子分析
评价前检验	KMO 与 Bartlett's 球形检验	通过	通过
	指标数据分布检验	不需要正态分布； 通过	不服从正态分布； 不通过
评价中检验	信息损失检验	主成分信息损失 25.68%； 慎重选用	①公共因子信息损失 25.68%； ②特殊因子信息损失较大。 不适合
评价后检验	主成分（因子）解释力检验	较好	较好
	代表性检验	3 个，通过	3 个，通过
	指标单调性检验	系数全部为正，通过	系数全部为正，通过
	权重合理性检验	一般	较好
最终结论	综合检验	不适合评价	不适合评价

五　结论与讨论

1. 采用主成分分析与因子分析进行科技评价必须做方法适用性检验

本节建立了主成分分析与因子分析评价方法适用性的检验框架与检验体系，从评价前检验、评价中检验、评价后检验三个角度进行检验。评价前检验包括 KMO 检验与 Bartlett's 球形检验，对于因子分析，还需要进行指标数据分布检验，如果有数个指标不服从正态分布，就不能选用因子分析。评价中检验主要是信息损失检验，由于指标信息损失对评价结果影响较大，要求累计方差贡献率不低于 85%；对于因子分析，由于还存在指标特殊因子信息损失，累计方差贡献率应该更高一些。评价后检验主要包括主成分（因子）解释力检验、代表性检验、指标单调性检验和权重合理性检验。

2. 因子分析在信息损失较大时一般不适用于科技评价

因子分析的信息损失往往较大，既包括遗弃特征根小于 1 的公共因子信息损失，也包括遗弃指标特殊因子的信息损失，因此在检验中，如果累计方差贡献率低于 90% 就要慎重选用。在实际评价中，累计方法贡献率达到 90% 的情况并不多。此外，因子分析还需要评价指标服从正态分布，这也是一个比较重要的硬性条件，至少在学术期刊评价中，评价指标服从正态分布的情况比较罕见，所以在科技评价中因子分析要慎重选用。

　　3. 主成分分析并不适合评价对象较多的情况

　　主成分分析也存在信息损失，在评价对象较多、区分度较低的情况下，信息损失会严重影响评价结果的排序，会导致评价方法选取不当而产生不公平。当评价对象较少时，即使存在信息损失，但是因为区分度较大，对评价结果排序的影响也不大，所以主成分分析适合较少评价对象的科技评价。

第六章　学术评价专题研究

第一节　载文量与影响因子特殊互动机制研究

载文量与影响因子的互动机制研究还不完善，现有研究存在一些误区，进行深度分析极为必要。本节分析了载文量与影响因子之间的特殊互动机制，并以图书馆、情报与文献学 CSSCI 期刊为例进行了实证。研究结果表明，载文量对影响因子同时存在正向机制与负向机制；影响因子对载文量也同时存在正向机制与负向机制；同期载文量与影响因子不存在互动机制，载文量只对未来影响因子产生影响，影响因子也只对未来载文量产生影响；载文量对影响因子的负向机制大于正向机制；影响因子对载文量的负向机制大于正向机制。

一　引言

学术期刊载文量与影响因子关系研究是个老问题了，但是在实证研究中仍然存在不少问题，多数实证研究存在错误。主要表现在以下几个方面：第一，载文量对影响因子的影响机制不清晰，由此带来研究数据时间不同步；第二，影响因子也会影响载文量，但其中的作用机制缺乏研究。本节重点分析这些问题，并以图书馆、情报与文献学 CSSCI 学术期刊为例进行实证研究。开展本研究有利于丰富载文量与影响因子关系的作用机制，纠正两者关系研究的错误，使得相关研究得到深入。

关于载文量与影响因子关系的理论研究，管仲（2014）提出了提高影响因子的方法，如控制合理载文量，同时注重提升稿件质量，提高基金论文比，缩短论文出版时滞，合理提高自引率，增强文章时效性，改善编辑出版质量，等等。王建华、王全金等（2012）认为，期刊的载文量过小会使得论文发表周期加大，导致优秀稿源流失，从而降低期刊吸引力，最终减少影响因子。董秀玥（2005）认为载文量和被引频次会随着论文内容和质量以及期刊源数量变化而变化，在增加知识和信息方面，提高载文量已不是有效方法。肖地生、顾冠华（2017）认为学科优质论文数量是一个常数，各期刊要通过竞争来获取份额，不能盲目通过降低载文量提高影响因子，当然也不可盲目扩大载文量，努力提高论文质量才是关键。

关于载文量与影响因子关系的实证研究，国内情况如表 6 - 1 所示。

表 6 - 1　载文量与影响因子关系的实证研究

作　者	研究主题	研究方法	研究数据	结　论
当年载文量与影响因子的关系				
薛亚玲、王凯荣、李洁等（2012）	期刊学术影响力的影响因素	相关系数	中国科技期刊引证报告，2005 ~ 2009 年《宁夏医学杂志》	正相关
梁碧芬（2017）	论文篇幅与 CI 指标	绘图法等	CNKI 部分人文社科期刊、自然科学与工程技术类期刊，2013 ~ 2015 年数据	负相关
王文兵、王学斌等（2009）	影响因子的局限性	面板数据模型	SCI 和 SSCI 按学科影响因子排名前 50 的期刊，735 种期刊，1999 ~ 2007 年面板数据	负相关
严美娟（2012）	载文量与影响因子关系	Spearman、非参数相关检验	2010 年 SCI 数据库 239 种神经科学期刊	正相关
黄明睿（2017）	4 个核心指标之间关系	相关系数	中国科技期刊引证报告，多学科期刊，2014 年	正相关、不相关
黄贺方、孙建军等（2011）	影响力指标之间关系	相关系数	中国知网，40 种图情领域期刊，2010 年	不相关
张志转、朱永和（2010）	引证指标间的相关性	绘图法、相关系数	中国学术期刊综合引证报告，农业综合学术期刊，2003 ~ 2007 年	正相关
杜建、张玢（2010）	影响力指标关系	相关系数、绘图法	JCR 心脏与心血管系统，95 种期刊，2009 年	正相关

续表

作　者	研究主题	研究方法	研究数据	结　论
王群英、林耀明（2012）	影响因子、总被引频次与期刊载文量	相关系数、绘图法	中国科技期刊引证报告，资源、生态、地理三个相近学科 8 种期刊，2000 ~ 2010 年	正相关、不相关
贾志云（2008）	载文量影响期刊的影响因子	偏相关分析	SCI 生命科学期刊，2007 年	无关、正相关
李航（2016）	载文量与影响因子的关系	绘图法	北大核心期刊，经济类期刊，2014 年	负相关、正相关
前两年载文量与影响因子关系				
何荣利（2005）	载文量与影响因子关系	绘图法、回归法	中国科技期刊引证报告，50 种有代表性的中国科技期刊，1999 ~ 2000 年	不相关
曾玲、舒安琴等（2016）	载文量与影响因子	相关系数	中国科技期刊引证报告，医学类综合期刊，2010 ~ 2014 年	负相关、不相关
刘莹、王滨滨（2017）	提高英文期刊质量	绘图法	JCR 地球化学期刊，2013 ~ 2014	正相关

从现有研究看，关于载文量与影响因子关系的理论研究总体上比较丰富，实证研究也比较多，主要集中在采用同一年度的数据研究载文量与影响因子的关系，研究方法主要采用相关系数、偏相关分析、绘图法、回归法、面板数据法等，研究结论也是多方面的，包括正相关、负相关、不相关，关于影响因子对载文量的影响机制比较缺乏。本节将系统分析载文量与影响因子关系研究中的问题，并以图书馆、情报与文献学 CSSCI 期刊为例加以说明。

二　载文量与影响因子的特殊互动机制

1. 载文量对影响因子关系的作用机制

根据影响因子的定义，影响因子是期刊过去两年发表的论文在统计当年的平均被引次数。关于载文量与影响因子关系的研究，其理论依据主要就在这里。载文量对影响因子的作用机制主要体现在三个方面（见

图6－1）：第一，载文量是影响因子计算的分母，所以增加载文量会降低影响因子，这是其负向机制。第二，降低载文量虽然降低了分母，但是也使得期刊论文录用率下降，出版周期延长，从而流失优秀稿源，减少引用，可能也会降低影响因子，这也是负向机制。第三，载文量增加也提高了学术期刊的知识和信息量，从而扩大了学术期刊的影响力，会吸引更多学者来引用，产生倍增效应，从而会增加影响因子，这是其正向机制。

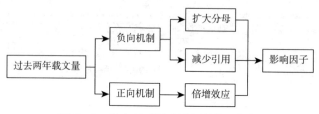

图 6 - 1　载文量对影响因子的作用机制

载文量与影响因子的关系究竟是正还是负，取决于正向机制与负向机制均衡后的结果，如果正向机制大于负向机制，就表现为正相关，如果负向机制大于正向机制，就表现为负相关。当然，也有可能表现出复杂的作用机制，或者不相关。

但是在现有实证研究中，许多研究采用同一年数据研究载文量与影响因子的关系，这就完全违背了上述理论逻辑。比如研究期刊 2017 年的载文量对 2017 年影响因子的关系，2017 年的影响因子是期刊 2015～2016 年发表的论文的平均被引情况，只有学术期刊 2015～2016 年的载文量才会影响影响因子，而 2017 的载文量对影响因子是没有影响的。目前的实证研究中，只有少数研究意识到了这个问题，这是需要纠正的。

相关分析虽然不需要变量之间关系的理论逻辑作为支撑，但是载文量与影响因子关系的理论逻辑是清晰的，在这种情况下，就不能随意做相关分析。

2. 影响因子对载文量的作用机制

影响因子对载文量是有影响的，情况比较复杂，主要包括以下三个方面（见图 6 - 2）：第一，正向机制，就是期刊影响力大，影响因子高，会吸引优秀稿源，在这种情况下，适当增加载文量会提高期刊的办刊质量，进一步扩大期刊的影响力。第二，负向机制，期刊之间也存在竞争，即使在优秀稿源增加的情况下，学术期刊也会控制载文量，这样可以使得影响因子越来越高。第三，不相关机制，对于影响因子处于中低水平的期刊，减少载文量会减少信息量，增加载文量会继续降低影响因子，也不是理想选择，会形成维持效应，即干脆维持一个相对不变的载文量，这样会导致影响因子与载文量无关。

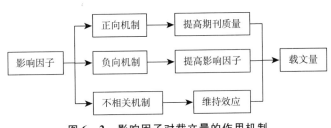

图 6 - 2　影响因子对载文量的作用机制

　　影响因子对载文量影响的正负，取决于各种效应的叠加，最终会体现为正向机制、负向机制和不相关机制。

　　影响因子对载文量的影响存在滞后期。当年影响因子很难对当年载文量产生影响，设想一种期刊刚开始创刊，第三年才开始公布影响因子，那么严格意义上讲，第三年的影响因子对第三年的载文量是难以产生多大影响的，因为论文作者无法有效地获取影响因子的相关信息。一般影响因子会在年中公布，获取此信息后，如果作者开始投稿并在当年发表，这是非常困难的，因为论文发表周期一般较长。

　　影响因子对未来 1 ~ 2 年的载文量影响更大。在期刊办刊历史较长的情况下，影响因子高的期刊会吸引作者投稿，即影响到载文量，根本原因是短期影响因子具有一定的稳定性，论文作者投稿不是因为当年影响因子水平高，而是因为上年或前年影响因子水平高，所以实际上影响因子对载文量的影响存在 1 ~ 2 年的滞后期。也就是说，当年影响因子值会影响次年或后面的载文量。

　　3. 载文量与影响因子的特殊互动机制

　　载文量与影响因子的特殊互动机制如图 6 - 3 所示。传统意义上两个变量之间的互动关系一般是指变量在同期存在互相作用机制。但是载文量与影响因子的关系则完全不是这种性质的互动机制，而是一种特殊的互动机制，共分为三种情况：第一种是过去两年载文量对统计当年影响因子的影响；第二种是统计当年影响因子对载文量几乎不存在作用机制；第三种是统计当年影响因子对未来 1～2 年载文量会产生影响。

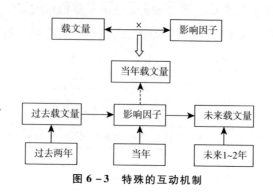

图 6－3　特殊的互动机制

4. 现有实证研究的反思

国内关于载文量与影响因子关系的实证研究，只有少数学者在研究过去两年载文量对统计当年影响因子的影响，更多的是研究同年载文量与影响因子的关系，这是值得商榷的，因为当年载文量不可能影响影响因子，而当年影响因子也很难影响载文量，两者是无关的，即使做相关分析也不太合适。

三　研究方法与数据

1. 传统回归与分位数回归

为了研究载文量与影响因子的关系，通常情况下采用回归分析，但是回归分析是一种相对粗糙的分析，它只能分析变量之间的平均回归系数，实际上对于不同影响因子的期刊，其对待载文量的态度可能是不同的，分析不同影响因子分位水平下载文量的不同弹性系数，可以更好地总结其中可能存在的规律。这个问题同样存在于影响因子对载文量影响的研究，即不同水平载文量期刊，影响因子对其影响也是不同的。将回归分析与分位数回归相结合，研究更为全面系统。

分位数回归是 Koenker、Basset（1978）提出的。传统线性回归是拟合因变量条件均值与自变量之间的关系，分位数回归通过估计因变量取不同分位数时，对特定分布的数据进行估计，是某个特定分位数的边际效果。

传统最小二乘估计只提供回归系数的均值，分位数回归能提供不同分位数的回归系数。

对于因变量 Y，其中位数线性回归就是求解如下模型

$$\min_\zeta \sum |y_i - \zeta| \qquad (6-1)$$

中位数线性回归是分位数回归的一个特例（$\tau = 0.5$），对于 τ 分位数线性回归就是求解满足 $\min\limits_{\beta \in R^k} \sum\limits_{-i} \rho \tau [y_i - x_i'\beta(\tau)]$ 的解 $\beta(\tau)$，即

$$\min_{\beta(\tau) \in R^k} \big[\sum_{[i:y_i \geqslant x_i'\beta(\tau)]} \tau |y_i - x_i'i\beta(\tau)| +$$

$$\sum_{[i:y_i < x_i'\beta(\tau)]} (1-\tau)|y_i - x_i'\beta(\tau)| \big] \quad \tau \in (0,1) \qquad (6-2)$$

在线性假定下，给定 x 后，Y 的 τ 分位数函数为

$$Q_y(\tau \mid x) = x'\beta(\tau) \quad \tau \in (0,1) \qquad (6-3)$$

在不同的 τ 分位水平下，能得到不同的分位数函数，估计不同的回归系数。随着 τ 的值由 0 至 1 变化，能得到所有 y 在 x 上的条件分布轨迹。

2. 研究数据

本节以 CSSCI 2017～2018 年收录的 20 种图书馆、情报与文献学学术期刊为例，基于中国知网引文数据进行研究。为了研究载文量对影响因子的影响，载文数据采用 2012～2015 年的数据，影响因子采用 2016 年的数据；为了研究影响因子对载文量的影响，影响因子数据为 2016 年的，载文量为 2017 年的。原始数据如表 6－2 所示。

表 6－2　原始数据

期刊名称	2014～2015 年来源文献	2016 年被引量	2016 年影响因子	2017 年载文量
《中国图书馆学报》	158	1049	6.639	55
《图书情报工作》	1620	3264	2.015	717
《大学图书馆学报》	295	916	3.105	134
《情报学报》	261	390	1.494	155
《图书情报知识》	208	542	2.606	89
《情报资料工作》	327	687	2.101	124
《图书与情报》	312	1026	3.288	132
《情报杂志》	929	2308	2.484	418

期刊名称	2014~2015年 来源文献	2016年 被引量	2016年 影响因子	2017年 载文量
《情报理论与实践》	735	1614	2.196	327
《数据分析与知识发现》	456	576	1.263	188
《情报科学》	720	1469	2.040	371
《图书馆杂志》	523	1008	1.927	248
《国家图书馆学刊》	280	727	2.596	112
《图书馆论坛》	526	1090	2.072	264
《图书馆建设》	626	1020	1.629	219
《图书馆学研究》	899	1872	2.082	395
《图书馆》	158	1049	6.639	55
《现代情报》	844	1531	1.814	357
《档案学研究》	275	437	1.589	202
《档案学通信》	312	488	1.564	148

四　实证结果

1. 载文量对影响因子的影响

基于 2014~2015 年的载文量，对 2016 年的影响因子进行传统回归与分位数回归，结果如表 6-3 所示。这里载文量滞后了 1~2 年，即对于 2014 年的载文量而言就滞后了 2 年，对于 2015 年的载文量而言，就滞后了 1 年。因为数据量较少，所以分为 0.25、0.50、0.75 三个分位进行回归。从传统回归看，载文量对影响因子的平均弹性系数为 -0.339，并且在 5% 的水平下通过了统计检验，说明载文量的提高会降低影响因子，模型的拟合优度 R^2 值为 0.247，考虑到影响因子的影响因素较多，这是可以接受的。

表 6-3　载文量对影响因子的影响

项目	传统回归	分位数回归 ($\tau = 0.25$)	分位数回归 ($\tau = 0.50$)	分位数回归 ($\tau = 0.75$)
常数项	2.890 *** (3.394)	-0.200 (-0.089)	2.010 (1.049)	3.670 ** (2.633)

项目	传统回归	分位数回归 ($\tau = 0.25$)	分位数回归 ($\tau = 0.50$)	分位数回归 ($\tau = 0.75$)
log（载文量）滞后 1~2 年	-0.339** (-2.430)	0.118 (0.336)	-0.197 (-0.653)	-0.432* (-1.956)
拟合优度 R^2	0.247	0.046	0.048	0.198

注：*、**、***分别表示在 10%、5%、1% 的水平下检验通过。

但是从分位数回归结果看，对于影响因子较低的期刊（$\tau = 0.25$）和中等的期刊（$\tau = 0.50$），载文量与影响因子无关，而对于影响因子较高的期刊（$\tau = 0.75$），载文量对影响因子的回归系数为 -0.432，并且在 10% 的水平下通过了统计检验，模型的拟合优度 R^2 值为 0.198。

综上所述，可以得出结论，图书馆、情报与文献学期刊载文量对影响因子的弹性系数总体是负数，影响因子较高的期刊载文量的负向弹性系数绝对值更大。

2. 影响因子对载文量的影响

基于 2016 年的影响因子数据，对 2017 年的载文量进行回归，相当于影响因子滞后 1 年，结果如表 6-4 所示。从传统回归看，影响因子对载文量的弹性系数总体为负数，弹性系数为 -0.941，并且在 1% 的水平下通过统计检验，模型拟合优度 R^2 值为 0.365，由于载文量的影响因素较多，这个水平的拟合优度是可以接受的。

表 6-4 影响因子对载文量的影响

项目	传统回归	分位数回归 ($\tau = 0.25$)	分位数回归 ($\tau = 0.50$)	分位数回归 ($\tau = 0.75$)
常数项	6.035*** (22.116)	5.409*** (10.949)	6.226*** (12.999)	7.057*** (10.323)
log（影响因子）滞后 1 年	-0.941*** (-3.217)	-0.741 (-1.519)	-1.172** (-2.551)	-1.611** (-2.479)
拟合优度 R^2	0.365	0.362	0.204	0.143

注：*、**、***分别表示在 10%、5%、1% 的水平下检验通过。

从分位数回归结果看，当载文量较低时（$\tau = 0.25$），影响因子与载文量不相关，当载文量处于中等（$\tau = 0.50$）和较高水平时（$\tau = 0.75$），影响因子对载文量的弹性系数分别为 -1.172、-1.611，越是载文量高的期刊，影响因子对其弹性系数的绝对值越大。

五　研究结论

1. 载文量对影响因子同时存在正向机制与负向机制

载文量对影响因子的正向机制，就是随着期刊载文量的加大，刊登更多优秀论文，会导致信息量与知识量的增加，从而进一步扩大影响力，有利于提高影响因子。载文量对影响因子的负向作用机制，表现在载文量扩大了计算影响因素的分母，此外如果一味控制载文量，有可能使得优秀稿源流失，也会加速降低期刊引用，使得影响因子下降很快。

2. 影响因子对载文量同时存在正向机制与负向机制

影响因子对载文量的正向机制，就是指影响力越高的期刊，会吸引更多优秀的稿源，从而驱使学术期刊适当增加载文量。影响因子对载文量的负向作用机制，就是学术期刊适当控制载文量会提高未来的影响因子。此外，对于影响因子处在中低水平的期刊，存在载文量维持效应，减少载文量会牺牲知识和信息量，不利于提高影响因子，增加载文量降低了未来影响因子的分母，也会降低载文量，从而导致影响因子与载文量无关。

3. 同期载文量与影响因子不存在互动机制

当期载文量与当期影响因子无关，这是一种特殊的互动机制。过去两年的载文量会影响统计当年的影响因子，而统计当年的影响因子，会影响未来的载文量。现有研究中有不少研究同期载文量与影响因子的关系，缺乏理论依据，这是值得商榷的。

4. 载文量对影响因子的负向机制大于正向机制

本节基于图书馆、情报与文献学 CSSCI 期刊的研究表明，载文量对影响因子的负向机制大于正向机制，总体上呈现负相关。中、低影响因子的学术期刊，载文量与影响因子无关，高影响因子的期刊，载文量与影响因子负相关。

5. 影响因子对载文量的负向机制大于正向机制

同样基于图书馆、情报与文献学 CSSCI 期刊的研究表明，影响因子对未来载文量的影响总体呈现负相关，对于低载文量的期刊而言，影响因子与载文量无关，对于中、高水平载文量的期刊而言，影响因子与载文量负相关，并且随着载文量的增加，这种负相关更严重，换句话说，载文量越高的学术期刊，降低载文量的压力越大。

第二节　论文作者数与被引频次关系的再思考

关于论文作者数与被引频次的关系研究，学术界得出的研究结论大相径庭，有必要继续进行探索。本节以《图书情报工作》2015 年发表的论文为例，综合采用独立样本 t 检验、回归分析、分位数回归研究了作者数与被引频次的关系。研究表明，单作者论文与多作者论文的平均被引频次没有显著差异；作者数虽然与被引频次正相关，但因为拟合优度太低，所以作者数对被引频次几乎没有影响；作者数与被引频次之间并不存在非线性关系；对于低被引频次的论文而言，作者数对被引频次的弹性更大，由于拟合优度太低，这种规律的体现并不显著。另外，建议学术期刊影响力评价中取消平均作者数指标。本节提供了一种研究作者数与被引频次关系的系统研究范式。

一　引言

作者合作与论文被引次数的关系是个传统问题，但也是一个颇具争议的问题，学术界的研究结论并不一致。一些研究认为科研合作有可能提高论文的影响力，但也有一些研究认为科研合作与论文的影响力无关，甚至呈现负向影响。研究对象、时间跨度、科研合作形式、国家地区等因素的影响，加上研究方法的多样性，增加了科研合作与论文影响力关系的复杂性，有必要重新进行梳理和深度分析，并建立新的研究范式。本研究对于厘清论文作者数与影响力的关系、丰富相关研究方法、提高学术评价的科学性均具有重要意义。

关于科研合作对学术质量及影响力的作用机制，Gazni 等（2011）指出，合作研究除了分享和传递跨学科知识，还可以将研究者联系在一个大的科学网络下，激发创造力，加快研究进程，增加论文的可见性，扩大研究的影响力。Wagner（2005）研究发现，随着科学技术的快速发展，学科高度分化、交叉与融合，新技术、新方法、新设备不断涌现，而资源和设备的缺乏，以及学科分类的不同等，则成为科研人员跨学科、跨机构和跨地域合作研究的主要动因。Bidault 等（2014）认为合作研究是学科专业化的结果，并且往往具有创新性。刘俊婉（2014）认为不同科学家个体进行科学合作是一种智力互补，能够充分发挥不同合作者的特长和优势。

关于论文作者数与被引频次或科研绩效的关系，一些学者持肯定态度。Glanzel 等（2004）研究发现，文章被引用次数与合著者的数量有关，跨国合著论文被引用的次数是国内合著论文被引用次数的 2 倍。Leimu 等（2005）通过对生态学论文的研究发现，4 个共同作者的平均引用率高于 3 个、2 个或 1 个。Beaver（2001）研究发现，在一些学科中，科学合作与高研究绩效有着相对显著的正向相关性。Puuska 等（2014）对合著规模进行了研究，发现合著人数与论文的被引频次之间存在正相关性。Kaur 等（2015）对印度医学机构的产出研究发现，国际期刊上刊载的国际合著论文比在印度本国期刊上刊载的更容易被引，且在高被引论文和国际合著论文之间存在正相关关系。Abramo 等（2011）证实了国际合著论文在被引频次或所发表期刊影响因子方面要优于非国际合著论文。段宇锋、刘俊茹（2018）采用主成分回归方法，分析生物学、物理力学、地质学三个学科期刊的 11 个特征与期刊被引之间的关系，发现期刊载文量、全国比重、作者数、机构数、引用期刊数等特征对期刊被引有较强的贡献度。陈淑娴（2006）研究认为，期刊的作者数量与影响因子成正比。肖学斌、柴艳菊（2016）基于 Pearson 相关系数，研究发现作者人数、页码数、参考文献数和文摘长度与被引频次呈正相关。何汶、刘颖等（2017）对图书情报学领域国际顶级 1% 论文研究认为，合著出版不仅跨界趋势明显，而且有利于提升论文的影响力。

另外，一些研究认为论文作者数与论文影响力无关或者负相关。Glanzel（2008）指出，"合作总能确保成功"不过是一个神话。Bornmann 等（2012）对化学论文的研究发现，合著规模与论文被引频次之间并无明显关联。Duque 等（2005）对三个发展中国家的科学家进行研究，发现合作与科研绩效并无相关关系。Glanzel 等（2001）将国际合著论文被引绩效低于领域平均水平的现象称为"冷链现象"。Giovanni 等（2015）对意大利科技论文的研究发现，作者数量与影响因子代表的期刊声誉之间并不存在正相关关系。Avkiran（1997）以金融学文献为研究对象，发现合作对于研究质量并未产生正向影响。王卫、潘京华等（2014）研究发现，合作度、合作率、合作系数与作者科研生产力、科研影响力之间没有必然关系。

还有一些研究认为论文作者数与影响力关系比较复杂，高自龙、范晓莉（2011）研究发现，在经济学、管理学、社会学和人文地理学等社会科学学科中，合著论文某些指标水平确实优于独著论文；在哲学、外国语言文学以及马克思主义理论、法学、图情档学科中，合著论文的个别指标水平低于独著论文；其余学科中，合著论文与独著论文水平基本持平。刘雪立、徐刚珍等（2008）对《眼科新进展》的研究发现，4~6 位作者的论文被引率和篇均被引频次最高，作者数多于 7 个的论文，篇均被引频次反而低于 4~6 位作者的论文。钟镇（2014）以 9 种 Web of Science 农业经济与政策类期刊论文为例，研究发现合著论文确实具有较高的研究绩效，2~3 人的合著是最常见的合作形式，但是在代表各期刊最高研究水平的极高引论文中，高合著论文规模极小，独著论文却占有一定比例，反映出合著规模与合著绩效的不确定性。

从现有的研究看，关于科研合作对学术论文的作用机制，现有的研究比较成熟，普遍认为科研合作有助于科研成果。但是关于科研合作对学术论文的影响力研究，学术界的研究结论并不一致。有些研究认为科研合作能够提高论文的影响力，但也有些研究认为科研合作与论文被引频次无关，或者呈现一些非常复杂的情况，比如作者数较多或者很少的论文，也能取得较大的被引频次。总体上，在以下方面有待进行深入研究。

第一，一些研究是针对不同学术期刊的，因为不同学术期刊的论文平均质量不同，导致其影响力也不相同，因此研究时如果能采用同一种学术期刊，可以排除不同期刊论文平均质量不同的影响。

第二，从研究方法看，现有研究得出研究结论的方法包括简单统计及绘图分析、回归分析、相关分析、主成分回归等。简单统计及绘图分析的研究结论一般没有进行统计检验，部分相关分析也没有进行统计检验，两种情况下的结论均不具有可信性；主成分回归是首先提取公共因子，如果论文作者数所在的公共因子通过了统计检验，并且回归系数为正，就说明作者数与被引频次正相关，这是值得商榷的，稳健性不够。

第三，即使采用回归分析，要说明作者数与被引频次的关系也需要两个因素，第一是回归系数的符号以及其是否通过统计检验，第二是拟合优度的大小，即使回归系数通过统计检验，如果拟合优度太小，那也不能说作者数与被引频次关系有多大。

　　基于以上原因，关于作者数与被引频次关系结论的多样性应该能够大致进行判断。也就是说，由于样本选取或研究方法的瑕疵，可能会得出一些错误的结论。此外，作者数与被引频次之间可能存在非线性关系，这方面的研究也比较薄弱。本节拟综合采用独立样本 t 检验、回归分析、分位数回归等研究作者数与被引频次之间的关系，并对截至目前的研究结论不一致做一个相对系统全面的解释。

二　研究框架与研究方法

　　本节的研究框架如图 6 - 4 所示。关于被引频次与作者数的关系，应该从统计学视角与回归视角两个角度同时进行分析。第一是基于统计学视角，最直观和最重要的就是分析单作者论文的被引频次与多作者论文的被引频次有没有显著的差异，方法可以采用独立样本 t 检验。第二是基于作者数与被引频次的关系视角，从两个方面展开：一方面是对作者数与被引频次关系进行回归分析，看其弹性系数是否通过统计检验，同时引入作者数的二次项，分析作者数与被引频次之间是否存在非线性关系；另一方面是采用分位数回归研究不同被引频次下作者数对被引频次的弹性系数是否存在显著差异，进一步分析其中可能存在的规律。

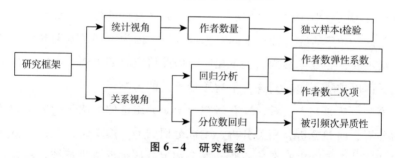

图 6 - 4　研究框架

三　研究数据

　　本节选取《图书情报工作》为例进行研究。该期刊是 2015 年以来图书馆、情报与文献学 CSSCI 期刊中载文量最大的，样本量较大。此外，该期刊在 CSSCI 核心期刊、北大核心期刊、中国社科院核心期刊等多个学术期刊排名中均位居前列，具有较好的代表性。

本节被引数据基于中国知网 CNKI 数据库，该数据库会实时公布最新单篇论文的被引情况。

论文从发表到被引之间会存在一定的滞后期，滞后期过短或者过长均不合适，因此根据影响因子计算原理，选取 2 年滞后。但中国知网的被引频次数据是实时的，难以精确查询某个时间段的被引情况，因此综合考虑后本节载文量的时间选取 2015 年，被引时间截止到 2018 年底，所以从论文发表到被引大致滞后 3 年。

《图书情报工作》2015 年载文量为 650 篇，将会议通知、书评、简讯、专辑论文等删除，经整理后有效论文为 483 篇，变量的描述统计如表 6 - 5 所示。

表 6 - 5　变量描述统计

变量	均值	极大值	极小值	标准差	Jarque - Bera 检验	p 值
被引频次	10.745	145.000	0.000	13.605	15343.701	0.000
作　者　数	2.346	8.000	1.000	1.161	163.486	0.000
n				483		

四　实证结果

1. 作者数与被引频次关系的统计分析

被引频次的数据分布如图 6 - 5 所示。Jarque - Bera 检验值为 15343.701，对应的 p 值为 0.000，拒绝正态分布原假设，说明被引频次数不服从正态分布。其极大值为 145 次，仅有 1 篇论文；极小值为 0，即有 20 篇 0 被引论文。低被引论文占大多数，以 15 次被引以下的论文为主。

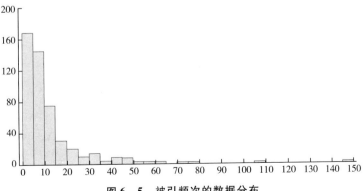

图 6 - 5　被引频次的数据分布

作者数的数据分布如图 6 - 6 所示。Jarque - Bera 检验值为 163.486，对应的 p 值为 0.000，拒绝正态分布原假设，说明作者数不服从正态分布。其极大值为 8 位，仅有 1 篇论文；极小值为 1 位，以 1 ~ 3 位作者数的论文为主，作者数的均值为 2.346。

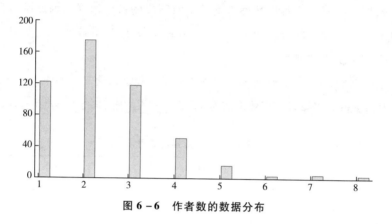

图 6 - 6 　作者数的数据分布

作者数与平均被引频次及论文数量情况如表 6 - 6 所示。2 位作者的论文最多，有 175 篇，平均被引频次为 10.817；其次是 1 位作者的论文，有 121 篇，平均被引频次为 9.992；再次是 3 位作者论文，有 117 篇，平均被引频次为 10.880。之后 4 ~ 8 位作者的论文数量依次减少，共有 70 篇。《图书情报工作》的论文合著率为 74.95%，即 2 位作者以上的论文约占 3/4。

表 6 - 6 　作者数与被引频次及论文数量

作者数	平均被引频次	论文数量
1	9.992	121
2	10.817	175
3	10.880	117
4	11.380	50
5	13.214	14
6	13.500	2
7	6.333	3
8	15.000	1

单纯从平均被引频次看，可以发现随着作者数量的增加，除了 7 位作

者外，总体上被引频次处于上升状态，但不能简单得出如此结论。本节区分单作者与多作者进行研究，因为 1 位作者可以认为科研合作很少或者几乎没有科研合作，2 位及以上作者可以认为存在科研合作，因此有必要对单作者和多作者论文进行独立样本 t 检验，结果如表 6 - 7 所示。

表 6 - 7　独立样本 t 检验结果

论文属性	样本数量	均值	t 值	p 值
单作者论文	121	9.992	- 0.703	0.482
多作者论文	483	10.997		

独立样本 t 检验的 t 值为 - 0.703，对应的 p 值为 0.482，说明单作者论文与多作者论文的平均被引频次没有显著差异。

2. 作者数与被引频次的回归分析

将被引频次作为因变量，作者数作为自变量，采用双对数模型进行回归分析，之所以采用这种模型，是为了使回归系数具有弹性性质。因为少数论文是 0 被引，无法取对数，所以统计进行加 1 处理，这在计量技术上是通常采用的。结果如下：

$$\log(Y) = 1.837 + 0.266\log(X)$$

$$(24.859^{***})(3.200^{***}) \quad R^2 = 0.021 \quad n = 483 \quad (6 - 4)$$

公式（6 - 4）中，Y 表示被引频次，X 表示作者数。回归结果显示，作者数与被引频次正相关，弹性系数为 0.266，并且通过了统计检验，也就是说，作者数每增加 1%，会导致论文被引频次增加 0.266%。但模型的拟合优度 R^2 极低，仅为 0.021，也就是说，作者数只解释了论文被引频次的 2.1%。也可以说，本质上作者数对被引频次几乎没有影响。

关于作者数对被引频次影响很低的问题，石燕青、孙建军（2017）在研究论文国际合作时也发现了类似现象，模型拟合优度介于 0.040 ~ 0.053，说明影响学者科研绩效的因素不仅仅是国际合作程度，未来仍需要深入分析，综合考虑各项影响因素，寻求更完善的模型来对学者科研绩效的提高进行分析。

进一步引入作者数的二次项，回归结果如下：

$$\log(Y) = 1.840 + 0.248\log(X) + 0.013\log^2(X)$$

$$(22.297^{***})(1.072) \quad (0.087) \quad R^2 = 0.021 \quad n = 483 \quad (6 - 5)$$

作者数的一次项和二次项均没有通过统计检验，也就是说，作者数与被引频次之间不存在二次非线性关系。

关于作者数对被引频次影响不大的原因是多方面的。Cronin（2003）认为，一些领域欺骗性或名誉性的论文署名已经成为一种非常普遍的现象。一些论文在标注作者时可能比较随意，为了加强对作者合作的管理，一些期刊已经要求在论文中注明不同作者的贡献声明。有些作者之间合作可能比较紧密，而另外一些作者之间合作可能相对松散。一些学科可能需要作者进行密切合作才能进行研究，而另外一些学科，可能单个作者也能进行一些不错的研究。

3. 作者数与被引频次的分位数回归

分位数回归是一种基于被解释变量的条件分布来拟合解释变量的特殊回归模型，本质是在均值回归上的拓展。它根据被解释变量取值高低将其分为不同的分位，研究解释变量对不同分位被解释变量的影响，可以从中总结解释变量弹性的变化规律。由于本节样本容量所限，选择过多的分位分析意义不大，只选取 5 个分位进行回归，结果如表 6 – 8 所示。

表 6 – 8　分位数回归结果

被解释变量	分位 τ	回归系数	t 值	p 值	R^2
	0.200	0.631	5.487	0.000	0.043
	0.400	0.415	3.487	0.001	0.021
$\log(X)$	0.500	0.290	2.705	0.007	0.010
	0.600	0.250	2.709	0.007	0.008
	0.800	0.167	1.649	0.100	0.004

从回归结果看，分位 τ 依次取 0.200、0.400、0.500、0.600，回归系数均在 1% 的情况下通过了统计检验，当分位 τ 取 0.800 时，回归系数在 10% 的情况下通过了统计检验。随着分位数的提高，回归系数在逐渐降低，也就是说，对于低被频次的论文而言，提高作者数量可以更加有效地提高被引频次，图 6 – 7 可以清楚地看到这种现象。

与传统回归几乎一致的是，分位数回归的拟 R^2 值依然很低，即作者数与被引频次的弹性虽然呈现逐渐下降的趋势，但对被引频次的解释程度较低，所以这种规律也是不太显著的。

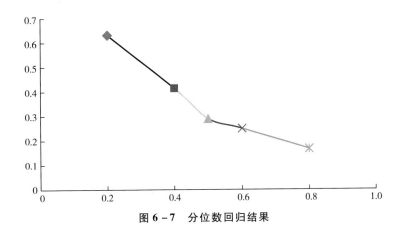

图 6 - 7　分位数回归结果

五　结论与讨论

本节基于中国知网以及《图书情报工作》的研究，发现单作者论文与多作者论文的平均被引频次没有显著差异；作者数虽然与被引频次正相关，但由于拟合优度太低，作者数对被引频次几乎没有影响；作者数与被引频次之间并不存在非线性关系；对于低被引频次的论文而言，作者数提高对被引频次贡献的弹性更大，但同样由于拟合优度太低，这种规律的体现并不显著。

本节是综合采用独立样本 t 检验、传统回归、分位数回归得出的结论，虽然研究方法不同，但研究结论可以互相补充，并且大致一致，因此研究结果具有较好的稳健性。

以往研究得出的关于作者数与被引频次的关系结论之所以矛盾，可能是与研究方法的应用存在瑕疵有关。科研合作无疑对于科学研究是有益的，也能提高科研产出，但这并不代表着就一定能够增加被引频次，单作者论文同样可以具有较高的被引频次。

在学术期刊评价中，平均作者数经常被选为评价指标之一，这是值得商榷的。根据本节的研究结论，平均作者数不宜作为学术期刊影响力的评价指标。决定学术期刊影响力的根本因素，还是论文的质量与创新，与作者数量无关。

当然，本节的研究是基于单一期刊研究得出的结论，由于学科不同、期刊不同，研究结论也可能存在差异，作为一种研究范式，本节仍然具有一定的借鉴意义。

第三节　学术期刊机构指数 AAI 与影响力关系研究

研究机构指数（Author Affiliation Index，AAI）与主要文献计量指标关系具有重要意义，可以进一步推进机构指数的应用。本节以图书馆、情报与文献学 CSSCI 期刊为例，基于中国知网 CNKI 引文数据库，计算出各期刊的机构指数，并采用相关系数、偏最小二乘法对其与影响因子、h 指数、被引次数的关系进行了分析。研究发现，机构指数与影响因子正相关但拟合优度不高，与 h 指数、被引频次不相关，说明机构指数能够提供除期刊影响力以外的其他信息；机构指数具有较好的统计学评价指标特征，可以作为期刊评价指标；机构指数的相关研究有待进一步加强。

一　引言

学术期刊是知识储存和传播的重要载体，期刊评价是学者阅读和投稿、图书馆订阅期刊、科研机构与学者绩效评价等的重要依据。学术期刊评价是伴随着学术繁荣、期刊数量越来越多产生的，目前的学术期刊评价方法主要有同行评议、编辑出版质量、引文分析三大类评价方法，由于同行评议评价难度大、成本较高，编辑出版质量不涉及学术评价，基于引文分析，采用文献计量指标进行评价就成为学术期刊评价的主要方法。

作者机构指数 AAI（Author Affiliation Index）就是众多文献计量指标中的一个代表。该指标是由 Harless & Reilly（1998）首先提出，将其用于本单位的期刊排名，并给本单位科研人员建议的一个最低发文期刊标准。机构指数的计算公式为

$$AAI(x) = \frac{\sum_{i \in M_x} A(i)/n(i)}{\sum_{i \in M_x} [A(i) + B(i)]/n(i)} \qquad (6-6)$$

公式（6-6）中，x 为要评价的某期刊，M_x 为 x 期刊的论文集，$A(i)$ 为论文 i 中属于 Top 机构的作者数，$n(i)$ 为论文 i 的作者总数，$B(i)$ 是论文 i 中非 Top 机构的作者数。

研究学术期刊机构指数与影响力的关系，可以加深对机构指数内涵及统计学特征的理解，对于合理利用机构指数具有重要意义。这里的学术期刊影响力，主要包括被引频次、影响因子、h 指数等指标，它们综合反映了学术期刊的影响水平。

机构指数的产生和应用具有较长的历史。Moore（1972）最早指出评价期刊时可以引入作者机构信息的思想，提出了通用 ACE 指数（General ACE Index）、数值 ACE 指数（Numerical ACE Index）和总体质量指数（Total Quality Index）3 个指标，用于评价 50 种经济学期刊质量。Ferratt 等（2007）揭示了机构指数的科学依据，即科研人员更愿意在高质量的学术期刊上发表论文，而声望高的科研机构更愿意聘用在高质量期刊上发表科研成果的学者。Gorman & Kanet（2005）首次将 AAI 用于评价 27 种运筹管理期刊，同时研究了不同 Top 机构集合大小对机构指数排名的影响，发现其影响不大。Chen & Huang（2007）将 Top 机构定义为包含全球范围内的 Top 科研机构，而不管是否为美国机构，拓展了机构的界定范围。Pan & Chen（2011）选择三种口碑比较好的市场营销领域的学术期刊，统计机构在这三种期刊上一定时间范围内的发文量，并进行排名。柯青、朱婷婷（2017）对机构指数进行了系统的文献梳理，认为作者机构指数具有客观、高效、计算透明以及跨学科性等优点，但不宜单独用其进行期刊评价，可作为引文分析的一个辅助性指标。

针对机构指数设计及应用中存在的问题，一些学者进行了改进和优化。Agrawal 等（2011）指出固定的 Top 机构集合违背了阿罗不可能定理中的非独裁性、备选方案独立性原则，排除了非美国境内机构，是不公平的，此外所有学科都采用相同的 Top 机构数量也是不对的。Chen & Huang（2007）指出管理信息系统是一个相对较小的学科，如果和金融学一样指定 60 家 Top 机构集就不合适。Cronin 等（2008）指出选取 50 篇论文评价时，不同期刊的时间跨度是不同的，实际上评价的是不同时间期刊的机构指数。

从现有的研究可以看出，机构指数产生时间较长，学术界也开展了一系列的研究，对于机构指数存在的问题也提出了修正方法，对其进行了完善。但是该指标提出以来，在国外得到较多的应用，在我国尚没有相关的实证研究。机构指数在中文学术期刊中究竟具有什么特点？它与其他文献计量指标的关系如何？究竟能否用来评价学术期刊？本节拟以图书馆、情报与文献学 CSSCI 学术期刊为例，基于中国知网 CNKI 数据库，对以上问题进行分析，以推动机构指数的应用。

二　偏最小二乘法

本节研究机构指数与学术期刊影响力指标之间的关系。期刊影响力指标有多个，加上不同影响力指标之间可能是相关的，因此采用传统回归分析就不太合适，因此本节采用偏最小二乘法研究机构指数与期刊影响力指标之间的关系。

偏最小二乘法（Partial Least Squares Regression，PLS）是由 Wold 等（1983）提出的一种新的回归方法，它将多元线性回归、主成分分析、典型相关分析相结合，比较适合处理因变量个数较多并且相互关联的数据，当来源数据较少时，与传统的多元线性回归相比，偏最小二乘法能得到更为丰富的信息。

三　研究数据

本节以图书馆、情报与文献学 CSSCI 期刊作为研究对象，以中国知网 CNKI 的引文数据库开展研究。CSSCI 图书馆、情报与文献学期刊共有 20 种，由于《情报学报》的数据不全，实际只有 19 种期刊。

关于 Top 机构的选取，本节选取截至 2017 年底拥有图书馆、情报与文献学博士点的高校（包括刚申请获批博士点的高校），另外还有中国科学院、中国社科院、中国科学技术信息研究所三家学科相关的知名研究机构，共 16 家 Top 机构，具体如表 6-9 所示。

表 6-9　顶级机构的界定

序号	机构名称	地　区	性　质	备　注
1	北京大学	北 京 市	高　校	双一流高校
2	河北大学	河 北 省	高　校	
3	黑龙江大学	黑龙江省	高　校	
4	华中师范大学	湖 北 省	高　校	双一流高校
5	吉林大学	吉 林 省	高　校	双一流高校

续表

序号	机构名称	地 区	性 质	备 注
6	南京大学	江苏省	高 校	双一流高校
7	南京农业大学	江苏省	高 校	双一流高校
8	南开大学	天津市	高 校	双一流高校
9	武汉大学	湖北省	高 校	双一流高校
10	湘潭大学	湖南省	高 校	
11	云南大学	云南省	高 校	双一流高校
12	中国人民大学	北京市	高 校	双一流高校
13	中山大学	广东省	高 校	双一流高校
14	中国科学院	北京市	科研院所	
15	中国社会科学院	北京市	科研院所	
16	中国科学技术信息研究所	北京市	科研院所	

这些机构中，北京市的机构有 5 家，江苏省、湖北省的机构各 2 家，河北省、黑龙江省、吉林省、天津市、湖南省、云南省、广东省的机构各 1 家。13 家为高等院校，其中双一流高校 10 所，另外 3 家为科研院所。

为了研究机构指数与学术期刊影响力的关系，首先要保证机构指数的计算时间与期刊影响力指标的计算时间一致。在这样的指导思想下，本节机构指数的计算对象为 2014～2015 年的期刊论文，而期刊影响力指标选取影响因子、h 指数、被引频次，该数据是期刊 2014～2015 年发表的论文在 2016 年的表现，这样就保证了数据计算的同步。因为即年指标、5 年影响因子之类的影响力指标与影响因子指标的期刊时间范围并不同步，所以没有选取类似指标。

关于机构指数的计算，人工处理工作量巨大，因此根据 Gorman 等 (2005)、Harless (1998) 等学者的研究，每种期刊随机选取了 50 篇论文计算机构指数。Gorman 等 (2005) 比较了选择 40 篇和 50 篇论文计算机构指数时，机构指数绝对值的变化值仅为 0.018，认为论文样本数为 50 时足以得到稳定机构指数值。

关于论文随机抽取方法，首先统计出一种期刊在 2014～2015 年的总载文量，并按照时间先后次序排序，然后用载文总量乘以 Excel 的随机函数 round ()，再四舍五入得到论文序号，这个过程用 Excel 处理 50 次，非常方便。如果论文恰巧是通信、短讯、新闻之类的非研究性论文，就顺延到下一篇。最终数据处理结果如表 6-10 所示。除了机构指数是选取 50 篇论文计算外，其他指标如载文量、总机构数、顶级机构数、被引频次、影响因子、h 指数等均为各期刊的实际数据。

表 6-10　机构指数及原始数据

期刊名称	载文量	总机构数	顶级机构数	顶级机构比	被引频次	影响因子	排序	h 指数	排序	机构指数	排序
《数据分析与知识发现》	314	505	243	0.481	575	1.831	18	14	17	0.471	1
《中国图书馆学报》	121	189	89	0.471	1046	8.645	1	26	2	0.456	2
《图书情报工作》	1290	1943	665	0.342	3247	2.517	8	28	1	0.455	3
《情报科学》	708	1106	379	0.343	1459	2.061	13	18	13	0.450	4
《情报理论与实践》	694	1071	413	0.386	1607	2.316	9	21	6	0.443	5
《图书情报知识》	180	270	153	0.567	539	2.994	5	16	16	0.440	6
《档案学通信》	275	336	123	0.366	488	1.775	19	14	18	0.431	7
《图书与情报》	301	428	174	0.407	1026	3.409	4	22	5	0.430	8
《情报资料工作》	248	363	149	0.410	687	2.770	6	19	11	0.425	9
《图书馆论坛》	504	747	191	0.256	1086	2.155	10	20	9	0.422	10
《图书馆学研究》	897	1216	308	0.253	1866	2.080	12	24	4	0.408	11
《国家图书馆学刊》	207	263	60	0.228	726	3.507	3	18	12	0.394	12
《大学图书馆学报》	241	295	84	0.285	915	3.797	2	20	8	0.389	13
《档案学研究》	236	285	82	0.288	435	1.843	16	13	19	0.389	14
《现代情报》	822	1048	169	0.161	1511	1.838	17	20	10	0.365	15
《图书馆》	544	661	140	0.212	1046	1.923	15	17	15	0.355	16
《图书馆建设》	515	604	108	0.179	1016	1.973	14	17	14	0.328	17
《图书馆杂志》	467	591	107	0.181	1004	2.150	11	21	7	0.320	18
《情报杂志》	880	1315	323	0.246	2271	2.581	7	26	3	0.283	19

机构指数排在前 4 位的期刊是《数据分析与知识发现》《中国图书馆学报》《图书情报工作》《情报科学》。影响因子排在前 4 位的期刊是《中国图书馆学报》《大学图书馆学报》《国家图书馆学刊》《图书与情报》。h 指数排在前 4 位的期刊是《图书情报工作》《中国图书馆学报》《情报杂

志》《图书馆学研究》。由于各个指标原理不同，排序还是相差较大的。

四 实证结果

1. 机构指数的统计分析

机构指数及期刊影响力指标的描述统计如表 6-11 所示。从离散系数看，机构指数的离散系数为 0.129，是 4 个指标中最小的。从数据分布特征看，机构指数、h 指数总体上属于正态分布，而影响因子、被引频次不服从正态分布，拒绝了 Jarque - Bera 正态分布检验的原假设。只有机构指数的偏度为负数，其他指标的偏度均为正数，从统计学评价角度看，机构指数更有价值。

表 6-11 各指标描述统计

统计量	机构指数	影响因子	h 指数	被引频次
均值	0.403	2.746	19.684	1186.842
极大值	0.471	8.645	28.000	3247.000
极小值	0.283	1.775	13.000	435.000
标准差	0.052	1.556	4.217	697.564
离散系数	0.129	0.567	0.214	0.588
偏度 S	-0.803	3.062	0.313	1.501
峰度 K	2.710	12.191	2.361	5.113
Jarque - Bera 检验	2.110	96.558	0.634	10.673
p 值	0.348	0.000	0.728	0.005

2. 机构指数与其他指标的相关系数

机构指数与其他期刊影响力指标之间的相关系数如表 6-12 所示。机构指数与影响因子、h 指数、被引频次的相关系数均没有通过统计检验。相关系数分析是一种相对粗糙的分析，因此有必要进行进一步的研究。

表 6-12 各指标之间的相关系数

指标	机构指数	影响因子	h 指数	被引频次
机构指数	1			
	—			
影响因子	0.252	1		

指标	机构指数	影响因子	h 指数	被引频次
	0.298	—		
h 指数	− 0.079	0.436 *	1	
	0.749	0.062	—	
被引频次	− 0.090	− 0.060	0.799 ***	1
	0.714	0.806	0.000	—

3. 偏最小二乘法估计

本节建立如图 6 – 8 所示的 PLS 模型。机构指数属于学术期刊来源指标，它是期刊影响力的原因，因此机构指数对影响因子、h 指数、被引频次都可能产生影响，当然需要对其进行检验。

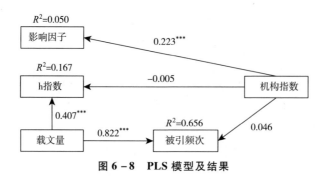

图 6 – 8　PLS 模型及结果

由于图书馆、情报与文献学 CSSCI 期刊载文量相差较大，最多的《图书情报工作》2 年载文量 1290 篇，最少的《中国图书馆学报》才 121 篇。Glänzel 等（2006）认为 h 指数的设计对于论文较少的作者是不利的，当然这也适用于学术期刊。此外，被引频次受载文量影响也较大，所以将载文量作为 h 指数和被引频次的影响变量。

从 PLS 的回归结果看，其对影响因子的弹性系数为 0. 223，并且通过了统计检验，但拟合优度 R^2 只有 0. 050，说明机构指数提供了除期刊影响因子以外更多的信息量。机构指数与 h 指数的回归系数为 − 0. 005，但没有通过统计检验。机构指数与被引频次的回归系数为 0. 046，也没有通过统计检验。

与相关系不同的是，机构指数与影响因子相关，与被引频次虽然不相关，但回归系数为正数，这是回归方法采用偏最小二乘法、研究方法更加科学所致。

此外，载文量对 h 指数的回归系数为 0.407，并且通过了统计检验，对被引频次的回归系数为 0.822，也通过了统计检验，说明载文量越高，越有利于提高期刊的 h 指数和被引频次。

五　研究结论

1. 机构指数可以用来作为学术期刊的评价指标

Top 机构的学者，平均学术水平总体较高，因此相对而言其学术论文的水平也越高。与 Top 机构的学者合作的论文，总体上学术质量也较高。因此机构指数可以作为学术期刊的来源指标之一，用来进行学术期刊评价。本节以图书馆、情报与文献学 CSSCI 期刊的实证研究表明，从相关系数看，机构指数与影响因子、h 指数、被引频次的相关系数没有通过统计检验，说明机构指数与影响力指标不相关。从偏最小二乘法的回归结果看，机构指数与影响因子相关，其回归系数为0.233，但拟合优度不高，此外机构指数与 h 指数和被引频次不相关。综上，说明机构指数从影响力角度能够提供的信息非常有限，但能从其他角度提供更多的信息，因此可以作为非常重要的来源指标用于期刊评价。

此外，由于机构指数具有一定的客观性，目前较少发现操纵机构指数的现象，而学术期刊操纵影响因子的现象相对还是较多的，这也为机构指数作为期刊评价指标提供了另外一个依据。

2. 机构指数具有较好的统计学评价指标特点

与其他文献计量学指标相比，机构指数总体上服从正态分布，其离散系数较低，说明不同学术期刊之间相差不大，在评价学术期刊时，异常值较少，具有较好的稳定性。此外，机构指数的偏度小于0，影响因子、h 指数、被引频次的偏度均大于0，机构指数评价有利于平衡评价结果的偏度。

3. 其他学科机构指数特点有待进一步研究

本节仅仅基于图书馆、情报与文献学期刊进行的研究，对于 Top 机构的界定不同学者会有不同看法，实证结果会有所差异，随机抽取论文数量多少也会影响机构指数的计算结果。此外，不同学科机构指数的数据分布特点与期刊影响力指标之间关系有待进一步深入研究。

第四节　外文引文比与影响因子关系及其启示研究

研究期刊外文引文比与影响因子的关系具有重要价值。本节从办刊质量与学术质量角度分析了外文引文的作用机制，并以图书馆、情报与文献学期刊为例，基于中国知网 CNKI 的引文数据，分析了外文引文比与影响因子的关系，并进行了聚类分析。研究结果表明，外文引文对学术期刊质量具有提升机制；外文引文数量近年来增加较快；短期外文引文比能够提供更多的信息；外文引文比具有较好的评价可靠性与稳定性；期刊评价应该增加即年外文引文比、2 年外文引文比、5 年外文引文比 3 个指标。

一　引言

参考文献是学术论文的重要组成部分之一，对论文质量与影响力具有重要影响。学术期刊论文参考文献的引用量以及平均引文率反映了期刊的办刊特色、编辑质量、作者吸收能力等。对引文进行分析也可以反映出引文的新颖度、引文老化规律。引文的质量和水平能反映作者的学术水平、学术交流情况、创新性等。外文引文作为学术论文的一个重要方面，反映了期刊以及作者的国际化水平、国际交流程度等。对论文引文文献类型进行统计分析，可以了解论文作者引用文献的来源及其构成比例，为科学评价信息源的应用价值提供参考（王学勤，2006）。外文引文占所有引文比重是一个非常重要的指标，研究外文引文比与影响因子的关系，包括 2 年影响因子与 5 年影响因子的关系，分析其特征，对于期刊评价以及宏观意义上的论文评价均具有重要意义。

关于外文引文文献的研究，早期 Ei ComPendex 数据库曾经规定，对于英文参考文献比重大于 50% 的论文，只录入英文参考文献，而不录入其他语种的参考文献；对于英文参考文献比重小于 50% 的论文，ComPendex 只录入参考文献总篇数，而不录入全部参考文献。朱德培（2002）对江苏高校及国防高校学报的研究发现，相当一部分学报论文引用非中文文献数量少，建议重视增加引用外文文献的比例。段雪香（2013）对《现代教育管理》杂志的研究表明，该杂志作者外文引文比例较低，应鼓励采纳有关中外比较教育研究、有一定外文引文的稿件，促进作者外文文献吸收利用及中外学术交流。张青（2010）通过对我国管理学期刊的分析，发现引用外文期刊持续增加，但从管理学与各学科之间引文与被引数量上看，管理学发展还不平衡。叶鹏、王昊（2011）通过对 CSSCI 经济学期刊的分析，发现外文期刊引用量在逐年增加，表明我国经济学领域正在同国际接轨，走向国际经济研究大家庭。

关于引用外文文献与期刊影响因子及学术质量的关系，刘美爽、吕妍霄等（2015）通过对 8 种林业期刊的研究，发现引用外文多的期刊相对来说文章质量也比较好。朱大明（2008）认为，英文参考文献占有率比较高，这与互联网信息多元化有关，作者能方便快速地查阅到相关外文信息，同时也是期刊质量较高的一个表现。钱爱兵、徐浩（2014）认为，外文期刊被引数量的持续增加，反映出我国中医学界越来越注重借鉴国外最新学术动态，努力寻找新的学科增长点，表明该学科与国际接轨的程度在提高。邓三鸿、王昊（2013）认为，对外文期刊的引用表明了对国外学术思想、方法和技术的借鉴，能够在一定程度上反映学科中国内外研究成果的同步程度，进而促进国内外的学术交流和研究融合。情报学类期刊与外文期刊融合较好，表现了其学术活动的开放性和活跃性，而图书馆学和档案学研究内容本土特征明显，学术活动相对保守。

从现有的研究看，学术界关于外文引文的研究成果较多，研究对象包括自然科学与社会科学期刊，研究内容更多关注期刊外文引文数量与比重的变化，对于外文引文的作用与影响也有较多的研究成果，但是关于外文引文比与期刊影响因子的关系研究比较缺乏，更缺少定量研究。总体上，在以下方面尚需要进一步深入。

第一，对于外文引文对期刊质量与影响力的作用机制尚需进一步深入分析，在理论上加以归纳总结。

第二，外文引文比与期刊影响因子关系的实证研究有必要加强，包括与短期的 2 年影响因子以及长期的 5 年影响因子的关系。

第三，在期刊评价中，尚没有采用和系统公布外文引文比，在以上研究的基础上，有必要探讨采用外文引文比作为期刊评价指标的可能性。

本节在对期刊外文引文作用机制进行理论分析的基础上，以 CSSCI 图书馆、情报与文献学期刊为例，基于中国知网 CNKI 的引文数据库，对外文引文比与期刊影响因子的关系进行实证分析，并对外文引文比用于学术期刊评价进行讨论。

二　外文引文与期刊影响力的关系

外文引文与期刊影响力的关系如图6-9所示。主要包括三个方面。

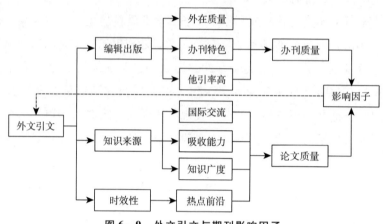

图6-9　外文引文与期刊影响因子

第一是从编辑出版角度看，引用一定数量与一定质量的外文文献，是学术期刊办刊质量的体现。在目前外文引文比总体还偏低的情况下，如果期刊的外文引文数量和质量保持在一个较高水平，这也是期刊办刊特色的一种体现。此外，学者发表中文论文，即使引用外文，那么自引率总体也比较低，绝大多数是他引，所有这些都有利于提高办刊质量。

第二是从知识来源角度看，外文引文反映了期刊和作者的国际交流能力和水平，也反映了作者的知识吸收能力。引文是论文的重要组成部分，也是科研人员对已有的科研成果和最新信息吸收能力的重要标志，论文的引文量越大，则说明吸收文献信息的能力越强（黄家瑜，2008）。与单纯引用国内论文相比，引用外文文献显示了作者具有更大的知识广度。作者的国际交流能力、知识吸收能力、知识广度都有利于提高论文质量。

第三是从时效性的角度看，作者在写作时，由于互联网非常发达，加上许多期刊进行开放存取，往往较易查询到最新的外文文献，能够接触到热点前沿，从而有利于提高论文质量。虽然国内期刊也可以查到最新文献，但国内热点与国际热点相比一般会有一定的滞后，兼顾国内热点和国际热点才能最终提高论文质量。

从编辑出版角度看，引用外文文献可以提高办刊质量，从知识来源与时效性角度看，引用外文文献可以提高论文质量。学术期刊办刊质量和论文质量的提高，会提高论文的影响力，进而提高影响因子，而影响因子的提高，会进一步促使学术期刊重视作者的外文引文数量和比例，具有正向反馈效应。

三　研究数据

本节以 CSSCI 图书馆、情报与文献学 20 种期刊为例来进行研究，引文数据来自中国知网 CNKI 引文数据库。为了全面分析外文引文比与影响因子的关系，本节同时采用影响因子与 5 年影响因子进行研究。在 CNKI 引文数据库中，最新的期刊引用数据只有 2013 年，所以以 2012 年、2013 年发表的论文在 2014 年的被引情况计算影响因子，以 2009～2013 年发表的论文在 2014 年的被引情况计算 5 年影响因子。在分析影响因子与外文引文比关系时，选取的数据是 2012 年、2013 年的 2 年外文引文比；在分析 5 年影响因子与论文引文比关系时，选取的数据是 2009～2013 年期刊的 5 年外文引文比，这样保证了数据时间的同步性。由于 CNKI 缺少《情报学报》5 年外文引文数据，计算 5 年影响因子与 5 年外文引文比时舍弃了该期刊，实际只有 19 种期刊。

表 6-13 为 2009～2013 年外文引文与总引文数据，图 6-10 为 2009～2013 年学科所有期刊的外文引文比。5 年期间，图书馆、情报与文献学期刊的外文引文数量从 2453 篇增加到 5075 篇，处于高速增长状态，平均每年增长 19.93%，而同期总引文数量的年平均增长率只有 2.92%。外文引文比从 2009 年的 1.29% 增加到 2013 年的 7.95%，尤其是 2012～2013 年发生了质的飞跃。

表 6-13　期刊外文引文与总引文数据

单位：篇

序号	期刊名称	2009年外引	2009年总引	2010年外引	2010年总引	2011年外引	2011年总引	2012年外引	2012年总引	2013年外引	2013年总引
1	《中国图书馆学报》	12	679	35	822	15	838	12	502	123	639
2	《大学图书馆学报》	31	704	1	679	3	736	7	639	25	659

续表

序号	期刊名称	2009年外引	2009年总引	2010年外引	2010年总引	2011年外引	2011年总引	2012年外引	2012年总引	2013年外引	2013年总引
3	《图书情报工作》	60	4985	61	6027	125	5999	140	5535	540	6280
4	《图书情报知识》	11	869	12	797	17	843	33	863	76	831
5	《情报资料工作》	3	1138	14	1008	4	996	13	1221	93	979
6	《图书与情报》	26	1278	7	1007	25	1148	7	1001	56	918
7	《情报杂志》	130	4737	128	4759	146	4443	154	3875	613	4609
8	《情报理论与实践》	56	2025	58	2224	22	2360	67	2502	259	2721
9	《数据分析与知识发现》	34	704	46	888	35	1020	38	859	196	1213
10	《情报科学》	34	2478	51	2634	47	2819	82	2867	162	2822
11	《图书馆杂志》	1	1166	3	1007	6	1358	3	1566	33	1284
12	《国家图书馆学刊》	1	357	4	312	2	427	2	679	39	589
13	《图书馆论坛》	1	2005	8	2090	3	2090	4	1473	31	1436
14	《图书馆建设》	6	1716	6	1692	3	1756	3	1909	42	1714
15	《图书馆学研究》	5	1594	3	3411	4	3140	9	3182	89	3599
16	《图书馆》	3	2073	5	2025	8	2052	3	2148	21	1768
17	《现代情报》	12	4228	27	3496	33	3298	39	3445	145	3458
18	《档案学研究》	2	349	1	569	4	557	8	657	3	688
19	《档案学通信》	1	612	3	715	13	981	6	847	3	965
	合计	444	34319	520	37119	606	37844	744	36858	3062	38501

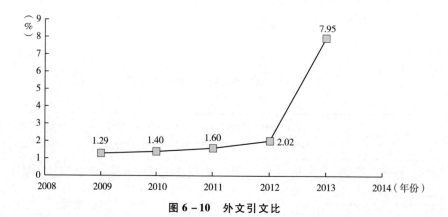

图 6-10　外文引文比

四　实证结果

1. 影响因子与外文引文比数据

影响因子与外文引文比原始数据如表 6 - 14 所示。

表 6 - 14　外文引文比与影响因子数据

期刊名称	影响因子	2 年外文引文比	5 年影响因子	5 年外文引文比
《大学图书馆学报》	1.829	0.025	0.346	0.020
《档案学通信》	0.559	0.005	0.595	0.006
《档案学研究》	0.597	0.008	0.479	0.006
《国家图书馆学刊》	0.874	0.032	0.258	0.020
《情报科学》	0.859	0.043	0.636	0.028
《情报理论与实践》	0.986	0.062	0.632	0.039
《情报杂志》	1.084	0.090	0.837	0.052
《情报资料工作》	1.494	0.048	0.388	0.024
《数据分析与知识发现》	1.123	0.113	0.502	0.075
《图书馆》	0.861	0.006	0.200	0.004
《图书馆建设》	0.906	0.012	0.194	0.007
《图书馆论坛》	1.094	0.012	0.270	0.005
《图书馆学研究》	0.817	0.014	0.306	0.007
《图书馆杂志》	1.036	0.013	0.224	0.007
《图书情报工作》	1.365	0.058	0.413	0.032
《图书情报知识》	1.328	0.064	1.383	0.035
《图书与情报》	1.536	0.033	0.553	0.023
《现代情报》	0.595	0.027	0.312	0.014
《中国图书馆学报》	3.758	0.118	0.776	0.057

2. 影响因子与 2 年外文引文比的关系

外文引文比在属性上是来源指标，分析其与影响因子的关系必须保证相关论文的时间跨度一致，由于 2014 年影响因子来源文献为 2012～2013 年发表的论文，外文引文比也采用这两年的数据，两者关系散点图如图 6 - 11 所示，回归结果如下。

$$\log(IF_2) = 0.915 + 0.240\log(RFC_2)$$

$$(3.253^{***})(3.099^{***})\quad R^2 = 0.348\quad n = 20\qquad (6-7)$$

IF 表示影响因子，RFC 表示外文引文比，两者的拟合优度为 0.348，属于较低水平，说明外文引文比能够提供除影响因子外的更多信息。外文引文比的回归系数在 1% 的水平上通过了统计检验，其弹性系数为 0.240，提高外文引文比有利于提高影响因子。

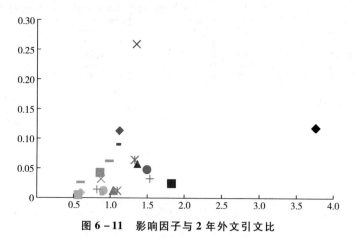

图 6－11　影响因子与 2 年外文引文比

3.5 年影响因子与 5 年外文引文比的关系

5 年影响因子与 5 年外文引文比的散点图如图 6－12 所示，与 2 年散点图相比，两者的相关度有所提高，回归结果如下。

$$\log(IF_5) = 0.749 + 0.393\log(RFC_5)$$

$$(1.710)(3.743^{***})\quad R^2 = 0.452\quad n = 19\qquad (6-8)$$

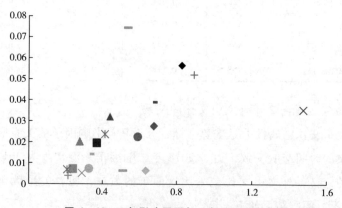

图 6－12　5 年影响因子与 5 年外文引文比

回归拟合优度为 0.452，5 年外文引文比的回归系数在 1% 的水平上通过了统计检验，其弹性系数为 0.393，提高外文引文比有利于提高影响因子。与 2 年回归结果相比，无论是外文引文比的回归系数还是拟合优度，都有较大的提升，但总体上拟合优度不高。

4. 聚类分析

由于缺少《情报学报》5 年引文数据，采用影响因子与 2 年外文引文比作为聚类依据，采用系统聚类对学术期刊进行分类，结果如图 6 – 13 所示。图中纵列数字表示期刊序号，和表 6 – 13 中的期刊名称对应。总体上可以将期刊分为 3 类。第一类是《中国图书馆学报》，由于其拥有较高的影响因子和外文引文比，是学科最高水平的期刊。第二类是《大学图书馆学报》《图书情报工作》《情报学报》《图书情报知识》《情报资料工作》《图书与情报》6 种期刊，是学科领域较好的期刊。第三类是其他期刊。

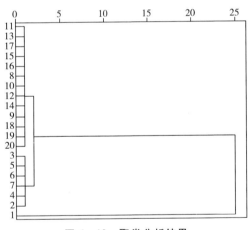

图 6 – 13　聚类分析结果

基于影响因子与外文引文比进行的聚类分析结果，与 CSSCI 根据影响因子及总被引频次的分类结果基本相同，说明外文引文比的提高能够提高期刊水平和影响力，具有较好的可靠性。

5. 历年外文引文比的分析

图书馆、情报与文献学期刊历年外文引文比的离散系数如图 6 – 14 所示，作为期刊评价指标，一般情况下历年的离散系数波动不宜过大，

2009～2013 年离散系数分别为 1.056、1.063、1.277、1.201、1.094，标准差与均值大致相等，体现了较好的区分度，总体上处于平稳波动状态。

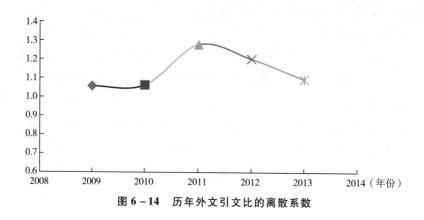

图 6 - 14   历年外文引文比的离散系数

五 结论与讨论

1. 外文引文对学术期刊质量具有提升机制

本节从理论上总结了外文引文对学术期刊质量的提升机制。第一是具有办刊质量提升效应，主要从编辑出版角度看，保持一定数量与质量的外文引文，是学术期刊办刊特色和外在质量的重要体现，而且能够降低自引率。第二是从论文质量角度看，引用外文文献反映了国际交流能力，体现了一定的知识广度，反映了作者的知识吸收能力，同时使得研究具有较高的时效性。办刊质量与论文质量的提高都有利于期刊影响力的提高，从而提高影响因子。当然，期刊影响力与质量的提高，也促使学术期刊注重外文引用，形成良性循环。

2. 近年来图书馆、情报与文献学期刊外文引文比提升较快

图书馆、情报与文献学期刊在 2009～2013 年外文引文比的变化表明，外文引文比年均增长 19.93%，而同期引文数量年均增长只有 2.92%，尤其是 2013 年开始了急剧提升，由 2012 年的 2.02% 提升到 2013 年的 7.95%，说明了学科国际化水平日益受到重视。

3. 短期外文引文比能够提供更多的信息

影响因子与 2 年外文引文比的回归结果与 5 年的回归结果相比，2 年

外文引文比的回归系数要小于 5 年，并且拟合优度 R^2 2 年也小于 5 年，总体上，拟合优度均不高，说明与影响因子相比，外文引文比能够提供更多的评价信息，尤其是 2 年外文引文比提供的信息更多，这对期刊评价而言具有重要意义。

4. 外文引文比具有较好的评价可靠性与稳定性

基于影响因子与 2 年外文引文比的聚类分析结果表明，该分类结果与 CSSCI 分类结果具有较高的一致性，由于 CSSCI 遴选主要是通过影响因子与总被引频次指标，这完全是两种不同的体系，而结果一致度较高说明外文引文比具有较好的可靠性。此外，外文引文比历年的离散系数总体平稳波动，具有较好的稳定性与区分度。

5. 期刊评价应该增加 3 个外文引文比指标

建议在期刊评价时增加 3 个外文引文比指标——即年外文引文比、2 年外文引文比、5 年外文引文比，分别与即年指标、影响因子、5 年影响因子对应，不过由于外文引文比是来源指标，在时间轴上必须注意与影响因子的时间轴对应。即年外文引文比与即年指标对应，这没有问题，但是与影响因子对应的 2 年外文引文比必须是前两年的，比如 2016 的影响因子对应的外文引文比应该是 2014 年、2015 年两年的外文引文比。类似地，5 年影响因子对应的 5 年外文引文比也是前五年的，比如 2016 年的 5 年影响因子对应的 5 年外文引文比是 2011 ~ 2015 年的。

第五节　期刊影响因子与载文量关系的时间演变研究

研究期刊影响因子与载文量关系的时间演变及其规律具有重要意义。本节选取了 9 种 CSSCI 情报学期刊，基于中国知网 CNKI 引文数据库，通过数据分析、回归分析、贝叶斯向量自回归模型的研究表明，我国情报学期刊影响因子与载文量的发展周期基本同步，分为同步上升、波动发展、调整提升三个阶段；情报学期刊载文量与影响因子无关；情报学期刊影响因子发展轨迹包括三种类型——单峰上升曲线、双峰上升曲线、调整曲线，总体上都在曲折中稳步上升，说明情报学期刊论文质量在稳步提高。

一　引言

我国情报学中文学术期刊主要是改革开放以后发展起来的，随着国内外宏观环境的变化，以及信息技术和互联网的飞速发展，情报学得到长足发展。这段历史发展进程，也是我国文献计量学从萌芽到逐渐走向成熟的重要阶段。分析情报学期刊影响因子与载文量发展的时间演变规律及其关系，揭示我国情报学的发展变化，有利于分析其中的深刻原因，促进文献计量学的发展。

从时间角度来研究情报学学科的变化已经有所研究。邱均平、杨思洛等（2009）对改革开放 40 年以来情报学论文的年度分布、期刊分布、作者分布进行了系统的梳理。陈传夫、吴钢（2008）对我国改革开放以来图书馆学情报学教育的发展历史和所取得的成绩进行了梳理与评价。邱均平、杨思洛等（2009）通过对我国改革开放 40 年来情报学论文的期刊分布、年度分布、每年关键词数量、每年高频词分布的研究，将改革开放以来情报学发展分为三个阶段：复苏与发展时期、发展转折期、快速发展时期。朱军文、刘念才（2010）以学术论文数据为基础，对 1978～2009 年我国高校基础研究产出规模及其影响力变迁轨迹进行研究，结果表明我国基础研究产出变化趋势表现出明显的阶段性特征，变化拐点与相关重大政策出台时间点基本吻合。

从时间角度分析影响因子的研究，主要包括两个方面。第一是某个时间段影响因子的发展变化以及与其他文献计量指标的关系。Garfield（1998、1998）对 JCR 中影响因子排名前 100 和 101～200 的期刊计算了各自的 15 年影响因子和 7 年影响因子，并与当年影响因子排序进行比较，并未发现有异常悬殊。Martinez 等（2015）认为，随着时间的推延，论文被阅读次数越多，就越可能被引用，影响因子作为论文价值的体现，因学科领域、分析角度以及统计方法不同而存在差异。白崇远（2004）分析了我国 11 种图书馆学核心期刊在 1994～2003 年的被引、自引、互引、影响因子和即年指标。戴月（2010）对《生命科学研究》1997～2009 年的载文、作者、基金支持论文和影响因子情况进行了统计分析，得出该刊 13 年来的一些发展规律。王书亚、金琦（2015）以 2013 年 SCI 影响因子前 50 位的肿瘤学期刊为研究对象，动态分析近 10 年来国际高端肿瘤学期刊群体的变化，对重点期刊的变化内因进行了深入探讨。第二是分析不同引证时间窗口影响因子的变化规律。Schubert（2012）研究发现多数期刊的5年影响因子大于2年影响因子，进一步推测多数期刊长期影响因子大于短期影响因子。Wang等（2016）收集WoS数据库中图书情报学5种期刊发表的论文的使用次数，发现学者们更倾向于使用新文献，不过旧文献更容易获得高被引和低使用次数，某些较早发表的高被引论文使用次数却很大。付中静（2017）以WoS数据库收录眼科学领域被引频次Top 10%论文数据，分析文献类型，不同引证时间窗口论文使用次数、被引频次的变化，一级论文被引频次与使用次数的相关性，并对量引背离现象进行分析。刘雪立、盖双双（2014）研究认为不同引证时间窗口影响因子具有较高的相关性，对于眼科学而言，采用3年影响因子、4年影响因子评价期刊较为合理。

关于影响因子与载文量的关系，学术界研究较多，但结论并不一致。Hooydonk（1996）研究了期刊发表论文数与影响因子的关系，发现影响因子随发表论文数量呈直线增长的线性关系，这样载文量较多的期刊就有优势。陈淑娴（2006）认为期刊的刊文数量和作者数量越多，影响因子越大；一定范围内统计时间段越长，期刊的影响因子越大；引文数据库期刊数量越多，影响因子越大。何荣利（2005）研究发现，影响因子与载文量无关。王群英、林耀明（2012）选取资源、生态、地理三个相近学科的8个期刊，研究发现，载文量与影响因子的相关程度大小不一，而与总被引频次有较强相关。

就目前的研究而言，从历史角度和时间角度来研究学科发展演变的文献已经比较普遍，选择某个时间段来研究影响因子以及其他文献计量指标变化的文献也较多，但现有的相关研究选择的时间窗口较短，一般不超过15年。学术界普遍认识到，不同引证时间窗口下影响因子会呈现不同变化，并且学科间差异很大。对于影响因子与载文量的关系，学术界研究结论并不一致。总体上，在以下几个方面尚需进行深入研究。

第一，针对某个学科，从期刊诞生开始，研究该学科内期刊影响因子变化的历史规律、分析其与载文量的关系的研究比较缺乏，主要是期刊办刊历史不同、引文资料缺乏等所致。我国改革开放以来正是学术期刊的快速发展期，为研究上述问题提供了一个很好的时间窗口。

第二，针对某个学科的不同期刊，其影响因子的变化曲线呈现几种类型，为什么会呈现这些特征，有必要进行进一步研究。

第三，载文量与影响因子关系密切，那么从长期角度看，载文量与影响因子之间是什么关系，为什么会呈现这种关系，发展趋势是什么。

本节以情报学 CSSCI 期刊为例，基于中国知网 CNKI 的引文数据，采用数据分析、回归分析、贝叶斯向量自回归模型来分析影响因子、载文量的发展变化规律以及两者的关系，并对不同期刊进行分类，对其原因进行深入分析。

二　资料来源

2017～2018 年版的 CSSCI 图书馆、情报与文献学期刊共有 20 种，包含了 3 个子学科，即图书馆学、情报学与档案学，虽然它们归属同一大类，但是从学科性质来说它们之间还是存在一定差异。为了减少学科不同对影响因子研究的影响，本节选取其中的情报学期刊为例进行研究，一些期刊兼顾图书馆、情报学的特点，比如《图书情报工作》也一并纳入，这样共有 10 种情报学期刊。需要说明的是，由于 CNKI 引文数据缺乏《情报学报》的数据，本节不将其列入，这样，本节研究对象包括 9 种期刊。

另外，情报学期刊引文的起始年限，不同期刊是不一样的，通过 CNKI 引文数据库查询发现，改革开放以来，图书馆情报学的引文数据最早为 1980 年，这就是本节数据的起始时间。本节研究的期刊对象、创刊年限、引文数据起始年度如表 6 - 15 所示。

表 6 - 15　研究对象基本情况

期刊名称	主办单位	创刊年度	引文数据起始年度
《图书情报工作》	中国科学院文献情报中心	1956	1980
《图书情报知识》	武汉大学	1984（1980 试刊）	1983
《情报资料工作》	中国人民大学	1980	1994
《图书与情报》	甘肃省图书馆、甘肃省科技情报研究所	1981	1982

期刊名称	主办单位	创刊年度	引文数据起始年度
《情报杂志》	陕西省科学技术情报研究院	1982	1982
《情报理论与实践》	中国国防科学技术信息学会、中国兵器工业集团第二一〇研究所	1964	1980
《数据分析与知识发现》	中国科学院文献情报中心	1980	1980
《情报科学》	中国科学技术情报学会、吉林大学	1980	1980
《现代情报》	中国科技情报学会、吉林省科技信息研究所	1980	1982

三　情报学期刊影响因子变化的几种曲线

情报学期刊影响因子随时间变化的曲线大致有三种类型（见图6－15）。第一种是单峰上升曲线，即刚开始影响因子稳步提升，然后经过了一个降低阶段进行调整，然后又开始稳步升高。第二种是双峰上升曲线，影响因子经过了两次调整后稳步提高。第三种是调整曲线，就是影响因子降低后开始恢复并缓慢升高，但还没有达到历史最高水平。在实际分析时，考虑到影响因子数据的波动会有异常点，因此一般两个点左右的波动予以忽略，重点看大的变化趋势进行分类。

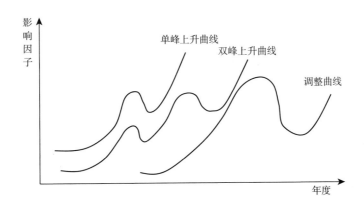

图6－15　影响因子随时间变化曲线类型

影响因子呈现单峰上升曲线的期刊有4种，包括《图书与情报》《图书情报知识》《情报资料工作》《现代情报》，如图6－16所示。其中《图书与情报》进入影响因子降低然后再升高阶段最早，时间为 2002 年，其他 3 种期刊在 2007～2009 年。

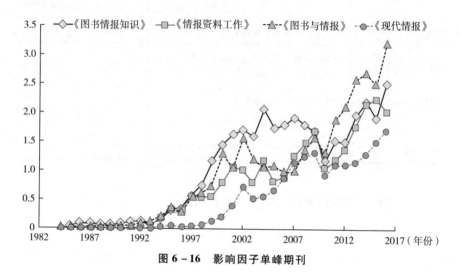

图 6-16　影响因子单峰期刊

影响因子呈现双峰上升曲线的期刊有两种（见图 6-17），包括《情报科学》《数据分析与知识发现》，仔细对比发现，两种期刊的波动规律并不一致。《情报科学》影响因子第一次降低的时间较早，为 1994 年，第二次降低的时间为 2009 年；《数据分析与知识发现》影响因子第一次降低的时间为 2003 年，第二次降低时间为 2007 年。

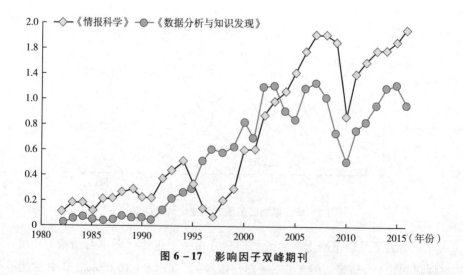

图 6-17　影响因子双峰期刊

影响因子呈现调整曲线的包括 3 种期刊（见图 6-18），分别是《情报理论与实践》《图书情报工作》《情报杂志》。《图书情报工作》影响因子的峰值在 2002 年，为 2.55；《情报理论与实践》影响因子的峰值在 2007 年，为 2.29；《情报杂志》影响因子的峰值在 2005 年，为 1.24。目前，这 3 种期刊的影响因子还没有恢复到历史最好水平。

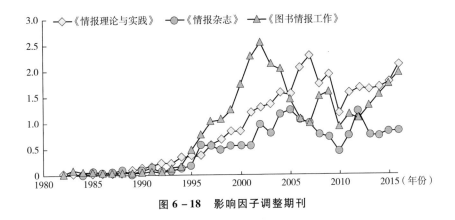

图 6-18　影响因子调整期刊

四　情报学期刊影响因子与载文量分析

1. 统计学分析

首先从总体上对情报学期刊的影响因子与载文量及其时间变化进行统计，数据处理方法是查询每种期刊的历年载文量、过去两年的被引量，然后将 9 种期刊的数据进行汇总，最后计算整个情报学学科的影响因子，结果如表 6-16 所示。

表 6-16　情报学期刊影响因子

年　度	载文量（篇）	过去两年来源文献（篇）	过去两年被引次数（次）	影响因子
1980	346			
1981	413			
1982	813	759	50	0.066
1983	954	1226	98	0.080
1984	931	1767	114	0.065
1985	911	1885	84	0.045
1986	896	1842	110	0.060

年　度	载文量（篇）	过去两年来源文献（篇）	过去两年被引次数（次）	影响因子
1987	946	1807	108	0.060
1988	903	1842	132	0.072
1989	860	1849	134	0.072
1990	862	1763	144	0.082
1991	959	1722	181	0.105
1992	975	1821	242	0.133
1993	1021	1934	280	0.145
1994	1177	1996	394	0.197
1995	1139	2198	553	0.252
1996	1215	2316	838	0.362
1997	1362	2354	1202	0.511
1998	1381	2577	1466	0.569
1999	1653	2743	1956	0.713
2000	2108	3034	2861	0.943
2001	2619	3761	4116	1.094
2002	3677	4727	5984	1.266
2003	3607	6296	6628	1.053
2004	3997	7284	8395	1.153
2005	3749	7604	8518	1.120
2006	3836	7746	9847	1.271
2007	3599	7585	10791	1.423
2008	3761	7435	11178	1.503
2009	4359	7360	11368	1.545
2010	4134	8120	7815	0.962
2011	3901	8493	11095	1.306
2012	3414	8035	11129	1.385
2013	3304	7315	11488	1.570
2014	3148	6718	11764	1.751
2015	3003	6452	11996	1.859
2016	2865	6151	12487	2.030

期刊载文量和影响因子变化如图 6-19 所示，我国情报学期刊的发展主要是从改革开放以后开始的，1980 年整个学科载文量只有 346 篇，到 2016 年已经增加到 2865 篇，平均每年增长 6.05%，总体上处于稳步发展状态。

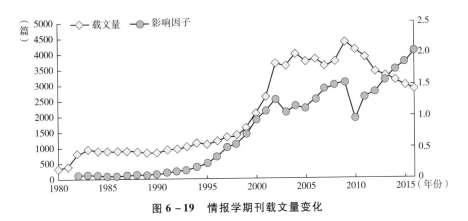

图 6-19　情报学期刊载文量变化

从载文量的发展趋势看，我国情报学期刊载文量经历了三个阶段：第一阶段是 1980～2002 年，属于发展期，其特点是载文量稳步增加；第二阶段是 2003～2009 年，属于徘徊期，期刊载文量处于波动状态，变化不大；第三阶段是 2010 年以后，属于调整期，载文量稳步下降。

情报学期刊影响因子变化呈现锯齿状上升状态，也可以分为三个阶段：第一阶段是 1982～2002 年，处于稳步提升期；第二阶段是 2003～2009 年，影响因子急剧下降后又开始缓慢提升；第三阶段是 2010 年至今，同样影响因子急剧下降后又开始提高。总体上呈现双峰上升曲线。

对比载文量变化和影响因子变化可以发现，两者的发展阶段是基本同步的，根本原因是影响因子与每年载文量关系密切。第一阶段载文量与影响因子同步提升，是我国情报学期刊的恢复期；第二阶段载文量发生波动，导致影响因子也发生波动，但总体上是提升的；第三阶段由于载文量减少，减小了影响因子计算的分母，当然加速提高了影响因子。

影响因子与来源文献关系如图 6-20 所示，总体上来源文献与影响因子之间呈正相关关系。通过简单线性回归，发现影响因子与来源文献的关系如下。

$$\log(影响因子) = -14.904 + 1.722\log(来源文献)$$
$$(-12.586^{***})(11.871^{***})\quad n = 34\quad R^2 = 0.810$$
$$(6-9)$$

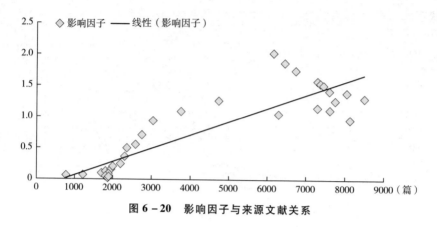

图 6 - 20　影响因子与来源文献关系

两者的拟合优度 R^2 较高, 为 0. 810, 所有系数在 1% 的水平下通过了统计检验。来源文献的弹性系数为 1. 722, 也就是说, 来源文献数量每增加 1% , 影响因子增加 1. 722% 。

从影响因子与来源文献的散点图看, 大致分为三个区块: 第一区块是来源文献在 3000 篇以下, 时间是 1982 ~ 2000 年, 此时影响因子与来源文献处于同步提高阶段, 增加载文量会带来来源文献增加, 从而提高影响因子。第二区块是来源文献在 3000 ~ 7000 篇时, 这个阶段影响因子既有较高水平, 也有较低水平。第三区块是来源文献在 7000 ~ 9000 篇时, 此时影响因子处于小幅波动状态, 来源文献增加, 影响因子并没有提高, 总体水平和第二区块的低水平相当。

从以上分析可以看出, 自 2009 年以后, 情报学期刊载文量开始降低, 除了受学科特点影响外, 过高的载文量并不一定带来影响因子的提高也是一个重要的因素。从另一角度看, 在期刊版面相对稳定的情况下, 适当刊载长文有助于发表系统性、创新性较好的论文, 从而增加论文的被引量, 提高影响因子。

2. 来源文献与影响因子互动关系分析

为了分析影响因子与来源文献数量的关系, 基于改革开放以来的情报学的时间序列数据, 可以采用贝叶斯向量自回归模型 (Bayesian Vector

Autoregressions，BVAR）进行研究。BVAR 模型是 Litterman（1986）在 Sims（1980）建立的传统 VAR 模型基础发展起来的，用来分析若干具有互动关系的变量之间的关系，它优化了传统 VAR 模型，提高了预测精度。

　　学术界有一种观点认为，适度增加载文量能够提高影响因子，那么反过来，为了提高影响因子，能否适当增加载文量？关于这个问题，除了一些统计学证据以及采用回归方法进行静态分析外，很少有研究从动态角度进行模拟，主要问题是影响因子数据往往缺少较长时间的时间序列数据，本节主要通过建立 BVAR 动态模型，然后采用脉冲响应函数进行分析。

　　建立 BVAR 模型首先要进行影响因子与载文量的时间序列数据平稳性检验，采用 ADF 检验方法，在 0 阶影响因子的 t 值为 -0.672，p 值为 0.841，不平稳；一阶差分后 t 值为 -5.197，p 值为 0.000，数据平稳。来源文献量子 0 阶 t 值为 -0.771，p 值为 0.814，不平稳；一阶差分后 t 值为 -3.915，p 值为 0.005，数据平稳。这样影响因子与来源文献在一阶差分后平稳，可以建立 BVAR 模型。BVAR 模型不需要进行协整检验，所以要进行单位圆检验，以判定模型的稳定性，结果如图 6-21 所示。

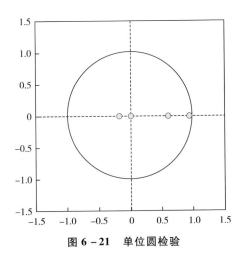

图 6-21　单位圆检验

　　下面建立脉冲响应函数分析影响因子与载文量的互动关系。影响因子的脉冲响应函数如图 6-22 所示，来自来源文献一个标准差的正向冲击对影响因子的影响总体为负数，当期为 0，然后快速衰减，到第 5 期后趋于稳定。也就是说，提高来源文献数量，或者增加期刊载文量，并不能有效提高期刊的影响因子。

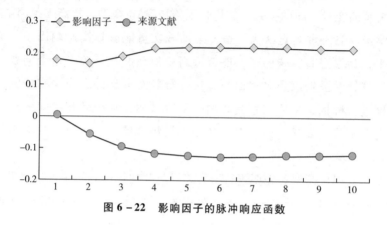

图 6 - 22　影响因子的脉冲响应函数

来源文献的脉冲响应函数如图 6 - 23 所示，来自影响因子一个标准差的正向冲击对来源文献的影响刚开始为负数，随后缓慢提高，到第 4 期才转化为正数。也就是说，增加影响因子短期并不会增加来源文献数量。

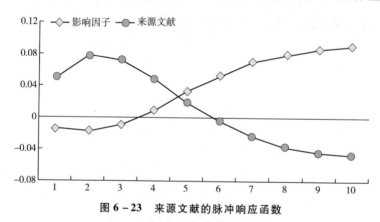

图 6 - 23　来源文献的脉冲响应函数

综合影响因子与来源文献的脉冲响应函数可以看出，对于情报学期刊，来源文献数量与影响因子之间的关系总体上是良性的，并不存在增加来源文献就能增加影响因子的现象。

五　研究结论

1. 我国情报学期刊影响因子与载文量的发展周期基本同步

改革开放以来，我国情报学期刊影响因子与载文量的发展经历了三个阶段。第一阶段是 1982～2002 年，两者同步上升；第二阶段是 2003～2009 年，两者处于波动发展阶段；第三阶段是 2010 年至今，处于调整提升阶段，载文量适度减少，影响因子逐步提升。我国情报学期刊载文量在第二阶段时，许多期刊扩大了载文量，但影响因子波动较大，总体平稳，第三阶段许多期刊纷纷减少载文量，目前处于载文量相对稳定、略有下降阶段。

2. 情报学期刊影响因子与载文量无关

虽然从回归结果看，载文量与影响因子正相关并通过统计检验，但是结合散点图，以及 2010 年以后情报学期刊载文量下降、影响因子提升，再加上贝叶斯向量自回归模型的分析结果，发现载文量的提升反而会降低影响因子，增加影响因子短期并不需要增加载文量，最终发现影响因子与载文量无关。传统采用截面数据回归得出的结论并不一定适用于时间序列数据。对于时间序列数据，必须从多角度进行分析，仅仅依靠回归可能会得出错误结论。

3. 情报学期刊影响因子发展在曲折中上升

情报学期刊影响因子呈现三种变化曲线，第一种是单峰上升曲线，第二种是双峰上升曲线，第三种是调整曲线。无论呈现何种曲线，均揭示了情报学期刊影响因子在曲折中上升的总体规律。具体到某个期刊，其影响因素是多方面的，比如学科知识更新速度、期刊定位、稿源数量、出版周期、作者群数量、审稿专家群体水平等，唯一不变的是提高期刊学术质量，它是增加影响因子的最有效措施。

第六节　载文量、引文量与影响因子关系的时间演变研究

期刊创刊以来，其载文量、引文量与影响因子的关系及其演变研究一直较少受到关注，研究其发展规律具有重要意义。本节基于中国知网（CNKI）引文数据库，以 7 种科学学与科技管理期刊为例，分析不同期刊影响因子时间变化曲线，并将其分类；然后计算出学科影响因子、学科载文量、学科引文量，基于回归与分位数回归分析载文量与影响因子关系及其变化规律，并采用回归分析来分析引文量与影响因子的关系。研究结果表明，我国科学学与科技管理类期刊影响因子总体上呈现曲折上升态势；载文量对影响因子具有双向作用机制，提高载文量不一定能增加影响因

子；引文量与影响因子呈正相关关系。

一　引言

1979 年 9 月，科学学与科技管理学术界在北京召开了第一次"科学学学术研讨会"，我国的科学学与科技管理类中文学术期刊才开始创刊并发展起来。科学学是研究科学技术活动的一门社会科学，是研究科学技术与整个社会发展关系的学科（钱学森，1980）。学科期刊是传播科技管理理念的重要载体，是科技成果转化为社会生产力的重要桥梁，对提高我国科技管理科学化水平、促进我国科技管理理论与实践相结合具有重要作用（许静，2010）。研究我国科学学与科技管理类期刊影响因子的发展变化，分析其与载文量、引文量之间的关系，发现其中存在的问题，对于科学学与科技管理类期刊以及学科的发展具有重要意义。

关于载文量与影响因子之间的关系，学术界研究成果较多，但研究结论不一致。Bordons 等（1992）对《西班牙药理学家》进行文献计量学分析，发现在 1984 ～ 1989 年期刊载文量翻了一倍，研究结果表明，随着载文量的增加，期刊的预期影响因子逐年下降。Tsay（2009）采用 Pearson 相关分析、Fisher 检验和 t 检验等方法，分析和比较了物理、化学和工程这 3 种期刊的载文量、被引频次和影响因子等指标，发现载文量与被引频次之间和被引频次与影响因子之间相关程度相同。何荣利（2005）选取50 种具有代表性的科技期刊作为研究样本，分析期刊被引频次和影响因子与载文量之间的关系，发现载文量和被引频次呈正相关关系，而载文量与影响因子之间不存在相关关系。王群英和林耀明（2012）以资源、生态、地理三个相近学科的 8 种期刊为研究对象，分析其影响因子、总被引频次与载文量之间的关系，发现载文量与每种期刊的影响因子相关程度不定，而与总被引频次有较强相关关系。李航、张宏等（2015）以北大中文核心期刊目录中 25 本综合性经济科学期刊为研究对象，采用文献计量学的方法，发现载文量在一定程度上与影响因子呈正相关关系，但在有的刊物上却呈现负相关关系。

学术界普遍认为引文量与影响因子之间存在正相关关系。Webster 等（2009）对《评价与人力资源管理》从 1979 年到 2008 年 808 篇论文进行研究，发现引用更多参考文献的文章反过来被引用次数更多。Didegah 等

（2013）分析了生物学和生物化学、化学和社会科学相关领域的文章，发现期刊的引文量与影响因子显著性相关，参考文献的数量、平均引文量与文章的被引量显著性相关。Rao（2014）基于力学领域的数据，分析论文的被引频次与期刊影响因子、论文的引文数量、论文的作者数量之间的关系，发现这四个变量存在显著性相关关系，并且引文数量服从对称正态分布。朱德培（2002）对7所高校学报的篇均引文量进行统计与分析，认为提高参考文献数量有助于提高影响因子。艾红、章丽萍（2013）选择文献计量法分析了2005～2010年23所农业大学学报核心期刊的载文量、平均引文数、被引频次以及影响因子之间的相互关系，发现平均引文数和被引频次呈显著性递增趋势。张垒（2016）选择CNKI中高被引论文作为样本数据，发现在档案学领域参考文献数量与论文高被引之间不具有显著性关系，但是高被引文献倾向于引用学科内影响力较高的期刊论文。陈小山、陈国福等（2016）建立了结构方程模型来探讨影响因子、即年指标、平均引文数、Web即年下载率等指标之间的结构关系，发现影响因子、即年指标、平均引文数、Web即年下载率等指标之间存在结构关系。

已经有一些学者研究科学学与科技管理类期刊文献计量指标的时间变化。第一是在研究主题领域。Ravikumar等（2015）分析了科学计量学期刊2005～2010年的959篇论文，发现有些期刊的研究主题已经发生了改变。胡志刚、李志红（2009）研究了9种与科学学相关的期刊在1999～2008年发表的25664篇论文，揭示了我国科学学研究近十年的研究特点与趋势，发现科学学研究的内容与时俱进，擅于捕捉社会热点并保持自身的学术性与科学性。齐书宇、胡万山（2016）基于CiteSpace知识图谱可视化分析法，对2005～2014年CSSCI收录期刊上发表的关于"科技管理"的297文献的高频关键词进行统计分析，梳理了近十年中国科技管理研究的热点，发现国家宏观政策对科技管理研究具有很强的导向性。第二是在作者合作研究领域。Sabaghinejad等（2016）根据《科学计量学》2001～2013年的WoS数据研究作者的合作能力，作者合作者越分散，合作能力指数越高。刘盛博、丁堃等（2010）选择1994～2006年这12年来中国10种科学技术管理期刊的22459篇论文作为研究样本，利用文献计量学以及社会网络分析等方法进行研究，分析了科技管理领域的合著率和高频合作网络，揭示了科技管理领域里的领域合作现状和规律性问题。第三是在载文量与引文研究领域。Mooghali 等（2012）利用 1980～2009 年科学计量学领域的 691 篇论文，研究科学计量学领域的发展，发现载文量呈缓慢增长趋势。Bharvi 等（2003）分析了《科学计量学》从1978 年到 2001 年出版的 1317 篇论文，发现美国发表的论文比重正在下降，而荷兰、印度、法国和日本的发文量则在不断上升，而且合作发表论文的情况增多。姜春林（2001）对 5 种科学学与科技管理类期刊在 1999年刊载的 570 篇论文的引文进行分析，发现 5 种期刊的自引率较高，说明每种期刊有自己的载文特色。

从已有的研究成果来看，载文量与影响因子的关系，学术界意见不一，主要分为三种，即正相关、负相关以及不相关，主要原因是学科不同，研究对象不同。而引文量与影响因子的关系，国内外学者进行了大量的研究，总体上结论相似，认为引文量与影响因子之间呈正相关关系。关于科技管理类期刊的文献计量学研究，国内外学者主要从主题领域、作者合作领域、载文量与引文分析领域进行研究。

关于载文量、引文量与影响因子之间关系的研究，学术界往往采用截面数据，很少采用时间序列数据，尤其是学科期刊创刊以来的数据。因此，本节从以下几点来切入研究。

第一，不同科学学与科技管理类期刊从创刊开始至今的影响因子变化规律，分析影响因子变化曲线，分析其成长规律及存在问题。

第二，从科学学与科技管理学科的角度分析载文量、引文量与影响因子之间的关系及其细节。

本节基于中国知网（CNKI）引文数据库，以 7 种科学学与科技管理期刊为例，研究不同期刊影响因子时间变化曲线，并将其分类；然后计算出科学学与科技管理类学科影响因子、学科载文量、学科引文量，基于回归与分位数回归分析载文量与影响因子的关系及其变化规律，并采用回归法来分析引文量与影响因子的关系。

二　研究方法与资料来源

1. 研究方法

求解传统回归模型的基本方法是最小二乘法，它描述了因变量 Y 的均

值受自变量 X 的影响。Koenker 等（1978）首次提出了分位数回归，它是对最小二乘法的拓展。

一般的线性均值回归模型可以描述为

$$y = \alpha + \beta_i x_i + \mu \quad (i = 1,2,\cdots,n) \tag{6-10}$$

一般采用最小二乘法来估计上式中的未知参数。而分位数回归的模型可以描述为

$$y_i = \alpha(\tau) + \beta_i(\tau)x_i + \mu_i(\tau) \quad (i = 1,2,\cdots,n) \quad \tau \in (0,1) \tag{6-11}$$

其中，分位函数的分位点为 τ，而 τ 分位点处的条件分位数函数为 $Q_{y_i}(\tau \mid x_i) = \alpha(\tau) + \beta_i(\tau)x_i + \mu_i(\tau)$，$(i = 1, 2, \cdots, n)$，因此分位数函数的系数值会随着分位点 τ 的变化而变化。该分位数回归模型可以采用最小加权绝对距离之和的方法来求解，即

$$\min \sum_{i=1}^{n} \rho_\tau [y_i - \alpha(\tau) - \beta_i(\tau)x_i] \tag{6-12}$$

其中，ρ_τ 为损失函数，满足

$$\rho_\tau(\theta) = \theta[\tau - I(\theta < 0)] \tag{6-13}$$

其中，I 为指示函数，括号里不等式的条件成立时取值为 1，反之为 0，即

$$I(\theta) = \begin{cases} 1, \theta < 0 \\ 0, \theta \geqslant 0 \end{cases} \tag{6-14}$$

因为分位数回归能根据不同分位点数据进行分析，使得分析更加全面。它弥补了最小二乘法的诸多不足：①当数据出现异常点时，最小二乘估计会受到较大的干扰，使得估计不稳定；②当数据存在异方差时，最小二乘法的估计结果不准确甚至错误；③最小二乘法反映的是因变量 Y 的均值受自变量 X 的影响，不能反映一个分布的全部情况。

此外，期刊载文量、引文量、影响因子等文献计量指标往往并不服从正态分布，分位数回归对此并不敏感。

2. 资料来源

在中文社会科学引文索引（CSSCI）收录期刊上发表的论文在相当程度上可以代表相关领域的研究趋势与水平。因此，本节的研究对象是 CSSCI（2017～2018）来源期刊目录中的 7 种科学学与科技管理类期刊，以此来代表我国科学学与科技管理类学科的总体水平。资料来源是中国知网

（CNKI）的引文数据库。

　　我国的科学学与科技管理类期刊都是在改革开放之后创刊的，最早是在1980年。除此之外，本节借助 CNKI 引文数据库收集数据，科学学与科技管理类 CSSCI 期刊均在20世纪80年代创刊，办刊单位包括研究院所、高等院校、各类学会等，如表6-17所示。

表6-17　研究对象的基本情况

期刊名称	主办单位	创刊年份	引文数据起始时间
《科学学研究》	中国科学学与科技政策研究会	1983	1983
《科研管理》	中国科学院科技政策与管理科学研究所等	1980	1980
《科学学与科学技术管理》	中国科学学与科技政策研究会等	1980	1980
《研究与发展管理》	复旦大学	1989	1989
《中国科技论坛》	中国科学技术发展战略研究院	1985	1985
《科技进步与对策》	湖北省科技信息研究院	1984	1984
《科学管理研究》	内蒙古自治区软科学研究会	1981	1981

三　科学学与科技管理类期刊影响因子时间视角分析

1. 科学学与科技管理类期刊影响因子变化的几种曲线

　　科学学与科技管理类期刊影响因子的时间演变曲线大致分为两类。第一类是曲折上升曲线，即刚开始影响因子呈上升趋势，之后在一段时间内影响因子上下徘徊，但之后恢复了上升趋势。第二类是上升波动曲线，这类曲线表现为影响因子刚开始随时间增加呈上升趋势，随后影响因子上下波动，并未恢复上升趋势。

　　影响因子为曲折上升曲线的期刊有四种，分别是《科学学研究》、《科研管理》、《科学学与科学技术管理》和《研究与发展管理》，具体曲线如图6-24所示。此类曲线的期刊影响因子从1999年开始逐步上升，之后在2005年开始呈波动上升，主要原因是期刊的载文量逐年上升，而刊载文章的总体质量并没有相应提高，使得影响因子曲折发展。1999年这4种期刊的载文量为525篇，2005年载文量上升到936篇，2016年载文量为863篇，反而有所下降，主要是《科学学与科学技术管理》《研究与发展管理》降低了载文量。期刊严格控制载文数量，把关载文质量，使得期刊影响因子发展良好，恢复了上升趋势。

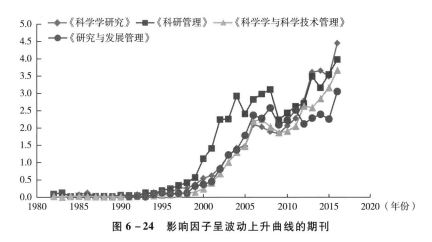

图 6 - 24　影响因子呈波动上升曲线的期刊

影响因子为上升波动曲线的期刊有三种，分别是《中国科技论坛》、《科技进步与对策》和《科学管理研究》，具体曲线如图 6 - 25 所示。此类曲线的期刊影响因子从 1999 年开始逐步上升，到 2007 年开始上下波动发展，处于徘徊状态。

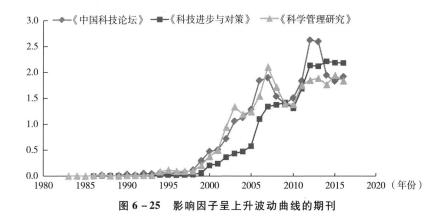

图 6 - 25　影响因子呈上升波动曲线的期刊

2. 学科期刊来源文献与影响因子回归分析

本节将这 7 种期刊的数据进行合并，计算出学科影响因子，以此代表科学学与科技管理学科来加以研究，具体数据如表 6 - 18 所示。

表 6 - 18 学科影响因子

年 份	载文量（篇）	过去两年载文量（篇）	过去两年被引频次（次）	学科影响因子
1980	143			
1981	413			
1982	421	556	20	0.036
1983	607	834	24	0.029
1984	588	1028	22	0.021
1985	853	1195	34	0.028
1986	1079	1441	41	0.028
1987	899	1932	37	0.019
1988	931	1978	26	0.013
1989	960	1830	21	0.011
1990	1001	1891	43	0.023
1991	998	1961	40	0.020
1992	960	1999	64	0.032
1993	894	1958	74	0.038
1994	928	1854	124	0.067
1995	939	1822	155	0.085
1996	949	1867	159	0.085
1997	942	1888	218	0.115
1998	1033	1891	254	0.134
1999	1154	1975	454	0.230
2000	1816	2187	847	0.387
2001	1806	2970	1280	0.431
2002	1971	3622	2335	0.645
2003	2726	3777	3255	0.862
2004	2105	4697	4551	0.969
2005	2143	4831	5334	1.104
2006	2113	4248	7411	1.745
2007	2490	4256	8108	1.905
2008	2390	4603	8450	1.836
2009	2677	4880	8160	1.672

续表

年　份	载文量（篇）	过去两年载文量（篇）	过去两年被引频次（次）	学科影响因子
2010	2418	5067	8546	1.687
2011	2293	5095	9930	1.949
2012	2225	4711	11259	2.390
2013	2204	4518	11596	2.567
2014	2147	4429	11082	2.502
2015	2133	4351	11074	2.545
2016	2024	4280	12012	2.807

　　过去两年载文量（简称为来源文献量）和学科影响因子随时间的变化曲线如图 6 - 26 所示。改革开放以来，科学学与科技管理类期刊影响因子的时间演变曲线呈现上升趋势，从改革开放初期的科学技术是第一生产力到现在的创新驱动发展战略，科学技术在经济社会发展中的地位与作用日益显现，科技管理及其研究水平也越来越高。此外，科学学与科技管理类期刊的办刊水平、办刊规范化程度越来越高，从而导致影响因子总体上不断提高。

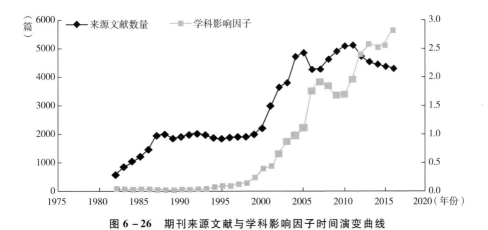

图 6 - 26　期刊来源文献与学科影响因子时间演变曲线

　　从图 6 - 26 可以看出，科学学与科技管理类期刊来源文献随时间变化曲线呈现三个明显的变化区间。第一区间为 2006 年以前，这段时间科学学与科技管理类学科开始逐步发展起来，期刊的来源文献数量不断增加，而影响因子也逐步提高；第二区间为 2006 ~ 2011 年，期刊的来源文献数量与影响因子先下降但又很快上升，影响因子的发展也是如此，主要受载文量扩大过快的影响；第三区间为 2011 年至今，期刊的来源文献数量不断下降，影响因子逐步提升，学科发展日趋理性。

来源文献数量与影响因子关系曲线如图 6 - 27 所示，纵轴表示影响因子，横轴表示来源文献量，期刊来源文献数量与学科影响因子之间呈现正相关关系，但整个趋势更加接近二次曲线。其一次曲线和二次曲线回归结果如下。

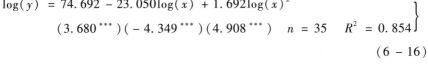

$$\left. \begin{array}{l} \log(y) = -24.526 + 2.938\log(x) \\ \qquad (-10.406^{***})(9.796^{***}) \qquad n = 35 \qquad R^2 = 0.744 \end{array} \right\}$$

$$(6 - 15)$$

$$\left. \begin{array}{l} \log(y) = 74.692 - 23.050\log(x) + 1.692\log(x)^2 \\ \quad (3.680^{***})(-4.349^{***})(4.908^{***}) \quad n = 35 \quad R^2 = 0.854 \end{array} \right\}$$

$$(6 - 16)$$

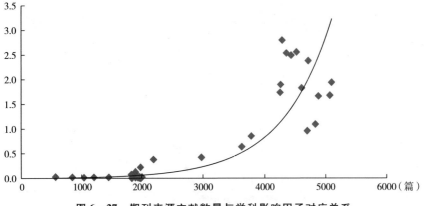

图 6 - 27　期刊来源文献数量与学科影响因子对应关系

其中，y 代表影响因子，x 代表来源文献，一次曲线两者的拟合度为 0.744，x 的系数通过了统计检验，其弹性系数为 2.938，代表来源文献数量每增加 1%，影响因子随之增加 2.938%。通过二次曲线回归可以发现，两者的拟合度有所提高，达到 0.854，并且所有系数都通过了统计检验。可能正是因为以上原因，2006 ~ 2011 年，一些期刊人为提高了载文量，短期确实能够提高影响因子，但长期对期刊发展是不利的，所以近年来科学学与科技管理类期刊载文量有所下降。

虽然从长期角度来看，科学学与科技管理类期刊来源文献数量与影响因子呈现明显的正相关关系，但从近几年来源文献数量与影响因子对应的散点分布图来看，这两者之间相关度不大。因此本节采用分位数回归来进一步分析这两者的关系。当 $\tau=0.1$ 和 $\tau=0.9$ 时数据分布异常，导致回归溢出，因此本节将这两个分位点去除，具体结果如表 6 – 19 和图 6 – 28 所示。

表 6 – 19 分位数回归结果

分位数	log（x）	R^2
0.2	4.358 *** （5.082）	0.464
0.3	3.353 *** （6.478）	0.511
0.4	3.101 *** （6.496）	0.575
0.5	2.978 *** （6.471）	0.608
0.6	3.102 *** （6.800）	0.601
0.7	3.110 *** （7.637）	0.565
0.8	2.568 *** （6.273）	0.516

注： * 、 * * 、 * * * 分别表示在10% 、5% 、1% 的水平下检验通过。

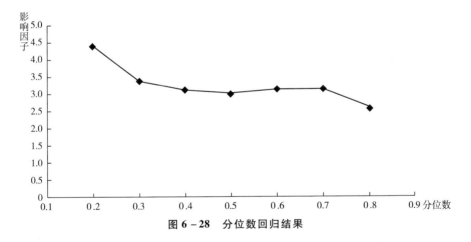

图 6 – 28 分位数回归结果

分位数回归的各项系数均通过了统计检验，各个分位点的 R^2 值大部分在 0.5 以上，说明该方法拟合度较好。来源文献数量 x 的弹性系数随着分位数增加而降低，说明随着期刊影响因子的增加，来源文献数量的增加对其贡献越来越小。当分位数较低（ $\tau=0.2$ ）、影响因子较小时，来源文献数量 x 的弹性系数较大；当分位数较高（ $\tau=0.8$ ）、影响因子较大时，来

源文献数量 x 的弹性系数较小。因此,从理论角度来讲,对于低影响因子的期刊,提高载文量对提高影响因子的贡献较大;对于高影响因子的期刊,提高载文量对提高影响因子的贡献较小。CSSCI 期刊总体上属于质量较高的期刊,近年来学科所有期刊的载文量有所下降,说明期刊开始更加重视学术质量的提高。

　　3. 学科引文量与影响因子的回归分析

　　2000 年以前 CNKI 引文数据库中这 7 种期刊的大部分数据为 0,因此本节选择 2000 年以后的数据作为研究对象,将所有期刊的年度引文量相加,得到学科的年度引文量,进一步计算出篇均引文量,相关数据如表 6 - 20 所示。

表 6 - 20　学科期刊篇均引文量与影响因子

年份	学科年引文量	学科年载文量	篇均引文量	学科影响因子
2000	1110	667		
2001	4126	1695		
2002	2207	1464	2.217	0.645
2003	8013	2726	2.005	0.862
2004	8422	2105	2.439	0.969
2005	2194	1755	3.402	1.104
2006	2844	1182	2.750	1.745
2007	12114	2490	1.715	1.905
2008	28553	2390	4.074	1.836
2009	33637	2677	8.333	1.672
2010	34111	2418	12.274	1.687
2011	37686	2293	13.297	1.949
2012	36552	2225	15.240	2.390
2013	39606	2204	16.432	2.567
2014	40826	2147	17.195	2.502
2015	41749	2133	18.486	2.545
2016	42503	2024	19.293	2.807

　　图 6 - 29 为学科篇均引文量与影响因子之间的对应关系,纵轴表示影响因子,横轴表示载文量。学科篇均引文量与影响因子之间关系如下。

$$\log(y) = -0.173 + 0.367\log(z) \qquad (6-17)$$

$$(-1.003)\,(4.428^{***}) \quad n = 15 \quad R^2 = 0.601$$

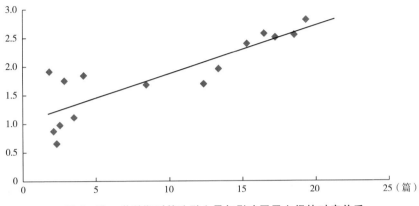

图 6 - 29　学科期刊篇均引文量与影响因子之间的对应关系

其中，y 代表影响因子，z 代表篇均引文量，两者的拟合度较高，为 0.601，篇均引文量的系数在 1% 的水平上通过了统计检验，说明两者存在显著性线性相关关系。篇均引文量的弹性系数为 0.367，说明篇均引文量数量每增加 1%，影响因子增加 0.367%。2000 年以来，科学学与科技管理学科期刊引文数量逐年增加，说明论文吸收的知识更加丰富，论文写作规范性水平有所提高，研究能力有所增强，使得期刊的载文质量更高，期刊影响因子也随之提高。

四　结论与讨论

1. 我国科学学与科技管理类期刊影响因子总体呈现曲折上升态势

自创刊以来，我国科学学与科技管理类期刊影响因子时间演变曲线共有两种，分别为上升波动曲线和曲折上升曲线，主要受前几年载文量快速增加的影响，前者已经调整到位，恢复良性发展，后者尚处于调整之中。从整个学科看，共分为三个阶段：第一阶段为 1980～2005 年，属于起步期，期刊的来源文献数量不断增加，而影响因子也逐步提高；第二阶段为 2006～2011 年，属于调整期，影响因子先下降然后又恢复上升，主要受期刊载文量扩大过快的影响，许多期刊适当控制了载文量；第三区间为 2012 年至今，属于稳步发展期。

2. 载文量对影响因子具有双向作用机制

从回归分析结果来看，来源文献数量与影响因子呈显著性正相关关系。分位数回归的结果表明，当影响因子较小时，提高来源文献数量对影响因子贡献的弹性系数更大；当影响因子较大时，提高来源文献数量对影响因子的弹性系数较小。但载文量是把双刃剑，提高载文量必然会带来来源文献数量增加，即计算影响因子的分母增加，导致影响因子变小。所以，提高载文量对影响因子具有正向作用机制和负向作用机制，关键看哪个机制的影响更大。实践表明，前几年许多期刊追求增加载文量，但并没有有效提高影响因子，说明负向作用机制大于正向作用机制。因此，期刊载文质量才是影响因子的决定性因素，提高办刊质量，影响因子自然会随之提高。

3. 引文量与影响因子呈正相关关系

从回归分析结果来看，引文量与影响因子呈较明显的正相关关系，弹性系数为 0.367。我国科学学与科技管理类期刊引文数量总体上仍然处于逐年增加状态，说明论文吸收的知识更加丰富，写作日趋规范，研究水平越来越高，使得期刊的载文质量有所提高，期刊影响因子也随之提高。

第七节 高校综合性社科学报内稿比例与学术影响力

研究高校综合性社科学报内稿比例与期刊影响力的关系，不仅有利于加强学术交流，提高办刊质量，而且可以防止学术不端。本节以 CSSCI 高校综合性社科学报为研究对象，采用结构方程模型、偏最小二乘法、独立样本 t 检验综合进行分析。研究结果表明，内稿比例与期刊影响力无关；根据载文量进行分组，并未发现载文量高低不同，内稿比例均值有所差异；根据期刊影响力指标如影响因子、被引频次、h 指数进行分组，也未发现期刊影响力不同，内稿比例的均值有显著差异；一流建设大学 CSSCI 学报更愿意录用内稿，但是一流建设大学学报的影响力与非一流建设大学并没有本质差异。

一 引言

高校学报作为大学学术交流的重要平台发挥着十分关键的作用。为了加强对高等院校学报的管理，使其不断提高办刊质量和水平，更好地为教学科研服务，1998 年 3 月，教育部颁发《高等学校学报管理办法》（教备厅〔1998〕3 号），明确指出"高等学校学报是高等学校主办的、以反映本校科研和教学成果为主的学术理论刊物，是开展国内外学术交流的重要园地"。这在当时是符合高校学报发展实际的。随着大学的大规模合并，许多非常富有学科特色的高校逐渐减少，多学科性质的综合性高校越来越多，此时高校学报就越难体现出高校自身特色，各高校校外来稿也逐渐增多，校内稿件比例总体上处于逐渐减少的态势。根据中国知网（CNKI）数据，CSSCI 期刊中高校综合性社科学报有 70 种，2015～2016 年共发表论文 17426 篇，其中校外论文 11796 篇，占 64.25%，已经明显偏离《高等学校学报管理办法》中提出的"反映本校科研和教学成果为主"的原则。在这样的背景下，研究高校 CSSCI 人文社科版学报内稿比例与期刊影响力的关系，分析其中的规律与问题，发现是否存在学术不端现象，对于制定高校学报发展战略、进一步办好高校综合性社科学报具有重要意义。

　　关于高校学报刊载外单位来稿的比例，学术界尚存在争议。一种观点认为，高校学报要引入竞争机制，适当刊载校外科研人员稿件。陈颖（2011）认为，高校学报过强调服务本校作者，会使得高校综合性学报的学术声誉和质量下降，并且会招致社会不满。刘浩、宋雪飞等（2012）认为，学报受高校教学与科研定位的影响，呈现典型的内向型和封闭性特征，容易降低对优秀外部稿件的吸引力，同时使得许多本校优秀稿件外流。陈银洲（2006）认为，对于大多数高校学报而言，向本校科研人员倾斜，使内稿比例过大，容易降低学报的竞争力。胡习之（2014）认为学报发展离不开外力的支持，一方面要一如既往地整合校外研究资源，吸引、特约部分知名学者的参与，另一方面也要认识到，如果没有内功作为基础，学报的窗口功能便会弱化，其长远发展亦将受到制约。赵仁杰、刘瑞明（2018）基于 2004～2013 年 1367 所中国大陆高校学报的面板数据的研究，发现本校偏袒和自我保护显著地降低了学报的影响因子、总被引次数和平均引文率。邱峰（2016）对 104 所高校人文社会科学学报进行分析，研究表明高校学报的本校科研人员发文比例在 20%～60%；985 或 211 高校、具有博士点高校学报更倾向于刊发本校作者的论文；东北、华北、华东的高校学报更倾向于刊发本校作者的论文；CSSCI 收录与否在本校科研人员发文占比上差异不显著；本校科研人员发文占比没有显著影响学报的影响力。

还有一些研究认为，高校学报应以刊载校内科研人员稿件为主。赵昆艳（2006）认为，提高外稿比例要慎重，单纯以影响率、转载率为目的地追求外稿，容易导致学报迷失办刊宗旨、缺失稳定的作者队伍、丧失自己的读者市场。许大国、孙万群等（2007）指出，要保证期刊质量，不是外稿越多越好，各医科大学学报应结合自身实际确定内外稿比例，同时内稿应在校本部和各个附属医院之间适当分配。鲍卫敏（2009）基于《辽宁工程技术大学学报》（自然科学版）1997～2006年数据研究发现，本校教师论文数量占学报论文总数比例下降，认为学报性质决定了必须刊发本校教师论文为主，应该规定刊发本校教师论文的最低比例。

关于高校学报刊载校外论文比例的研究，学术界研究比较充分，但研究结论并不一致。大部分学者认为校内来稿与校外来稿应该兼顾，适当的竞争对于高校学报发展具有重要意义。也有一部分研究认为，高校学报应刊载以校内论文为主或者维持一个适当的校外论文比例。由于研究对象不同、研究数据不同、时间跨度不同等，关于内稿比例与期刊影响力关系的研究结果并不一致，对于CSSCI人文社科学报内稿比例与期刊影响力关系研究的文献尚未见报道。总体上，在以下几个方面有待进一步深入研究。

第一，关于研究对象，有研究采用1000多所高校的面板数据来进行研究，一般而言，绝大多数双一流建设高校学报均是核心期刊，学报质量较高，审稿相对规范。而大多数一般高校学报的质量还有待提高，核心期刊与非核心期刊混在一起研究会导致研究结论有偏。在这样的背景下，选取CSSCI高校综合性学报来进行研究，研究对象同质性更高，更具有代表性。

第二，现有研究侧重研究内稿比例或外稿比例与影响因子、总被引频次等指标的关系，但是在方法论上是错误的，原因在于研究的时间轴并不一致。比如，研究2017年的内稿比例与2017年的影响因子之间的关系逻辑上是错误的，这是因为2017年的影响因子反映的是2015～2016年论文在2017年的平均被引次数，应该研究2015～2016年的内稿比例与2017年影响因子的关系才对，目前尚缺少这方面的研究。

第三，从研究方法来说，期刊影响力指标较多，比如影响因子、被引频次等，分别研究内稿比例与影响因子、被引频次的关系是不全面的，要在一个系统框架下采用结构方程研究才更为合理。

本节以 CSSCI 高校综合性社科学报为例，综合采用结构方程、独立样本 t 检验来研究内稿比例与期刊影响力之间的关系，并综合对期刊按载文量、影响因子、内稿比例、一流建设大学学报进行分类，深度分析内稿比例在不同分组情况下的差异，最后得出结论并提出相关政策建议。

二　研究方法

1. 研究框架

本节研究框架如图 6 - 30 所示。主要从两个方面进行实证研究。一是采用结构方程模型，重点分析内稿比例与期刊影响力之间的关系。内稿比例越高，可能意味着高校学报关系稿、人情稿的比例也越高，进而对学术期刊影响力产生影响，所以内稿比例作为原因变量。至于期刊影响力，本节同时采用影响因子、被引频次、h 指数来进行反映，这样更加全面，可以避免单纯采用个别指标导致的研究有偏性，以进一步提高研究的稳健性。二是采用独立样本 t 检验。结构方程模型可以研究高校学报内稿比例与影响力的关系，但究竟是如何影响，其中的特征和规律如何并不能较好地反映，因此有必要采用独立样本 t 检验，对高校学报按照不同的分类方法进行分组，进而分析采用这些不同的分组方法后学报内稿率及其他相关指标平均值差异是否显著，从而进行深度分析。分组标准一是采用影响力指标，包括影响因子、被引频次、h 指数；二是是否为一流建设大学。

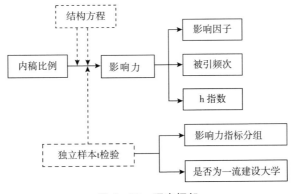

图 6 - 30　研究框架

2. 偏最小二乘法

已经有大量研究证明许多文献计量指标并不服从正态分布，而是呈现偏态分布，具有幂律分布的特征（Vinkler，2008；Seglen，1992；Adler，2009），在这种情况下，采用结构方程的传统估计方法是有偏的，应该采用偏最小二乘法进行估计（Partial Least Squares Regression，PLS）。

偏最小二乘法是 Wold 等（1983）提出的新的回归方法，它结合了主成分分析、典型相关分析、多元线性回归的优点，非常适合因变量较多并且相关的数据，如本节中期刊影响力指标包括影响因子、被引频次、h 指数 3 个。尤其是在数据量较少时，更能发挥偏最小二乘法的优势。

三 变量与数据

本节以 CSSCI 高校综合性社科学报为研究对象，共 70 种期刊。其他还有一些高校学报分散在学科期刊中，如《中央民族大学学报》（哲学社会科学版）、《西南民族大学学报》（人文社科版）等 5 种民族院校学报，由于其民族学特色鲜明，不宜作为综合性社科学报。《上海体育学院学报》《天津体育学院学报》等 7 种体育院校学报，其体育学特色鲜明，同样排除在外。此外，还有其他教育学、法学等特色鲜明的高校学报，也一并排除在外。

关于数据选取的时间窗口，本节以 2017 年期刊影响力指标来进行研究，选取 3 个影响力指标，分别为影响因子、被引频次、h 指数，2017 年影响因子是 2015～2016 年发表的论文在 2017 年的平均被引次数，被引频次同样是 2015～2016 年发表的论文在 2017 的被引次数，h 指数也是 2015～2016 年发表的论文在 2017 年的 h 指数，所以内稿比例也是 2015～2016 年发表的论文校内稿件的比例，这样保证了研究数据时间轴的高度统一。所有数据均来自中国知网（CNKI），数据描述统计量如表 6-21 所示。

表 6-21 变量描述统计

项目	被引频次	影响因子	h 指数	内稿比例
极大值	1147.00	6.10	23.00	0.75
极小值	160.00	0.54	7.00	0.07
标准差	200.55	1.07	3.23	0.15
n	70			

四　实证结果

1. 结构方程估计结果

基于偏最小二乘法，采用结构方程进行估计，结果如图 6 – 31 所示。高校学报影响力的平均变异抽取值 AVE 为 0.854，组合信度为 0.946，均处于较高水平。内稿比例对高校学报影响力的拟合优度 R^2 极低，仅为 0.005。内稿比对高校学报影响的弹性系数为 – 0.070，但 t 检验值只有 0.405，p 值为 0.686，没有通过统计检验，说明内稿比例与高校学报无关。

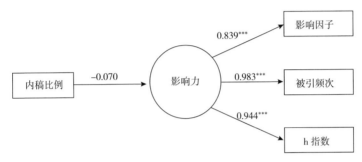

图 6 – 31　结构方程估计

注：＊、＊＊、＊＊＊分别表示在 10%、5%、1% 的水平下检验通过。

2. 独立样本 t 检验分析

分别根据载文量、影响因子、被引频次、h 指数、是否为一流建设高校进行分组，分组依据根据数值大小综合进行判断，大致采取高分组期刊略少的原则。然后采用独立样本 t 检验分析不同分组中，各类内稿比的均值有没有显著差异，结果如表 6 – 22 所示。

表 6 – 22　独立样本 t 检验结果

分组依据	分组阈值	高分组数据量	低分组数据量	高分组内稿比例均值	低分组内稿比例均值	检验结果
载文量	250	25	45	0.286	0.355	– 1.845＊
影响因子	2.0	25	45	0.332	0.329	0.118
被引频次	500	26	44	0.338	0.331	– 0.318
h 指数	14	22	48	0.317	0.337	– 0.529
是否为一流建设大学	—	28	42	0.422	0.269	– 4.358＊＊＊

注：＊、＊＊、＊＊＊分别表示在 10%、5%、1% 的水平下检验通过。

　　根据载文量进行分组，以载文量 250 篇作为分组依据，载文量较高的期刊有 25 种，较低的期刊有 45 种。载文量最高的期刊是《东北师大学报》（哲学社会科学版），2 年载文量为 564 篇，载文量最少的期刊为《华中农业大学学报》（社会科学版），2 年载文量为 125 篇。独立样本 t 检验结果表明，按载文量高低分组，内稿比例并没有通过统计检验。也就是说，并不存在学报由于内稿发文压力大而需要增加载文量的情况。

　　根据影响因子进行分组，以影响因子 2.0 作为分组依据，高影响因子期刊有 25 种，低影响因子期刊有 45 种。影响因子最高的期刊为《华中农业大学学报》（社会科学版），影响因子为 6.104；影响因子最低的期刊为《齐鲁学刊》，影响因子为 0.538。独立样本 t 检验结果表明，按影响因子高低分组，内稿比例同样没有通过统计检验。也就是说，影响因子低的期刊，内稿比例不一定高，影响因子高的期刊，内稿比例不一定低。

　　根据被引频次进行分组，以被引频次 500 次作为分组依据，高被引频次期刊有 26 种，低被引频次期刊有 44 种。被引频次最高的期刊为《新疆师范大学学报》（哲学社会科学版），被引 1147 次；被引频次最低的期刊为《西藏大学学报》（社会科学版），被引 160 次。独立样本 t 检验结果表明，按被引频次高低分组，内稿比例同样没有通过统计检验。也就是说，被引频次较高的期刊，其内稿比例不一定低，被引频次较低的期刊，其内稿比例不一定高。

　　根据 h 指数进行分组，以 h 指数 14 作为分组依据，高 h 指数期刊有 22 种，低 h 指数期刊有 48 种。h 指数最高的期刊为《新疆师范大学学报》（哲学社会科学版），h 指数为 23；h 指数最低的期刊为《新疆大学学报》（哲学·人文社会科学版）、《海南大学学报》（人文社会科学版）、《齐鲁学刊》、《西藏大学学报》（社会科学版）4 种期刊，h 指数均为 7。独立样本 t 检验结果表明，按 h 指数高低分组，内稿比例也没有通过统计检验。也就是说，h 指数较高的期刊，其内稿比例不一定低，h 指数较低的期刊，其内稿比例不一定高。

　　根据是否为教育部公布的一流建设大学进行分组，一流建设大学 CSSCI 学报有 28 家，非一流建设大学有 42 家。独立样本 t 检验结果表明，按是否为一流建设大学分组，内稿比例通过了统计检验，其 t 检验值为 -4.358，p 值为 0.000。一流建设大学 CSSCI 学报的内稿比例均值为 0.422，非一流建设大学 CSSCI 学报内稿比例为 0.269，两者差距明显。说明一流建设大学 CSSCI 学报更愿意录用内稿。

为了进一步分析一流建设大学与非一流建设大学的文献计量指标差异，进一步采用独立样本 t 检验对载文量、影响因子、被引频次、h 指数进行分析，结果如表 6－23 所示。

表 6－23 一流建设大学与非一流建设大学独立样本 t 检验结果

分组依据	一流建设大学平均	非一流建设大学平均	检验结果
载 文 量	242.750	253.070	－0.595
影响因子	2.059	1.963	0.443
被引频次	468.500	453.120	0.539
h 指 数	12.960	12.400	0.683

虽然一流建设大学 CSSCI 学报影响因子、被引频次、h 指数均值比非一流建设大学 CSSCI 学报略高，但均没有通过统计检验。也就是说，一流建设大学学报的期刊影响力与非一流建设大学并没有本质差异。

五 结论与政策建议

内稿比例与期刊影响力无关。本节以 CSSCI 高校综合性学报为例，通过结构方程与独立样本 t 检验的综合研究表明，内稿比例与期刊影响力无关，其回归系数没有通过统计检验。根据载文量多少进行分组，并未发现载文量高低不同，内稿比例的均值有所差异；根据期刊影响力指标如影响因子、被引频次、h 指数进行分组，也未发现期刊影响力不同，高校综合性学报的内稿比例的均值有所差异。

一流建设大学 CSSCI 学报更愿意录用内稿，但是一流建设大学学报的影响力与非一流建设大学并没有本质差异。因此，对于一流建设大学而言，扩大学术交流、适当增加外稿比例对于提高学术期刊质量是极为重要的。

教育部、国家新闻出版署等国家行政主管部门对于高校综合性社科学报的发展战略，应该去除发表校内、校外论文的导向，删除"以反映本校科研和教学成果为主的学术理论刊物"等语句，毕竟高校综合性社科学报校内稿件仅占 1/3。应该鼓励校内校外进行广泛的交流，一切围绕提高高校综合性社科学报质量，同时要尽快修订《高等学校学报管理办法》。

需要说明的是，对于高校自然科学学报，以及其他非 CSSCI 社科学报，其内稿比例与期刊影响力之间的关系需要进一步研究，由于研究对象不同，学术期刊平均质量不同，其内在问题和规律有待进一步深入探讨。

第八节 科技评价指标值与评价属性背离原因及修正研究

本节分析了科技评价中指标区分度异常、数据分布有偏的深层次原因，认为本质上这是评价指标值与评价属性的背离现象，即评价指标值不能较好地体现评价属性的本质含义。提出了一种新的降低评价指标值与评价属性背离的方法——对数中位数标准化，并以 JCR 2016 数学期刊为例进行了实证分析。研究结果表明，引文指标更容易出现评价指标值与评价属性背离问题；可以从多角度判定评价指标值与评价属性背离问题，如指标内涵分析、及格率、离散系数、中位数极大值比、集中度指数 HHI 等；采用对数中位数标准化可以大幅降低评价指标值与评价属性背离问题；科技评价中如出现指标值与属性背离情况，建议采用对数中位数处理后的数据进行评价。

一 引言

随着创新型国家建设步伐的加快，以及双一流大学建设的推进，科技评价得到了越来越多的重视，对学术评价自身的要求也越来越高。政府部门、学术界、公众也展开了越来越多的关于科技评价的讨论，涉及评价机制、评价目的、评价技术、评价应用等诸多方面。做好评价工作的每一个细节，尤其是解决好一些系统性、普遍性的问题，才能提高评价的公信力和科学性，做到公平、公正、公开。

一些文献计量指标的数据分布有偏、区分度异常是大家公认的，或者说，文献计量指标的数据分布本该如此。以 JCR 2016 数学期刊为例，总共 310 种期刊中，总被引频次最高的期刊为 19970 次，超过 10000 的只有5 种期刊，而低于 800 次的有 165 种期刊，超过期刊数量的一半，总被引频次低分区数据密集，区分度很低，而高分区期刊数量很少，区分度又过高。从另外一个角度看，假设将最高分的 60% 视为及格线，那么 310 种期刊中，只有 3 种期刊及格，无论对于学者还是期刊，总被引频次所反映的期刊影响力不应该有如此巨大的差距。至于特征因子，低分区数据更加密集，许多期刊精确到小数点后 5 位也不能有效区分。如果在论文质量层面出现较大差距也许是正常的，但无论是影响因子还是特征因子，都是反映学术期刊影响力的指标，并不代表真实的论文质量。那些重大科技创新的质量差距大是正常的，而影响力差距这么大是值得商榷的。

公众对单一指标数据分布的要求与综合评价结果的要求是不一致的。对于单一指标，由于其专业性，数据分布不服从正态分布是正常的，对于综合指标，除了图书馆、情报与文献学、统计学等少数专业人士外，绝大多数公众和大多数作者等一般是难以理解的，比如认为正常情况下期刊影响力应该服从正态分布，呈现"中间多两头少"的规律，如果某学科期刊综合影响力只有 5% 的期刊大于 60 分，往往很难理解。这里影响力就是评价属性，所谓评价属性，就是单一或若干评价指标试图说明的问题或评价的目的。

学术期刊影响力的差距有影响因子、特征因子指标所反映的那么大吗？影响因子、特征因子等指标能否很好地代表学术期刊的影响力属性？一些文献计量指标数据分布有偏与区分度异常的背后原因是什么？期刊评价指标数据分布偏倚对综合评价结果有什么影响？对相关问题开展研究，探索其中隐含的深层次原因，分析改善区分度的方法以及对评价的影响，改进评价指标的数据分布使之更符合评价属性特征与公众认知，不仅有利于推进评价理论，而且对于做好科技评价工作、提高评价质量具有重要意义。

许多学者发现学术期刊评价指标数据有偏，Vinkler（2008）证明了引文分布的右偏性，认为发表在影响因子较高期刊上的论文仅仅提供了获得高被引的可能性，并不能合理地衡量期刊的影响力，影响因子对期刊真实影响力的衡量存在较大偏差。Seglen（1992）认为引文分析数据分布是典型的偏态分布，不服从正态分布，具有幂律分布特征。Bornmann 等（2008）认为在一些研究中用平均值来反映引文的集中趋势是不对的，因为引文并不服从正态分布。Adler（2009）认为，引文均值反映的更多是高被引论文的引用值，根据幂律法则，引用数据的分布通常是右偏态分布的。Raan（2005）用平均值来反映引文数据的做法使得评价结果远远大于或小于国际引文影响标准。

科技评价区分度问题是评价技术中的一个小问题，往往关注不够。区分度又叫辨识度或粒度，是指统计指标在区分各评价单位某方面特征时的能力与效果，反映了功效得分分布的分散程度（苏为华，2002）。Davis（2008）发现对于总体影响力比较低的期刊群来说，连续等级期刊之间的特征因子值差别很小，离散程度很低。JCR又推出了标准特征因子指标，就是为了改善特征因子区分度较低的不足。其实影响因子百分位指标也是为了提高区分度而设计的，它主要是基于排序变换，是非参数数据。h指数（Hirsch，2005）虽然是个设计精巧的评价指标，但Glänzel（2006）认为h指数缺乏区分度，大部分科研人员的h指数处于相近水平，难以对个体绩效做出有效评估。俞立平、潘云涛等（2011）分析了高校期刊分级中存在的区分度低、综合性期刊和新兴学科交叉学科重视不够、本校学报定级偏高、期刊分级周期过长等问题。文东茅、鲍旭明等（2015）认为等级赋分降低了区分度，在一定程度上会影响学科特别拔尖者的相对优势。

提高区分度的方法首先是从评价指标设计角度开始，在文献计量学中以提高区分度为主的改进主要是关于h指数方面的研究。Ruane（2008）提出 h_{rat} 指数，解决了相同h指数科学家的可比问题。叶鹰（2009）把f指数放大100倍取对数后再放大100倍定义为对数f指数fl，在评价上使区分度更细化。付鑫金、方曙等（2013）发现网络h指数的区分度不够，配合使用网络g指数及学术差、学术势来共同评价高校的网络学术影响力，效果更好。许新军（2015）认为 h_d 指数在区分度、时效性、考察范围、稳健性等方面明显优于 h_c 指数，而在严谨性方面 h_d 指数则略逊于 h_c 指数。

关于多属性评价中提高区分度的方法，刘学之、杨泽宇等（2018）提出在处理非均匀分布的指标数据集合时，局部集中分布数据无法有效地划分层级，缺乏辨识性，采用Logistic曲线函数的特性构建S形曲线模型，可对指标数据进行非线性标准化处理。郭亚军、马凤妹等（2011）认为综合评价结果不仅受到指标权重的影响，很大程度上也取决于指标标准化的方法，并基于尽可能反映多个被评价对象之间局部和整体差异的原则，提出了拉开档次法。俞立平、潘云涛等（2012）认为标准TOPSIS是一种对较好期刊区分度较好、对弱势期刊区分度较差的评价方法。俞欣辰、潘有能（2015）研究发现，多属性评价会显著降低期刊评价指标的数据偏倚水平，TOPSIS 法的效果最好，熵权法次之，而因子分析法最差，更加接近原始评价指标的区分度和分布状态。

从现有研究看，文献计量指标的数据分布有偏现象已经引起了广泛的重视，只有少数学者反思其中的原因。评价的区分度问题属于评价的基础问题，存在于一切评价中，不是科技评价所独有。在科技评价中，h 指数由于区分度较低得到了更多的关注，但是在多持续评价中没有得到应有的重视。影响区分度的因素较多，涉及指标设计、指标评分制、数据标准化方法、评价方法等。总体上，关于多属性评价数据分布与区分度问题的系统性研究不够，在以下几个方面有待深入。

第一，评价指标是用来反映科技评价中某个属性的，这种属性如果出现数据扭曲，导致评价对象的属性差距不符合实际，数据分布和区分度异常，深层次的原因是什么。

第二，为了改进评价指标数据分布与区分度的问题，应该采用什么方法对数据进行处理。

第三，线性评价方法与非线性评价方法对评价结果的数据分布与区分度会产生何种影响。

第四，对评价区分度如何测度，在现有方法的基础上有没有更好的测度方法。

本节以 JCR 2016 数学学术期刊为例，主要从评价指标与多属性评价方法角度进行分析，因此不讨论评价指标设计层面的区分度问题，重点探讨评价指标原始数据能否客观反映评价对象的某种属性差距，分析其中深层次的原因，并从指标数据标准化方法角度探讨改进数据分布与区分度的方法，以及对多属性评价结果数据分布与区分度的影响。

二　评价区分度的理论分析

1. 评价指标数据分布与区分度异常的原因

由于相关问题比较复杂，本节重点从学术期刊评价角度进行分析。需要解决的是，许多学术期刊评价指标数据分布有偏、区分度异常背后深层次的原因。

（1）评价指标数据分布与区分度问题一定程度上被掩盖了

公众往往难以接受科技评价结果的严重偏态现象，比如评价结果及格率在5%以下。常见的科技评价比如大学评价、产业园评价、学术期刊评价、科技绩效评价、学科评价等，很多时候并不公布评价得分，只有排名，这样就无法看到评价对象之间的差距，所以一定程度上也掩盖了这个问题。

（2）只有极少数科技评价指标呈现偏态才是正常的

在科技评价中，大多数指标应该服从或者接近正态分布，极少数评价指标呈现偏态分布也是正常的。比如创新水平，那些真正的原始创新与重大创新，如相对论、量子理论等，这些反映创新能力的指标分布呈现偏态分布，区分度异常，公众是可以接受的。

问题是真正反映创新水平的指标极其缺乏，原创水平一般只有通过同行评议才能评价，难以通过文献计量指标进行评价，甚至有时同行评议也难以做出客观评价。

所以通常情况下，不宜有太多评价指标出现数据分布与区分度问题，如果出现，一定要认真分析该指标的本质含义。

（3）现有文献计量指标难以衡量创新

在文献计量影响力指标中，如此众多的指标呈现偏态分布是一种不正常现象，因为这些指标难以衡量创新。在学术期刊评价中，相关指标主要分为三大类：第一类是影响力指标，反映了期刊论文被引用的相关情况，如影响因子、5年影响因子、他引影响因子等；第二类是时效性指标，如被引半衰期、引用半衰期等；第三类是来源指标，如基金论文比、地区分布数、平均作者数等，当然还可能有其他一些编辑出版指标等。学术期刊中最重要的指标论文质量，或者说论文的创新水平，由于难以获得相关数据，往往是无法直接评价的，这方面的指标非常少。

当然，学术期刊影响力、时效性、来源指标往往与期刊的学术质量呈现正相关，这就是从这些方面研究的意义所在。

（4）文献计量评价指标值与评价属性背离

根据以上分析，只有原创性的成果才应该服从偏态分布、出现较大的区分度异常，而现有文献计量指标根本无法评价原创性成果，但是其数据分布又表现为偏态分布，那么原因就只有一个，本节将其称为"评价指标值与评价属性的背离"，即文献计量指标原始数据包含的信息存在扭曲现象，没有反映评价指标的真实属性，表现为数据分布有偏、区分度异常。

期刊影响力、期刊时效性、期刊来源指标原始数据并没有反映真实属性信息。总被引频次相差悬殊并不代表期刊影响力属性相差悬殊，或者说，原始数据将期刊影响力属性差距拉大了，总被引频次16000的期刊，其影响力并不是总被引频次800期刊的20倍。类似的指标还有许多，5年影响因子、特征因子等都有类似问题。抛开评价指标，期刊影响力的真实水平其实应该接近正态分布才更加合理，注意影响力的真实水平与衡量影响力的指标值是两个概念，由于衡量影响力的指标原始数据信息扭曲，才让人们误认为期刊影响力属性的真实水平也是扭曲的，这才是问题的关键。

2. 评价指标的数据分布与区分度会影响综合评价结果

以上是从评价指标角度分析数据分布与区分度问题，下面进一步从多属性评价角度进行分析。

多属性评价是基于文献计量指标，通过一定的方式赋权、选择某种评价方法进行评价后的结果。现有的几种主流学术期刊评价，如北京大学核心期刊、中国科学技术信息研究所（CSTPCD）、中国科学院文献情报中心（CSCD）、中国社科院核心期刊等，虽然评价体系不同、评价方法不同、赋权不同，但评价原理都大同小异。

评价指标的区分度与数据分布必然会影响评价结果，所以评价结果也有数据分布和区分度问题。俞立平、刘爱军（2014）研究发现，指标数据偏倚会影响期刊一般水平的判断，指标数据右偏会导致期刊评价值偏低，最好选取数据偏倚情况相对较好的指标来评价期刊平均水平。

3. 改进评价指标数据分布与区分度的思路

对原始指标进行非线性化处理，使得处理后的数据更能表达其属性含义，并且改善数据的区分度，使得其更加接近正态分布。指标属性与无量纲化处理方法之间的关系密不可分，应根据原始数据的相关特性设计指标无量纲化方法（詹敏等，2016）。应该针对不同评价指标的数据分布与区分度特点，选择相应的非线性化处理方法。

本节拟对原始文献计量指标取自然对数来改善其区分度与数据分布。联合国开发计划署在计算人口发展指数时，对于国民收入指标，为了体现每增加1美元收入提升人类发展水平的边际效用递减，先做自然对数处理，而后使用线性无量纲化方法得到国民收入分指数（UNDP，2014）。苏为华（1993）认为对数处理有很好的性质，包括严格单调，具有较强的凹性，从而能改变分布形态、缩减值域区间，因此对增长较快、跨度大的指标处理效果好。封婷（2016）认为观测值集中在低水平的情况并不少见，呈现右偏分布，使截面研究中指标取值集中在低水平，在这种情况下，使用非线性功效函数应为凹函数。

4. 研究设计

本节研究设计的技术路线如图6-32所示。第一种处理方法是对原始评价指标不做任何变换进行评价。第二种处理方法是通过取对数与新的标准化方法综合采用，适当改变原始指标的数据分布和区分度，然后再进行评价。最后比较这两种处理方法数据分布与区分度的区别，并得出研究结论。

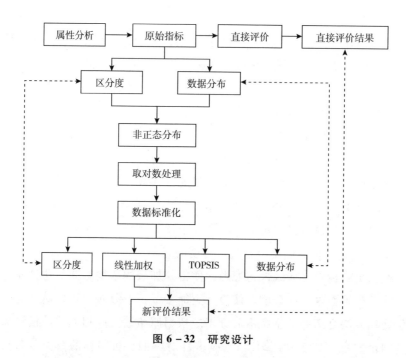

图6-32　研究设计

（1）原始指标的数据分布及区分度的判断

首先要对文献计量指标的含义进行分析，判断该指标属于什么性质的指标，如果该指标体现了创新水平，可能偏态分布是正常的，没有必要对评价指标数据做进一步处理。如果该指标就是影响力、时效性或者一般来源指标，那么就要对这些指标原始数据分布进行判断，主要进行正态分布检验，常用的方法是 Jarque – Bera 检验。

　　关于区分度的判断方法很多，王连芬、张少杰（2008）在产业竞争力测度中，提出采用离散系数表示区分度。注意要使得数据分布更加均匀，离散系数是一个反向指标。俞立平、刘爱军（2014）提出采用基尼系数的原理测度区分度。由于基尼系数计算过于复杂，本节借用 Hirschman（1968）提出的郝氏指数 HHI 来测度区分度，其计算公式为

$$HHI = \sum_{i=1}^{m} \left(\frac{x_{ij}}{\sum_{i=1}^{m} x_{ij}} \right)^2 \qquad (6-18)$$

公式（6–18）中，x_{ij} 为评价指标，i 为评价对象序号，j 为评价指标序号，m 为评价对象数量，HHI 为郝氏指数，即评价指标份额的平方和，该指标是个反向指标，越大说明评价指标分布越不均衡，集中在少数期刊中。

　　此外，为了对评价指标的区分度进行分析，还增加了及格数和及格率指标，即评价值达到极大值60%的评价对象的数量和比例。另外还采用中位数极大值比指标，以反映中位数的相对位置。

　　（2）原始指标取自然对数处理

　　对于需要取自然对数的评价指标，全部取自然对数，需要注意的是，少数指标值为0，无法取对数，必要时需要做一下数据处理，比如将所有评价指标增加极大值的1%。

　　（3）明确评价目的对区分度的隐性要求

　　在科技评价中，评价目的对区分度的要求往往是隐性的，但是也有一些基本要求，比如评价结果大于60分，或者经过标准化后大于60分。这就要求评价指标最好也能具备这样的性质，一个简单判断方法是看中位数的值，最好大于极大值的一半。如果达不到这个要求，在数据标准化时就要进行必要的调整。

　　（4）对数中位数标准化

　　评价指标数据标准化的目的，是通过线性变换，将原来已经取对数的评价指标中位数值进行适当提高，比如达到极大值的一半，以提高公众对评价指标值的接受能力。分为两种情况。第一种情况是，对于中位

数排在极差一半位置前的指标采用传统标准化方法进行处理，因为在这种情况下，已经比较接近公众的认知了。第二种情况是，对于中位数排在极差一半位置后的指标，则增加该差值，使得标准化后极小值等于该值，避免标准化后的指标在低水平区域密集。本节将这种标准化方法称为"对数中位数标准化"方法。令中位数与极差位置的相对差距为 D_{ij}，则

$$D_{ij} = \frac{0.5\{\max[\ln(x_{ij})] - \min[\ln(x_{ij})]\} - median[\ln(x_{ij})]}{\max[\ln(x_{ij})] - \min[\ln(x_{ij})]} \times 100$$

$$(6-19)$$

对于第二种情况，采用对数中位数标准化方法进行标准化，即

$$X_{ij} = D_{ij} + (100 - D_{ij}) \times \frac{\ln(x_{ij}) - \min[\ln(x_{ij})]}{\max[\ln(x_{ij})] - \min[\ln(x_{ij})]} \quad (6-20)$$

对于第一种情况，从增加区分度的角度，采用传统标准化方法进行标准化，即

$$X_{ij} = \frac{\ln(x_{ij}) - \min[\ln(x_{ij})]}{\max[\ln(x_{ij})] - \min[\ln(x_{ij})]} \times 100 \quad (6-21)$$

（5）多属性评价及分析

在以上基础上，选择多属性评价方法进行评价，本节以 TOPSIS 评价方法为例，对原始数据取对数前后进行比较，并比较评价结果，从而进一步说明指标区分度、数据分布处理对评价的影响。

三　研究数据与实证结果

1. 研究数据

本节以 JCR 2016 数学期刊为例进行研究，JCR 2016 公布的评价指标主要有 11 个，分别是总被引频次、他引影响因子、影响因子、即年指标、影响因子百分位、5 年影响因子、特征因子、标准化特征因子、论文影响分值、被引半衰期、引用半衰期。影响因子百分位是一种排序转换，具有非参数性质，因此该指标不选取。此外，被引半衰期与引用半衰期两个指标，凡是时间超过 10 年的就没有公布具体数据，只简单显示大于 10，所以也没有选取。所以实际上选取的指标均是期刊影响力指标。

JCR 2016 数学期刊共有 310 种，由于部分年度少数期刊存在数据缺失，故将这些期刊删除，经过整理后还有 294 种期刊。原始指标数据基本描述统计如表 6 - 24 所示。

表 6 - 24　原始数据描述统计

指　标	均值	中位数	极大值	极小值	标准差
总被引频次	1448.136	689.000	19970.000	104.000	2290.007
影响因子	0.788	0.650	4.692	0.221	0.568
他引影响因子	0.725	0.579	4.635	0.124	0.561
5 年影响因子	0.864	0.727	4.105	0.237	0.601
特征因子	0.00463	0.00235	0.04984	0.00020	0.00664
标准化特征因子	0.531	0.269	5.712	0.023	0.761
论文影响分值	0.913	0.641	6.615	0.077	0.963
即年指标	0.188	0.129	2.500	0.000	0.219

2. 原始指标的数据分布与区分度情况

指标数据分布与区分度如表 6 - 25 所示。中位数/极大值反映了中位数所处的位置，该值最大的是 5 年影响因子，为 0.177，也就是说满分 100 分的话，有一半期刊的得分在 17.7 分以下，说明指标值较低时数据拥挤情况严重，区分度差。离散系数中，大部分位于 2 倍标准差以内，离散系数小于 2.0，只有引用半衰期离散系数较大。从郝氏指数 HHI 看，总体上均较低，由于郝氏指数最早是用于衡量企业垄断水平的，绝对值水平高低及比较有待进一步分析。

表 6 - 25　原始指标的数据分布与区分度

指　标	中位数/极大值	离散系数	HHI 指数	及格期刊	偏度 S	峰度 K	JB 检验	概率 p
总被引频次	0.035	1.581	0.0119	3	4.016	23.612	5994.545	0.000
影响因子	0.138	0.721	0.0052	7	3.243	17.460	3076.852	0.000
他引影响因子	0.125	0.773	0.0054	5	3.308	17.983	3286.246	0.000
5 年影响因子	0.177	0.696	0.0050	8	2.973	14.145	1954.897	0.000
特征因子	0.047	1.433	0.0104	5	3.668	19.406	3956.367	0.000

续表

指　标	中位数/ 极大值	离散 系数	HHI 指数	及格 期刊	偏度 S	峰度 K	JB 检验	概率 p
标准化特征因子	0.047	1.433	0.0104	5	3.668	19.406	3956.613	0.000
论文影响分值	0.097	1.056	0.0072	6	3.484	18.406	3502.304	0.000
即年指标	0.052	1.164	0.0080	1	5.200	47.209	25267.110	0.000
均值	0.090	1.107	0.008	5	3.695	22.203	6374.367	0.000

如果每个指标的极大值为 100 分，60 分作为及格线，那么 294 种期刊中，8 个指标及格最高的期刊也只有 8 个，绝大多数期刊评价指标得分均为"不及格"水平，也就是说，评价指标数据对期刊的实际影响力呈现一定的扭曲，难以得到多数认同。

从数据分布看，所有指标均不服从正态分布，均拒绝了 Jarque - Bera 检验的原假设。所有指标的偏度大于 0，呈现右偏特征。

3. 数据处理后的结果分布

首先对 8 个指标全部取对数，并对 8 个指标的中位数值进行分析，发现即年指标的中位数为 -2.048，而极大值与极小值之和的一般位置为 -2.996，即中位数位于前部，这是唯一的一个指标，所以采用常规方法即公式（6 - 21）进行标准化，其他 7 个指标采用公式（6 - 20）进行标准化。数据经处理后，数据分布与区分度如表 6 - 26 所示。

表 6 - 26　处理后的数据分布与区分度

指标	中位数/ 极大值	离散 系数	HHI 指数	及格 期刊	偏度 S	峰度 K	JB 检验	概率 p
总被引频次	0.448	0.370	0.0039	63	0.540	2.960	14.293	0.001
影响因子	0.449	0.330	0.0038	44	0.612	3.795	26.102	0.000
他引影响因子	0.468	0.310	0.0037	53	0.498	3.797	19.924	0.000
5 年影响因子	0.459	0.351	0.0038	50	0.718	3.956	36.460	0.000
特征因子	0.476	0.345	0.0038	69	0.413	3.124	8.534	0.014
标准化特征因子	0.475	0.346	0.0038	69	0.413	3.123	8.556	0.014
论文影响分值	0.489	0.355	0.0038	76	0.240	3.182	3.217	0.200
即年指标	0.621	0.293	0.0037	179	-1.960	7.946	487.905	0.000
均值	0.486	0.337	0.0038	75.38	0.184	3.985	75.624	0.029

　　原始数据指标的中位数/极大值比的平均值为 0.090，50% 的数据处在 9% 的最低水平，经过取对数标准化处理后，50% 的数据处在 48.6% 的水平，已经非常均匀了。从离散系数看，原始数据的离散系数均值为 1.107，经过处理后离散系数的均值为 0.337，离散系数降低的原因本质上是数据分布更加均匀。从郝氏指数 HHI 看，原始数据的 HHI 指数的均值为 0.008，经过处理后的 HHI 指数为 0.0038，得到大幅度的降低，因为该指标是反向指标，说明数据的区分度更好，分布较为均匀。

　　从评价指标的及格率看，8 个指标平均及格的期刊数为 75.38 种，相对于数据处理前及格期刊的平均值只有 5 种期刊，已经得到极大改善。

　　从数据分布看，数据处理后，论文影响分值服从正态分布，其他指标虽然不服从正态分布，但是更加接近正态分布，原始数据的 Jarque-Bera 检验均值为 6374.367，经过处理后 Jarque-Bera 检验值为 75.624，得到大幅降低。

　　4. 评价结果的比较

　　为了比较数据处理前后评价结果的区分度和数据分布特征，本节同时采用线性加权汇总与 TOPSIS 进行评价和比较分析。简捷起见，本节采用等权重法，评价结果的部分数据如表 6-27 所示（前 30 种）。即使采用相同的评价方法，评价结果排序还是有所差异。

表 6-27　数据处理前后部分评价结果

期刊名称	线性加权处理前	排序	线性加权处理后	排序	TOPSIS处理前	排序	TOPSIS处理后	排序
ANN MATH	70.63	1	93.31	1	70.52	1	91.61	1
J AM MATH SOC	65.12	2	89.68	2	59.80	2	84.41	4
COMMUN PUR APPL MATH	57.49	3	88.54	3	58.48	3	85.73	3
INVENT MATH	53.35	4	87.25	4	55.94	4	85.86	2
J DIFFER EQUATIONS	49.19	5	82.58	5	52.76	5	79.07	6
DUKE MATH J	41.28	11	81.75	6	43.38	11	80.11	5
ACTA MATH - DJURSHOLM	46.45	8	81.53	7	47.85	9	77.36	7
ADV MATH	48.05	6	80.05	8	51.55	6	75.75	8

期刊名称	线性加权 处理前	排序	线性加权 处理后	排序	TOPSIS 处理前	排序	TOPSIS 处理后	排序
T AM MATH SOC	42.45	10	79.06	9	44.69	10	75.24	9
PUBL MATH – PARIS	46.13	9	78.00	10	49.06	8	72.01	14
J EUR MATH SOC	34.02	15	76.49	11	35.80	14	73.79	10
J FUNCT ANAL	37.14	13	76.33	12	40.51	12	72.71	12
FOUND COMPUT MATH	36.59	14	76.31	13	40.14	13	72.42	13
J REINE ANGEW MATH	31.03	16	75.32	14	29.07	25	72.96	11
J MATH ANAL APPL	47.22	7	74.98	15	51.03	7	68.92	22
MATH ANN	30.39	17	74.10	16	32.16	18	71.33	16
J MATH PURE APPL	28.42	22	73.83	17	29.13	24	71.67	15
ANN SCI ECOLE NORM S	30.26	19	73.73	18	31.03	21	71.00	17
COMMUN PART DIFF EQ	26.42	24	72.26	19	27.78	26	70.01	18
GEOM FUNCT ANAL	28.50	21	71.86	20	31.82	19	68.96	21
CALC VAR PARTIAL DIF	26.39	26	71.84	21	27.71	27	69.42	19
NONLINEAR ANAL – THEOR	30.36	18	71.52	22	33.74	15	67.65	24
J DIFFER GEOM	25.74	27	71.51	23	25.29	32	69.05	20
COMPOS MATH	25.33	28	71.29	24	25.50	30	68.88	23
P LOND MATH SOC	23.59	32	69.75	25	24.19	33	67.20	25
INT MATH RES NOTICES	27.14	23	69.70	26	29.84	22	66.14	26
LINEAR ALGEBRA APPL	29.42	20	69.35	27	33.08	17	64.95	28
DISCRETE CONT DYN – A	23.47	33	68.49	28	23.79	34	65.39	27
AM J MATH	21.75	35	67.72	29	22.53	35	64.95	29
ANAL PDE	24.29	30	67.31	30	27.14	28	63.93	32

数据处理前后评价得分的区分度与数据分布信息如表 6 – 28 所示。在数据处理前，线性加权汇总得分及格的只有 2 种期刊，TOPSIS 评价得分及格的只有 1 种期刊，这无论如何也难以说服公众，也难以得到期刊编辑的认同，毕竟是期刊影响力评价，不可能有这么大的差距。数据处

理后，线性加权汇总的及格期刊数量达到 54 种，TOPSIS 评价得分及格的增加到 41 种，大大改善了及格率，提高了评价结果与期刊影响力的一致性。

表 6-28 数据处理前后评价结果区分度与数据分布

比较指标	线性加权原始数据	线性加权处理数据	TOPSIS原始数据	TOPSIS处理数据
中位数/极大值	0.133	0.510	0.125	0.480
离散系数	0.812	0.271	0.906	0.289
HHI 指数	0.0056	0.0037	0.0062	0.0037
偏度 S	2.705	0.577	2.403	0.652
峰度 K	11.737	3.327	9.645	3.364
JB 检验	1293.634	17.618	823.972	22.460
概率 p	0.000	0.000	0.000	0.000
及格率	2/294	54/294	1/294	41/294

从区分度看，数据处理前线性加权汇总评价得分的中位数/极大值比为 0.133，TOPSIS 评价得分的中位数/极大值比为 0.125，均比较低，即满分 100 分的情况下，至少一半期刊得分在 12.5 分以下，这是不太符合期刊影响力实际的。经过数据处理后，线性加权汇总得分的中位数/极大值比为 0.510，TOPSIS 评价得分的中位数/极大值比为 0.480，这种数据分布已经比较均匀了。从离散系数看，指标数据处理前线性加权汇总得分的离散系数为 0.812，处理后降到 0.271；指标数据处理前 TOPSIS 评价得分离散系数为 0.906，处理后降到 0.289，均有大幅度改善。集中度郝氏指数也一样，数据处理前线性加权汇总得分 HHI 指数为 0.0056，处理后降到 0.0037；数据处理前 TOPSIS 评价的 HHI 指数为 0.0062，处理后降到 0.0037，改善较大。

从数据分布看，虽然数据处理前后评价结果均不服从正态分布，但是线性加权汇总 JB 检验值从 1293.634 降到 17.618，TOPSIS 评价 JB 检验值从 823.972 将到 22.460，数据处理后使得评价结果更加接近正态分布。偏度虽然还是右偏，但也得到大幅改善，线性加权评价从 2.705 下降到 0.577，TOPSIS 评价从 2.403 下降到 0.652。

四 研究结论

1. 科技评价区分度低的根源是评价指标值与评价属性背离

本节分析了在科技评价尤其是文献计量指标中存在区分度与数据分布异常问题，即低分数据过分拥挤，高分数据过于分散，评价数据分布呈现偏态分布。在此基础上如果进行多属性评价，那么评价结果也会存在类似问题，从而导致评价得分难以得到公认，评价公信力下降。产生这些问题的根本原因是评价指标值与评价属性背离，比如影响因子、总被引频次等不能客观反映影响力。只有那些真正反映学术创新的指标才不会出现评价指标值与评价属性背离，但目前这些指标还较少，数据获取困难。

2. 引文指标更容易出现评价指标值与评价属性背离问题

文献计量指标的引文相关指标更容易出现评价指标值与评价属性的背离现象，尤其是影响力指标，如总被引频次、影响因子、他引影响因子、h 指数、5 年影响因子、即年指标、特征因子、标准化特征因子等。对于其他时效性指标、期刊来源指标、编辑出版指标等需要进一步分析。

3. 可以从多角度判定评价指标值与评价属性背离问题

判定评价指标值是否准确反映评价属性的方法较多，可以从多角度进行。首先是评价属性自身的内涵，其是否真的具备"一览众山小"的特征，比如重大原始创新、重大基础创新等，因为一般只有具备这些特点的评价指标才有可能出现数据分布的严重有偏现象。其次是从及格率、离散系数、中位数极大值比、集中度指数 HHI 等方面综合进行判断。

4. 采用对数中位数标准化可以大幅降低评价指标值与评价属性背离问题

为了降低评价指标值与评价属性的背离现象，本节提出了对数中位数标准化方法，其原理是首先对评价指标取自然对数，从而缩小极大值与极小值的差距，并使得数据分布更加接近正态分布。然后再进一步进行标准化处理，对于中位数位于极差一半之前的评价指标，直接采用传统方法进行标准化；对于中位数位于极差一半之后的评价指标，需要加上该相对差值然后再做标准化。实证研究结果表明，采用对数中位数标准化方法处理后，评价指标和评价值的中位数极大值得到有效改善，离散系数和集中度更加均匀，数据分布更加接近正态分布，使得评价指标值更加能够表达评价属性值。

5. 建议评价时采用对数中位数标准化结果

在科技评价中，如果出现评价指标与数据分布异常现象，在认真分析后，如果确认存在评价值与指标属性背离现象，建议采用对数标准化后的结果进行单个指标评价与多属性评价，以便真实反映评价对象的属性情况与总体情况。

第九节　科技评价中不同评价方法指标之间互补研究

本节讨论了科技评价中隐含的指标之间的互补问题，即一个指标不增加或增加很少，通过其他指标增加较多来进行弥补问题，并将互补分为等额互补、超额互补、欠额互补三类，进而分析指标之间互补对不同评价方法的影响。设计了一种检验和判定方法，针对某种非线性评价方法，维持一个指标不变，计算增加其他不同属性指标均值带来评价值的变化大小，并与线性加权法评价值变化大小进行比较。研究发现，多属性评价方法指标之间的互补是个复杂问题，受评价方法、指标数据、权重设置、补偿值大小等多种因素的影响；基于比值的多属性评价方法更容易出现欠额互补；由于同类评价指标之间的相关性，讨论指标间互补应在不同属性指标间进行；指标互补问题对于多属性评价方法选取具有深远影响，本质上变相地改变了指标权重，可以作为评价结果检验和管理控制的一种方法。

一　引言

在创新型国家建设背景下，科技评价工作的地位与作用与日俱增，评价方法也日趋多样。目前在科技评价中，主要有三大类评价方法。第一类是同行评议，这主要是一种定性评价，通过领域专家进行评价，如基金评审、职称评审等。第二类是采用单一指标进行评价，如采用授权发明专利数评价创新产出，通过 h 指数（Hirch，2005）评价学者的影响力。第三类是采用指标体系进行评价，针对一定的评价领域，选取若干评价指标，采用多属性评价方法进行评价，所采用的评价方法众多，如线性加权法、层次分析法、熵权法（Shannon，1948）、主成分分析、秩和比法、TOPSIS（Hwang 等，1981）、VIKOR（Opricovic，1998）等，目前已经产生了上百种多属性评价方法。多属性评价方法采用的指标体系众多，包含的信息量大，因而得到了广泛的应用。

多属性评价方法中，评价指标之间的互补问题是隐含的，一直没有受到重视。比如用语文、英语、数学、物理、化学5门课程考评学生，每门课程100分，总分500分，相当于采用线性加权法进行评价。人们熟悉的常识是，如果语文考砸了，比如少考15分，但是数学、物理比平时多考了20分，那么总分还可以提高5分，从而维持名次大体不变甚至略有上升，这就是数学、物理对语文成绩的互补。在采用线性加权法进行评价时，在不考虑权重的情况下，不同评价指标之间是等额互补的，但是在非线性加权类评价中，评价指标之间就不是等额互补的，可能会出现以下三种情况：第一种是超额互补，比如在语文少考15分的情况下，数学多考20分，但是总分会增加8分；第二种情况是欠额互补，比如在语文少考15分、数学多考20分的情况下，总分会减少7分。

多属性评价方法的多样性导致了评价指标之间互补的复杂性。早期科技评价往往采用线性评价方法，最近十多年来，采用复杂的数学模型进行科技评价的研究越来越多，原理各不相同，有各自的优点和不足，但是多属性评价方法总体上适用性比较宽泛，导致目前在科技评价中，如果加上经过改进的评价方法，已经有几百种多属性评价方法得到应用，其中绝大多数是非线性评价方法。这些评价方法的应用一方面丰富了科技评价的理论与实践，但是也带来了评价指标之间互补的不确定性，这个问题是科技评价的基础理论问题，广泛存在于经济、社会等评价中。对评价指标之间的互补性进行测度和分类，分析其作用机理及对科技评价产生的影响，对于选择多属性评价方法以及防止对评价指标的操纵等均具有重要意义。

关于多属性评价中指标之间的互补问题研究总体不多。邱东（1990）认为几何平均合成法是一种不允许单个变量值之间相互"补偿"或很少相互"补偿"的合成方法。苏为华（2000）研究了几何平均合成法、调和平均合成法、平方平均合成法指标之间的补偿问题，认为补偿量的大小一方面取决于变动量 Δ 的大小，另一方面取决于评价指标之间的差异程度，并不能绝对地断言哪一种平均方法的补偿一定小或一定大。早期多属性评价方法应用种类较少，随着多属性评价方法日益增多，关于评价指标之间的补偿问题，在以下方面有待深入。

第一，多属性评价方法指标之间互补的基础理论问题。比如互补的定义、互补的分类、互补的测度、互补对评价的影响等。

第二，线性加权评价方法指标之间互补的测度问题。线性加权法是传统的多属性评价方法，在实践中应用也较为广泛，如中国科学技术信息研究所、中国社会科学院中国社会科学评价中心、北京大学图书馆、南京大学中国社会科学研究评价中心等评价机构均采用该方法进行学术期刊评价。

第三，非线性加权评价方法指标之间互补的测度问题。非线性评价方法众多，拟选取几种典型的非线性评价方法，比如 TOPSIS、VIKOR、调和平均、几何平均，对非线性评价方法指标之间的互补进行测度和分析。

本节以 JCR 2016 数学期刊为例，在对多属性评价方法评价指标之间互补理论分析的基础上，设计研究框架与实验方法，通过因子分析法提取公共因子，然后以互不相关的公共因子采用不同的多属性评价方法进行评价，分析公共因子之间的互补问题，得出研究结论并进行讨论。

二　研究方法

本节首先将评价指标之间的互补问题进行分类，然后提出实验方法，并对实验指标数量进行选择。由于在实验中要提升指标值，从而提升标准化指标的极大值，还要对指标标准化方法进行重新设计。最后以线性加权汇总、调和平均、几何平均、TOPSIS、VIKOR 五种评价方法为例，比较不同评价方法对指标互补性的影响。

1. 指标之间互补的分类

在科技评价中，评价指标之间的互补可以分为等额互补、超额互补、欠额互补三种情况。

所谓等额互补，就是被互补指标加权减少的一定数额，可以用互补指标加权增加等额数值来弥补，从而维持总评价值不变。假设 X_1 是被互补指标，X_2、X_3 是互补指标，其权重分别为 ω_1、ω_2、ω_3，X_1 减少 Δ_1，X_2 增加 Δ_2，X_3 增加 Δ_3，等额互补就是在公式（6－22）成立的情况下，评价值保持不变，即

$$\omega_1\Delta_1 = \omega_2\Delta_2 + \omega_3\Delta_3 \qquad (6-22)$$

可以证明，线性加权类评价方法是等额互补的，这是它的一个重要性质，也是分析其他多属性评价方法指标之间互补问题的基础。

所谓超额互补，就是被互补指标加权减少的一定数额，用互补指标加权增加等额数值来弥补后，总评价值增加。

所谓欠额互补，就是被互补指标加权减少的一定数额，用互补指标加权增加等额数值来弥补后，总评价值减少。

2. 实验方法设计

为了比较不同多属性评价方法评价指标之间的互补问题，可以用具有等额互补特性的线性加权法作为基础来进行比较。为了简化起见，暂不考虑权重，假设维持 X_1 不变，X_2、X_3 各增加 10%，那么评价值增加 0.1 $(X_2 + X_3)$。对于其他多属性评价方法，在 X_2、X_3 各增加 10% 的情况下，如果评价值增加超过 0.1 $(X_2 + X_3)$，就是超额互补，如果评价值增加小于 0.1 $(X_2 + X_3)$，就是欠额互补。

本节以线性加权法为基础，拟选取传统非线性评价方法，包括几何平均法、调和平均法，以及近年来应用较广的 TOPSIS、VIKOR，来分析不同多属性评价方法的互补特点与类型，其技术路线如图 6 – 33 所示。

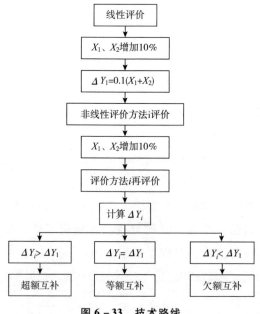

图 6 – 33　技术路线

需要说明的是，不同非线性评价方法原理不同，算法不一，为了简化起见，除了不考虑权重以外，假设互补指标为 X_2、X_3 两个，互补指标增加时也是等额增加，即每个指标均增加 10%，之所以选择 10%，是因为这是日常生活中可能发生的增长率。

3. 基础评价指标的选择

在研究多属性评价方法评价指标之间的互补性问题时，如何选择评价指标是个非常重要的问题，需要考虑的问题主要有以下几个方面。

评价指标的数量。作为研究的一个算例，既要考虑到能够说明评价指标之间互补性这个问题，也要考虑指标数量不宜过多、遵循简捷原则，因此评价指标以 3~4 个为宜，如果是 2 个评价指标，那么只存在一个指标对另一个指标的替代，而实际评价中往往会出现多个指标对一个指标的替代问题，选择过多的评价指标会导致少数替代指标对评价值的影响不敏感，比如一共有 10 个评价指标，其中 2 个指标各增加 10%，可能对总评价值的影响很小。所以本节被替代指标选择 1 个，替代指标选择 2 个，总指标选择 3 个。

不同属性的补偿问题。或者称为评价指标之间相关性问题，这是个隐含问题，一般而言，同类评价指标之间相关度是很高的，比如学术期刊影响力指标中，总被引频次、h 指数和特征因子之间的相关度往往很高，理论上可以研究 h 指数和特征因子对总被引频次的替代，但在实际中几乎是不可能的，因为高 h 指数期刊，其总被引频次和特征因子也较高，极少会出现 h 指数和特征因子增加、总被引频次反而减少或维持不变的情形。在研究评价指标之间的替代关系时，评价指标之间最好不相关。做到评价指标之间相关度较低的方法有两种，第一是选择不相关的指标，第二是通过因子分析提取公共因子，本节采取第二种方法，因为这样处理指标代表性好、独立性更高，而第一种方法指标之间的相关系数难以做到较低。

4. 评价指标增加后的数据标准化处理

在研究设计中，希望 X_2、X_3 各增加 10%，但是如果将这两个指标分别乘以 1.1 后进行评价是错误的，因为在多属性评价中，评价指标标准化后极大值必须为 1，X_2、X_3 各增加 10% 后其极大值均为 1.1，必须重新进行标准化，但是重新进行标准化又不能保证 X_2、X_3 各增加 10%，在这种情况下，采用动态最大均值逼近标准化方法（见图 6 - 34），可以在提高指标均值 10% 的同时保证极大值为 1。以 X_j 为例，其主要步骤如下。

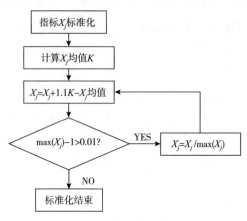

图 6 - 34　动态最大均值逼近标准化

第一，对所有评价指标进行标准化，其方法是所有正向指标除以极大值然后乘以 100（以百分制为例），所有反向指标用极大值减去该指标先转为正向指标，然后视同正向指标再做一次标准化。接着计算各指标标准化后的均值。

第二，对 X_j 求均值，得到 K，标准化目标就是使得 X_j 的均值为 $1.1K$，但是极大值仍然为 1。

第三，对 X_i 全部加上 $0.1K$，这样 X_j 的极大值就变为 $1 + 0.1K$。

第四，对 X_i 做第二次标准化，同时除以 $1 + 0.1K$，但是这会降低 X_j 的均值，使其小于 $1.1K$，于是，继续对 X_j 加上 K 与现均值的差，继续做第三次标准化，如此循环，直到增加的均值差 $1.1K - X_j$ 在许可范围内，比如 1%，至此标准化结束。

下面对动态最大均值逼近标准化方法中每循环一次均值就会增加进行证明。进行二次标准化前，需要增加均值

$$X_j{'} = X_j + K - \overline{X_j} \qquad (6 - 23)$$

接着进行二次标准化处理

$$X_j{''} = \frac{X_j + K - \overline{X_j}}{\max(X_j + K - \overline{X_j})} = \frac{X_j + K - \overline{X_j}}{100 + K - \overline{X_j}} \qquad (6 - 24)$$

只要证明 $X_j{''}$ 的均值递增即可，即

$$\overline{X_j''} - \overline{X_j} = \frac{\sum_{i=1}^{m} \dfrac{X_j + K - \overline{\overline{X_j}}}{1 + K - \overline{\overline{X_j}}}}{m} - \overline{X_j} = \frac{\sum_{i=1}^{m} X_{ij}/m + (K - \overline{X_j}) - \overline{X_j} - (K - \overline{X_j})\overline{X_j}}{1 + K - \overline{X_j}}$$

$$= \frac{(K - \overline{X_j})(1 - \overline{X_j})}{1 + K - \overline{X_j}} > 0 \qquad\qquad (6-25)$$

K 是标准化的均值目标，因此 $K - \overline{X_j} > 0$，X_j 的均值肯定小于标准化的极大值 1，因此 $1 - \overline{X_j} > 0$，所以公式（6-25）肯定大于 0。

动态最大均值逼近标准化方法标准化过程需要执行多次，依靠编程可以简单解决。标准化后指标的均值绝对可以达到设置的目标值，比如提高10%，极大值会略大于 1，可以通过设计阈值进行控制，比如不超过 1%，这样对评价结果排序影响很小。最重要的是，它是一种线性标准化方法，不会破坏原始指标隐藏的大量信息，也不会改变数据分布特征。

5. 几种多属性评价方法

（1）线性加权

线性加权法是最传统的评价方法，一般也称为加法合成，评价时将原始指标首先进行标准化处理，然后采用主观、客观或者主客观相结合方法赋予权重，最后再进行加权汇总。

$$C_i = \sum_{j=1}^{n} \omega_j x_{ij} \qquad\qquad (6-26)$$

公式（6-26）中，C_i 表示评价结果，ω_j 表示权重，x_{ij} 表示评价指标，n 为评价指标数。

（2）调和平均

调和平均也是传统的评价方法，是评价指标倒数平方和的倒数。调和平均受极端值影响较大，受极小值的影响比极大值更大，比较适合需要兼顾指标间协调发展的评价。其计算公式为

$$C_i = \frac{1}{\sum_{j=1}^{n} \dfrac{1}{\omega_j x_{ij}}} \qquad\qquad (6-27)$$

（3）几何平均

几何平均也是一种传统的合成方法，几何平均受极端值的影响比调和平均更大，其计算公式为

$$C_i = x_1^{\omega_1} x_2^{\omega_2} \cdots x_n^{\omega_n} \qquad\qquad (6-28)$$

（4）TOPSIS

TOPSIS 是 Hwang 等（1981）提出的一种多属性决策方法，当然也可以用于评价。它通过计算评价对象到正理想解与负理想解的相对距离来打分，最好的评价值称为理想解，如果评价指标标准化后极大值为 1，那么理想解就是 1；最差的评价值称为负理想解，其计算公式为

$$C_i = \frac{\sqrt{\sum_{j=1}^{n} \omega_j (x_{ij} - x_j^-)^2}}{\sqrt{\sum_{j=1}^{n} \omega_j (x_{ij} - x_j^+)^2} + \sqrt{\sum_{j=1}^{n} \omega_j (x_{ij} - x_j^-)^2}} \qquad (6-29)$$

公式（6-29）中，x_j^+ 为正理想解，x_j^- 为负理想解，评价值介于 $0 \sim 1$。

（5）VIKOR

VIKOR 是 Opricovic（1998）提出的，它充分考虑最大化的"群体效益"和最小化的"个体遗憾"，其评价的基本步骤如下。

选取评价指标，对评价指标标准化，确定正理想解 f_{ij}^+、负理想解 f_{ij}^-。

计算评价对象 i 的群体利益 S 值和反对者个体遗憾的 R 值。

$$S_i = \sum_{j=1}^{n} \omega_j \frac{f_{ij}^+ - f_{ij}}{f_{ij}^+ - f_{ij}^-}$$

$$R_i = \max_j \omega_j \frac{f_{ij}^+ - f_{ij}}{f_{ij}^+ - f_{ij}^-} \qquad (6-30)$$

计算评价值 Q，即

$$Q_i = v\left(\frac{S_i - S^-}{S^+ - S^-}\right) + (1 - v)\left(\frac{R_i - R^-}{R^+ - R^-}\right) \qquad (6-31)$$

其中，$S^+ = \max S_i$，$S^- = \min S_i$，$R^+ = \max R_i$，$R^- = \min R_i$。v 表示群体效用 R 和个体遗憾 S 的调节系数，当 $v > 0.5$ 时侧重群体满意度评价，当 $v < 0.5$ 时侧重个体遗憾度评价，一般情况下 $v = 0.5$。

按照 S、R、Q 升序排序，越排在前面的评价对象越好。

对妥协解的验证。对 Q 进行升序排序，假设 A 是最优解，B 排第二位，那么 Q 满足以下条件（若有一个条件不满足，则存在一组妥协解）。

条件 1：假设 M 是方案个数，$DQ = 1/(M-1)$，那么 $Q(B) - Q(A) \geqslant DQ$。

条件 2：根据 S 和 R 值，A 也是最优解。

三　实证结果

1. 研究数据

本节以 JCR 2016 数学期刊为例，公布的评价指标主要有 11 个，分别是总被引频次、他引影响因子、影响因子、影响因子百分位、5 年影响因子、特征因子、标准化特征因子、论文影响分值、即年指标、被引半衰期、引用半衰期。JCR 2016 数学期刊共有 310 种，少数期刊存在数据缺失，经过清洗后还有 294 种期刊。

2. 评价指标的准备

正如前文分析，为了对不同多属性评价方法评价指标之间的互补问题进行研究，需要选择 3～4 个评价指标，并且最好评价指标之间不相关。所以实证研究的第一步工作就是通过因子分析选取公共因子，因为公共因子数量一般不会多，并且它们之间不相关。对 JCR 2016 中 294 种期刊进行因子分析，其取样足够度 KMO 值为 0.823，大于 0.5；Bartlett's 球形检验值为 8100.961，相伴概率为 0.000，符合采用因子分析的前提条件。其公共因子提取情况如表 6 - 29 所示。

表 6 - 29　公共因子提取

主成分	初始特征值			旋转平方和载入		
	特征根	方差贡献率（%）	累计贡献率（%）	特征根	方差贡献率（%）	累计贡献率（%）
1	5.892	53.562	53.562	4.816	43.781	43.781
2	1.949	17.721	71.283	2.952	26.837	70.619
3	1.140	10.360	81.643	1.213	11.024	81.643

特征根大于 1 的共有 3 个因子，其累计方差贡献率为 81.64%，具有较好的代表性，其旋转矩阵如表 6 - 30 所示。第一因子中，影响因子、他引影响因子、5 年影响因子、即年指标、特征因子、论文影响分值的系数较大，可以称为期刊影响力因子；第二因子中，总被引频次、被引半衰期、引用半衰期的系数较大，这和期刊办刊历史、期刊时效性相关，可以称为期刊时效因子；第三因子中，平均影响因子百分位、标准化特征因子的系数较大，这两个都是对原始影响力指标进行适当转换后的指标，可以

称为期刊转换影响力因子。

表 6-30　旋转矩阵

评价指标	第一因子	第二因子	第三因子
总被引频次	0.229	0.921	-0.113
影响因子	0.958	0.212	0.030
他引影响因子	0.962	0.196	0.001
5 年影响因子	0.773	0.269	-0.006
即年指标	0.935	0.221	0.023
被引半衰期	0.267	0.946	-0.041
引用半衰期	0.267	0.946	-0.041
特征因子	0.882	0.193	-0.168
论文影响分值	0.726	0.115	0.098
平均影响因子百分位	0.028	-0.227	0.729
标准化特征因子	-0.011	0.080	0.791

3. 原始指标评价结果对比

下面就选取这三个因子作为评价指标进行评价,并检验不同多属性评价方法评价指标之间的互补性,影响力因子 X_1 作为被互补指标,时效因子 X_2 和转换影响力因子 X_3 作为互补指标。首先采用这 3 个指标进行评价,评价方法分别选取 5 种方法进行评价,需要说明的是,为了简化起见,评价时暂不考虑权重,视同等权重处理,评价结果与排序如表 6-31 所示。由于篇幅所限,本节仅公布线性加权法排序前 30 种期刊。由于评价方法不同,评价结果及其排序差异较大。

表 6-31　原始指标评价结果

期刊名称	线性加权	排序	调和平均	排序	几何平均	排序	TOPSIS	排序	VIKOR	排序
J AM MATH SOC	45.065	1	7.854	2	26.115	5	0.321	22	0.555	5
ANN MATH	43.779	2	4.160	100	26.239	4	0.545	1	0.515	9
COMMUN PUR APPL MATH	43.736	3	3.612	131	21.943	13	0.446	8	0.385	31
PUBL MATH - PARIS	41.054	4	2.814	229	9.207	257	0.116	26	0.093	22
INVENT MATH	39.879	5	3.112	185	18.240	31	0.459	5	0.440	18

期刊名称	线性加权	排序	调和平均	排序	几何平均	排序	TOP SIS	排序	VIK OR	排序
ADV NONLINEAR ANAL	35.797	6	1.585	290	12.644	145	0.506	2	0.359	42
FOUND COMPUT MATH	35.479	7	3.683	127	21.758	14	0.451	7	0.411	24
ACTA MATH – DJURSHOLM	35.429	8	6.797	9	27.520	2	0.499	3	0.559	4
DUKE MATH J	35.040	9	6.782	10	26.521	3	0.498	4	0.604	2
J EUR MATH SOC	32.964	10	3.720	124	19.849	19	0.367	15	0.313	65
FRACT CALC APPL ANAL	32.703	11	0.955	293	0.000	293	0.372	14	0.322	60
J DIFFER EQUATIONS	32.245	12	5.732	25	23.791	8	0.453	6	0.464	13
ANN SCI ECOLE NORM S	30.953	13	5.253	44	21.505	15	0.408	10	0.406	25
ANAL APPL	30.297	14	1.278	291	11.334	184	0.374	12	0.238	102
J MATH PURE APPL	29.624	15	0.839	294	0.000	294	0.372	13	0.218	116
COMMUN PART DIFF EQ	27.277	16	6.098	17	21.282	16	0.316	23	0.421	21
J DYN DIFFER EQU	27.020	17	6.244	13	22.296	12	0.359	17	0.479	12
ANAL PDE	26.591	18	3.128	183	15.062	81	0.290	25	0.221	114
CALC VAR PARTIAL DIF	25.472	19	7.353	4	25.880	6	0.342	19	0.577	3
J REINE ANGEW MATH	25.000	20	4.240	96	18.648	28	0.324	21	0.284	80
GEOM FUNCT ANAL	24.753	21	3.573	134	15.835	63	0.254	35	0.203	123
B AM MATH SOC	24.746	22	4.279	94	17.230	41	0.362	16	0.348	49
T AM MATH SOC	24.380	23	7.260	6	23.076	9	0.275	28	0.503	10
CALCOLO	24.223	24	5.491	35	18.741	27	0.234	40	0.315	61
J ALGEBRAIC GEOM	24.208	25	4.867	69	20.154	18	0.306	24	0.312	67
ADV MATH	23.697	26	11.530	1	37.811	1	0.382	11	0.889	1
J DIFFER GEOM	23.148	27	3.817	120	16.609	54	0.260	33	0.223	113
MATH ANN	23.030	28	4.047	109	17.483	36	0.279	26	0.253	94
COMPOS MATH	22.973	29	7.261	5	23.046	10	0.260	34	0.552	6
NUMER LINEAR ALGEBR	22.932	30	5.155	50	15.568	70	0.157	143	0.334	56

4. 互补指标增加后评价结果

原始指标标准化后，影响力因子 X_1、时效因子 X_2、转换影响力因子 X_3 的平均值分别为 17.815、20.199、9.257，现在固定影响力因子 X_1 不变，作为被互补指标，将互补指标时效因子 X_2、转换影响力因子 X_3 的均值各提高 10%，分别达到 22.219、10.183，然后再采用 5 种评价方法进行评价，线性评价结果前 30 种期刊如表 6 – 32 所示。注意经过互补后即使同一种评价方法，前 30 种期刊也不相同，这是正常现象。

表 6 – 32　互补后评价结果比较

期刊名称	线性加权	排序	调和平均	排序	几何平均	排序	TOPSIS	排序	VIKOR	排序
ADV DIFFER EQU – NY	45.917	1	0.965	294	15.571	93	0.472	1	0.450	19
ANN MATH	44.680	2	4.850	85	28.107	3	0.458	2	0.538	7
FRACT CALC APPL ANAL	42.047	3	12.041	1	38.952	1	0.423	5	0.892	1
J AM MATH SOC	40.656	4	3.745	151	20.446	23	0.445	3	0.465	15
J DIFFER EQUATIONS	38.002	5	7.170	8	28.358	2	0.402	9	0.574	4
ADV MATH	37.994	6	7.041	10	27.180	6	0.408	6	0.618	2
COMMUN PUR APPL MATH	37.847	7	4.347	111	23.636	13	0.407	8	0.435	21
J MATH ANAL APPL	37.811	8	1.604	293	12.985	173	0.426	4	0.360	48
ADV NONLINEAR ANAL	37.031	9	2.240	285	18.079	45	0.407	7	0.323	66
INVENT MATH	36.120	10	4.295	116	23.746	12	0.382	10	0.408	27
T AM MATH SOC	34.019	11	6.121	26	24.681	8	0.369	11	0.481	13
FOUND COMPUT MATH	32.540	12	7.984	3	27.447	4	0.348	14	0.589	3
J FUNCT ANAL	30.735	13	5.628	43	22.391	15	0.338	15	0.423	24
ACTA MATH – DJURSHOLM	30.301	14	2.038	289	14.129	135	0.359	13	0.265	93
DUKE MATH J	30.299	15	4.353	109	21.448	17	0.323	16	0.336	59
J EUR MATH SOC	29.947	16	8.258	2	27.232	5	0.308	18	0.566	5
PUBL MATH – PARIS	29.328	17	0.871	295	8.532	284	0.367	12	0.219	121
NONLINEAR ANAL – THEOR	28.531	18	6.467	17	22.953	14	0.309	17	0.492	11
BOUND VALUE PROBL	26.999	19	7.978	4	25.434	7	0.271	26	0.538	8
LINEAR ALGEBRA APPL	26.537	20	4.527	97	17.957	50	0.306	19	0.365	44
J REINE ANGEW MATH	26.358	21	5.370	56	21.385	18	0.276	25	0.332	60
INT MATH RES NOTICES	26.089	22	6.360	20	22.016	16	0.277	23	0.435	22
MATH ANN	25.978	23	4.742	88	19.807	26	0.278	22	0.305	76
CALC VAR PARTIAL DIF	25.648	24	7.270	7	23.829	11	0.257	29	0.452	18

期刊名称	线性加权	排序	调和平均	排序	几何平均	排序	TOPSIS	排序	VIKOR	排序
ANAL PDE	25.571	25	7.704	5	24.229	9	0.259	28	0.561	6
DISCRETE CONT DYN – A	25.318	26	7.506	6	23.829	10	0.253	30	0.513	10
ANN SCI ECOLE NORM S	24.263	27	3.721	155	16.767	66	0.277	24	0.244	103
J MATH PURE APPL	24.187	28	4.588	95	18.889	35	0.260	27	0.274	88
P AM MATH SOC	24.178	29	2.555	277	12.483	184	0.297	20	0.220	120
J ALGEBRA	23.582	30	2.937	254	13.330	165	0.286	21	0.232	112

5. 互补前后评价均值比较

将原始指标评价结果均值与互补后评价结果均值进行比较，结果如表6-33所示。线性加权法属于基准评价方法，在影响力因子 X_1 维持不变，时效因子 X_2、转换影响力因子 X_3 各提高10%进行互补后，评价结果均值增加了6.15%，这属于等额互补。调和平均法和几何平均法互补后均值分别增加了8.65%和7.79%，均大于线性加权法，说明这是超额互补。VIKOR评价法互补后评价均值仅仅增加了1.58%，属于欠额互补。而TOPSIS评价法更特殊，补偿后评价值增加了-5.59%，反而减少了，当然也属于欠额互补。

苏为华（2000）认为不论是哪一种合成方法，既然是综合指标，就不可避免地存在相互"补偿"的现象，只不过在程度上有些差异罢了。但是实际上，对于欠额互补，可能出现补偿值为负数的情况，此外，根据本节的定义，区分等额互补、超额互补、欠额互补可以更好地分析指标之间的互补关系。

邱东（1990）认为几何平均法指标之间难以补偿，与他的研究结论不同，本节发现几何平均法指标之间互补性较大，属于超额互补，超过了线性加权法。

表6-33 指标互补后评价结果均值比较

评价方法	原始指标评价均值	互补后评价均值	评价值增加（%）
线性加权法	15.753	16.720	6.15
调和平均法	3.802	4.162	8.65

评价方法	原始指标评价均值	互补后评价均值	评价值增加 （%）
几何平均法	13.216	14.332	7.79
TOPSIS	0.103	0.097	-5.59
VIKOR	0.735	0.746	1.58

四　结论与讨论

1. 研究结论

（1）多属性评价方法指标之间的互补是个复杂问题

受不同多属性评价方法的评价原理不同、指标数据特点不同、权重设置不同、互补值大小不同等因素的影响，导致多属性评价方法指标之间的互补问题比较复杂。线性加权法是等额互补，即某个指标加权减少的均值可以通过其他指标加权增加等额均值来进行弥补。其他非线性评价方法可能存在超额互补和欠额互补。所谓超额互补，就是加权等额均值互补后评价值是增加。所谓欠额互补，就是加权等额均值互补后评价值降低。本节实证研究发现调和平均和几何平均是超额互补，TOPSIS、VIKOR 是欠额互补，但这不是一种证明，而是特定数据特定方法下的结果，如果更换互补指标，都有可能改变互补结果。

（2）基于比值的多属性评价方法更容易出现欠额互补

多属性评价方法本身比较复杂，根据评价原理大致可分为基于比值的评价方法、基于总值的评价方法和其他评价方法，比如线性加权法、调和平均、几何平均总体上属于基于总值的评价方法，TOPSIS、VIKOR、数据包络分析总体上属于基于比值的评价方法，当然主成分分析、因子分析等则属于其他评价方法。对于基于比值的评价方法，其评价值是相对数，因此指标互补后更容易出现欠额互补的现象。进一步地，单调性好的评价方法，即某个评价指标均值增加，评价结果增加的多属性评价方法，可能会出现等额、超额、欠额互补三种情况；单调性较差的评价方法，即某个评价指标均值增加，评价结果减少的多属性评价方法，更容易出现欠额互补。

2. 讨论

（1）讨论指标间互补应在不同属性指标间进行

在科技评价中，由于指标之间高度相关，一个指标增加，另一个指标正常情况下也会增加。少数情况下，可能会出现一个指标减少，另一指标增加的现象，人们可能会认为这是一种指标间的互补，维持评价结果排序不变或者略有升高，但这属于特殊情况，是一种伪互补。所以在科技评价中，讨论评价指标之间的互补问题最好在不同属性、不同类型的指标之间进行。

（2）指标互补问题对于多属性评价方法选择具有深远影响

指标互补问题对于多属性评价方法选择具有重要影响，通常情况下，应该尽量选择等额互补评价方法。对于超额互补，相当于变相提高了互补指标的权重；对于欠额互补，相当于变相提高了被互补指标的权重，应该根据评价目的进行选择。由于指标之间互补的复杂性，即使对于同一评价方法的不同评价指标之间，互补类型可能也不一样。所以评价指标之间的互补问题可以作为对评价结果进行检验以及管理控制的一种方法，弄清不同指标之间的两两互补关系，从而加深对不同指标权重的理解。

第七章　创新绩效评价专题研究

第一节　技术产业创新速度与绩效关系研究

本节提出高技术产业创新速度的概念，分析了高技术产业创新速度与效益的互动机制并进行了实证。采用面板数据分析创新速度对效益的作用大小及作用规律，采用面板向量自回归模型分析高技术产业创新速度与效益的互动关系。研究结果表明，高技术产业创新速度与效益之间呈现良性互动关系，创新速度每增加 1%，会带来利润增加 0.114%，短期内提高企业创新速度是企业获取利润的最有效手段。高技术产业创新速度与利润之间呈现 U 形曲线，当创新速度中等时利润最低。劳动力的弹性系数大于资本和创新速度，我国高技术产业的运行质量有待提高。

一　引言

高技术产业是我国的主导产业，提高产业创新速度可以加快转型升级步伐，增强高技术产业竞争力，从而提高高技术企业的效益。加快创新速度，将新产品快速推向市场已经成为众多高技术企业的发展战略。研究高技术产业创新速度与效益的关系，分析其作用机理和作用规律，对于加快我国高技术产业创新驱动发展，提高高技术产业的经济效益，增强高技术产业的全球竞争力，具有十分重要的意义。

关于企业创新速度，主要涉及产品创新速度。Kessler 等（1996）认为产品创新速度一般是指从初次发现市场可能，到实现商品化的时间跨度。Manisfield（1988）认为产品创新速度是指产品开发与投放过程中某两个标志性阶段或时间点的时间跨度。而关于产业创新速度，目前学术界还缺乏相关研究。本节中，所谓产业创新速度，就是指产业中所有企业创新的快慢程度，它是个相对概念，一般用产业研发投入和产出的年增长率表示。

　　关于快速创新的优越性，Markman 等（2005）根据风险管理理论，认为快速创新通过赋予企业更多创新尝试的机会，分摊了单次失败所带来的成本，提高了创新成功的概率。Kessler 等（1996）从组织学习能力出发，认为在新产品研发中，通过不断学习和纠错，在提高速度的同时适当降低成本。Sonnenberg（1993）认为快速创新本质上是组织知识积累的过程。通过员工高强度的学习，提高了研发人员的核心竞争力，形成了庞大的知识存量，提高了顾客满意度。Menon 等（2002）认为，快速创新的企业能够为市场带来更加新颖的产品设计理念，赢得顾客对于企业品牌的良好印象。

　　关于创新速度与效益及企业竞争力的关系，学术界更多侧重于微观企业层面的研究。Mcevily 等（2004）认为创新速度的提高，可以使企业更充分地利用财务杠杆，分摊项目研发成本，达到利润最大化。Alpert 等（1994）认为快速创新意味着企业成为市场竞争中的先入者，以较低的价格提供优秀的产品，加快了资金回收速度，最终带来企业效益的增加。Clemens 等（2005）认为战略管理是企业外部环境变化和内部制度压力下的动态战略反应行为，创新速度是企业获取竞争优势的重要前提。何山、李成标等（2002）认为企业产品创新效益是新产品相对质量和创新周期的函数，企业须在二者之间寻找最佳的均衡点。莫长炜（2011）认为企业采取的苗条经济成本和精明经济成本领先战略措施越多，企业产品创新速度就越快。

　　从现有的研究看，关于微观层面企业创新速度的优越性、企业创新速度与企业效益的关系与作用机制等领域的研究成果比较丰富，但是从宏观层面关于产业创新速度的研究成果比较缺乏。此外，企业创新速度与企业效益的关系本质上是互动的，现有的文献仅侧重于研究创新速度对企业效益的影响，而对企业效益对创新速度的影响缺乏关注，关于高技术产业创新速度与效益关系的研究也比较缺乏。本节首先从分析产业创新速度与效益的关系入手，提出基本假设，然后基于中国高技术产业的面板数据，研究创新速度对企业效益的作用大小、作用规律以及创新速度与企业效益的互动关系。

二　产业创新速度与效益的互动机制

1. 高技术产业创新速度对效益的影响机制

（1）技术创新、产业成长与产业效益

高技术产业发展的源泉就是整个产业的技术创新，重大关键技术突破甚至会带来一个全新的产业。由于重大技术的突破，带来了整个产业成长，最终为高技术企业带来效益。比如 20 世纪互联网关键技术的突破，为整个信息产业的发展提供了巨大的推动力。在产业成长初中期，创新速度提高的动力主要是逐利机制。由于技术尚未成熟，加入产业的企业少，但利润高，此时最重要的是继续加大研发投入，提高创新速度，向市场提供完美的新产品。在产业成熟期，创新速度提高的动力主要是竞争压力。随着产业日趋成熟，加入的企业越来越多，竞争也越来越激烈，唯有加快创新速度，才有可能取得竞争优势。而当产业发展进入衰退期，一部分企业选择多元化经营，退出市场，而实力较强的企业由于技术和市场的双重优势，也会提高创新速度，继续保持领先地位。

（2）经济周期与产业创新速度

经济发展是有周期的，在经济衰退期，市场需求不足，此时增加单位资源用于技术创新，其机会成本比经济繁荣期小，所以在经济衰退期，资源投入从生产活动转向技术创新活动，创新速度加快，而繁荣期则相反（Aghion 等，2010）。那么在经济繁荣期，是否创新速度就一定慢呢？也不尽然。一是要看产业竞争情况。在一个竞争比较激烈的产业，如果企业不创新，就难以生存。二是要充分考虑到经济繁荣期企业效益往往较好，创新投入较为充足，一定程度上也抵消了创新成本提高的影响。我国高技术产业总体上竞争比较激烈，因此经济周期对创新速度的影响总体上是正向的，即无论是经济繁荣还是衰退期，提高创新速度总是利大于弊。

（3）高技术产业效益对产业创新速度的作用机制

产业效益对产业创新速度无疑具有重要的意义。企业利润水平高，资金实力雄厚，才有可能加大创新投入，提高企业创新速度。而利润水平较低的企业，由于其生存发展尚面临巨大威胁，出于谨慎性原则，一般会选择维持现有研发投入水平，企业创新速度较低。周游、翟建辉（2012）通过对英国技术创新和经济增长历史数据的分析，发现技术创新与经济增长之间有相互决定、相互影响的关系。当然，企业利润水平较高，意味着企业生存压力小，也有可能疏于技术创新，一旦企业创新速度降低，必然面临竞争对手的威胁，从而降低利润水平，因此总体上企业对保持较高创新速度是比较重视的。

高技术产业创新速度与效益的互动机制如图 7-1 所示。

综合以上三点分析，本节提出假设一：H1：高技术产业创新速度与产业利润水平正相关。

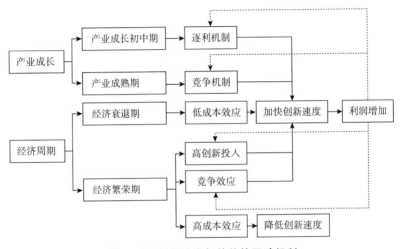

图 7-1　创新速度与效益的互动机制

2. 高技术产业创新速度对效益的影响规律

企业的知识和技术积累会影响创新速度进而影响效益。当企业知识和技术积累较小时，如果创新速度较快，会导致创新效果不佳，难以取得较好的效益，从而带来风险，此时维持一个相对较低的创新速度反而能促使企业稳步发展。当企业知识和技术积累比较雄厚，研发力量较强时，维持较高的创新速度会产生较好的创新效果，从而带来企业效益的提高。

市场竞争水平也会影响企业创新速度进而影响企业效益。当竞争激烈时，加大研发投入必然会加大成本，因此对于经济实力不强的企业而言，采取低速创新可以减少风险，从而保持一定的利润水平。而对于经济实力比较雄厚的企业，在竞争中一般也容易取得优势，往往会加快创新速度，从而获取更大的竞争优势。Porter（1980）认为日益增加的市场竞争，导致新产品生产企业更可能对原有产品实现摧毁式创新，通过提高创新速度来获得竞争优势。Calantone 等（2000）研究了产品性能与推向市场时间的关系，认为在企业具有较高市场占有率和较稳定产品性能的情况下，要尽可能加快产品的研发时间，提高创新速度。

综上所述，本节提出假设二：H2：高技术产业创新速度与产业效益呈 U 形关系，较低或较高创新速度的企业效益较高。

三　方法与数据

1. 研究方法

（1）基本方程

根据理性人基本假设以及 Cobb – Douglas 生产函数，对于追求利润的高技术企业而言，所有投入均是为了获得效益。高技术产业的产出变量为利润 Y，投入变量为资本 K 和劳动力 L，在此基础上引入创新速度变量 S，本节的基本方程为

$$\log(Y) = c_0 + c_1\log(K) + c_2\log(L) + c_3\log(S) \qquad (7-1)$$

公式（7-1）重点分析创新速度的弹性大小，为了研究创新速度对高技术产业效益的影响规律，进一步引入创新速度的二次项，得

$$\log(Y) = c_0 + c_1\log(K) + c_2\log(L) + c_3\log(S) + c_4\log^2(S)$$

$$(7-2)$$

通过分析创新速度二次项回归系数 c_4 是否通过统计检验以及是否大于 0，就可以判断创新速度对效益的影响是线性的还是非线性的，如果是非线性的，还可以知道曲线的形状，这样可以进一步总结其作用规律。

（2）面板数据模型

本节利用面板数据模型研究高技术产业创新速度对效益的影响大小以及影响规律。面板数据是同时具备截面数据与时间序列数据特点的数据，它能最大限度地降低多重共线性的影响，提高估计的效率，精细刻画研究对象不同因素之间的作用规律。Mundlak（1961）最早创立了面板数据模型，其一般表现形式为

$$y_{it} = \alpha_i + x_{it}\beta_i + u_{it} \quad i = 1,\cdots,n, t = 1,\cdots,T \qquad (7-3)$$

公式（7-3）中，x_{it} 为 $1 \times K$ 矩阵，表示变量；β_i 为 $K \times 1$ 矩阵，表示回归系数；K 为解释变量的数目；α_i 表示常数项。根据 α_i、α_j 之间的关系

可以分为固定截距模型和变截距模型，一般采用变截距模型；根据 β_i、β_j 之间的关系可以进一步分为固定系数模型和变系数模型，以固定系数模型居多。面板数据模型又可以进一步分为固定效应与随机效应模型。如果非观测效应的产生是各个截面或个体特有的可估计参数，并不随时间发生变化，则为固定效应模型；如果非观测效应是随机变量，并且符合一个特定的分布，则为随机效应模型。

在高技术产业效益的投入产出系统中，往往存在内生变量，比如高技术产业创新速度与效益之间存在互动关系而非单向因果关系，此时原有的基于最小二乘法（OLS）的估计将失效，必须选择合适的工具变量，采用两阶段最小二乘法（2SLS）或系统广义矩法等进行估计。但是对于面板数据寻找合适的工具变量非常困难，为了解决这个问题，Arelano 等（1991）提出了差分广义矩法（DIF－GMM），首先对原始数据进行一阶差分，然后用自变量和其他内生变量的高阶滞后项作为工具变量。Blundell 等（1998）认为差分广义矩法估计量较易受弱工具变量的影响，特别是当 T 较小时（本节就是这种情况），容易产生有限样本偏误，导致估计结果出现比较严重偏差。为此，他提出了系统广义矩法（SYS－GMM），增加了被解释变量的一阶差分滞后项，将其作为水平方程的工具变量。

（3）面板向量自回归模型

本节利用面板向量自回归模型研究高技术产业创新速度与效益之间的互动作用。Holtz－Eakin 等（1988）最早提出面板向量自回归模型（Panel VAR），Lütkepohl（2005）、Love 等（2006）等学者进一步深化了面板向量自回归模型。PVAR 延续了传统向量自回归模型的优点，视同所有变量为内生变量，这能真实地反映高技术产业创新速度与效益之间的内在互动关系。

基于面板数据可以建立无约束的 UVAR 模型与误差修正模型（VEC），高技术产业投入产出面板数据往往是不平稳的，如果将非平稳的时间序列数据转化为平稳数据后再建立 UVAR 模型，就会牺牲原始数据中的大量信息，此时建立误差修正模型（VEC）是一种较好的选择，其前提是所有变量必须是协整的。

2. 变量与数据

高技术产业效益变量 Y 采用高技术产业的利润表示，资本投入 K 采用资产总计表示，人力资本投入 L 采用职工人数表示。资本投入可以选择固定资产原价和总资产两个变量，在 2009 年之前，国家统计局公布固定资产原价数据，从 2009 年开始，国家统计局公布资产总计数据，前后并不一致，从数据的时效性出发，本节选取资产总计作为高技术产业资本投入的替代变量。

　　创新速度的衡量方法是多方面的。首先是创新变量选取，基于投入可以采用 R&D 经费投入，基于产出可以选取新产品销售收入、专利数等。创新速度的衡量最好选择创新效果即创新产出，比如专利和新产品销售收入。专利申请的滞后期较长，加上部分企业基于各种原因并不申请专利，因此选择专利作为创新产出变量并不合适。借鉴 Griliches（1990）的做法，选取新产品销售收入作为创新产出的替代变量，因为它反映了企业创新的市场价值。其次是创新速度的衡量方法，一般采用新产品销售收入的年度增长率表示，但是考虑到部分地区存在负增长，而做计量时要取对数，所以换一种方法来衡量创新速度，即创新速度采用下一年度新产品销售收入与上一年度的比值表示。

　　本节所有数据均取自 2010～2014 年的《中国高技术产业统计年鉴》，实际上是 2009～2013 年的省际面板数据，由于西藏、青海地区部分年度数据存在缺失，将这两个地区删除，变量的描述统计量如表 7 - 1 所示。

表 7 - 1　变量描述统计

统计量	利润 Y（亿元）	资产总计 K（亿元）	职工人数 L（人）	创新速度 S（100%）
均　值	184.79	2173.99	396947.30	142.00
极大值	1521.50	20513.10	3842156.00	1317.23
极小值	0.10	1.37	3843.00	2.21
标准差	284.52	3671.78	739168.90	119.16
n	$29 \times 5 = 145$			

四　实证结果

1. 面板数据的单位根检验

在面板数据回归前，必须进行单位根检验，以防止伪回归问题，常用的检验方法有 ADF 检验、LLC 检验、PP 检验。为了保证研究的稳健性，同时采用 3 种方法进行检验，以检验结果相同为准。检验结果如表 7 - 2 所示，除了劳动力以外，其他所有变量在零阶平稳，并且所有变量在一阶差分后平稳。

表 7 - 2　单位根检验

变量名称	ADF 检验	LLC 检验	PP 检验	结　果
$\log(Y)$	145.608***	-18.168***	87.510***	平　稳
$\log(K)$	365.474***	-56.116***	395.956***	平　稳
$\log(L)$	62.987	-9.200***	100.430***	不平稳
$\log(S)$	128.035***	-25.210***	149.653***	平　稳
$\Delta\log(Y)$	175.388***	-1.812**	210.371***	平　稳
$\Delta\log(K)$	416.188***	-184.386***	465.484***	平　稳
$\Delta\log(L)$	110.546***	-28.456***	124.005***	平　稳
$\Delta\log(S)$	153.605***	-40.056***	176.567***	平　稳

注：*、**、***分别表示在 10%、5%、1%的水平下检验通过。

2. 面板数据估计结果

首先，不考虑创新速度的二次项，估计创新速度对高技术产业效益的影响，由于所有数据已经接近总体，采用固定效应模型是一种较好的选择，Hausman 检验的结果也说明了这一点，以 0.011 的概率拒绝了随机效应的原假设。考虑到变量的内生性，采用差分广义矩法进行估计，工具变量引入自变量的一阶滞后项，结果如表 7 - 3 中的"固定效应 1"栏所示。拟合优度 R^2 较高，为 0.956，所有变量在 1%的水平上都通过了统计检验。

从弹性系数看，劳动力的弹性系数最高，为 0.800，资本的弹性系数较低，为 0.129，创新速度的弹性系数最低，为 0.114。假设一部分得到验证，即创新速度的增加能够带来高技术产业利润的增加，创新速度每增加 1%，会带来利润增加 0.114%。劳动力弹性系数较高某种程度上也说明我国高技术产业急需转型升级，质量有待提升。

其次，继续引入创新速度的二次项进行估计，以总结创新速度对高技术产业利润的作用规律。同样采用固定效应模型和差分广义矩法进行估计，工具变量引入自变量的一阶滞后项，结果如表 7 - 3 中的"固定效应

2"栏所示。拟合优度 R^2 较高，为 0.989，所有变量在 1% 的水平上都通过了统计检验。

表 7 - 3　面板数据估计结果

变　量	说　明	固定效应 1	固定效应 2
c	常数项	-6.535^{***} （-20.242）	-9.015^{***} （-9.553）
$\log (K)$	资本	0.129^{***} （6.989）	0.096^{***} （7.291）
$\log (L)$	劳动力	0.800^{***} （29.406）	1.106^{***} （12.920）
$\log (S)$	创新速度	0.114^{***} （2.699）	-0.246^{**} （-2.398）
$\log^2 (S)$	创新速度二次项	—	0.031^{**} （2.486）
Hausman	Hausman 检验值	11.114	10.871
p 值	相伴概率	0.011	0.028
R^2	拟合优度	0.956	0.989

注：*、＊＊、＊＊＊分别表示在 10%、5%、1% 的水平下检验通过。

　　创新速度二次项的系数为正，说明创新速度对高技术产业利润的影响呈 U 形曲线，也就是说，当创新速度较低和创新速度较高时，能够给高技术产业带来更多的利润，这样假设二就得到验证。进一步计算出创新速度的最低点为 51.52%，也就是说，只要下一年的创新产出占一年创新产出的比重在 51.52% 以上，速度越快，就越能带来更多的利润。考虑到绝大多数省市的高技术产业都符合这个条件，即处于 U 形曲线最低点的右侧，也就是说，创新速度越快，高技术产业的利润越高。

　　3. 面板向量自回归模型估计

　　面板向量自回归模型包括无约束向量自回归模型 UVAR 和误差修正模型 VEC 两种，取决于数据是否为平稳面板数据，本节数据经过一阶差分才平稳，在面板数据协整的前提下，建立误差修正模型 VEC 是最佳选择。首先通过卡方检验确定滞后阶数，结果滞后阶数为 2。继续进行 Johansen 协整检验，结果显示至少存在 1 个协整关系。面板误差修正模型的稳定性检验表明，模型所有特征根都小于 1，位于单位圆内（见图 7 - 2），说明模型结构是稳定的。

　　面板误差修正模型是一种非理论性的模型，其回归系数没有什么经济学意义，因此在分析面板误差修正模型时，一般采用脉冲响应函数和方差分解进一步分析各变量之间的互动关系。

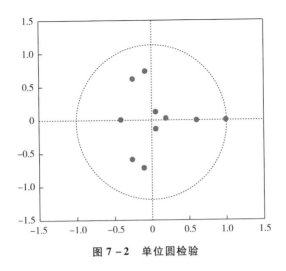

图 7 - 2　单位圆检验

先来看高技术产业利润的脉冲响应函数（见图 7 - 3）。来自利润一个标准差的正向冲击对其影响最大，而且比较稳定，持续时间较长，这是正常的。创新速度对高技术产业利润的贡献有一定的滞后，当期为零，随后快速增长，第三期达到极大值，随后进入相对稳定的阶段，作用时间较长。来自资本一个标准差的正向冲击，刚开始有一定的波动，甚至为负，但从第三期开始比较平稳。来自劳动力一个标准差的正向冲击，短期内没有效果，在第四期后处于一个较高水平，并且作用时间较长。总体劳动力的作用最大，这和面板数据回归分析的结果基本一致。短期创新速度的作用最大，超过资本和劳动力，长期创新速度的作用和资本基本相当，这也和面板数据回归的结果基本一致。高技术产业要在未来一两年的短期内取得较高的利润，加快创新速度是唯一选择。

再来看创新速度的脉冲响应函数（见图 7 - 4）。来自利润一个标准差的正向冲击，对创新速度的影响最大，当期就发挥作用，第 3 期达到极大值，随后趋于平稳。这也部分验证了假设一，即利润对创新速度具有正向促进作用。创新速度自身的冲击并不平稳，充分说明高技术产业的创新速度有一定的"黏性"，创新有其自身规律，突然加快效果是不好的。劳动力的冲击当期为负，随后第 2 期为正，作用时间较长也比较稳定，说明劳动力对创新速度总体上是正向的，企业员工规模的扩大，一般也伴随着高素质技术人员规模的扩大，从而会提高创新速度。而资本对创新速度总体

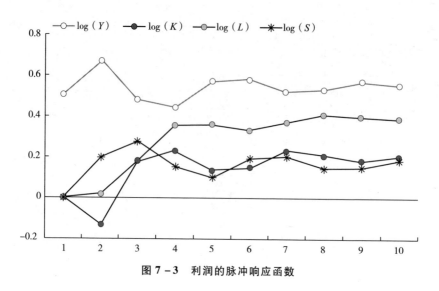

图 7 - 3 利润的脉冲响应函数

上相关不大，说明高技术产业的资本，更多的是用于生产，它们之间的作用机制本来就很小。

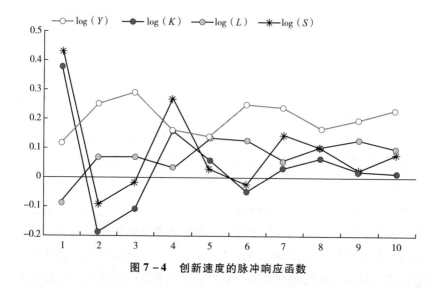

图 7 - 4 创新速度的脉冲响应函数

利润的方差分解如表 7 - 4 所示，在末期，利润自身的比重最高，占比为 64.94%，其次是劳动力，占比为 21.80%，资本和创新速度相当，占比分别为 6.70% 和 6.56%，这和面板数据回归中自变量弹性系数大小的排序一致。

表 7 - 4　利润的方差分解

时　　期	标准差	利润（%）	资本（%）	劳动力（%）	创新速度（%）
1	0.50	100.00	0.00	0.00	0.00
2	0.87	92.55	2.40	0.03	5.01
3	1.06	82.82	4.32	2.84	10.02
4	1.23	74.12	6.69	10.30	8.88
5	1.41	72.68	5.89	14.16	7.27
6	1.58	71.57	5.57	15.64	7.21
7	1.73	68.66	6.35	17.58	7.41
8	1.87	66.63	6.67	19.76	6.93
9	2.01	65.82	6.59	21.01	6.58
10	2.14	64.94	6.70	21.80	6.56

创新速度的方差分解如表 7 - 5 所示，利润对创新速度的影响最大，占比高达41.37%，超过了创新速度自身28.87%的比重，也进一步验证了假设一，即利润对创新速度具有促进作用。资本所占比重为21.25%，最小的是劳动力，占比为8.52%。

表 7 - 5　创新速度的方差分解

时　　期	标准差	利润（%）	资本（%）	劳动力（%）	创新速度（%）
1	0.59	3.98	40.62	2.18	53.22
2	0.68	16.57	38.61	2.59	42.23
3	0.75	28.23	33.94	3.02	34.81
4	0.83	26.99	31.30	2.64	39.07
5	0.85	28.16	29.95	4.91	36.98
6	0.90	32.95	27.29	6.39	33.37
7	0.94	36.17	24.94	6.18	32.72
8	0.97	37.13	23.99	6.91	31.98
9	1.00	38.91	22.66	8.21	30.22
10	1.03	41.37	21.25	8.52	28.87

五　研究结论

1. 高技术产业创新速度与效益呈互动关系

高技术产业创新速度与效益之间呈现良性互动关系，面板数据回归表明，创新速度每增加1%，会带来利润增加0.114%。脉冲响应函数的研究表明，短期内提高企业创新速度是企业获取利润的最有效手段，利润的冲击对高技术产业创新速度的正向影响甚至超过了创新速度自身。创新速度的方差分解中，利润所占比重也超过了企业创新速度自身。总体上，我国高技术产业的效益和创新速度之间呈现稳定和良性的互动关系，两者协调较好。

2. 高技术产业创新速度与效益之间呈现 U 形曲线

高技术产业创新速度与利润之间呈现 U 形曲线，也就是说，当创新速度中等时利润最低。创新速度较低时，由于创新风险较低，企业短期内反而容易维持较高水平利润，当创新速度较高时，企业可以从创新中获取超额利润，往往容易保持较高的利润水平。实证研究结果表明，我国绝大多数高技术企业的创新速度都在 U 形曲线的右侧，也就是说，创新速度越快，高技术产业的利润越高。这也为我国高技术企业的转型升级提供了方向，只有通过不断加大创新投入，提高创新速度，才能保持高技术企业的良好效益。

3. 我国高技术产业的质量有待提高

实证研究结果表明，我国高技术产业的投入要素中，劳动力的贡献要大于资本和创新速度，这也充分说明我国高技术产业仍然属于粗放型的，原始创新和重大创新还较少，技术水平还有待提高，唯有通过创新驱动发展，才能加快转型升级的步伐，从根本上提高我国高技术产业的运行质量。

第二节　创新速度、要素替代与高技术产业效益

本节以高技术产业为例，建立了创新速度作用机制的理论框架，然后基于面板向量自回归模型和面板门槛回归模型，研究了创新速度的要素替代效应和门槛效应特征。结果表明，创新速度间接作用机制主要体现在，其加快了高技术产业创新对要素的替代效应，高技术产业的技术进步是节约劳动力的技术进步。创新速度的直接效应主要体现在其能给高技术产业带来效益，效益越高的高技术企业，其创新速度的弹性越高。在不同创新速度下，高技术产业资本和劳动力的弹性具有门槛效

应。创新速度越高，资本的弹性系数越大，劳动力的弹性系数也越大，但是提高的程度要小于资本。我国高技术产业正处于转型期，资本和创新速度的弹性偏低，质量有待提高。向量自回归模型提供了一种新的计算技术进步偏向的思路。

一　引言

创新驱动已成为我国的发展战略，加快创新速度，对于促进我国经济增长方式的转变，推进转型升级的步伐，提高企业的竞争力和经济效益，具有十分重要的意义。我国高技术产业发展面临着巨大的资源与环境压力，人口红利优势也日渐丧失。加快创新速度，不仅能使高技术企业取得较好的经济效益，如果能有效地对资源进行替代，也是高技术产业发展质量的重要体现。研究创新速度、要素替代与经济效益的关系，分析创新速度的作用机制，具有十分重要的价值。

高技术产业是我国经济发展的主导产业，21 世纪以来，我国高技术产业技术创新发展很快，根据《中国高技术产业统计年鉴》（2001，2014），2000 年高技术产业研发经费内部支出 110 亿元，有效发明专利 1443 件，实现新产品销售收入 2484 亿元，利润为 673 亿元；2013 年高技术产业研发经费内部支出 1734 亿元，年平均增长 23.63%，有效发明专利 115884 件，年平均增长 40.13%，实现新产品销售收入 29029 亿元，年平均增长 20.82%，利润为 7234 亿元，年平均增长 20.04%。无论创新投入、创新产出还是高技术产业的效益均取得了高速增长。

创新是技术进步的根本源泉，关于技术进步与要素替代的关系，研究主要集中在技术进步的偏向上。Hicks（1932）借助要素间的边际替代率概念，将技术进步划分为资本节约型、劳动节约型和中性三种类型。Acemoglu（2002）对希克斯的定义做了新的解释和拓展，并将其应用于技能与非技能劳动之间的技术偏向，成功解释了美国 20 世纪 70 年代以来的工资不平等变化趋势。Kiley（1998）构造了一个内生化模型，将技术进步对技能劳动和非技能劳动的偏向性内生化。Galor 等（2004）将技能劳动与非技能劳动对新技术的适应时间引入内生模型，当新技术出现时技能劳动显示出更低的调整成本并以更快的时间去适应新技术，生产率差异使两者的工资差距扩大。Klump（2008）估计了美国 1953 ~ 1988 年和欧元区 1970 ~ 2005 年的总替代弹性和要素增强型技术进步，发现替代弹性均小于 1，并且劳动增强型技术进步占主导地位。Sato 等（2009）研究了美国和日本 1960 ~ 2004 年劳动力数量增长和劳动节约型创新对于经济增长的相对贡献，研究发现两国的技术均是偏向于资本的。Zuleta 等（2008）研究发现，无论是发达国家还是发展中国家，都在不同程度上呈现要素收入向资本倾斜的趋势。

我国学者对于技术进步偏向的研究也较多。焦霖（2013）认为，中国经济就业总量创造不足和结构失衡可能表现为技术进步不足，只不过低端技术进步是劳动互补型而不是替代型。孙永君（2011）研究发现，技术进步促进了产出增长，同时也促进了就业增长，但对就业增长的促进作用明显小于对产出增长的促进作用，同时与技术进步相伴的资本投入也对劳动起到替代作用。雷钦礼（2012）实证研究发现，生产过程中的技术进步是偏向于劳动增强型的，表现为劳动效率持续快速提高，而资本效率则持续下滑。陆雪琴（2013）基于中国 1978 ~ 2011 年时间序列数据研究，发现希克斯技术进步和哈罗德技术进步大体上都是偏向资本的。

关于创新速度与企业效益的关系，Clemens 等（2005）认为战略管理通常是企业外部环境变化和内部制度压力下的动态反应行为，创新速度是企业竞争优势的重要前提。Alpert 等（1994）认为快速创新还能够使企业成为市场中的先进入者，通过更快的资金回收速度，以更低的价格提供更卓越的产品，并最终带来企业利润的增加。Mcevily 等（2004）认为从经济收益角度来看，创新速度的提高可以使组织更充分地利用财务杠杆，分摊项目成本，进而达到利润最大化。何山、李成标等（2002）认为，企业产品创新的净利润是创新周期和新产品相对质量的函数，企业应在两者之间寻找最佳的平衡点。莫长炜（2011）认为企业采取的精明经济成本领先战略措施以及苗条经济成本领先战略措施越多，企业的产品创新速度越快。

从目前的研究看，关于技术进步的偏向性问题研究比较深刻，但由于国家和研究对象不同，研究方法不同，研究结果迥异，但总体上认为技术进步是资本替代的。关于创新速度与企业效益的关系，虽然学术界有一些研究，但不够系统。总体上，在以下几个方面需要进一步深入。

第一，关于创新速度与要素投入的关系，学术界缺乏研究。涉及的问题包括：创新速度提高对资本和劳动力会产生哪些影响，其影响机制是什么，这些影响有什么深远意义。

第二，创新速度对要素贡献弹性的影响。如果创新速度对要素投入产生影响，那么创新速度是否会影响要素投入的弹性系数，有没有门槛效应，其门槛效应特征是什么，影响原因和机制是什么。

第三，创新速度自身的门槛效应特征。创新速度对高技术产业效益的影响机制是什么；如果有影响，有没有门槛效应，即随着高技术产业效益高低不同，创新速度的弹性是如何变化的，有什么规律。

弄清楚以上几个问题，本质上是对创新速度的作用机制做一个全局和系统的总结。本节在理论分析的基础上，以高技术产业为例，首先基于面板向量自回归模型，研究创新速度与要素投入、企业利润的互动关系，然后进一步研究创新速度对要素弹性影响的门槛效应，以及高技术产业效益对创新速度弹性的门槛效应，最后进行总结。

二 创新速度的作用机制

1. 创新速度对要素投入的作用机制

技术进步与要素投入具有双面效应。古典经济学家李嘉图早在1817年就指出，技术创新是一把"双刃剑"，它在促进就业增加的同时，也会造成结构性失业，其作用机理是技术进步引致劳动生产率提高，进而提高资本有机构成，导致企业对劳动力需求下降。Vivarelli（1995）则认为技术进步会对劳动力投入产生补偿效应，主要包括：第一，新技术会降低产品成本进而降低产品价格，扩大国内外市场需求，进而增加劳动力需求。第二，新技术会产生对新机器的需求，从而增加机器生产部门的劳动力需求。第三，采用新技术获得额外收益的企业家会追加新的投资，从而催生更多的劳动力需求。第四，技术性失业导致企业在较低的工资水平下雇用更多的工人。第五，新技术引发的生产效率提高会增加劳动者的实际收入，从而购买更多的产品。第六，新产品会催生新的市场与经济活动。刘明、刘渝琳等（2013）利用门槛回归模型，分析了我国工业部门技术进步对就业的"双门槛效应"。研究表明，当工业部门资本深化程度较低时，技术进步对就业的"补偿与创造效应"占主导地位，能极大地促进我国工业部门的就业。然而，随着资本深化程度的提高，技术进步路径开始与要素禀赋结构相偏离，技术进步对就业的"替代效应"逐渐增强，甚至超过了"补偿与创造效应"，使技术进步对就业产生了负的净效应。

不同国家、不同产业、不同时期技术创新与投入要素的关系是不一样的，总体上具有两种效应：一种是替代效应，即技术创新带来资本和劳动力的节约；另一种是互补效应，即技术创新带来资本和劳动力的增加。往往替代效应和互补效应并存，当然最终只呈现一种综合效应。此外，资本和劳动力综合效应大小的特征表现为技术进步偏向是资本节约型、劳动力节约型或中性技术进步。

对我国高技术产业而言，创新速度对要素投入总体上应呈现替代效应。这是因为，我国高技术企业面临着巨大的资金压力，加上劳动力的结构性短缺与劳动力成本的提高，以及高水平技术人才的缺乏，唯有通过技术创新，才能有效地节省要素投入，相对而言，节省劳动力的创新更为突出。从创新的类型看，一种是围绕生产技术和工艺的创新，创新速度的提高无疑会提高生产效率和资本的利用效率，减少劳动力需求。另一种是围绕产品进行的创新，对于大部分非革命性的技术创新，对劳动力的影响一般是不大的，但是往往会增加资本投入，提高资本的利用效率，使得劳动力的相对作用变小。对于一些革命性的技术创新，比如互联网，会带来一个新的产业，同时带动资本与劳动力的增加，但就其重要性相比，新技术往往是资本密集型的。

综上所述，本节提出假设一：H1：创新速度对高技术产业技术进步偏向总体上呈现资本密集型。

创新速度高低会影响资本对高技术产业效益的弹性系数。创新速度低的企业，意味着其无论是产品创新还是生产工艺及手段的创新均比较慢，由此带来的资本投入增加值较小，资本的利用效率不高，因此资本对利润的弹性系数就不高。而创新速度较高的企业，由于创新产出大，必定会带来资本投入的大量增加，用来扩大再生产，更新设备，提高生产效率。重大创新甚至会吸引巨大的投资，带来丰厚回报。

为此，提出假设二：H2：创新速度对资本作用具有门槛效应，创新速度越高，资本对高技术产业效益的弹性系数越高。

创新速度高低也会影响劳动力对高技术产业效益的弹性系数。创新速度低的企业，创新对劳动力数量和结构的影响较小，劳动力对企业利润的弹性系数变化不大。而创新速度高的企业，一方面，创新可能带来劳动力的替代，使企业减少劳动力；另一方面，创新速度高的企业，会优化劳动力的结构，提高高素质劳动者的比重，这样势必会提高劳动力对利润贡献的弹性系数。

为此，提出假设三：H3：创新速度对劳动力作用具有门槛效应，创新速度越高，劳动力对于高技术产业效益的弹性系数越高。

2. 创新速度对高技术产业效益的作用机制

创新速度的提高有利于高技术产业取得较好的效益。Kessler 等（1996）从组织学习能力角度出发，认为在连续高效产品开发中，通过学习与纠错，在提高速度的同时降低成本支出。Markman 等（2005）认为快速创新赋予了企业更多尝试创新失败的机会，分摊了单次失误所带来的成本，从而提高了效益。Sonnenberg（1993）认为，快速创新的过程也是组织知识积累的过程，以高频率的市场检验与组织学习，获得庞大的知识存量，进一步影响新产品开发，提高满足顾客需求的能力，从而取得较好效益。

高技术产业的发展，本质上来源于产业关键技术的创新，重大关键技术创新会创造新的产业。比如20世纪互联网关键技术的突破，为整个信息产业的发展插上了腾飞的翅膀。由于产业重大技术的突破，带来了产业的成长，最终为企业带来效益。创新速度的提升，不仅可以打败竞争对手，使产品快速进入市场，而且能够使企业获取较好的创新收益，并形成创新投入产出的良性循环。

创新速度与企业效益之间可能存在门槛效应，即对于创新速度较低的企业而言，其创新产出较小，获得的经济效益也不丰厚，因此创新速度对利润贡献的弹性系数也不大；而对于创新速度较高的企业而言，由于其获得良好回报，创新速度与效益之间形成良性循环，创新速度的弹性系数会更高。

为此，本节提出假设四：H4：创新速度与高技术产业效益之间存在门槛效应，效益越高的高技术产业，创新速度的弹性系数越大。

3. 创新速度的综合作用机制

综上所述，创新速度的作用机制呈现直接效应和间接效应两种机制（见图 7-5）。创新速度的间接效应表现为技术进步对劳动力和资本的替代效应或互补效应，并最终决定技术进步的偏向；同时，创新速度对投入要素可能存在门槛效应，即创新速度不同，资本劳动力的弹性系数不同。创新速度的直接效应主要表现为提高创新速度，可以使高技术产业获得较高的利润回报；同时，高技术产业也可能存在效益门槛，即效益较好的高技术企业，其创新速度的弹性系数也越大。

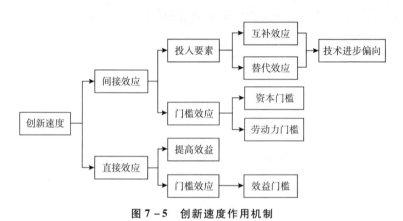

图 7-5 创新速度作用机制

三 研究方法与数据

1. 研究方法

（1）面板向量自回归模型（PVAR）

关于技术进步的偏向测度，目前的研究方法比较成熟，本节重点研究创新速度对技术进步偏向的影响，重点分析创新速度的间接效应和直接效应。相对而言，创新速度并不是一种要素投入，因此基于 CES 生产函数的测度方法并不合适。本节主要借助于面板向量自回归模型（PVAR）来研究创新速度与资本、劳动力的互动关系，并评估技术进步的偏向。

面板向量自回归模型（Panel VAR）最早由 Holtz - Eakin 等（1988）提出，Lütkepohl（2005）、Love 等（2006）等学者对其进行进一步深化和完善。PVAR 继承了传统 VAR 模型的优点，所有变量均视同内生变量，可以真实地反映高技术产业创新速度、资本、劳动力与效益之间的互动关系。基于面板数据可以建立误差修正模型（VEC）或无约束 UVAR 模型，具体看数据的平稳性如何。如果是平稳面板数据，则建立 UVAR 模型是较好的选择；如果是非平稳面板数据，一般建立误差修正模型（VEC）。当然，将非平稳的时间序列变量化为平稳后再建立 UVAR 模型是可行的，但会牺牲原始数据中的大量信息，一般不提倡。

（2）面板门槛回归模型

基于理性人假设和 Cobb–Douglas 生产函数（Cobb 等，1928），对于追求利润的企业而言，一切投入均是为了创造利润。高技术产业的产出变量 Y 为利润，投入变量为资本 K、劳动力 L，在此基础上引入创新速度变量 S，则本节的基本方程为

$$\log(Y) = c_0 + c_1\log(K) + c_2\log(L) + c_3\log(S) \qquad (7-4)$$

根据前文分析，创新速度对资本的弹性系数可能存在影响，它们之间是一种非线性关系。一般采用门槛回归模型来进行研究，以单门槛为例，对于创新速度 S 而言，如果存在一个门槛水平 τ，使得对于 $S \leqslant \tau$ 和 $S > \tau$ 时，资本对企业效益的弹性系数会表现出显著的差异，引入虚拟变量 D_i 使其满足

$$D_i = \begin{cases} 0 & S \leqslant \tau \\ 1 & S > \tau \end{cases} \qquad (7-5)$$

将其代入公式（7-4）

$$\log(Y) = c_0 + \theta_1 D_i\log(K) + \theta_2(1-D_i)\log(K) + c_2\log(L) + c_3\log(S) \qquad (7-6)$$

公式（7-6）相当于一个针对创新速度的分段函数模型，当 $S \leqslant \tau$ 时，资本的弹性系数为 θ_2，当 $S > \tau$ 时，资本的弹性系数为 θ_1。通过选择合适的门槛值 τ，从而得到不同的 θ，虚拟变量 D_i 是以一个门槛为例说明的，实际情况可能有多个门槛值。

同样，创新速度对劳动力的弹性系数也可能存在非线性影响，继续以单门槛为例，对于创新速度 S 而言，如果存在一个门槛水平 τ，使得对于 $S \leqslant \tau$ 和 $S > \tau$ 时，劳动力对企业效益的弹性系数表现出显著的差异，引入虚拟变量 D_i 使其满足

$$D_i = \begin{cases} 0 & S \leqslant \tau \\ 1 & S > \tau \end{cases} \qquad (7-7)$$

将其代入公式（7-4）

$$\log(Y) = c_0 + c_1\log(K) + \theta_1 D_i\log(L) + \theta_2(1 - D_i)\log(L) + c_3\log(S)$$

$$(7-8)$$

公式（7-8）中，当 $S \leqslant \tau$ 时，劳动力的弹性系数为 θ_2，当 $S > \tau$ 时，劳动力的弹性系数为 θ_1。通过选择合适的门槛值 τ，从而得到不同的 θ，虚拟变量 D_i 是以一个门槛为例，当然实际情况可能有多个门槛值。

高技术产业效益对创新速度可能也存在门槛效应，假如存在一个门槛水平 τ，使得对于 $Y \leqslant \tau$ 和 $Y > \tau$ 时，创新速度对企业效益的弹性系数呈现显著差异

$$\begin{cases} \log(Y)\mid_{Y \leqslant \tau} = c_0 + \theta_1\log(S) + c_1\log(K) + c_2\log(L) \\ \log(Y)\mid_{Y > \tau} = c_0 + \theta_2\log(S) + c_1\log(K) + c_2\log(L) \end{cases} \quad (7-9)$$

当 $Y \leqslant \tau$ 时，创新速度对企业利润的回归系数为 θ_1，当 $Y > \tau$ 时，创新速度对企业利润的回归系数为 θ_2。对于不同的企业利润门槛而言，创新速度 S 的弹性系数是不一样的，呈现典型的非线性关系。

2. 数据

本节所用到的变量包括高技术产业效益 Y、资本投入 K、劳动力投入 L 以及创新速度 S。Y 用高技术产业的利润表示，L 采用职工人数表示。《中国高技术产业统计年鉴》中，2009 年之前公布的是固定资产原价数据，2009 年之后公布的是资产总计数据，考虑到数据的时效性，本节选取资产总计作为高技术产业资本投入的替代变量。

高技术产业技术创新的衡量方法是多样的，如 R&D 经费投入、授权专利数、新产品销售收入等。创新速度的衡量以创新产出指标为宜。专利申请的滞后期较长，而本节面板数据时间长度有限，再加上部分企业基于各种原因并不申请专利，因此选择授权专利作为创新产出变量并不合适。借鉴 Griliches（1990）的做法，采用新产品销售收入作为高技术产业创新产出的替代变量，这样就可以进一步计算出创新速度，考虑到某些年度会出现负增长，而这对于模型取对数处理并不方便，因此采用下一年度新产品销售收入与上一年的比值作为创新速度变量。

本节所有数据均来自 2010 ~ 2014 年的《中国高技术产业统计年鉴》，西藏、青海地区由于部分年度数据缺失，实际数据为 5 年内地 29 个省际行政区域的面板数据，变量的描述统计量如表 7-6 所示。

表 7 – 6 变量描述统计

统计量	利润 Y（亿元）	资产总计 K（亿元）	职工人数 L（人）	创新速度 S （100%）
均 值	184.79	2173.99	396947.30	142.00
极大值	1521.50	20513.10	3842156.00	1317.23
极小值	0.10	1.37	3843.00	2.21
标准差	284.52	3671.78	739168.90	119.16
n	29 × 5 = 145			

四 实证结果

1. 面板向量自回归模型估计

（1）面板数据的单位根检验

在建立面板向量自回归模型前，必须对面板数据进行平稳性检验，以决定具体采用什么类型的向量自回归模型，面板数据平稳性检验方法有 LLC 检验、ADF 检验、PP 检验等，为提高研究的稳健性，同时采用这 3 种方法进行检验，以结果一致为准。结果如表 7 – 7 所示，劳动力在零阶不平稳，所有变量在一阶平稳。

表 7 – 7 单位根检验

变量名称	LLC 检验	ADF 检验	PP 检验	结 果
$\log(Y)$	– 18.168***	145.608***	87.510***	平 稳
$\log(K)$	– 56.116***	365.474***	395.956***	平 稳
$\log(L)$	– 9.200***	62.987	100.430***	不平稳
$\log(S)$	– 25.210***	128.035***	149.653***	平 稳
$\Delta\log(Y)$	– 1.812**	175.388***	210.371***	平 稳
$\Delta\log(K)$	– 18438.6***	416.188***	465.484***	平 稳
$\Delta\log(L)$	– 28.456***	110.546***	124.005***	平 稳
$\Delta\log(S)$	– 40.056***	153.605***	176.567***	平 稳

注：*、＊＊、＊＊＊分别表示在 10%、5%、1% 的水平下检验通过。

（2）面板向量自回归模型估计

面板数据在一阶差分后平稳，因此适宜误差修正模型 VEC。当然前提条件是面板数据变量必须协整，首先通过卡方滞后阶数检验确定滞后阶数，结果滞后阶数为 2，继续采用 Johansen 协整检验，发现至少有 1 个协整关系。面板误差修正模型 VEC 的稳定性检验表明，模型所有特征根都位于单位圆内（见图7－6），说明模型结构是稳定的。

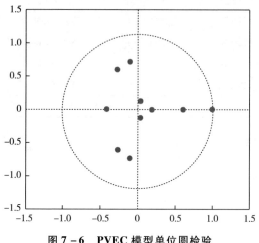

图7－6　PVEC 模型单位圆检验

下面来看资本的脉冲响应函数（见图7－7）。来自资本一个标准差的正向冲击，当期对其影响最大，随后均匀衰减。来自利润一个标准差的正向冲击，当期也发生作用，随后均匀提高，从第3期开始高于资本自身的冲击。来自劳动力的冲击对资本的影响当期为0，随后开始缓慢增长，但总体水平不高。来自创新速度一个标准差的正向冲击对资本的当期影响为0，随后开始为负，说明创新速度的冲击在抵消对资本的互补效应后总体上呈现替代效应。

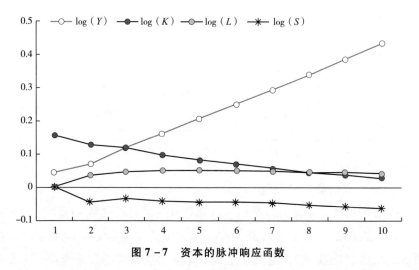

图7－7　资本的脉冲响应函数

再来看劳动力的脉冲响应函数（见图 7-8）。来自劳动力一个标准差的正向冲击，当期就发生作用，作用水平较高，作用效果比较平稳，呈现一条水平线。来自利润一个标准差的正向冲击，当期也发生作用，随后均匀提高，从第 4 期开始高于劳动力自身的冲击。来自资本的冲击对劳动力的影响当期达到极大值，随后开始缓慢衰减，总体水平最低。来自创新速度一个标准差的正向冲击，对劳动力的当期影响为 0，随后开始为负，说明创新速度的冲击在抵消对劳动力的互补效应后总体上也呈现替代效应。

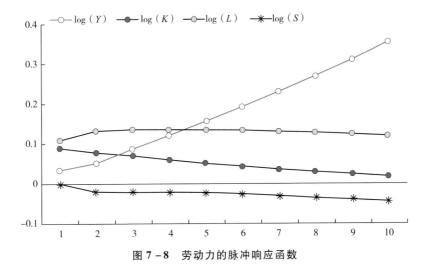

图 7-8　劳动力的脉冲响应函数

创新速度对资本和劳动力冲击的弹性系数如表 7-8 所示。两者当期均为 0，未来 2~10 期资本的平均替代值为 -0.049，未来 2~10 期劳动力的平均替代值为 -0.031，其边际替代率为 1.58。也就是说，创新速度对资本的替代值更大，这也验证了假设一。从这个角度看，高技术产业的技术进步引发的经济增长是劳动力节约型的经济增长，在我国劳动力日趋紧张的情况下，这一点具有重要意义。

表 7-8　创新速度对要素的冲击弹性

要　素	2	3	4	5	6	7	8	9	10	平均
资本 K	-0.044	-0.037	-0.042	-0.043	-0.047	-0.05	-0.054	-0.059	-0.064	-0.049
劳动力 L	-0.023	-0.021	-0.024	-0.026	-0.03	-0.033	-0.037	-0.042	-0.047	-0.031

2. 创新速度对要素投入贡献的门槛效应

既然创新速度对资本与劳动力投入均具有明显的替代效应，那么这种替代有什么规律、是否存在门槛效应有待进一步研究。

先看创新速度对资本贡献的门槛效应。首先运用 Hansen （1999） 的面板数据门限模型，检验创新速度对资本弹性是否存在门槛效应。先进行单门槛检验，结果面板数据门限效应检验的似然比值 *LR* （LR Test for threshold effect） 为 7. 353，F 检验值为 3. 389，相伴概率为 0. 061，拒绝没有门槛的原假设，说明应该采用单门槛回归模型。继续进行双门槛回归，虽然通过了 F 检验，但是第一阶段资本的回归系数没有通过统计检验，综合考虑后采用单门槛进行回归，结果如表 7 - 9 所示。

表 7 - 9　资本面板门槛回归结果

变　量	含　义	门槛回归
log （*K*）	资本 创新速度 $\tau \leqslant 4.734$	0. 087 ** （2. 343）
log （*K*）	资本 创新速度 $\tau > 4.734$	0. 111 *** （3. 105）
log （*L*）	劳动力	1. 076 *** （4. 611）
log （*S*）	创新速度	0. 021 ** （2. 572）

注：*、＊＊、＊＊＊分别表示在10%、5%、1%的水平下检验通过。

创新速度的门槛值为 4. 734，换算成原始值后为 113. 72，低于该门槛值的地区有 57 个，高于该门槛值的地区有 88 个，即当创新速度小于 113. 72% 时，资本每增加 1%，利润增加 0. 087%；当创新速度大于 113. 72% 时，资本每增加 1%，利润增加 0. 111%。也就是说，创新速度越高，资本的弹性系数越大，这样假设二就得到验证。深层次的原因是创新提高了资本的技术含量，资本的利用效率得到大幅提高，从而带动了高技术产业的转型升级。

再看创新速度对劳动力贡献的门槛效应。首先运用 Hansen （1999） 的面板数据门限模型，检验创新速度对劳动力弹性是否存在门槛效应。先进行单门槛检验，结果面板数据门限效应检验的似然比值 *LR* （LR Test for threshold effect）为 7. 352，F 检验值为 3. 739，相伴概率为 0. 045，拒绝没有门槛的原假设，说明应该采用单门槛回归模型。继续进行双门槛回归，虽然通过了 F 检验，但是同样第一阶段劳动力的回归系数没有通过统计检验，综合考虑后采用单门槛进行回归，结果如表7 – 10 所示。

表 7 – 10　劳动力面板门槛回归结果

变　量	含　义	门槛回归
log（K）	资本	0. 107 *** （2. 981）
log（L）	劳动力 创新速度 $\tau \leqslant 4.734$	1. 096 *** （4. 702）
log（L）	劳动力 创新速度 $\tau > 4.734$	1. 110 *** （4. 753）
log（S）	创新速度	0. 017 ** （2. 461）

注：*、* *、* * *分别表示在10%、5%、1%的水平下检验通过。

创新速度的门槛值为 4. 734，换算成原始值后为 113. 72，低于该门槛值的地区有 57 个，高于该门槛值的地区有 88 个，即当创新速度小于 113. 72% 时，劳动力每增加 1%，利润增加 1. 096% ；当创新速度大于 113. 72% 时，资本每增加 1%，创新速度增加 1. 110% 。也就是说，创新速度越高，劳动力的弹性系数越大，这样假设三也得到验证。不过随着创新速度的提高，劳动力弹性系数提高的幅度并不明显。说明创新带来的新技术的使用，一方面提高了中高级劳动者的素质和比重，另一方面降低了对底层操作层面的劳动者素质的要求，从而导致对劳动者弹性的提高并不明显。

3. 高技术产业效益对创新速度贡献的门槛效应

下面研究高技术产业效益对创新速度贡献的门槛效应。首先运用 Hansen（1999）的面板数据门限模型，检验高技术产业效益对创新速度是否存在门槛效应。先进行单门槛检验，结果面板数据门限效应检验的似然比值 LR（LR Test for threshold effect）为 7. 352，F 检验值为 37. 725，相伴概率为 0. 000，拒绝没有门槛的原假设，说明应该采用单门槛回归模型。继续进行双门槛回归，F 检验值为 13. 099，相伴概率为 0. 002，进一步进行三门槛检验，部分阶段回归系数没有通过检验，综合采用双门槛进行回归，结果如表 7 - 11 所示。

表 7 - 11　创新速度的面板门槛回归结果

变　量	含　义	门槛回归
log（K）	资本	0.058 ** （2.221）
log（L）	劳动力	1.171 *** （7.235）
log（S）	创新速度 产业效益 τ≤1.536	- 0.249 *** （ - 3.523）
log（S）	创新速度 产业效益 1.536 < τ≤4.409	0.130 ** （2.076）
log（S）	创新速度 产业效益 τ>4.409	0.218 *** （3.405）

注：*、* *、* * *分别表示在 10%、5%、1% 的水平下检验通过。

高技术产业效益的门槛值有两个，分别为 1.536 和 4.409，换算成原始值后分别 4.65 亿元和 82.17 亿元。根据高技术产业效益门槛，利润低于 4.65 亿元的地区有 8 个，介于 4.65 亿元和 82.17 亿元之间的地区有 59 个，高于 82.17 亿元的地区有 78 个。对于利润水平较低的地区而言，创新速度的弹性系数为 - 0.249，说明过低的创新速度反而不利于高技术产业发展，进而取得较好的效益。利润中等水平地区创新速度的弹性系数为 0.130，利润水平较高地区创新速度的弹性系数为 0.218，随着利润水平不同，创新速度弹性系数的提升比较明显，这样假设四也得到验证。

五　结论

创新速度具有间接和直接作用机制。创新速度的提高，间接作用机制主要体现在可以加快高技术产业创新对要素的替代和互补效应，即创新对于资本以及劳动力的替代和互补作用。实证研究表明，创新速度的提高，使得创新对于资本和劳动力均呈现替代效应，但是对资本替代更多，使得高技术产业的技术进步是资本密集型或节约劳动力的技术进步，这对于我国高技术产业的转型升级具有十分重要的意义。创新速度的直接作用机制主要表现在，创新速度的提高可以使得高技术产业取得较好的效益，并且创新速度的弹性随着高技术产业效益的不同具有门槛效应，效益越高的高技术企业，其创新速度的弹性越高，加快创新速度，尽快促进高技术产业转型升级，可以有效地取得更好的效益。

创新速度对于资本与劳动力具有门槛效应。在不同创新速度下，高技术产业资本和劳动力的弹性具有门槛效应。创新速度越高，资本的弹性系数越大，门槛效应特征鲜明；创新速度越高，劳动力的弹性系数也越大，但是提高的程度要小于资本。也就是说，创新速度提高，能够优化资本和劳动力结构，提高资本与劳动力的质量，创新速度越高，其间接作用机制就越加显著。

我国高技术产业正处于转型阶段。一方面，创新速度的提高对资本和劳动力呈现替代效应，显示出高端特征；另一方面，我国高技术产业投入要素中，劳动力的弹性总体较高，而资本和创新速度的弹性偏低。虽然高技术产业呈现良好的发展态势，但其总体质量还不高，在我国劳动力越来越紧张的情况下，唯有加快创新速度，提高制造装备的自动化水平，发展劳动节约型产业，不断提高资本的弹性系数，才能有效促进高技术产业的转型升级。

向量自回归模型提供一种新的计算技术进步偏向的思路。通过建立向量自回归模型，分析创新的冲击对资本和劳动力的影响大小，可以间接计算出技术进步偏向，这种思路和传统的计算方法完全不同，充分考虑变量的内生性，是一种有益的尝试，当然需要更多的实证加以检验。

第三节　高技术产业创新速度的影响机制研究

本节提出产业创新速度的概念，建立了高技术产业创新速度影响机制的分析框架，并采用联立方程模型和贝叶斯向量自回归模型进行了实证分析。结果表明，产业创新速度受要素投入、利润、产业规模等因素的影响，其中产业规模对创新速度的影响最大；产业创新速度与利润之间互动效应显著，利润较高的企业更愿意加快产业创新速度；研发经费投入的绩效总体较高，利润和创新成果对研发经费投入形成了良性反馈；高技术产业创新质量有待提高，重大创新较少，创新成果的市场化水平还有待提高。

一 引言

高技术产业是我国国民经济发展的支柱产业，进入 21 世纪以来，高技术产业发展面临着越来越大的环境与资源压力，实施创新驱动，提高创新速度，是加快高技术产业转型升级的必由之路。最近十年来，我国高技术产业技术创新发展很快，2015 年，大中型高技术产业 R&D 经费内部支出 2220 亿元，平均年增长 19.88%；R&D 活动折合全时当量 590016 人年，平均年增长 13.04%；实现新产品销售收入 38111 亿元，平均年增长 18.61%；拥有发明专利 199728 项，平均年增长 40.51%；实现利润 8986 亿元，平均年增长 20.25%。但是与发达国家相比，我国高技术产业总体上创新投入不够，创新质量有差距，创新速度还不高。目前，以美国为代表的西方发达国家在产品创新速度上优势明显，多数产品设计周期在 3 周左右，试制周期在 3 个月左右，而我国大部分企业新产品开发周期平均为 18 个月（孙卫等，2010）。研究高技术产业创新速度的影响因素，分析其作用机制，找出我国高技术产业创新中存在的问题，对于我国高技术产业健康快速发展具有十分重要的意义。

关于创新速度的研究首先起源于产品创新速度。Manisfield（1988）认为，产品创新速度是指产品开发与投放过程中某两个标志性阶段或时间点的跨度。Kessler 等（1996）认为，产品创新速度是从初次发现市场可能到实现商品化所需要的时间。穆鸿声、晁钢令（2011）认为创新速度指从产品研发开始，包括对一项创新的概念和定义，到最终商业化，即将一个创新产品推向市场所跨越的时间。后两种定义内涵相近，也是学术界基本认可的定义。与之有关的概念还有技术创新速度与产业创新速度。关于技术创新速度，其含义并不明朗，很多时候就是指企业产品创新速度。关于产业创新速度，目前也没有公认的界定。本节重点研究高技术产业的创新速度，在此将其定义为——产业创新速度是产业技术创新快慢的程度，可以用单位时间内产业技术创新成果的数量来衡量，或者用产业技术创新成果的年度增长率来衡量。与产品创新速度不同，产业创新速度难以用具体的时间来衡量，它是个相对概念。

关于创新速度的影响因素，现有的研究更多侧重于微观企业层面。

Souder（1998）认为，加快创新速度的主要因素包括研发团队的科学化组织、产品设计的模块化、用户的积极参与、与供应商的广泛合作等。Emmanuelides（1991）将内外部因素结合起来，认为商业环境、项目本身性质、项目团队会影响创新速度。Zirger 等（1996）采用结构方程模型，对企业加速创新的动因、影响因素、与创新绩效的关系等问题进行了深入研究。Vandenbosch（2002）认为，采用"闪电式开发"的模式比"并行开发模式"更能提高新产品开发速度。Murmann（1994）认为，从提高技术创新速度的角度考虑，应该将资源集中在少数几个研发项目上。Karagozoglu 等（1993）认为产品的复杂程度越来越低，产品创新速度就越快。Mower 等（1989）实证研究发现，当工作任务要求研发人员之间密切合作时，个体绩效薪酬激励加剧了研发人员之间的竞争，反而会降低团队内部合作和知识共享水平，从而影响创新速度。

关于产品创新速度的宏观研究，Aghion 等（2010）从经济周期角度分析，认为在经济衰退期，市场需求不旺，此时增加一单位的研发资源用于创新，机会成本比经济繁荣期小，所以在衰退期，资源投入从生产活动转向技术创新活动，创新速度加快，而繁荣期则相反。Griffin（1993）认为，加快创新速度生产的新产品不一定能取得成功，还要看竞争对手的创新速度，因为创新速度是个相对概念。周游、翟建辉（2012）通过对英国技术创新和经济增长历史数据的分析，发现技术创新与经济增长之间有相互决定、相互影响的关系。此外，还有更多围绕创新投入产出的研究。

从现有的研究看，关于产品创新速度的研究比较成熟，涉及其界定、作用机制、影响因素等，但是宏观层面关于产业创新速度的研究成果远不充分，尤其是作为产业创新速度的两个重要因素——创新成果与利润，它们如何影响创新速度？影响规律如何？与产业创新速度互动关系怎样？本节在对产业创新速度的影响机制分析基础上，基于面板联立方程模型与面板贝叶斯向量自回归模型，对此进行深入分析。

二　产业创新速度的影响机制分析

1. 要素投入

创新要素投入必然会影响创新成果，要素投入的数量、速度和结构对产业创新速度会产生较大的影响。创新要素除了包括研发经费、研发人员等有形要素外，还包括宏观科技政策、企业产学研合作水平、企业科技管理水平等无形因素。一般情况下，创新资源投入较少时，创新速度变慢，但是如果企业创新投入结构发生优化，即使要素投入出现此消彼长的关系，那么创新速度也会增长。

2. 创新成果

微观层面，创新成果包括企业研发的新产品、新工艺、专利等诸多方面，如果企业取得较好的创新成果，会反过来促使企业加大研发要素投入，创新速度加快，如果企业没有取得较好的创新成果，会降低企业研发投入的热情，创新速度不会产生明显变化。

宏观层面，如果高技术产业创新成果好，政府一般会出台更多的优惠政策，鼓励高技术企业进行技术创新，从而加大创新速度。此外，我国高技术产业总体上技术水平还不够高，在资源与环境压力越来越大的情况下，迫切需要加大技术创新，促使产业尽快转型升级，在这样的背景下，政府也会出台相关政策，以鼓励创新。或者说，正是产业创新的成果不够，促使政府出台政策鼓励产业创新。我国无论是从国家还是从地方政府层面，近年来产业创新政策的数量和力度均处于快速增加的状态。

3. 利润

在市场机制下，利润是高技术企业创新的最终成果。Schumpeter（1942）认为技术进步的目的有三个层次，首先是生存的需要，其次是为获得利润，最后是企业规模及市场份额的扩张。在这三个层次中，利润是最关键的一个目标，它不但可以满意第一个层次的目标，同时也是实现第三个层次目标的主要手段。Roger（2007）采用"技术份额"指标来衡量瑞典企业的技术创新能力，研究发现，随着技术竞争的加剧，技术创新能力弱的企业将从市场退出，在这种情况下，技术创新能力强的企业其利润将增加。一般而言，创新成果较好的企业，利润也较好，而利润较好的企业，一方面能享受创新带来的益处，另一方面也有足够的经费用于研发投入，从而加快创新速度。如果市场机制不够健全，那么利润对创新速度的影响就会打折扣，严海宁、汪红梅（2009）实证分析表明，国有企业主要利润来源高度依赖于个别行业的行政垄断，而非国有企业技术创新水平的普遍提高。

4. 产业规模

宏观层面的产业是由微观层面的企业组成，企业规模对创新速度的影响有两种机制，一种是竞争效应，另一种是规模经济效应。总体上，企业规模越大，创新速度越快。

关于竞争与创新之间的关系，可以追溯到熊彼特假说二。Schumpeter（1942）认为企业承受与创新相关的风险和不确定性的回报就是获取市场垄断地位，现代大企业会把建立一个研究部门作为首先要做的事，而成功的创新会形成正反馈，使企业更重视研发活动，进一步增强企业的市场集中度。关于企业规模与创新的关系目前有以下几种观点。第一种是"大企业创新效率更高论"（Schumpeter，1942；Wallsten，2000），认为大企业更倾向于创新。第二种是"小企业创新效率更高论"（Pavitt，1984；Acs等，1987），认为小企业更倾向于创新。第三种是"非线性关系论"（Streicher等，2004；Bound等，1984），认为企业规模与创新的关系是非线性的。第四种是"企业规模与创新无关论"（Cohen等，1987；吴延兵，2006）。从宏观产业和区域角度看，关于企业规模对创新速度的影响机制，应该更倾向于大企业创新速度更快，因为大企业研发力量更为雄厚。

规模经济本是微观经济学的概念，同样适用于产业创新。Worley（1961）认为大公司单位规模实现了更多的研究开发，研发效率较高。对于规模较大的高技术企业，资金、人才、研发设备得到了很好的集聚，也积累了丰富的研发经验，能够产生规模经济效应，从而提高创新速度，降低创新成本。

5. 产业创新速度的互动机制

产业创新速度的互动机制如图 7 - 9 所示。相关因素之间存在复杂的互动关系。产业创新速度受要素投入、利润、产业规模的影响；创新成果受研发经费、研发人员、产业创新速度的影响；研发经费受创新成果和利润的影响；利润除了受要素投入影响外，还受创新成果和产业创新速度的影响。

三　研究方法与数据

本节首先采用面板联立方程模型分析创新速度的主要影响因素，舍弃

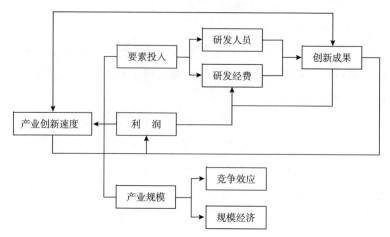

图 7 - 9　产业创新速度的互动机制

不太重要的变量，以减少干扰，然后利用主要变量建立贝叶斯向量自回归模型，以分析产业创新速度与其他变量之间错综复杂的关系。

1. 联立方程模型

根据第二部分的理论分析，综合考虑建立联立方程模型，结果如公式（7 - 10）所示。包括 4 个方程，分别简单介绍如下。

$$
\begin{cases}
\log(S) = c_{10} + c_{11}\log[K(-1)] + c_{12}\log[L(-1)] + c_{13}\log[I(-1)] + \\
\qquad\qquad c_{14}\log[R(-1)] + c_{15}\log[M(-1)] \\
\log(I) = c_{20} + c_{21}\log[K(-1)] + c_{22}\log[L(-1)] + c_{23}\log[S(-1)] \\
\log(K) = c_{30} + c_{31}\log[I(-1)] + c_{32}\log[R(-1)] \\
\log(R) = c_{40} + c_{41}\log(A) + c_{42}\log(B) + c_{43}\log[I(-1)] + c_{44}\log[S(-1)]
\end{cases}
$$

$$(7 - 10)$$

方程 1：创新速度 S 的影响因素，也是主方程，其影响因素主要包括研发经费 K、研发劳动力 L、创新成果 I、利润 R、市场规模 M，所有影响因素均取一阶滞后。

方程 2：创新成果 I 的投入产出方程，变量分别为研发经费 K、研发劳动力 L、创新速度 S，同样全部取一阶滞后。

方程 3：研发经费 K 的影响因素，包括创新产出 I、利润 R，也取一阶滞后。

方程 4：利润的影响因素，分别为资本 A、劳动力 B、创新产出 I、创

新速度 S，其中创新产出和创新速度取一阶滞后。

　　为了使变量的回归系数具有经济意义，同时消除异方差，所有变量均取对数，这样回归系数就是弹性系数。

　　2. 贝叶斯面板向量自回归模型

　　向量自回归模型（Vector Autoregressions，VAR）最早由 Sims（1980）创立，它强调经济社会系统的互动性与动态性，将全部变量均视同内生变量，很好地解决了变量的内生性问题，目前已经发展成为经济社会中常用的一种处理变量之间互动关系的著名模型。但是 VAR 也有一些缺点，比如经济理论相对薄弱，回归系数难以解释，对数据依赖程度较高，模型估计参数过多。对于一个滞后阶数为 p，m 个内生变量的模型，估计参数共有 m（$mp+1$）个。为了保证足够的自由度，实际估计往往人为设定一些参数值为 0，这样经常使模型结构与经济理论相矛盾，降低了模型的解释力和应用效果。

　　贝叶斯推断理论为解决 VAR 模型的估计问题提供了一种新的分析框架，贝叶斯向量自回归模型（Bayesian Vector Autoregressions，BVAR）由 Litterman（1986）首创，其原理是，当 VAR 估计参数被判定为某一值时，不是等于该值而是使模型参数趋近于该值，这样用一种相对简单的方法来处理模型估计中的自由度紧张问题，不会产生传统 VAR 方法的不可信结构，从而提高了模型的估计精度与估计效果。

　　BVAR 模型针对估计系数矩阵 A 设定了先验分布，包括扩散先验分布和共轭先验分布。目前 BVAR 发展出来的先验分布种类较多，最为普遍应用的是 Minnesota 分布，也称为 Litterman 分布。先验分布由于包含预测所需的某些信息，这样就增强了 BVAR 模型预测的准确性。Litterman 假设 BVAR 模型所有系数都服从正态分布，在模型的第 n 个方程中，变量 n 的一阶滞后项系数的均值全部为 1，其他系数均值全部为 0。在方程 i 中变量 j 的滞后期的系数的标准差为

$$s(i,j,l) = \frac{\gamma g(l) f(i,j) s_i}{s_j} \qquad (7-11)$$

公式（7-11）中，γ 代表自变量滞后 1 期系数的标准差，也称为总体紧缩度。s_i 为变量 i 自回归方程残差的标准差，s_i/s_j 表示不同变量的差比。调和滞后延迟函数为 $g(l) = l - d$，d 为衰减系数，表示过去信息比当前信

息有用性衰减的程度，d 的数值越小，先验方差随滞后阶数的增加衰减得越慢，d 的数值越大，衰减得越快。

采用 Litterman 分布将传统 VAR 模型对众多系数的估计变成了对少数几个超级变量（γ、d、ω）的估计，BVAR 模型的估计一般采用泰尔（Theil）提出的混合估计方法（mixed estimation），估计 BVAR 模型需要确定各超级变量的取值，其确定类似栅格搜索过程，在超级变量取值范围内尽可能搜索到能够获得最优预测效果的取值。

3. 变量与数据

本节所有数据均来自《中国高技术产业统计年鉴》的省际面板数据，由于统计口径问题，起始年度从 2010 年开始，变量及相关来源说明如下。

产业创新速度 S 与创新成果 I：创新速度是个特殊的变量，因为产业创新速度是个相对指标，必须找到其母体。两个比较合适的变量是授权发明专利数和新产品销售收入，我国发明专利从申请到获得授权，往往需要 3 年左右的时间，这样考虑研发投入的滞后期，实际滞后期可能更长，而本节数据长度有限，因此不能选取授权发明专利数。借鉴 Griliches（1990）的做法，采用新产品销售收入作为高技术产业创新成果的替代变量，因为它较好地反映了创新的市场价值。产业创新速度就可以用新产品销售收入的年增长率来代表，但部分数据可能会出现负增长导致无法取对数，故用下一年度新产品销售收入与上年比值表示产业创新速度。

研发投入变量：包括研发经费 K 和研发劳动力 L。研发经费采用研发经费内部支出表示，这是企业创新的主要投入；研发人员采用研发人员折合全时当量表示。

产业规模 M：采用地区主营业务收入的比例表示，这既可以表示竞争情况，也可以表示产业规模情况。

其他变量：利润 R 采用高技术产业利润额表示；高技术产业资本 A 采用资产总值作为替代变量；高技术产业的劳动力 B 采用职工人数表示。

西藏、青海部分年度数据缺失，因此将其剔除，实际数据为 2009 ~ 2013 年的数据，所有数据的描述统计如表 7 - 12 所示。

表 7-12 变量的描述统计量

项目	均值	极大值	极小值	标准差
创新成果 I	7043745.00	95786435.00	1673.00	15167209.00
研发经费 K	522140.80	6933715.00	2361.20	1013389.00
研发人员 L	15842.91	210298.00	10.00	32847.52
创新速度 S	142.00	1317.23	2.21	119.16
利润 R	184.79	1521.50	0.10	284.52
产业规模 M	3.45	28.14	0.02	6.02
资本 A	2173.99	20513.10	1.37	3671.78
劳动力 B	396947.30	3842156.00	3843.00	739168.90

四 实证结果

1. 变量的平稳性检验

本节面板数据时间跨度只有 5 年，一般来说不会存在数据的平稳性问题，从提高稳健性角度出发，继续同时采用 ADF 检验、PP 检验、LLC 检验进行平稳性检验，经过一阶差分，所有变量均为平稳数据，结果如表 7-13 所示。在这种情况下，建立联立方程模型是比较稳健的。

表 7-13 变量的平稳性检验

变量名称	ADF 检验	PP 检验	LLC 检验	结果
$\log(I)$	65.379	80.142**	-9.447***	部分平稳
$\log(K)$	23.798	28.378	3.154	不平稳
$\log(L)$	45.823	55.091	-6.043***	部分平稳
$\log(S)$	128.035***	149.653***	-25.210***	平稳
$\log(R)$	145.608***	87.510***	-18.168***	平稳
$\log(M)$	50.735	64.098	-10.227***	部分平稳
$\log(A)$	365.474***	395.956***	-56.116***	平稳
$\log(B)$	62.987	100.430***	-9.200***	部分平稳
$\Delta\log(Y)$	97.449***	110.725***	-104.839***	平稳
$\Delta\log(K)$	109.097***	119.702***	-28.790***	平稳
$\Delta\log(L)$	133.684***	152.506***	-235.192***	平稳
$\Delta\log(S)$	153.605***	176.567***	-40.056***	平稳
$\Delta\log(R)$	175.388***	210.371***	-1.812**	平稳

变量名称	ADF 检验	PP 检验	LLC 检验	结　果
$\Delta\log(M)$	145.675***	168.497***	55.356***	平　稳
$\Delta\log(A)$	416.188***	465.484***	-184.386***	平　稳
$\Delta\log(B)$	110.546***	124.005***	-28.456***	平　稳

注：*、**、***分别表示在10%、5%、1%的水平下检验通过。

2. 联立方程估计结果

联立方程估计结果如表7-14所示。从拟合优度看，方程一即创新速度的影响因素估计的 R^2 值为0.210，相对偏低，其他几个方程均在0.8以上，说明创新速度的影响因素比较复杂，本节中的几个因素还不足以做出足够的解释。

表7-14　联立方程估计结果

变量名称	含　义	方程1 $\log(S)$	方程2 $\log(I)$	方程3 $\log(K)$	方程4 $\log(R)$
c	常　数　项	9.124*** (8.859)	0.743 (0.862)	3.819*** (8.352)	-5.695*** (-7.292)
$\log[I(-1)]$	创新成果	-0.345*** (-4.636)	—	0.416*** (8.056)	-0.097* (-1.612)
$\log[K(-1)]$	研发经费	0.029 (0.305)	0.936*** (10.749)	—	—
$\log[L(-1)]$	研发人员	0.013 (0.246)	0.203** (2.457)	—	—
$\log[S(-1)]$	创新速度	—	0.141 (1.113)	—	0.218*** (2.816)
$\log[R(-1)]$	利　润	0.002 (0.016)	—	0.570*** (7.368)	—
$\log[M(-1)]$	产业规模	0.371*** (2.968)	—	—	—
$\log(A)$	资　本	—	—	—	0.642*** (3.501)

变量名称	含　义	方程 1 log（S）	方程 2 log（I）	方程 3 log（K）	方程 4 log（R）
log（B）	劳动力	—	—	—	0.499*** (3.525)
R^2	拟合优度	0.210	0.842	0.903	0.891

注：*、**、***分别表示在10%、5%、1%的水平下检验通过。

方程 1 中，对创新速度影响最大的是产业规模，其弹性系数为 0.371，说明随着产业规模的扩大，通过竞争机制和规模经济效应，从而对产业创新速度产生正向影响。创新成果对产业创新速度的影响为负值，弹性系数为 -0.345，也就是说，高技术产业一旦取得较好的创新成果，会集中力量进行商品化和市场开拓，反而会降低创新速度，这是值得注意的问题。研发经费和研发人员的弹性系数均很小，说明创新的要素投入速度还不够快，难以有效增进创新速度。

方程 2 中，对创新成果贡献最大的是研发经费投入，弹性系数为 0.936，其次是研发人员，弹性系数为 0.203，最小的是创新速度，弹性系数为 0.141。总体上，创新投入产出状况良好，创新速度的提高能够促进创新成果更快地产出。

方程 3 中，对研发经费投入影响因素最大的是利润，其弹性系数为 0.570，其次是创新成果的反馈效应，其弹性系数为 0.416，利润的作用超过了创新成果，这是符合理性人假设的，形成了良好的互动反馈机制。

方程 4 中，对利润贡献最大的是资本，弹性系数为 0.642，其次是劳动力，弹性系数为 0.499，再次是创新速度，弹性系数为 0.218，而创新成果对利润贡献的弹性系数为 -0.097。

综上，创新成果对产业创新速度的影响为负数，对利润的影响也为负数，总体上说明我国高技术产业创新成果的质量还不高，尚没有建立起完善的创新成果反馈机制。

考虑到方程 2 创新投入产出中，研发经费、研发人员与创新成果贡献显著，并且方程 3 研发经费的影响因素利润和创新产出互动效应比较显著。此外，本节将高技术产业资本、劳动力视同外生变量处理，以节省自由度。这样，本节重点采用贝叶斯向量自回归模型研究创新速度、创新成果、产业规模、利润的互动关系，以分析其中存在的问题。

3. 贝叶斯向量自回归模型估计结果

下面建立贝叶斯向量自回归模型，以分析创新速度与创新成果、产业规模、利润之间的互动关系。向量自回归模型是一种非经济理论模型，其回归系数没有具体的经济学意义，因此采用脉冲响应函数进行进一步分析。

创新速度的脉冲响应函数如图 7 - 10 所示。首先是来自创新速度自身一个标准差的正向冲击对其影响最大，当期发挥作用，随后急剧衰减并走向平稳，作用时间较长。其次是来自利润的冲击，当期为 0，第 2 期达到极大值后略有衰减，说明利润对创新速度具有良好的反馈机制。再次是来自创新成果的冲击，作用总体较小，当期为 0，第 2 期为负，随后虽有提升但总体水平不高，这也说明创新成果对创新速度没有形成良好的反馈机制。最后是产业规模的冲击，总体影响较小，说明产业规模存在黏性。

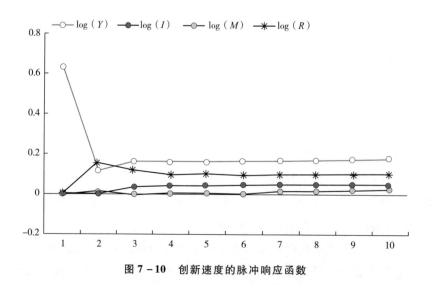

图 7 - 10　创新速度的脉冲响应函数

创新成果的脉冲响应函数如图 7 - 11 所示。首先是来自创新速度的冲击对其影响最大，水平较高，作用时间较长，超过了其自身的冲击，说明加快创新速度对于创新成果具有非常重要的意义。其次是利润的冲击，当期为 0，随后急剧升高，说明利润对创新成果产生了很好的正向反馈，会促使企业加快创新。最后是产业规模,当期为 0,随后缓慢升高,说明产业规模扩大更有利于技术创新。

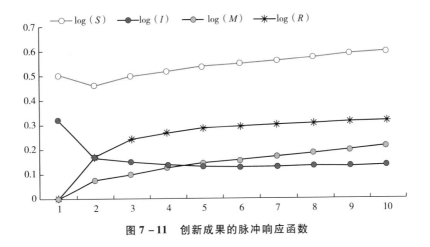

图 7-11 创新成果的脉冲响应函数

产业规模的脉冲响应函数如图 7-12 所示。首先是来自产业规模自身一个标准差的冲击对其影响最大。其次是创新成果,当期就发挥作用,而且比较平稳,作用时间较长。说明创新能够有效地促进企业规模扩大。再次是利润的冲击,当期为 0,随后慢慢增加,对扩大企业再生产、增大企业规模具有积极作用。最后是创新成果,当期达到极大值,但总体作用较小,说明创新的重要性还有待提高。

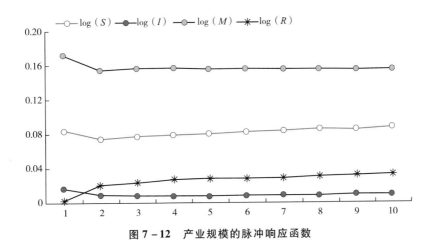

图 7-12 产业规模的脉冲响应函数

利润的脉冲响应函数如图 7 - 13 所示。首先是来自创新速度的冲击对其影响最大，当期就发挥作用，总体比较平稳，作用时间较长，超过了利润自身的冲击。其次是产业规模，当期就发生作用，随后略有衰减，作用时间较长，可能是产业规模带来的垄断效应。最后是创新成果的冲击，当期为负，第 2 期为 0，随后略有升高，但总体作用较小，说明创新成果对利润的贡献也不大。

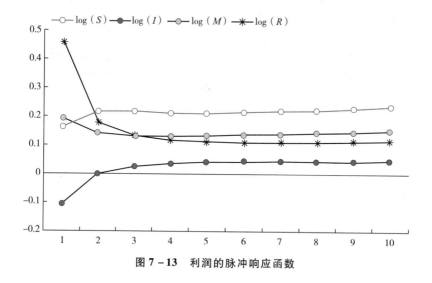

图 7 - 13　利润的脉冲响应函数

五　结论与政策建议

1. 产业创新速度的互动机制总体比较明显

产业创新速度受要素投入、利润、产业规模等因素的影响，其中产业规模对创新速度的影响最大，主要是产业规模带来的竞争效应和创新带来的规模经济效应导致，促使企业加大研发投入，提高创新速度。产业创新速度与利润之间互动效应显著，利润较高的企业更愿意加快产业创新速度。

在产业宏观角度，要进一步加强高技术产业的集聚，使得创新资源在局部空间产生规模经济效应，有利于提高产业创新速度，为此要采取必要的政策措施，鼓励高技术产业园区建设，尤其注重加强产业链之间的协调，以增强互补效应，从而提高产业集聚的创新速度效果。从要素投入角度，要鼓励企业加强研发经费与研发人员的投入，政府在具有公益性的产业创新领域也要进行必要的支持，从而提高创新速度。

2. 研发经费投入机制总体较好

研发经费投入是我国高技术产业创新的重要投入要素，其对创新成果贡献的弹性系数最大。我国高技术产业研发经费投入的绩效总体较高，利润和创新成果对研发经费投入形成了良性反馈，利润对研发经费的正反馈大于创新成果的正反馈。为此，要以赚取利润为中心，注重企业科技成果的转化，将企业创新的工作重心从注重科研成果转化到经济效益上。

3. 高技术产业创新质量有待提高

联立方程结果表明，创新成果对产业创新速度的影响为负数，并且创新成果对利润的影响为负数。贝叶斯向量自回归模型的脉冲响应函数表明，创新成果对产业创新速度、产业规模、利润的冲击均较小甚至为负数，充分说明我国高技术产业创新的质量还不够，重大创新较少，创新成果的市场化水平还有待提高。

我国创新速度以及创新成果总量虽然总体不错，但是创新成果效益还有较大改进空间，深层次原因是创新质量不高。所以，对于高技术产业而言，国家和地方政府层面要加大基础研究的投入，促进高技术产业层面的重大基础创新；企业与高等院校、科研院所之间要加强协同创新，以解决关键技术、关键问题为导向，促进科研成果的快速转化；企业作为创新主体，要注重原始创新、集成创新以及引进技术消化吸收再创新。国家层面还应该进一步深化科技体制改革，以市场机制为导向，以政府支持为辅助，提高政府科研经费的效率和效果。

第四节　创新质量视角下的技术引进与自主创新

本节将创新分为创新数量与创新质量，在此框架下分析技术引进与自主创新的关系具有重要意义。本节以高技术产业为例，在建立技术引进与自主创新对创新数量、创新质量作用机制的基础上，基于面板数据模型、面板门槛回归模型、贝叶斯向量自回归模型，全面分析了技术引进与自主创新的绩效及其关系。研究发现，自主创新与技术引进的创新数量绩效较好；技术引进的创新质量绩效较低；技术引进与自主创新总体上呈低度的互补关系；自主创新的创新产出门槛效应显著，技术引进的创新产出门槛效应不显著；随着技术引进水平的升高，自主创新对创新数量的弹性呈倒U形关系，对创新质量弹性呈正向关系；中国正处于单纯重视创新数量向同时重视创新数量与质量的过渡阶段。

一　引言

后发优势理论认为，后发国家可以利用发达国家的技术外溢和技术扩散来实现自身的技术进步，而不需要像发达国家那样依靠高额的技术研发投入来获取技术水平的提高（Gerschenkron，1962）。中国作为发展中国家如果能充分利用与发达国家的技术差距，通过引进技术推动本国的产业技术升级，是一种现实可行、成本低、效益好的战略选择（林毅夫、张鹏飞，2006）。改革开放以来，从中国引进技术的实践看，一方面，"以市场换技术"战略的结果是大部分市场丢失，核心技术并没有得到多少，对外开放变成了对外依赖（马忠法、宋永华，2008）。与日本、韩国等新兴工业化国家相比，中国没有形成"转移—消化吸收—扩散—再创新"的良性循环（Wang 等，1999）。另一方面，中国高铁引进日本、德国的先进技术进行消化吸收再创新的实践表明，技术引进是中国高铁技术处于世界先进水平的重要因素之一，对技术引进与自主创新的关系需要重新进行审视。

创新既包括创新数量，也包括创新质量，研究技术引进与自主创新的关系必须采用全新的视角。Haner（2002）最早提出创新质量的概念，认为创新质量包括产品及服务质量、过程质量、企业管理质量。杨幽红（2013）认为创新质量是创新所提供的产品、服务、过程、经营管理，以及市场组织、方法特征满足顾客要求的程度，包括产品和服务所含缺陷的免除程度。现有的关于技术引进与自主创新的研究，使用的变量主要反映创新数量的增长，难以反映质量的提升（刘凤朝、孙玉涛等，2010）。

在创新质量背景下研究技术引进与自主创新的关系具有重要意义。一般认为，自主创新是指通过企业自身努力，攻破技术难关，形成有价值的研究开发成果，并在此基础上依靠自身的能力推动创新的后续环节，完成技术成果的商品化，获取商业利润的创新行为（傅家骥，1998）。技术引进主要是发展中国家从发达国家引进技术，用以弥补自身技术不足，同时可以节省昂贵的研发成本，较好的结果是在技术引进的基础上进行二次开发再创新，当然这既和自主创新能力有关，也构成了自主创新的一部分。在创新数量、创新质量背景下，研究技术引进与自主创新的关系，分析其作用机制，发现其中存在的问题，不仅可以丰富技术引进理论，而且对政府决策和企业都可以提供重要参考。

关于技术引进与自主创新的关系，学术界总体上呈现三种观点。第一种观点认为技术引进与自主创新是互补关系。Cassiman 等（2006）的研究表明，自主创新与外部技术之间具有互补关系，尽管互补程度取决于企业特征。Blumenthal（1976）对日本的研究表明，技术引进对国内自主创新活动具有重要的促进作用。Chang 等（2006）对台湾企业技术引进与 R&D 关系的实证也表明了二者之间呈互补关系。Hu 等（2008）研究认为，无论是国内技术转移还是国际技术转移，国内 R&D 对于技术转移均具有显著的互补性。江小涓（2004）通过对中国家电行业的案例分析，认为技术引进和技术创新有互相依赖、相辅相成的关系。

第二种观点认为技术引进与自主创新是替代关系。Mohanan（1997）认为，技术引进与自主创新之间是替代关系，技术引进对自主创新有挤出效应。Lee（1996）研究了韩国制造业的技术引进与自主 R&D 的关系，认为有正式 R&D 机构的企业技术引进与 R&D 活动之间更趋向于替代关系。Laursen 等（2006）认为过度追求外部知识和引进技术对企业自身的创新能力具有负面影响。

第三种观点是技术引进与自主创新的关系不固定，受国情、企业特征、技术差距、后续投入、人力资源等多种因素的影响。Freeman（1997）指出，即使只是模仿先进技术，仍需要一定的研究开发能力。千慧雄（2011）认为技术引进对自主创新是抑制还是促进，关键取决于"生产效应""学习效应"之和与"扩散效应"的力量对比。沈能、刘凤朝（2008）认为，一方面，通过技术引进的确在一定程度上助推了新兴产业的发展，另一方面，政府主导型制度变迁的必然结果便是技术创新制度的非均衡，容易陷入"引进—落后—再引进"和对国外技术过度依赖的双重非良性循环。刘凤朝、孙玉涛等（2010）认为，技术引进是特定发展阶段获取技术的重要来源，同时技术溢出不是自动发生的，需要东道国和接受企业具备一定的吸收能力。

从现有的研究看，关于技术引进理论研究比较成熟，涉及新增长理论、后发优势理论等，关于技术引进与自主创新之间的关系，大多数研究认为两者是良性的互补关系，也有少数学者认为两者是替代关系。其实技术引进与自主创新的关系究竟是互补还是替代，受多种因素的影响。从目前的情况看，在以下几个方面有必要进行深入研究。

第一，如果将创新成果分为创新数量与创新质量，那么技术引进与自主创新对创新数量、创新质量的影响机制如何，两者的互动机制如何。

第二，在创新数量视角下，技术引进与自主创新呈什么关系，在创新质量视角下，技术引进与自主创新呈什么关系，原因是什么。

第三，在创新数量与创新质量视角下，中国技术引进的地位如何，存在哪些问题。

本节以高技术产业为例，在分析技术引进与自主创新对创新数量、创新质量作用机制的基础上，基于面板数据模型、面板门槛回归模型、面板贝叶斯向量自回归模型，全面分析技术引进与自主创新之间的关系，以及中国高技术产业技术引进存在的问题，最后进行总结。

二　技术引进、自主创新对创新数量、质量的作用机制

1. 技术引进与自主创新互补

技术引进与自主创新互补如图 7 - 14 所示。企业技术一般包括核心技术和一般技术两大类，核心技术需要进行自主创新，而一般技术不需要。核心技术的自主创新又包括两种：一种是内生自主创新，就是完全依靠企业自身的力量进行创新，产生的创新成果既包括创新数量，也包括创新质量；另一种是外生自主创新，就是在引进技术并消化吸收的基础上进行二次创新，此时的创新成果主要是创新质量。因为内生的自主创新与外生自主创新能够很好地协调，所以技术引进与自主创新之间是互补关系。

对于一般技术，企业的选择方式包括技术引进与国内技术，在此基础上加以消化吸收利用即可，尽管形成技术依赖，但因为并非核心技术，所以问题也不大。当然，引进一般技术与自主创新之间也是互补关系。

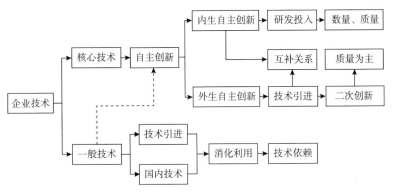

图 7 - 14　技术引进与自主创新互补

2. 技术引进与自主创新替代

技术引进与自主创新替代如图 7 - 15 所示。企业的核心技术一方面通过自主创新，带来创新数量和质量的增加，另一方面通过技术引进，但消化吸收投入不足、企业技术差距过大、研发能力不够等多种原因，导致企业只能消化吸收利用引进技术，但是无法进行二次创新，必然形成对引进技术的依赖。核心技术的引进依赖还会带来另外一个问题，就是核心技术引进会挤占企业自主创新投入，技术引进与自主创新之间是替代关系，无法形成良性发展。当然对于一般技术，尽管形成技术依赖，但是问题也不大，而且一般技术的引进与自主创新之间也是互补关系，但核心技术引进依赖比自主创新的替代效应更强，所以总体上呈现替代关系。

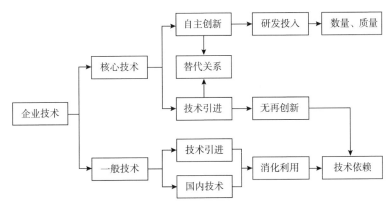

图 7 - 15　技术引进与自主创新替代

3. 不同创新数量、质量下技术引进的贡献

首先，分析不同创新数量下技术引进的贡献。改革开放以来，中国高技术企业的发展，总体是在技术引进的基础上发展起来的。技术引进投入一度超过自主创新投入，因此技术引进对创新数量的贡献总体是值得肯定的。当创新数量较小时，其产生可能来源于自主创新，也可能始于技术引进，总之技术引进的贡献是较小的，随着创新数量的增加，一方面消化吸收引进技术的能力增强，另一方面自主创新的能力也增强，何况创新也会产生规模经济效果，因此技术引进对创新数量的弹性随着创新数量的增加而增加。

为此，提出以下假设：H1：技术引进存在创新数量门槛，随着创新数量的增加，技术引进的弹性系数也会增加。

其次，分析不同创新质量下的技术引进贡献。技术引进如果能够得到充分的消化吸收并在此基础上进行二次创新，那么其创新成果主要是创新质量。中国总体处于低创新质量水平，由于中国对技术引进的消化吸收投入总体偏低，2014 年消化吸收投入仅占技术引进投入的26.31%，而日本、韩国在技术引进的高峰年度这个比例往往在 300% 以上。由于消化吸收投入不足，二次创新效果也必然不佳。在高创新质量水平下，往往是对引进技术进行消化吸收再创新，取得较好的效果。

为此，提出以下假设：H2：在低创新质量水平下，技术引进对创新质量的贡献总体较低，在高创新质量水平下，技术引进与创新质量呈正相关。

4. 不同创新数量、质量下自主创新的贡献

自主创新无疑对创新数量具有重要贡献，2014 年，中国自主创新投入占自主创新与技术引进之和的 96.36%，随着自主创新投入的增加，企业研发力量增强，而且有条件的企业可以进行集成创新，发挥规模经济效应，从而产生更多的创新数量。

为此，提出以下假设：H3：自主创新投入存在创新数量门槛，随着创新数量的增加，自主创新投入对创新数量的弹性系数也会增加。

自主创新投入对创新质量同样具有重要的贡献，但由于中国创新质量目前还较低，除了量子通信、航天等少数领域外，大多数领域还处于落后阶段，与创新数量相比，自主创新投入对创新质量的贡献要低一些。当创

新质量较低时，由于其受多种因素影响，自主创新的贡献要小一些，随着创新质量的提高，自主创新对创新质量的贡献越来越大。

为此，提出以下假设：H4：自主创新投入存在创新质量门槛，随着创新质量的增加，自主创新投入的弹性系数也会增加。

5. 技术引进门槛对自主创新投入贡献的影响

技术引进投入对自主创新的贡献影响，无论是创新数量还是创新质量，刚开始都是增加的，这是对技术引进进行二次创新的效果，但是这种趋势并不总是增加的，这是因为，如果技术引进较多，就来不及消化吸收，当然二次创新效果就会相对削弱。

为此，提出以下假设：H5：自主创新存在技术引进门槛，随着技术引进增加，自主创新对创新数量的弹性系数呈现先上升后下降的倒 U 形态势。

H6：自主创新存在技术引进门槛，随着技术引进增加，自主创新对创新质量的弹性系数呈现先上升后下降的倒 U 形态势。

三　研究方法与数据

1. 扩展的知识生产函数

根据 Griliches（1979）和 Jaffe（1989）创立的知识生产函数，进一步引入技术引进变量，得

$$Y = AK^{\alpha}L^{\beta}T^{\gamma} \tag{7-12}$$

公式（7-12）中，Y 表示创新产出，K 表示自主创新投入，L 表示研发劳动力投入，T 表示技术引进投入，α、β、γ 为弹性系数，A 为常数项，表示全要素生产率。

将创新产出继续分解为创新数量 Y_1 和创新质量 Y_2，同时为了消除异方差，公式（7-12）两边同时取对数，经整理得

$$\log(Y_1) = c + \alpha\log(K) + \beta\log(L) + \gamma\log(T) \tag{7-13}$$

$$\log(Y_2) = c + \alpha\log(K) + \beta\log(L) + \gamma\log(T) \tag{7-14}$$

2. 面板门槛回归

为了分析创新数量、创新质量视角下技术引进与自主创新贡献的非线性关系，基于 Hansen（1999）的面板数据门槛模型，进行进一步的详细分析。

（1）技术引进与自主创新的创新数量、创新质量门槛

以创新数量为例，由于技术引进 T 对创新数量 Y_1 的贡献可能存在创新数量自身的门槛效应。以单门槛为例，假设存在一个创新数量水平 τ，使得当 $Y_1 \leqslant \tau$ 和 $Y_1 > \tau$ 时，技术引进对创新数量贡献的弹性呈现显著差异。当 $Y_1 \leqslant \tau$ 时，技术引进对创新数量的弹性系数为 θ_1；当 $Y_1 > \tau$ 时，技术引进对创新数量的弹性系数为 θ_2。如果存在多个门槛，可以进一步引入 τ_1、$\tau_2 \cdots\cdots$，原理类似。

$$\begin{cases} \log(Y_1)\big|_{Y \leqslant \tau} = c + \alpha\log(K) + \beta\log(L) + \theta_1\log(T) \\ \log(Y_1)\big|_{Y > \tau} = c + \alpha\log(K) + \beta\log(L) + \theta_2\log(T) \end{cases} \quad (7-15)$$

至于技术引进的创新质量门槛，方法类似，这里省略公式。

至于自主创新的创新数量、创新质量门槛与技术引进类似，这里省略。

（2）自主创新的技术引进门槛

根据前文分析，技术引进对自主创新的作用机制显著，而自主创新对技术引进的影响比较微小，自主创新的技术引进门槛，就是技术引进的水平不同，使得自主创新对创新数量与创新质量的弹性也有差别。

以创新数量为例，由于自主创新投入 K 对创新数量 Y_1 的贡献可能存在技术引进的门槛效应。以单门槛为例，假设存在一个技术引进水平 τ，使得当 $T \leqslant \tau$ 和 $T > \tau$ 时，自主创新投入对创新数量的贡献呈现显著差异。当 $T \leqslant \tau$ 时，自主创新投入对创新数量的弹性系数为 θ_1；当 $T > \tau$ 时，自主创新投入对创新数量的弹性系数为 θ_2。如果存在多个门槛，可以进一步引入 τ_1、$\tau_2 \cdots\cdots$，原理类似。

$$\begin{cases} \log(Y_1)\big|_{T \leqslant \tau} = c + \beta\log(L) + \gamma\log(T) + \theta_1\log(K) \\ \log(Y_1)\big|_{T > \tau} = c + \beta\log(L) + \gamma\log(T) + \theta_2\log(K) \end{cases} \quad (7-16)$$

至于创新质量对于自主创新的技术引进门槛效应，方法类似，这里省略公式。

3. 贝叶斯向量自回归模型

为了分析创新质量、创新数量视角下引进技术与自主创新的作用机制、作用特征以及两者的关系，除了采用面板门槛回归模型分析外，还可以进一步采用面板贝叶斯向量自回归模型分析这些变量之间的动态关系。

Sims（1980）创立的向量自回归模型彻底解决了变量的内生性问题，但也存在自由度紧张、模型估计精度不够等问题。后人在此基础上进行优化，贝叶斯向量自回归模型 BVAR（Bayesian Vector Autoregressions，BVAR）是 Litterman（1986）在贝叶斯推断理论和传统 VAR 模型基础上建立的，它采用逼近估计参数的技巧较好地解决了传统 VAR 模型的不足，提高了估计效果。

4. 变量与数据

知识生产函数中被解释变量包括创新数量 Y_1 和创新质量 Y_2。创新数量是从创新规模角度衡量的，参考 Griliches（1990）的方法用新产品销售收入表示。创新质量是从创新水平角度衡量的，一方面可以借鉴 Lerner（1994）的方法用授权专利 IPC 分类号前 4 位表示，另一方面也可以借鉴张古鹏、陈向东等（2011）的方法用专利长度或专利授权率表示。本节研究数据来自《中国高技术产业统计年鉴》省际面板数据，因此无法取得专利代码长度，所以采用授权发明专利占所有申请专利的比重表示创新质量。

自变量包括自主创新投入、技术引进投入和研发人员投入，自主创新投入采用 R&D 经费内部支出表示，技术引进投入采用技术引进与消化吸收之和表示，研发人员投入采用 R&D 人员折合全时当量表示。

《中国高技术产业统计年鉴》中，授权发明专利数据 2010 年才开始公布，因此本节数据范围为 2010～2015 年，采用最新数据的另外一个优点是，可以客观评价中国技术引进的最新贡献和作用规律，因为在不同的历史阶段技术引进所发挥的作用是不一样的，改革开放之初，可以说技术引进发挥着决定性作用，在建设创新型国家的背景下，技术引进的历史地位如何需要采用最新数据进行深入分析。由于新疆、内蒙古、黑龙江、青海、甘肃、西藏缺失数据较多，将这些数据删除，实际为 25 个省市 6 年的面板数据，变量的描述统计如表 7-15 所示。

表 7-15 变量描述统计

项目	创新数量 Y_1	创新质量 Y_2	自主创新投入 K	技术引进投入 T	研发人员投入 L
均　值	9407457.55	49.49	533667.33	29839.77	18419.40
极大值	108574709.00	88.41	6789803.00	263903.00	210298.00

项目	创新数量 Y_1	创新质量 Y_2	自主创新投入 K	技术引进投入 T	研发人员投入 L
极小值	15401.00	24.38	4924.00	1.00	218.00
标准差	18036784.02	12.35	1031689.79	48131.00	35143.92
样本量	25 × 6 = 150				

四 实证结果

1. 变量的平稳性检验

本节面板数据时间跨度不长，一般不应该出现伪回归问题，但从研究的稳健性出发，本节还是采用 LLC、ADF、PP 三种方法进行单位根检验，以结果一致为准，结果如表 7 - 16 所示，经过一阶差分，所有变量均为平稳的面板数据。

表 7 - 16 变量的平稳性检验

变量名称	LLC 检验	ADF 检验	PP 检验	结　果
$\log (Y_1)$	- 8.185 ***	47.263	90.669 ***	部分平稳
$\log (Y_2)$	- 12.459 ***	81.267 ***	194.175 ***	平　稳
$\log (K)$	- 14.222 ***	60.566	79.215 ***	部分平稳
$\log (T)$	- 9.862 ***	79.283 ***	87.471 ***	平　稳
$\log (L)$	- 9.679 ***	70.984 **	97.604 ***	平　稳
$\Delta\log (Y_1)$	- 15.048 ***	84.007 ***	92.958 ***	平　稳
$\Delta\log (Y_2)$	- 25.399 ***	152.163 ***	158.149 ***	平　稳
$\Delta\log (K)$	- 13.196 ***	88.268 ***	158.719 ***	平　稳
$\Delta\log (T)$	- 14.947 ***	80.221 ***	81.223 ***	平　稳
$\Delta\log (L)$	- 21.971 ***	89.466 ***	129.299 ***	平　稳

注：*、**、***分别表示在10%、5%、1%的水平下检验通过。

2. 面板数据回归结果

本节首先对自主创新与引进技术对创新数量、创新质量的弹性进行综合估计，以了解自主创新与技术引进弹性的平均水平，因为时间序列较短，因此本节采用混合回归进行估计，结果如表 7 – 17 所示。

表 7 – 17 面板数据混合回归结果

变　量	说　明	创新数量回归 Y_1	创新质量回归 Y_2
c	常 数 项	3.314*** (9.626)	3.410*** (22.468)
$\log [K\,(-1)]$	自主创新	0.713*** (8.010)	0.222*** (5.744)
$\log [T\,(-1)]$	技术引进	0.076*** (3.442)	– 0.013* (– 1.723)
$\log [L\,(-1)]$	研发人员	0.266*** (2.711)	– 0.239*** (– 5.623)
R^2	拟合优度	0.952	0.203

注：*、**、***分别表示在 10%、5%、1% 的水平下检验通过。

先看创新数量回归，估计效果总体较好，拟合优度 R^2 高达 0.952，自主创新的弹性系数最大，为 0.713，其次是研发人员，弹性系数为 0.266，最后是技术引进，弹性系数为 0.076，三者弹性之和为 1.055 > 1，说明从创新数量的角度看，中国科技投入产出处于规模报酬递增阶段，增加规模可以取得较好的效益，创新数量成长空间较好。从弹性系数看，中国创新数量主要依靠自主创新，而技术引进所占份额仅占 7.2%，技术引进的贡献并不高。

再看创新质量回归，拟合优度 R^2 总体不高，仅为 0.203，说明自主创新、技术引进与研发人员对创新质量的总体解释较差，这和中国创新质量水平较低有关。从弹性系数看，只有自主创新对创新质量贡献的弹性系数为 0.222，而研发人员与技术引进的弹性系数均为负，并且通过了统计检验。总体上，中国创新质量的投入产出效果不好。

3. 技术引进的非线性效应估计

（1）技术引进的创新数量、创新质量门槛估计

首先，估计不同创新数量水平下技术引进对创新数量的弹性。先进行单门槛检验，F 检验值为 48.932，相伴概率为 0.000，拒绝没有单门槛的原假设。继续进行双门槛检验，结果 F 检验值为 21.572，相伴概率为 0.000，拒绝没有双门槛的原假设。最终决定采用双门槛模型，考虑到研发投入与产出之间的滞后关系，滞后期选择 1 年进行估计，结果如表 7 – 18 所示。

表 7 - 18　创新数量门槛下技术引进对创新数量的弹性

变　量	说　明	回归结果	数据数量
log（K）		0. 579 *** （4. 923）	—
log（L）		0. 327 ** （2. 221）	—
log（T）	log（Y_1）≤13. 988	- 0. 104 *** （ - 4. 013）	51
log（T）	13. 988 < Log（Y_1）≤15. 109	- 0. 039 （ - 1. 589）	33
log（T）	Log（Y_1）> 15. 109	0. 047 * （1. 696）	66

注：*、* *、* * *分别表示在 10%、5%、1%的水平下检验通过。

创新数量的两个门槛对数值分别为 13. 988、15. 109，将创新数量分为低、中、高三个水平，数据数量分别为 51 个、33 个、66 个。对于低创新数量水平而言，技术引进的弹性系数为 - 0. 104；对于中创新数量水平而言，技术引进与创新数量无关；对于高创新数量水平而言，技术引进的弹性系数为 0. 047。总体上，假设 H1 没有得到验证。

其次，估计不同创新质量水平下技术引进对创新质量的弹性。先进行单门槛检验，F 检验值为 71. 429，相伴概率为 0. 000，拒绝没有单门槛的原假设。继续进行双门槛检验，结果 F 检验值为 56. 779，相伴概率为 0. 000，拒绝没有双门槛的原假设。最终决定采用双门槛模型，结果如表 7 - 19 所示。

表 7 - 19　创新质量门槛下技术引进对创新质量的弹性

变　量	说　明	回归结果	数据数量
log（K）		0. 055 （1. 229）	—
log（L）		- 0. 078 （ - 1. 415）	—
log（T）	log（Y_2）≤3. 691	- 0. 056 *** （ - 6. 711）	40
log（T）	3. 691 < Log（Y_2）≤3. 956	- 0. 024 *** （ - 3. 033）	48
log（T）	Log（Y_2）> 3. 956	0. 012 （1. 362）	62

注：*、* *、* * *分别表示在 10%、5%、1%的水平下检验通过。

创新质量的两个门槛对数值分别为 3. 691、3. 956，将创新质量分为低、中、高三个水平，数据数量分别为 40 个、48 个、62 个。对于低创新质量水平而言，技术引进的弹性系数为 - 0. 056，并且通过了统计检验；

对于中创新质量水平而言，技术引进的弹性系数为－0.024，同样通过统计检验；对于高创新质量水平而言，技术引进的弹性系数为0.012，但没有通过统计检验。总体上，假设H2没有得到检验。

（2）自主创新的创新数量、创新质量门槛估计

首先，估计不同创新数量水平下自主创新对创新数量的弹性。先进行单门槛检验，F检验值为48.071，相伴概率为0.000，拒绝没有单门槛的原假设。继续进行双门槛检验，结果F检验值为23.079，相伴概率为0.000，拒绝没有双门槛的原假设。最终决定采用双门槛模型，结果如表7－20所示。

表7－20　创新数量门槛下自主创新对创新数量的弹性

变　　量	说　　明	回归结果	数据数量
$\log(L)$		0.307*** （2.865）	—
$\log(T)$		－0.084*** （－3.677）	—
$\log(K)$	$\log(Y_1) \leqslant 13.693$	0.536*** （5.426）	44
$\log(K)$	$13.693 < \log(Y_1) \leqslant 15.109$	0.586*** （6.135）	40
$\log(K)$	$\log(Y_1) > 15.109$	0.649*** （6.853）	66

注：*、**、***分别表示在10%、5%、1%的水平下检验通过。

创新数量的两个门槛对数值分别为13.693、15.109，将创新数量分为低、中、高三个水平，数据数量分别为44个、40个、66个。对于低创新数量水平而言，自主创新的弹性系数为0.536；对于中创新数量水平而言，自主创新的弹性系数为0.586；对于高创新数量水平而言，自主创新的弹性系数为0.649。总体上，假设H3得到检验。

其次，估计不同创新质量水平下自主创新对创新质量的弹性。先进行单门槛检验，F检验值为76.039，相伴概率为0.000，拒绝没有单门槛的原假设。继续进行双门槛检验，结果F检验值为70.200，相伴概率为0.000，拒绝没有双门槛的原假设。最终决定采用双门槛模型，结果如表7－21所示。

表 7 – 21　创新质量门槛下自主创新对创新质量的弹性

变　量	说　明	回归结果	数据数量
log（L）		− 0. 065（− 1. 310）	—
log（T）		0. 001（0. 142）	—
log（K）	log（Y_1）≤3. 554	0. 029（0. 774）	17
log（K）	3. 554 < Log（Y_1）≤3. 930	0. 056（1. 485）	68
log（K）	Log（Y_1）> 3. 930	0. 082 **（2. 162）	65

注：*、**、***分别表示在10%、5%、1%的水平下检验通过。

　　创新质量的两个门槛对数值分别为 3. 554、3. 930，将创新质量分为低、中、高三个水平，数据数量分别为 17 个、68 个、65 个。对于低创新质量水平而言，自主创新的弹性系数为 0. 029，但没有通过统计检验；对于中创新质量水平而言，自主创新的弹性系数为 0. 056，同样没有通过统计检验；对于高创新质量水平而言，自主创新的弹性系数为 0. 082，并且通过了统计检验。总体上，假设 H4 得到部分检验。

　　（3）自主创新的技术引进门槛

　　首先，估计不同技术引进水平下自主创新对创新数量的弹性。先进行单门槛检验，F 检验值为 2. 832，相伴概率为 0. 096，在 10% 水平下拒绝没有单门槛的原假设。继续进行双门槛检验，结果 F 检验值为 2. 775，相伴概率为 0. 078，同样在 10% 的水平下拒绝没有双门槛的原假设。最终决定采用双门槛模型，结果如表 7 – 22 所示。

表 7 – 22　技术引进门槛下自主创新对创新数量的弹性

变　量	说　明	回归结果	数据数量
log（L）		0. 237（1. 271）	—
log（T）		− 0. 098 ***（− 2. 839）	—
log（K）	log（T）≤6. 746	0. 929 ***（6. 523）	34
log（K）	6. 746 < Log（T）≤7. 120	0. 972 ***（6. 655）	6
log（K）	Log（T）> 7. 120	0. 945 ***（6. 523）	110

注：*、**、***分别表示在10%、5%、1%的水平下检验通过。

　　技术引进的两个门槛对数值分别为 6. 746、7. 120，将技术引进分为低、中、高三个水平，数据数量分别为 34 个、6 个、110 个。对于低技术引进水平而言，自主创新的弹性系数为 0.929；对于中技术引进水平而言，自主创新的弹性系数为 0.972；对于高技术引进水平而言，自主创新的弹性系数为 0.945。呈现中间高两头低的倒 U 形特征。假设 H5 得到检验。

其次，估计不同技术引进水平下自主创新对创新质量的弹性。先进行单门槛检验，F 检验值为 8.015，相伴概率为 0.005，拒绝没有单门槛的原假设。继续进行双门槛检验，结果 F 检验值为 2.511，相伴概率为 0.124，没有拒绝原假设。最终决定采用单门槛模型，结果如表 7-23 所示。

技术引进的门槛值为 6.446，将技术引进分为低、高两个水平，数据数量分别为 29 个和 121 个。对于低技术引进水平而言，自主创新的弹性为 0.177；对于高技术引进水平而言，自主创新的弹性系数为 0.194。随着技术引进水平提高，自主创新的弹性系数是增加的，即假设 H6 部分得到检验。

表 7-23　技术引进门槛下自主创新对创新质量的弹性

变　量	说　明	回归结果	数据数量
log (L)		-1.1071 (-1.343)	—
log (T)		-0.046*** (-3.172)	—
log (K)	log (T) ≤6.446	0.177*** (2.929)	29
log (K)	Log (T) >6.446	0.194*** (3.115)	121

注：＊、＊＊、＊＊＊分别表示在 10%、5%、1% 的水平下检验通过。

（4）技术引进与自主创新互动关系分析

下面建立面板贝叶斯向量自回归模型，引入创新数量、创新质量、自主创新、技术引进 4 个关键变量，滞后期根据经验选择 2 年。4 个变量的脉冲响应函数如图 7-16 所示。

第一，创新数量的脉冲响应函数。来自自主创新一个标准差的正向冲击对其影响最大，当期为 0，随后很快提高，第 6 期达到极大值，以后比较平稳。其次是来自创新质量的冲击，当期为 0，随后一直处于上升状态，说明创新质量的提高也需要创新数量的支持。最后是来自技术引进的冲击，但是第 1 期、第 2 期的影响总体较小，第 3 期达到极大值随后开始下

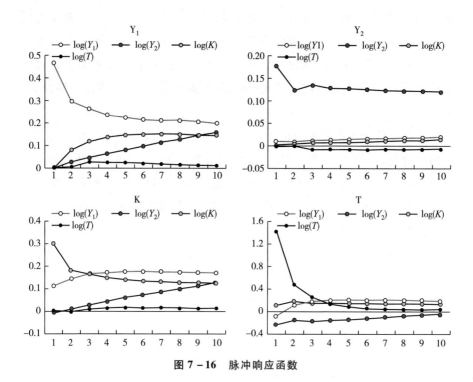

图 7 - 16　脉冲响应函数

降，总体上，技术引进的冲击对创新数量作用比较轻微。

第二，创新质量的脉冲响应函数。总体上，创新数量、自主创新对创新质量有轻微的影响，而技术引进的冲击对创新质量影响为负，创新质量总体上难以提高，各种要素均难以发挥较大贡献，这和面板数据混合回归 R^2 较低相关。

第三，自主创新的脉冲响应函数。来自创新数量的冲击对其影响最大，当期发挥作用，第 4 期达到极大值，随后趋于平稳。其次是来自创新质量的冲击，当期为 0，随后一直上升。最后是技术引进的冲击，总体上技术引进对自主创新影响较小。

第四，技术引进的脉冲响应函数。来自创新数量的冲击对其影响最大，但当期为负，随后开始升高，总体比较平稳。其次是来自自主创新的冲击，总体比较平稳，作用时间较长，说明自主创新需要引进技术。最后是来自创新质量的冲击，总体上影响为负，创新质量增加会降低自主研发投入。

五　结论与政策建议

1. 研究结论

与国内外类似研究相比,本节在创新质量与创新数量视角下,研究自主创新与技术引进的绩效与互动关系,分析其作用机制与作用规律,进一步丰富了创新理论。从研究方法的角度出发,结合面板数据模型、面板门槛回归模型、贝叶斯向量自回归模型进行研究,提高了研究的稳健性,而且研究结论也可以互相补充。主要研究结论如下。

(1) 自主创新与技术引进的创新数量绩效较好

从面板数据混合回归的估计结果看,技术引进与自主创新对创新数量的弹性系数均为正值,但技术引进的弹性系数要小于自主创新。脉冲响应函数表明,技术引进与自主创新对创新数量的冲击为正,而创新数量的冲击对自主创新与技术引进的冲击也为正,自主创新、引进技术与创新数量之间形成了良性互动。

(2) 技术引进的创新质量绩效较低

面板数据混合回归的结果表明,自主创新对创新质量的弹性为正,技术引进对创新质量的弹性为负,并且总体拟合优度不高。脉冲响应函数表明,自主创新的冲击对创新质量影响轻微,而技术引进的冲击对创新质量的影响为负,创新质量的冲击对技术引进的影响为负。总体上,技术引进难以对创新质量产生积极影响,技术引进与创新质量之间互动效果不佳。

(3) 技术引进与自主创新总体上呈低度的互补关系

技术引进与创新数量互动较好,与创新质量互动较差,最终导致技术引进的冲击对自主创新的影响比较轻微,而自主创新的冲击对技术引进总体呈现正向影响。当然,造成这种情况的根本原因是,一方面,对技术引进进行消化吸收再创新的投入有待加强,这是需要解决的问题;另一方面,近年来,随着中国自主创新能力的增强,技术引进投入的下降,中国创新更多依赖自主创新,技术引进对中国自主创新的相对重要性降低,而这一点是值得肯定的。

(4) 自主创新门槛效应显著,技术引进门槛效应不显著

自主创新的创新数量、创新质量门槛效应显著。随着创新数量的提高,自主创新投入对创新数量的弹性越来越大,而只有在创新质量较高

时，自主创新对创新质量才通过统计检验。

技术引进的创新数量门槛效应并不显著。只有当创新数量水平较高时，技术引进的弹性系数才为正数，其他情况均为负，并且有的通过统计检验，有的没有通过统计检验。在创新质量较低和中等时，技术引进的弹性系数为负数，而在创新质量较高时，技术引进弹性系数虽然为正但并没有通过统计检验。

出现以上两种现象的根本原因仍然是自主创新绩效较好，而技术引进的绩效总体较低。

（5）自主创新存在技术引进门槛

随着技术引进水平的提高，自主创新对创新数量的弹性呈倒 U 形关系。当技术引进水平较低时，相对容易消化吸收，对中国创新数量的增加有积极贡献，而随着技术引进的增加，消化吸收能力不足或投入不够，对创新数量的贡献开始下降。

随着技术引进水平的提高，自主研发对创新质量的贡献总体是提高的，并没有出现期望中的下降。根本原因是中国创新质量还很弱，加上二次创新投入不足，导致中国创新质量提高仍有较大空间。

（6）中国正处于单纯重视创新数量向创新数量与质量并重的过渡阶段

从自主创新来看，自主创新对创新数量贡献较大，对创新质量贡献较低。从技术引进看，技术引进对创新数量贡献显著，对创新质量贡献不显著。自主创新已经成为中国创新的重要主体，技术引进只作为必要的补充，但是技术引进不能和创新质量形成良性互动。所以，中国创新目前处于重视创新数量向同时重视创新数量与创新质量的阶段转化。

2. 政策建议

第一，采取有效措施加强创新质量。中国创新数量已经初具规模，但是创新质量尚处于起步阶段，因此，中国的创新亟须转型，从提高创新数量为主向提高创新质量为主转变，应注重基础研究的投入，重视原始创新和重大创新，改进科技评价体系，深化科技体制改革，强化创新质量意识，加强创新质量工作。

第二，提高引进技术二次创新水平。中国技术引进的消化吸收工作仍需加强，日本、韩国等在技术引进的高峰期消化吸收投入是技术引进的 3 ~ 10 倍，而中国的消化吸收投入仅有引进技术的 1/4，这就导致技术引进对创新质量的作用不显著，必须注重引进合适的技术，强化对引进技术的消化吸收，注重协同创新与集成创新，提高二次创新能力。

第三，自主创新是提高创新质量的根本手段。提高创新质量已经到了刻不容缓的程度，其主要途径仍然是自主创新，而引进技术消化吸收再创新，难度较大，中国成功实践也不多，只能作为必要的补充。所以，中国创新工作的重中之重，仍然是重视自主创新投入，提高自主创新效率，改善自主创新管理。

第五节　中国高技术产业新产品的创新绩效研究

对高技术产业新产品的创新绩效进行测度有利于评估创新质量，发现其中存在的问题，对于创新政策制定也具有重要的借鉴意义。本节首先建立理论框架，将新产品开发经费的贡献分为发明专利、实用新型专利与外观设计专利等，提出采用发明专利对新产品销售收入的弹性除以新产品开发经费对新产品销售收入的弹性作为新产品创新绩效，并以中国高技术产业省际面板数据为例，综合采用面板联立方程模型、格兰杰因果检验、面板门槛回归模型、贝叶斯向量自回归模型研究了发明专利数、新产品开发经费、研发经费、新产品销售收入等变量之间的关系。研究结果表明，中国高技术产业新产品的创新绩效总体不高，新产品的创新绩效为42.9%；发明专利绩效不高，但发展潜力良好，中国高技术企业正进入创新质量提升的转型期；新产品开发经费绩效总体较高；企业规模或新产品销售收入越大，新产品开发经费的贡献也越大。

一　引言

在农业经济社会，土地是最重要的财产；在工业经济社会，机器成为最重要的财产；而在超工业经济社会里，主要财产变成了无形的知识财产（Alvin Toffler，1981）。在现代知识经济社会，知识资产的具体体现表现在产品与服务上，其知识含量以及创新性决定了企业的竞争力。新产品更是企业产品与服务知识水平的重要体现，评估新产品的创新绩效，本质上就是评估新产品的知识含量。

新产品开发是企业保持竞争优势的重要途径。基于资源基础理论，新产品研发中涉及众多技术资源，主要包括为技术预测、产品研发、生产制造和过程创新等重要活动提供支撑的资源，这是其他产业难以复制的（Schoenecker and Swanson，2002）。高创新度的新产品所具有的技术不确定性和模糊性会增加因果模糊性，降低竞争对手模仿企业资源或资源组合的可能性，从而帮助企业获得竞争优势（Mary and Jeffrey 等，1993；Barney，1991）。动态能力理论认为，企业产生新颖而有用的想法并把这些想法转化成创新性新产品的能力是企业构建核心能力的基础，也是企业保持竞争优势的根本所在（Im and Montoya 等，2013）。基于国家、行业、规模、研发能力等诸多因素的影响，不同企业新产品的创新绩效是不同的，不同产业新产品的创新绩效也不相同。高技术产业是中国国民经济与社会发展的重要支柱产业，评估高技术产业新产品的创新绩效，不仅可以把握创新质量，发现其中存在的问题，总结其中存在的规律，对于高技术产业发展和政府制定政策也具有重要意义。

关于新产品的界定及新产品开发的意义，《中国高技术产业统计年鉴（2017）》将新产品界定为，采用新技术原理、新设计构思研制、生产的全新产品，或在结构、材质、工艺等某一方面比原有产品有明显改进，从而显著提高了产品性能或扩大了使用功能的产品。Kim 和 Im 等（2013）定义新产品差异化优势为一项新产品相比竞争产品在产品形象、战略定位和技术创新等方面的独特性程度，包括产品差异化特征、品牌知名度、知识和技术的复杂度与保护度等。Brown 和 Eisenhardt（1995）认为新产品开发是影响企业生存和发展的关键环节，是企业竞争优势的重要来源。Chen and Damanpour 等（2010）认为，新产品开发是企业战略的重要方面，在消费者需求和市场环境多变的条件下，较快的新产品开发可以帮助企业建立并维持竞争优势。Song 和 Parry（1997）认为，先进的生产技术或产品设计能够帮助新创服务企业比竞争对手更有效地解决非常规市场需求。Hargadon 和 Sutton（1997）认为，富有意义的新产品能够通过卓越设计和意想不到的技术进步满足顾客需求来增强产品区分度。Bastos and Straume（2012）研究发现，高强度的进口竞争激励企业增加用于产品创新的投资，在市场上通过产品水平差异化取得相对于国内外竞争对手的竞争优势。Sorescu and Spanjol（2008）认为，随着产品生命周期的日益缩短和客户需求的日趋个性化，传统的以质量和成本为核心的竞争优势逐渐弱化，越来越多的企业将持续开发并推出新产品作为保持竞争优势和获取新的利润来源的重要手段。

关于新产品与创新的关系，Caner and Tyler（2015）和 Baker and Grinstein 等（2016）指出，新产品开发涉及对多元化知识的整合，不仅需要企业拥有独特的内部知识，还依赖于跨边界获取关键知识。Cucculelli and Ermini（2012）考察企业产品创新对企业增长的影响，发现开发新产品会增加多产品企业的增长机会，特别是创新倾向强、研发强度大以及具有较强吸收能力的企业，开发新产品对企业的增长效应更明显。Szymanski and Henard（2001）认为新产品差异化提供了基于创新性技术和设计的独特产品定位，赋予新创企业以更高程度的差异化演绎能力来预见、设计和交付比竞争对手更受顾客欢迎和乐意支付的创新性产品，使其免遭竞争者模仿的潜在威胁。Urban and John（1993）提出新产品开发过程包括 5 种行为——机会识别和搜寻、产品设计、测试、商业化以及后续控制，换句话说，新产品开发过程既包含了营销活动，也包含了技术活动。Cooper and Kleinschmidt（1987）对新产品开发流程进行研究，认为新产品开发流程包括了 12 种行为，6 种营销行为和 6 种技术行为。Davenport and Jarvenpaa 等（1996）指出知识加工是新产品研发的主要组成部分，新产品研发以知识为资源，通过知识的获取、整合、应用将知识固化到新产品中，同时新产品研发过程还将产生新的知识，新产品研发也是一个知识创造的过程。Chen and Kang 等（2008）提出为了鼓励新产品开发过程中的知识创造，需要对产品周期管理的每个阶段进行知识管理和过程开发管理。

关于新产品的创新绩效或创新质量，Kim and Im 等（2013）指出新产品创新绩效是指新产品新颖性和有意义的程度，具有非凡的独特性与潜在的商业价值。Ganesan and Malteret 等（2005）提出新产品创造力主要决定于产品开发初期新观念或新发现的获取与开发。Ansiti（1995）指出高技术创新绩效意味着高技术复杂性、高开发成本、高风险以及对企业资源的高要求。Schimidt and Calantone（1998）认为，在技术创新度高的情况下，新产品开发项目的成功更多地依赖于其他方面，如雄厚的技术支持、对战略规划的熟悉及市场机会的分析。Foss and Lyngsie 等（2013）以及 Lai and Lui 等（2016）研究发现，外部环境除能提供异质性知识、弥补企业新产品开发所需知识的缺口外，还能提供诸多知识组合，有助于提升新产品创造力。关于创新质量，学术界最早是从微观角度加以界定的，涉及研究质量、研发质量、创新质量、突破性创新等概念，Haner（2002）将创新质量界定为企业管理质量、生产过程质量、产品及服务质量三个方面。Lanjouw 等（2004）、Teemu 等（2014）认为创新质量既包含着创新的技术价值，也包含由此带来的商业价值。文显堂（2011）认为创新质量有两个衡量标准：一是具有强大的变革力量，大可以改变世界，小可以创造一个新的产业或改变一个产业；二是具有强大的财富创造力，可以让一个企业甚至一个国家拥有强大的财富。杨幽红（2013）认为，创新质量是企业创新所提供的产品、服务、经营管理满足顾客要求的程度以及所含不良的免除程度。

新产品的创新度也是新产品研发绩效的重要体现，Hamel（1991）认为提高新产品开发绩效是当今大多数企业所面临的最为重要的管理挑战。Hoegl and Schulze（2005）研究发现，知识创新和知识共享能有效提高新产品开发绩效。Lynn and Abel 等（1999）认为，企业学习能力能影响新产品开发的成功率，促进隐性知识的流动则可以缩短新产品开发的周期。Carlile（2002）认为科研知识作为企业的一种战略资源，在为新产品开发提供源泉的同时还影响了新产品开发的绩效。Kim and Im 等（2013）指出，在产品周期缩短、技术更新加快的背景下，新产品快速开发成为企业在技术市场竞争中的立足之本，研发速度也是研发绩效的重要体现。

从现有的研究看，关于新产品的界定、重要性的研究比较充分。新产品研发成功的影响因素较多，知识和技术创新是其中的最重要因素，因此新产品的创新绩效研究非常重要。学术界从企业层面对新产品的创新绩效进行了广泛的研究，但是现有研究主要集中于微观企业层面，从宏观产业层面研究新产品创新绩效的成果较少，由于研究对象不同，宏观产业层面的新产品创新绩效研究在研究设计、研究方法、数据搜集整理等方面与微观企业层面的研究有着较大的不同。

本节拟以中国高技术产业为例，首先在理论分析的基础上建立研究框架，然后基于省际面板数据，综合运用联立方程模型、面板门槛回归模型、贝叶斯向量自回归模型，全面研究新产品销售收入、新产品开发经费、发明专利、研发经费、研发劳动力等变量之间的互动关系，最后综合分析中国高技术产业新产品研发中存在的问题，并全面评估新产品的创新绩效。

二 理论基础与研究方法

1. 新产品创新绩效评估的原理

综合分析新产品开发经费、发明专利对新产品销售收入的线性关系，以及研发经费、研发劳动力、新产品开发经费对有效发明专利的线性关系，可以综合评估新产品的创新绩效（见图 7 – 17）。

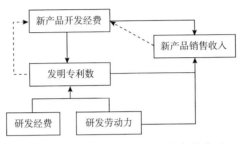

图 7 – 17 新产品销售收入相关变量关系

影响新产品销售收入的变量主要有新产品开发经费、发明专利数、研发劳动力。发明专利数作为创新的重要标志，研发劳动力作为创新的重要人力资源，对新产品销售收入无疑会产生重要影响，那么新产品开发经费除了对发明专利的贡献外，为什么还有对新产品销售收入的影响效应呢？这主要源于中国现行的专利制度。目前中国的专利分为三种类型，一是发明专利，二是实用新型专利，三是外观设计专利。发明专利是能够说明高技术产业创新绩效的，体现了创造力与创新质量，而实用新型专利与外观设计专利属于创新绩效较低的创新，不能很好地反映创新质量。新产品开发经费对新产品销售收入的贡献，从数量关系看，是通过发明专利、实用新型专利、外观设计专利来共同体现的，此外还有对制造工艺、生产加工技术的优化等，单纯采用发明专利数是不能完全反映的。本节测度创新绩效的原理，就是计算发明专利对新产品销售收入弹性占新产品开发经费对新产品销售收入弹性的比重。当然，这里的发明专利数采用存量数据，企业也是理性人，如果发明专利失效，说明该专利对企业创新没有价值，所有企业的发明专利存量共同代表了企业的创新水平。

相关变量之间存在复杂的互动关系，如果采用传统的单方程进行回归不能很好地消除变量的内生性问题，因此采用联立方程模型进行估计，即

$$\begin{cases} \log(Y) = c_{10} + c_{11}\log[NK(-1)] + c_{12}\log[P(-1)] + c_{13}\log[L(-1)] \\ \log(P) = c_{20} + c_{21}\log[K(-1)] + c_{22}\log[L(-1)] + c_{23}\log[NK(-1)] \\ \log(NK) = c_{30} + c_{31}\log[Y(-1)] + c_{32}\log[P(-1)] \end{cases}$$

$$(7-17)$$

公式（7-17）中，Y 表示新产品销售收入，NK 表示新产品开发经费，P 表示发明专利，L 表示研发劳动力，K 表示研发经费。

方程1为主方程，体现了新产品开发经费、发明专利、研发劳动力对新产品销售收入的影响。

方程2主要源于知识生产函数，根据 Griliches – Jaffe 知识生产函数（Griliches，1979；Jaffe，1989），发明专利的产生主要来自研发经费、研发劳动力的投入，新产品开发经费也是企业发明专利的重要研发投入，因此这里一并引入。

方程3是新产品开发经费的反馈方程，包括新产品销售收入和发明专利，如果新产品销售收入和发明专利成效显著，会促进企业增加新产品开发经费。

以上三个方程中，考虑到自变量对因变量的影响存在一定的时间滞后，因此综合考虑后滞后期选择1年。

2. 新产品开发经费、发明专利对新产品销售收入的门槛效应

联立方程反映了变量之间的线性关系，或者说能够测度变量之间的平均弹性大小，为了进一步分析新产品开发经费、发明专利对新产品销售收入影响的非线性关系，即新产品开发经费、发明专利对新产品销售收入影响的特征与规律，发现其中存在的问题，从而进一步对新产品的创新绩效进行评估，可以采用面板门槛回归模型进行估计（Hansen，1999），分析框架如图7-18所示。

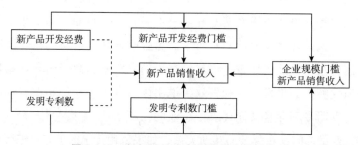

图 7 – 18　创新投入产出之间的非线性关系

根据公式（7-17）的方程1，为了进一步分析新产品开发经费对新产品销售收入的影响特征和规律，可以从三个角度分析其门槛效应：第一是新产品开发经费自身的门槛效应，即随着新产品开发经费水平大小的变化，其对新产品销售收入的弹性变化特征；第二是企业规模门槛效应，即随着企业规模大小变化，新产品开发经费对新产品销售收入的弹性变化特征；第三是新产品销售收入的门槛效应，即随着新产品销售收入规模的变化，新产品开发经费对新产品销售收入的弹性变化特征。

类似地，可以分析发明专利数对新产品销售收入的影响特征和规律，分析路径相同。第一是发明专利自身的门槛效应，即随着发明专利水平大小的变化，其对新产品销售收入的弹性变化特征；第二是企业规模门槛效应，即随着企业规模大小变化，发明专利对新产品销售收入的弹性变化特征；第三是新产品销售收入的门槛效应，即随着新产品销售收入水平的变化，发明专利对新产品销售收入的弹性变化特征。

下面以新产品开发经费为例，说明这三种门槛效应的原理。发明专利的门槛效应与之类似。

首先是新产品开发经费自身的门槛效应，以单门槛为例，如果存在一个新产品开发经费门槛值 τ，使得当 $RK \leq \tau$ 和 $RK > \tau$ 时，新产品开发经费对新产品销售收入的弹性系数分别为 θ_1 和 θ_2，则

$$\begin{cases} \log(Y)\,|_{NK \leq \tau} = c_0 + \theta_1 \log[NK(-1)] + c_1 \log[P(-1)] + c_2 \log[L(-1)] \\ \log(Y)\,|_{NK > \tau} = c_0 + \theta_2 \log[NK(-1)] + c_1 \log[P(-1)] + c_2 \log[L(-1)] \end{cases}$$

$$(7-18)$$

当然也有可能存在双门槛或三门槛，对于双门槛模型，存在两个门槛值 τ_1、τ_2，分为三个区域，新产品开发经费的弹性系数分别为 θ_1、θ_2、θ_3，则

$$\begin{cases} \log(Y)\,|_{NK \leq \tau_1} = c_0 + \theta_1 \log[NK(-1)] + c_1 \log[P(-1)] + c_2 \log[L(-1)] \\ \log(Y)\,|_{\tau_1 < NK \leq \tau_2} = c_0 + \theta_2 \log[NK(-1)] + c_1 \log[P(-1)] + c_2 \log[L(-1)] \\ \log(Y)\,|_{NK > \tau_2} = c_0 + \theta_3 \log[NK(-1)] + c_1 \log[P(-1)] + c_2 \log[L(-1)] \end{cases}$$

$$(7-19)$$

其次是企业规模门槛效应，以单门槛为例，如果存在一个企业规模门槛值 τ，使得当 $M \leq \tau$ 和 $M > \tau$ 时，新产品开发经费对新产品销售收入的弹

性系数分别为 θ_1 和 θ_2，则

$$
\begin{cases}
\log(Y)\mid_{M\leqslant\tau} = c_0 + \theta_1\log[NK(-1)] + c_1\log[P(-1)] + c_2\log[L(-1)] \\
\log(Y)\mid_{M>\tau} = c_0 + \theta_2\log[NK(-1)] + c_1\log[P(-1)] + c_2\log[L(-1)]
\end{cases}
$$

$$(7-20)$$

最后是新产品销售收入的门槛效应，以单门槛为例，如果存在一个新产品销售收入门槛值 τ，使得当 $Y\leqslant\tau$ 和 $Y>\tau$ 时，新产品开发经费对新产品销售收入的弹性系数分别为 θ_1 和 θ_2，则

$$
\begin{cases}
\log(Y)\mid_{Y\leqslant\tau} = c_0 + \theta_1\log[NK(-1)] + c_1\log[P(-1)] + c_2\log[L(-1)] \\
\log(Y)\mid_{Y>\tau} = c_0 + \theta_2\log[NK(-1)] + c_1\log[P(-1)] + c_2\log[L(-1)]
\end{cases}
$$

$$(7-21)$$

根据 Hansen（1999）提出的面板门槛模型，具体门槛的数量要根据 F 检验值进行统计检验，同时要根据数据数量的多少加以综合判定。

3. 新产品开发经费、新产品销售收入、发明专利、研发经费之间互动关系

联立方程模型主要是分析变量之间的静态线性关系，面板门槛回归模型是为了分析变量之间的静态非线性关系，为了进一步分析新产品开发经费、新产品销售收入、发明专利、研发经费之间的动态关系，有必要进一步采用格兰杰因果检验与贝叶斯向量自回归模型进行分析。

（1）格兰杰因果检验

格兰杰因果检验是试图分析变量之间"格兰杰因果关系"的方法。在时间序列情形下，两个经济变量 X、Y 之间的格兰杰因果关系定义为：若在包含了变量 X、Y 的过去信息的条件下，对变量 Y 的预测效果要优于只单独由 Y 的过去信息对 Y 进行的预测效果，即变量 X 有助于解释变量 Y 的将来变化，则认为变量 X 是引致变量 Y 的格兰杰原因。

进行格兰杰因果检验的一个前提条件是时间序列必须具有平稳性，否则可能会出现伪回归问题。因此在进行格兰杰因果检验之前首先应对各指标时间序列的平稳性进行单位根检验（unit root test），面板数据的单位根检验方法包括 LLC 检验、PP 检验、ADF 检验等。

（2）贝叶斯向量自回归模型

Sims（1980）创立了向量自回归模型（Vector Autoregressions，VAR），

成为宏观经济学常用的一种处理因果关系的方法。VAR 强调经济系统的动态特性，较好地解决了变量的内生性问题。传统的包含 m 个变量、滞后阶数为 p、含有常数项的 VAR 模型为

$$y_t = c + A_1 y_{t-1} + A_2 y_{t-2} + \cdots + A_p y_{t-p} + \mu_t \qquad (7-22)$$

公式（7-22）中，c 是 $m \times 1$ 常数向量；y_t 是所有的内生变量；残差 $\mu_t \sim$ i.i.d. N_m（0，$\sum$），服从均值为 0 的正态分布，$\sum$ 为 $m \times m$ 正定矩阵；A_j 为 $m \times m$ 系数矩阵；t 表示方程 i 中变量 j 的滞后阶数。

　　VAR 模型对数据依赖程度较高，缺乏经济理论基础。另外，模型的主要缺点是估计参数过多，比如一个模型中有 m 个内生变量，滞后阶数为 p，则共计有 m（mp+1）个参数需要估计，所以在实际估计时往往人为设定一些参数为 0，这样常常使模型结构与经济理论相矛盾而导致模型不可信。

　　贝叶斯推断理论为解决 VAR 模型的估计问题提供了一种便利的分析框架，主要得益于 Litterman（1986）开创性的研究，他建立了完整的贝叶斯向量自回归技术，用一种简单的方法来处理模型估计中的约束问题，原理是当参数被判定在某一值时，使模型参数趋近于这一值而不是锁定该确定值，在有充分数据支持的情况下，该办法可以得到更精确的估计值。

　　与传统 VAR 模型不同的是，BVAR（Bayesian Vector Autoregressions）模型针对系数矩阵 A 设定了先验分布，该先验分布包含了预测前所获取的某些信息，从而增强了预测的准确性。目前发展出来的先验分布有很多，包括扩散先验分布和共轭先验分布，实际应用中最为普遍的明尼苏达（Minnesota）分布，也称为 Litterman 分布。对于 VAR 模型，Litterman 假设该模型所有系数都服从正态分布。在 VAR 模型的第 n 个方程中，变量 n 的一阶滞后项系数的均值为 1，其他系数的均值为零。在方程 i 中变量 j 的滞后期的系数的标准差为

$$s(i,j,l) = \frac{\gamma g(l) f(i,j) s_i}{s_j}, f(i,j) = g(1) = 1 \qquad (7-23)$$

公式（7-23）中，γ 是总体紧缩度，表示自变量滞后一期的系数的标准差。s_i 为变量 i 自回归方程残差的标准差，s_i/s_j 表示不同变量的差比。调和滞后延迟函数 g（l）$= l^{-d}$ 为衰减系数，表示过去信息比当前信息有用性

衰减的程度，d 的数值越大，先验方差随着滞后阶数的增加快速衰减，d 的数值越小，衰减得越慢。

Litterman 分布将传统 VAR 模型对众多系数的估计转变为对少数几个超级变量（γ、d、ω）的估计，BVAR 模型的估计可以使用 Theil 所提出的混合估计方法（mixed estimation），估计 BVAR 模型需要预测者确定上述超参数的取值。BVAR 模型的主要目的是预测，因此与其他模型不同的是，超参数的取值标准就是获得最优的预测效果，而不是依赖于各种模型设定检验。超参数的确定实际上是一个类似栅格搜索的过程，在超参数取值范围内搜索能够获得最优预测效果的取值。

相比 VAR 方法，BVAR 通常在短期预测时能提供更高预测精度，同时也不会产生传统方法的不可信结构。

三　研究数据

本节的研究对象为中国高技术产业，研发经费采用研发经费内部支出表示、研发劳动力采用研发人员折合全时当量表示，发明专利采用有效发明专利数表示，企业规模采用主营业务收入表示，所有变量数据均来自《中国高技术产业统计年鉴》（1998～2017），数据为大陆 31 个省市的省际面板数据。

西藏、青海、宁夏、新疆、内蒙古、海南缺失数据太多，因此对这些地区的数据进行了舍弃，实际为 25 个省市 20 年的面板数据，数据描述统计如表 7-24 所示。

表 7-24　变量描述统计

变量名称	变量内容	均　值	极大值	极小值	标准差
Y（万元）	新产品销售收入	5511938.00	147000000.00	9870.00	14343163.00
NK（万元）	新产品开发经费	374188.00	11959040.00	809.00	1044997.00
P（件）	有效发明专利数	2064.52	152506.00	1.00	10560.08
K（万元）	研发经费内部支出	317673.20	8406913.00	717.00	826005.00
L（人年）	研发人员折合全时当量	11355.82	210298.00	118.00	24785.01
M（亿元）	主营业务收入	2281.38	37765.20	11.06	4814.16
n	数据数量	$20 \times 25 = 500$			

四　实证结果

1. 变量的平稳性检验

本节基于面板数据进行研究，既包括时间序列也包括截面数据，时间跨度长达20年，因此需要进行单位根检验，以防止可能出现的伪回归问题。为了保证研究的稳健性，本节同时采用 LLC、ADF、PP 三种检验方法，以结果一致为准。结果如表 7 - 25 所示，经过一阶差分，所有变量均为平稳时间序列。

表 7 - 25　变量平稳性检验

变　　量	LLC	ADF	PP	检验结果
$\log(Y)$	- 3.559 ***	58.329	96.190 ***	部分平稳
$\log(NK)$	- 3.965 ***	29.765	51.175	部分平稳
$\log(P)$	- 1.601 *	20.974	19.667	不 平 稳
$\log(K)$	- 6.178 ***	52.429	69.389 **	部分平稳
$\log(L)$	- 1.922 **	49.262	51.466	部分平稳
$\log(M)$	- 0.016	47.328	41.375	不 平 稳
$\Delta\log(Y)$	- 16.853 ***	307.056 ***	783.242	平　　稳
$\Delta\log(NK)$	- 22.315 ***	401.178 ***	756.601 ***	平　　稳
$\Delta\log(P)$	- 27.207 ***	588.281 ***	1546.38 ***	平　　稳
$\Delta\log(K)$	- 20.806 ***	371.945 ***	465.553 ***	平　　稳
$\Delta\log(L)$	- 19.328 ***	369.646 ***	1029.26 ***	平　　稳
$\Delta\log(M)$	- 8.957 ***	176.550 ***	187.790 ***	平　　稳

注：*、**、*** 分别表示在10%、5%、1%的水平下检验通过。

2. 联立方程估计结果

联立方程估计结果如表 7 - 26 所示，方程 1 的拟合优度为 0.850，新产品开发经费通过了统计检验，发明专利、研发劳动力没有通过统计检验。方程 2 的拟合优度为 0.833，新产品开发经费、研发经费、研发劳动力均通过了统计检验；方程 3 的拟合优度为 0.907，发明专利与新产品销售收入均通过了统计检验。总体上，联立方程模型的拟合优度良好。

表 7 - 26　联立方程估计结果

变 量	说 明	方程 1 log（Y）	方程 2 log（P）	方程 3 log（NK）
c	常数	2.977*** (8.842)	- 6.192*** (- 23.251)	2.219*** (8.956)
Log[NK（-1）]	新产品开发经费	0.959*** (14.870)	0.806*** (7.449)	—
log[P（-1）]	发明专利数	0.029 (0.788)	—	0.337*** (15.434)
log[L（-1）]	研发劳动力	0.008 (0.136)	- 0.469*** (- 6.272)	—
log[K（-1）]	研发经费	—	0.578*** (5.039)	—
log[Y（-1）]	新产品销售收入	—	—	0.545*** (22.580)
R^2	拟合优度	0.850	0.833	0.907

注：*、* *、* * *分别表示在10%、5%、1%的水平下检验通过。

　　从方程1看，新产品开发经费对新产品销售收入的弹性系数为0.959，并且统计检验显著。发明专利数与新产品销售收入不相关，说明发明专利绩效较差。研发劳动力对新产品销售收入影响不显著，说明其绩效不高，另外一个原因是研发劳动力从事的研发工作是面向所有研发的，而不仅仅是新产品。

　　发明专利数与新产品销售收入不相关，因此进一步采用回归系数测度高技术产业新产品的创新绩效就不现实，留待后续解决。

　　从方程2看，新产品开发经费对发明专利数的弹性系数为0.806，研发经费对发明专利数的弹性系数为0.578，两者均比较显著。研发经费对发明专利的弹性小于新产品开发经费的弹性，说明新产品开发经费更注重发明专利。研发劳动力对发明专利的弹性为 - 0.469，并且通过了统计检验，加上研发劳动力与新产品销售收入无关，综合分析，只能说明研发劳动力绩效较低，主要原因包括以下几个方面：第一，采用研发人员折合全时当量表示研发劳动力不能反映不同创新水平研发人员的贡献，创新的关键往往是少数研发人员发挥的作用更大；第二，采用科学家、工程师人数也不能反映研发劳动力，原因是相同的；第三，高技术产业中还有不少国有企业，确实存在研发人员绩效较低的现象。

从方程3看，新产品销售收入对新产品开发经费的弹性系数为0.545，发明专利对新产品开发经费的弹性系数为0.337，两者均比较显著，说明新产品销售收入、发明专利对新产品开发经费的反馈效应良好。

3. 格兰杰因果检验

为了分析变量之间的动态因果关系，进一步采用格兰杰因果检验进行分析。由于新产品开发经费、发明专利数、新产品销售收入之间的因果关系存在时间滞后，为了全面分析不同滞后期变量之间的因果关系，本节基于滞后1~4期进行分析，结果如表7-27所示。

表 7 - 27   格兰杰因果检验结果

0 假设	F 检验值	Prob.	滞后期	结　　果
NK 不是 Y 的格兰杰原因	16.856	0.000	1	拒　绝
	3.461	0.000	2	拒　绝
	2.338	0.073	3	不能拒绝
	2.669	0.032	4	拒　绝
Y 不是 NK 的格兰杰原因	19.434	0.000	1	拒　绝
	6.332	0.002	2	拒　绝
	3.816	0.010	3	拒　绝
	2.489	0.043	4	拒　绝
P 不是 Y 的格兰杰原因	7.199	0.001	1	拒　绝
	1.603	0.202	2	不能拒绝
	1.484	0.218	3	不能拒绝
	2.168	0.072	4	不能拒绝
Y 不是 P 的格兰杰原因	37.037	0.000	1	拒　绝
	10.416	0.000	2	拒　绝
	5.880	0.001	3	拒　绝
	6.744	0.000	4	拒　绝
NK 不是 P 的格兰杰原因	66.547	0.000	1	拒　绝
	17.948	0.000	2	拒　绝
	7.841	0.000	3	拒　绝
	7.068	0.000	4	拒　绝

0 假设	F 检验值	Prob.	滞后期	结　果
P 不是 NK 的格兰杰原因	20.232	0.000	1	拒　绝
	3.686	0.026	2	拒　绝
	2.538	0.056	3	不能拒绝
	2.240	0.048	4	拒　绝

从格兰杰因果检验结果看，新产品开发经费与新产品销售收入互动关系良好，只在滞后 3 期的情况下，新产品开发经费才不是新产品销售收入的格兰杰原因，其他情况下均互为格兰杰因果关系。

发明专利数对新产品销售收入只有短期效应，即在滞后 1 期时，发明专利数才是新产品销售收入的格兰杰原因，其他情况均不是，结合联立方程模型中发明专利数与新产品销售收入不相关，说明发明专利的质量不高。

新产品销售收入对发明专利的反馈效应良好，在滞后 1 ~ 4 期的情况下，新产品销售收入均是发明专利数的格兰杰原因。

此外，新产品开发经费与发明专利数的互动关系总体良好，只是在滞后 3 期的情况下，发明专利数才不是新产品开发经费的格兰杰原因，其他均互为因果关系。

4. 面板门槛回归估计

（1）新产品开发经费对新产品销售收入的自身门槛

先看新产品开发经费自身的门槛效应。首先进行单门槛检验，F 检验值为 13.234，概率为 0.000，拒绝原假设，说明存在新产品开发经费自身的门槛效应。继续进行双门槛检验，F 检验值为 5.847，概率为 0.016，拒绝原假设。再进行三门槛检验，F 检验值为 3.003，概率为 0.077，不能拒绝原假设。因此采用双门槛模型进行估计，结果如表 7 - 28 所示。

表 7 - 28　新产品开发经费自身门槛估计

变　量	说　明	回归结果	数据数量
$\log [P (-1)]$	发明专利数	0.249 *** (7.192)	

变 量	说 明	回归结果	数据数量
$\log [L(-1)]$	研发劳动力	0.019 (0.319)	
$\log [NK(-1)]$ $\tau \{\ln [NK(-1)] \leqslant 12.971\}$	新产品开发经费	0.579*** (10.582)	381
$\log [NK(-1)]$ $\tau \{12.971 < \ln [NK(-1)] \leqslant 13.509\}$	新产品开发经费	0.562*** (10.237)	49
$\log [NK(-1)]$ $\tau \{\ln [NK(-1)] > 13.509\}$	新产品开发经费	0.542*** (9.669)	45

注：*、**、***分别表示在10%、5%、1%的水平下检验通过。

从回归结果看，新产品开发经费有2个门槛，其对数值分别为12.971、13.509，将新产品开发经费分为低门槛、中门槛、高门槛三个区域。当新产品开发经费处于低门槛区时，新产品开发经费对新产品销售收入贡献的弹性系数为 -0.579，并且通过了统计检验，数据数量有381个；当新产品开发经费处于中门槛区时，新产品开发经费对新产品销售收入的弹性系数为0.562，也通过了统计检验，数据数量有49个；当新产品开发经费处于高门槛区时，新产品开发经费对新产品销售收入的弹性系数为0.542，同样通过了统计检验，数据数量有45个。

随着新产品开发经费的提高，新产品开发经费对新产品销售收入的弹性系数是逐渐降低的。原因主要是受规模报酬递减规律的影响，随着新产品开发经费的提高，其绩效逐步降低。

（2）发明专利数对新产品销售收入的自身门槛

先看发明专利数自身的门槛效应。首先进行单门槛检验，F检验值为12.583，概率为0.003，拒绝原假设，说明存在发明专利数自身的门槛效应。继续进行双门槛检验，F检验值为2.499，概率为0.119，不能拒绝原假设。因此采用单门槛模型进行估计，结果如表7-29所示。

表7-29 发明专利数自身门槛估计

变 量	说 明	回归结果	数据数量
$\log [NK(-1)]$	新产品开发经费	0.562*** (10.150)	

变　量	说　明	回归结果	数据数量
$\log[L(-1)]$	研发劳动力	0.007 (0.126)	
$\log[P(-1)]$ $\tau\{\ln[P(-1)]\le 7.796\}$	发明专利数	0.251*** (7.135)	428
$\log[P(-1)]$ $\tau\{\ln[P(-1)]>7.796\}$	发明专利数	0.205*** (5.929)	47

注：*、**、***分别表示在10%、5%、1%的水平下检验通过。

从回归结果看，发明专利数有1个门槛，其对数值为7.7969，将发明专利数分为低门槛、高门槛2个区域。当发明专利数处于低门槛区时，发明专利数对新产品销售收入贡献的弹性系数为0.251，并且通过了统计检验，数据数量有428个，占大多数；当发明专利数处于高门槛区时，发明专利数对新产品销售收入的弹性系数为0.205，也通过了统计检验，数据数量有47个。

随着发明专利数的提高，发明专利数对新产品销售收入的弹性系数是逐渐降低的。原因同样主要是受规模报酬递减规律的影响，随着发明专利数的提高，其绩效逐步降低。

（3）新产品开发经费对新产品销售收入的企业规模门槛

新产品开发经费的企业规模门槛效应，就是随着企业规模变化，新产品开发经费对新产品销售收入呈现的不同弹性特征。首先进行单门槛检验，F检验值为34.765，概率为0.000，拒绝原假设，说明存在新产品开发经费的企业规模门槛效应。继续进行双门槛检验，F检验值为31.219，概率为0.000，拒绝原假设。再进行三门槛检验，F检验值为17.203，概率为0.000，拒绝原假设。受数据数量限制，最终采用三门槛模型进行估计，结果如表7-30所示。

表7-30　新产品开发经费的企业规模门槛估计

变　量	说　明	回归结果	数据数量
$\log[P(-1)]$	发明专利数	0.165*** (5.196)	

变　量	说　明	回归结果	数据数量
$\log [L(-1)]$	研发劳动力	-0.049 (-0.895)	
$\log [NK(-1)]$ $\tau\{\ln[M(-1)]\leqslant 4.627\}$	新产品开发经费	0.312^{***} (4.649)	83
$\log [NK(-1)]$ $\tau\{4.627<\ln[M(-1)]\leqslant 5.999\}$	新产品开发经费	0.380^{***} (6.048)	113
$\log [NK(-1)]$ $\tau\{5.999<\ln[M(-1)]\leqslant 7.792\}$	新产品开发经费	0.435^{***} (7.179)	156
$\log [NK(-1)]$ $\tau\{\ln[M(-1)]>7.792\}$	新产品开发经费	0.465^{***} (7.792)	103

注：*、＊＊、＊＊＊分别表示在10%、5%、1%的水平下检验通过。

从回归结果看，企业规模有 3 个门槛，其对数值分别为 4.627、5.999、7.792，将企业规模分为低门槛、中低门槛、中高门槛、高门槛 4 个区域。当企业规模处于低门槛区时，新产品开发经费对新产品销售收入贡献的弹性系数为 0.312，并且通过了统计检验，数据数量有 83 个；当企业规模处于中低门槛区时，新产品开发经费对新产品销售收入的弹性系数为 0.380，也通过了统计检验，数据数量有 113 个；当企业规模处于中高门槛区时，新产品开发经费对新产品销售收入的弹性系数为 0.435，同样通过了统计检验，数据数量有 156 个；当企业规模处于高门槛区时，新产品开发经费对新产品销售收入的弹性系数为 0.465，同样通过了统计检验，数据数量有 103 个。

随着企业规模扩大，新产品开发经费对新产品销售收入的弹性系数逐渐提高，说明企业新产品开发经费的绩效处于规模报酬递增状态。

（4）发明专利数对新产品销售收入的企业规模门槛

发明专利数的企业规模门槛效应，就是随着企业规模变化，发明专利数对新产品销售收入呈现的不同弹性特征。首先进行单门槛检验，F 检验值为 18.540，概率为 0.000，拒绝原假设，说明存在发明专利数的企业规模门槛效应。继续进行双门槛检验，F 检验值为 17.286，概率为 0.000，拒绝原假设。再进行三门槛检验，F 检验值为 11.043，概率为 0.000，拒绝原假设。但企业规模门槛中第二区域数据数量太少，最终采用双门槛模型进行估计，结果如表 7 – 31 所示。

表 7 – 31　发明专利数的企业规模门槛估计

变　量	说　明	回归结果	数据数量
$\log[NK(-1)]$	新产品开发经费	0.463 *** (7.224)	
$\log[L(-1)]$	研发劳动力	– 0.082 (– 1.516)	
$\log[P(-1)]$ $\tau\{\ln[M(-1)]\leqslant 4.099\}$	发明专利数	0.002 (0.048)	46
$\log[P(-1)]$ $\tau\{4.099<\ln[M(-1)]\leqslant 5.999\}$	发明专利数	0.189 *** (5.035)	170
$\log[P(-1)]$ $\tau\{\ln[M(-1)]>5.999\}$	发明专利数	0.281 *** (7.508)	259

注：* 、 * * 、 * * * 分别表示在 10% 、5% 、1% 的水平下检验通过。

　　从回归结果看，企业规模有 2 个门槛，其对数值分别为 4.099、5.999，将企业规模分为低门槛、中门槛、高门槛 3 个区域。当企业规模处于低门槛区时，发明专利数对新产品销售收入贡献的弹性系数为 0.002，但没有通过统计检验，即发明专利数与新产品销售收入无关，数据数量有46 个；当企业规模处于中门槛区时，发明专利数对新产品销售收入的弹性系数为 0.189，通过了统计检验，数据数量有 170 个；当企业规模处于高门槛区时，发明专利数对新产品销售收入的弹性系数为 0.281，也通过了统计检验，数据数量有 259 个。

　　随着企业规模扩大，发明专利数对新产品销售收入的弹性系数逐渐提高，说明大企业更有利于创新，企业发明专利数的贡献处于规模报酬递增状态。但需要注意的是，小企业发明专利数与新产品销售收入无关。

　　（5）新产品开发经费对新产品销售收入的新产品销售收入门槛

　　新产品开发经费的新产品销售收入门槛效应，就是随着新产品销售收入水平的变化，新产品开发经费对新产品销售收入呈现的不同弹性特征。首先进行单门槛检验，F检验值为123.480，概率为0.000，拒绝原假设，说明存在新产品销售收入的门槛效应。继续进行双门槛检验，F检验值为140.302，概率为0.000，拒绝原假设。再进行三门槛检验，F检验值为80.099，概率为0.000，拒绝原假设。最终采用三门槛模型进行估计，结果如表7-32所示。

表7-32 新产品开发经费的新产品销售收入门槛估计

变量	说明	回归结果	数据数量
$\log [P\ (-1)]$	发明专利数	0.145 *** (5.776)	
$\log [L\ (-1)]$	研发劳动力	0.012 (0.279)	
$\log [NK\ (-1)]$ $\tau\{\ln[Y\ (-1)]\leqslant 11.995\}$	新产品开发经费	0.154 *** (3.421)	88
$\log [NK\ (-1)]$ $\tau\{11.995<\ln[Y\ (-1)]\leqslant 13.690\}$	新产品开发经费	0.264 *** (6.214)	138
$\log [NK\ (-1)]$ $\tau\{13.690<\ln[Y\ (-1)]\leqslant 15.071\}$	新产品开发经费	0.338 *** (8.116)	100
$\log [NK\ (-1)]$ $\tau\{\ln[Y\ (-1)]>15.071\}$	新产品开发经费	0.389 *** (9.477)	149

注：*、**、***分别表示在10%、5%、1%的水平下检验通过。

从回归结果看，新产品销售收入有3个门槛，其对数值分别为11.995、13.690、15.071，将新产品销售收入分为低门槛、中低门槛、中高门槛、高门槛4个区域。当新产品销售收入处于低门槛区时，新产品开发经费对新产品销售收入贡献的弹性系数为0.154，通过了统计检验，数据数量有88个；当新产品销售收入处于中低门槛区时，新产品开发经费对新产品销售收入的弹性系数为0.264，也通过了统计检验，数据数量有138个；当新产品销售收入处于中高门槛区时，新产品开发经费对新产品销售收入的弹性系数为0.338，同样通过了统计检验，数据数量有100个；当新产品销售收入处于高门槛区时，新产品开发经费对新产品销售收入的弹性系数为0.389，通过了统计检验，数据数量有149个。

随着新产品销售收入的提高，新产品开发经费对新产品销售收入的弹性系数逐渐提高。

（6）发明专利数对新产品销售收入的新产品销售收入门槛

发明专利数的新产品销售收入门槛效应，就是随着新产品销售收入水平的变化，发明专利数对新产品销售收入呈现的不同弹性特征。首先进行单门槛检验，F检验值为89.627，概率为0.000，拒绝原假设，说明存在新产品销售收入的门槛效应。继续进行双门槛检验，F检验值为71.797，概率为0.000，拒绝原假设。再进行三门槛检验，F检验值为36.289，概率为0.000，拒绝原假设。最终采用三门槛模型进行估计，结果如表7-33所示。

表7-33 发明专利数的新产品销售收入门槛估计

变 量	说 明	回归结果	数据数量
$\log [NK(-1)]$	新产品开发经费	0.335 *** (6.845)	
$\log [L(-1)]$	研发劳动力	-0.033 (-0.686)	
$\log [P(-1)]$ $\tau \{\ln [Y(-1)] \leqslant 2.664\}$	发明专利数	-0.477 *** (-6.311)	28
$\log [P(-1)]$ $\tau \{2.664 < \ln [Y(-1)] \leqslant 3.674\}$	发明专利数	-0.082 ** (-2.257)	60
$\log [P(-1)]$ $\tau \{3.674 < \ln [Y(-1)] \leqslant 7.061\}$	发明专利数	0.161 *** (5.292)	138
$\log [P(-1)]$ $\tau \{\ln [Y(-1)] > 7.061\}$	发明专利数	0.310 *** (10.726)	249

注：*、* *、* * *分别表示在10%、5%、1%的水平下检验通过。

从回归结果看，新产品销售收入有3个门槛，其对数值分别为2.664、3.674、7.061，将新产品销售收入分为低门槛、中低门槛、中高门槛、高门槛4个区域。当新产品销售收入处于低门槛区时，发明专利数对新产品销售收入贡献的弹性系数为-0.477，通过了统计检验，数据数量有28个；当新产品销售收入处于中低门槛区时，发明专利数对新产品销售收入的弹性系数为-0.082，也通过了统计检验，数据数量有60个；当新产品销售收入处于中高门槛区时，发明专利数对新产品销售收入的弹性系数为 0.161，同样通过了统计检验，数据数量有 138 个；当新产品销售收入处于高门槛区时，发明专利数对新产品销售收入的弹性系数为 0.310，通过了统计检验，数据数量有 249 个。随着新产品销售收入的提高，发明专利数对新产品销售收入的弹性系数逐渐提高，但是当新产品销售收入较低时，发明专利数与新产品销售收入负相关，说明其绩效较低。

5. 中国高技术产业新产品创新绩效的估计

根据前文分析，新产品开发经费通过发明专利、实用新型、外观设计三种形式对新产品销售收入产生贡献，因此用发明专利的弹性除以新产品开发经费的弹性就可以大致计算出新产品的创新绩效。由于联立方程估计结果中发明专利与新产品销售收入无关，本节从新产品开发经费对新产品销售收入自身的门槛效应中进行计算，即表 7 - 28 的估计结果，不同门槛的弹性根据数据数量比例进行加权汇总，新产品开发经费的弹性为

$$c_1 = 0.579 \times \frac{381}{475} + 0.562 \times \frac{49}{475} + 0.542 \times \frac{45}{475} = 0.574 \quad (7-24)$$

而发明专利的弹性就是表 7 - 29 估计的结果，同样采用数据数量的比例对弹性进行加权汇总，即

$$c_2 = 0.251 \times \frac{428}{475} + 0.205 \times \frac{47}{475} = 0.246 \quad (7-25)$$

这样，高技术产业新产品的创新绩效或者创新质量为

$$c = \frac{0.246}{0.574} = 0.429 \quad (7-26)$$

用发明专利的平均弹性 0.246 除以新产品开发经费的平均弹性 0.574，结果为 0.429，这就是中国高技术产业新产品的创新绩效，即发明专利的相对贡献为 42.9%，不到 50%。

6. 贝叶斯向量自回归模型估计

考虑到新产品开发经费、发明专利数、研发经费、新产品销售收入之间的互动关系，综合均衡后滞后期选择 1~2 年，建立贝叶斯向量自回归模型，并采用脉冲响应函数进行估计。

先看新产品销售收入的脉冲响应函数（见图 7 - 19）。首先是来自新产品开发经费一个标准差的正向冲击对其影响最大，当期为 0，随

后缓慢提高，作用时间较长。其次是来自研发经费的冲击，当期也为0，随后缓慢提高。最后是来自发明专利数的冲击对其影响最弱，几乎难以体现。这和联立方程模型中发明专利数与新产品销售收入不相关类似。

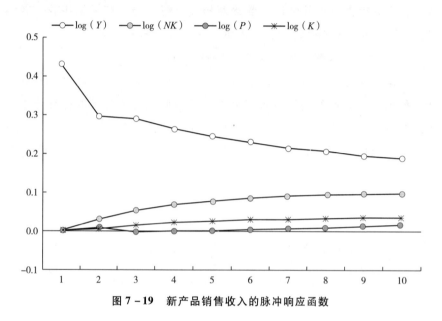

图 7-19　新产品销售收入的脉冲响应函数

再看新产品开发经费的脉冲响应函数（见图 7-20）。首先是来自新产品销售收入一个标准差的正向冲击对其影响最大，当期就发挥作用，而且弹性比较平稳，作用时间较长，和联立方程估计结果类似。其次是来自研发经费的冲击，当期为0，第3期达到极大值，随后缓慢下降，说明研发经费提高有利于增加新产品研发经费投入。最后是来自发明专利数的冲击对其影响略低，当期为0，随后缓慢提高，说明发明专利数对新产品开发经费反馈作用良好。

最后看发明专利数的脉冲响应函数（见图 7-21）。首先是来自新产品销售收入一个标准差的正向冲击对其影响最大，当期发挥作用，弹性比较平稳，作用时间较长。其次是新产品开发经费的冲击，当期为0，随后缓慢提高，作用时间较长。最后是来自研发经费的冲击，当期为0，随后缓慢提高，作用时间较长。这和联立方程估计结果也基本一致。

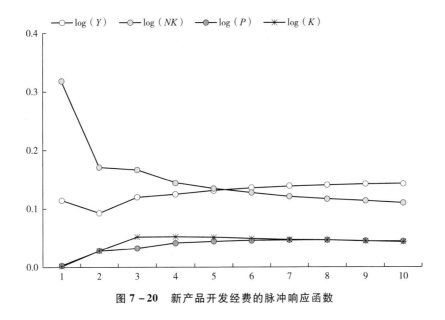

图 7 - 20　新产品开发经费的脉冲响应函数

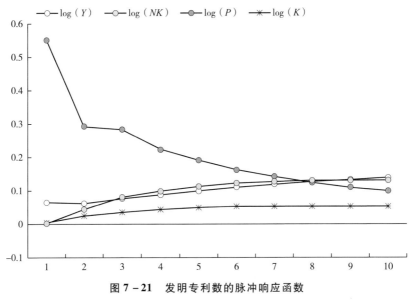

图 7 - 21　发明专利数的脉冲响应函数

五　结论与政策建议

1. 中国高技术产业新产品的创新绩效总体不高

本节测度的理论框架是，新产品开发经费主要通过发明专利、实用新型专利、外观设计专利以及生产工艺等改进实现创新,其中比较重要的是发明专利所发挥的作用,用发明专利弹性大小占新产品开发经费总弹性大小的比重可以大致估计新产品的创新绩效。由于联立方程估计中发明专利数的弹性没有通过统计检验,通过面板门槛回归进一步估计出中国高技术产业新产品的创新绩效仅为42.9%,不到50%,总体程度较低。

此外,联立方程模型估计结果中,发明专利数与新产品销售收入无关;脉冲响应函数中,发明专利数的冲击对新产品销售收入也几乎没有影响;格兰杰因果检验中,发明专利数只在滞后1期的情况下,才是新产品销售收入的格兰杰原因,在滞后2、3、4期的情况下,均不是新产品销售收入的格兰杰原因,说明发明专利对新产品的贡献时间较短,其技术含量不高;当企业规模较小时,发明专利数与新产品销售收入无关;当新产品销售收入较低时,发明专利数与新产品销售收入呈现显著的负相关。这些现象也进一步佐证了中国高技术产业创新绩效不高,提高高技术产业的创新绩效已经成为迫在眉睫的问题。

中国高技术产业的创新,必须注重原始创新、基础创新,提高创新质量,努力提高发明专利的申请数量和比重。企业应加大研发投入,围绕关键技术进行攻关,努力推出原创性成果。政府应鼓励企业申请发明专利,对于实用新型专利与外观设计专利,应该充分实现市场化,政府不应该加以支持。

2. 中国正进入创新质量提升的转型期

发明专利数目前绩效不高,对新产品销售收入的弹性没有通过统计检验。造成这种现象的原因一方面是发明专利对新产品销售收入贡献不佳,另一方面是发明专利可能对传统产品贡献显著,但即使如此,高技术产业发明专利如果不能有效地推进新产品研发,仍然说明发明专利的绩效不高。

发明专利具有良好的发展潜力。面板门槛回归模型的结果显示,随着企业规模的扩大,发明专利数对新产品销售收入的弹性逐步提高;随着新产品销售收入水平的提高,发明专利数对新产品销售收入的弹性也逐渐提高。脉冲响应函数的研究结果表明,新产品开发经费、企业研发经费、新产品销售收入的正向冲击对发明专利的正向影响显著,有利于提高发明专利水平。

以上充分说明，中国高技术产业正进入创新质量提升的转型期。采取各种措施，尽快促进中国高技术产业创新的转型升级，提高创新质量成为迫在眉睫的首要问题。政府应创造有利于创新的外部环境，鼓励广大高技术企业提高创新质量。

3. 新产品开发经费绩效总体较高

联立方程的研究结果表明，新产品开发经费对新产品销售收入的弹性为正，并且最大；格兰杰因果检验的研究结果表明，除了滞后 3 期新产品开发经费在 10% 的水平下通过统计检验外，其他滞后 1 期、2 期、4 期均在 1% 的水平下通过统计检验，新产品开发经费是新产品销售收入的格兰杰原因；脉冲响应函数的研究结果表明，新产品开发经费的正向冲击对新产品销售收入贡献显著。

4. 企业规模或新产品销售收入越大，新产品开发经费的贡献越大

面板门槛回归结果表明，随着企业规模扩大，新产品开发经费对新产品销售收入的弹性系数也逐渐变大；随着新产品销售收入水平提高，新产品开发经费对新产品销售收入的弹性系数也逐渐提高。以上充分说明，中国高技术产业创新还有较大空间。

中国高技术产业新产品开发经费处于规模报酬递增阶段，本质上，新产品销售收入也是企业规模的重要体现。扩大企业规模有利于提高新产品开发经费的弹性。在一定的范围内，可以适当鼓励高技术企业扩大规模，以提高新产品开发经费的创新绩效。

参考文献

1. Abramo, G. , Angelo, C. A. D. , Solazzi, M. . The relationship between scientists' research performance and the degree of internationalization of their research [J]. Scientometrics, 2011, 86 (3): 629 – 643.

2. Acemoglu, D. . Directed technical change [J]. The Review of Economic Studies, 2002, 69 (4): 781 – 809.

3. Acs, Z. J. , Audretsch, D. B. . Innpvation, market structure and firm size [J]. Review of Economics and Ststistics, 1987, 69 (11): 567 – 575.

4. Adler, R. , Ewing, J. , Taylor P. . A Report from the International Mathematical Union (IMU) in Cooperation with the International Council of Industrial and Applied Mathematics (ICIAM) and the Institute of Mathematical Statistics (IMS) [J]. Statistical Science, 2009, 24 (1): 1 – 28.

5. Adler, R. , Ewing, J. , Taylor, P. . Citation statistics [J]. Statistical Science, 2009, 24 (1): 1 – 26 .

6. Aghion, P. , Angeletos, M. , Banerjee, A. , Manova, K. . Volatility and growth: credit constraints and the composition of investment [J]. Journal of Monetary Economics, 2010, 57 (3): 246 – 265.

7. Agrawal, V. K. , Agrawal, V. , Rungtusanatham, M. . The oretical and interpretation challenges to using the author affiliation index method to rank journals [J]. Production & Operations Management, 2011, 20 (2): 280 – 300.

8. Ali, D. , Ehsan, S. S. , Refik, S. . Information measures for generalized gamma family [J]. Journal of Econometrics, 2007, 138 (2): 568 – 585.

9. Alonso, S. , Cabrerizo, F. J. , Herrera – Viedma E. , et al. . hg – index: A new index to characterize the scientific output of researchers based on the h – and g – indices [J]. Scientometrics, 2010, 82 (2): 391 – 400.

10. Alpert, F. H. , Kamins, M. A. . Pioneer brand advantage: a conceptual framework and propositional inventory [J]. Journal of the Academy of Marketing Science, 1994, 22 (3): 244 – 253.

11. Amin, M. , Mabe, M. . Impact factors: use and abuse perspectives J Medicina, 2003, 63 (4): 347 – 354.

12. Anderberg, M. R. . Cluster analysis for application [M]. New York: Academic Press, 1973.

13. Anderson, T. R. , Hankin, R. K. S. , Killworth P. D. . Beyond the Durfee square: Enhancing the h – index to score total publication output [J]. Scientometrics, 2008, 76 (3): 577 – 588.

14. Ansoff, H. . Corporate strategy (Revised edition) [M]. New York: McGraw HillBook Company, 1987: 35 – 83.

15. Arrelano, M. and Bond, S. . Some Tests of Specification for Panel Data: Monte – Carlo Evidence, and an Application to Employment Equation [J]. Review of Economic Studies, 1991 (58): 277 – 297.

16. Avkiran, N. K. . Scientific collaboration in finance does not lead to better quality research [J]. Scientometrics, 1997, 39 (2): 173 – 184.

17. Bartneck, C. , Kokkelmans, S. . Detecting h – index manipulation through self – citation analysis [J]. Scientometrics, 2011, 87 (1): 85 – 98.

18. Beaver, D. D. . Reflections on scientific collaboration (and its study): past, present, and future [J]. Scientometrics, 2001, 52 (3): 365 – 377.

19. Bharathi, D. G. . Methodology for the evaluation of scientific journals: Aggregated citations of cited articles [J]. Scientometrics, 2011, 86 (3): 563 – 574.

20. Bharvi, D. , Garg, K. C. , Bali A. Scientometrics of the international journal Scientometrics [J]. Scientometrics, 2003, 56 (1): 81 – 93.

21. Bidault, F. , Hildebrand, T. . The distribution of partnership returns: Evidence from co – authorships in economics journals [J]. Research Policy, 2014, 43 (6): 1002 – 1013.

22. Blessinger, K. , Hrycaj, P. . Highly cited articles in library and information science: An analysis of content and authorship trends [J]. Library & Infor-

mation Science Research, 2010, 32 (2): 156 – 162.

23. Blumenthal, T.. Japan's technological strategy [J]. Journal of Development Economics, 1976 (3): 245 – 255.

24. Blundell, R. , S. Bond. initial Conditions and Moment Restrictions in dynamic Panel Data Models [J]. Journal Of Econometrics, 1998, 87: 115 – 143.

25. Bordons, M. , García – Jover, F. , Barrigon, S.. Bibliometric analysis of publications of Spanish pharmacologists in the SCI (1984 – 89) [J]. Scientometrics, 1992, 24 (1): 163 – 177.

26. Bornmann, L. , Mutz, R. , Neuhaus, C. , et al.. Citation Counts for Research Evaluation: Standards of Good Practice for Analyzing Bibliometric Data and Presenting and Interpreting Results [J]. Ethics in Science and Environmental Politics, 2008 (8): 93 – 102.

27. Bornmann, L. , Schier, H. , Marx, W. , et al.. What factors determine citation counts of publications in chemistry besides their quality ? [J]. Journal of Informetrics, 2012, 6 (1): 11 – 18.

28. Bornmann, L.. Towards an Ideal Method of Measuring Research Performance: Some Comments to the Opth of and Leydesdorff Paper [J]. Journal of Informetrics, 2010, 4 (3): 441 – 443.

29. Bound, J. , Cummins, C. , Griliches, Z. , Hall, B.. Who Does R&D And Who Patents? R&D Patents And Productivity [M]. Chicago: University of Chicago Press, 1984.

30. Bradshaw, C. J. A. , Brook, B. W.. How to rank journals [J]. PLo S ONE, 2016, 11 (3): e0149852.

31. Braun, T. , Glanzel, W. , Schubert, A.. A Hirsch – type index for journals [J]. Scientometrics, 2006, 69 (1): 169 – 173.

32. Braun, T. , Glanzel, W.. World flash on basic research. A topographical approach to world publication output and performance in science [J]. Scientometrics, 1990, 19: 159 – 165.

33. Bruce, Christine. Information literacy around the world [M]. Centre for Information Studies, Charles Sturt University, 2000.

34. Burton, R. E. , Kebler, R. W.. The half – life of some scientific and tech-

nical literatures [J]. American Documentation, 1960, 11 (1): 18 – 22.

35. Butler, L.. Explaining Australia's increased share of ISI publications the effects of a funding formula based on publication counts [J]. Research Policy, 2003, 32 (1): 143 – 155.

36. Büyükozkan, G., Ruan, D.. Evaluation of software development projects using a fuzzy multi – criteria decision approach [J]. Mathematics and Computers in Simulation, 2008, 77 (5): 464 – 475.

37. Calantone, R. J., Benedetto, C. A. D.. Performance and Time Lo Market: Accelerating Cycle Time with Overlapping Stages [J]. Transactions on Engineering Management, 2000, 47 (2): 232 – 244.

38. Campanario, J. M.. Empirical study of journal impact factors obtained using the classical two – year citation window versus a five – year citation window [J]. Scientometrics, 2011, 87 (1): 189 – 204.

39. Cassiman, B., Veugelers, R.. In search of complementarity in innovation strategy internal R&D and external technology acquisition [J]. Management Science, 2006, 52 (1): 68 – 82.

40. Chakraborty, S., Yeh, C. H.. A Simulation Comparison of Normalization Procedures for TOPSIS [C]. International Conference on Computers and Industrial Engineering, 2009: 1815 – 1820.

41. Charnes, A., Cooper, W. W., Rhodes, E.. Measuring the efficiency of decision making units [J]. European Journal of Operational Research, 1978, 2 (6): 429 – 444.

42. Chen, C. M., Hicks, D.. Tracing knowledge diffusion [J]. Scientometries, 2004, 59 (2): 199 – 211.

43. Chen, C. R., Huang, Y.. Author affiliation index, finance journal ranking, and the pattern of authorship [J]. Journal of Corporate Finance, 2007, 13 (5): 1008 – 1026.

44. Chen, J. Y., Reilly, R. R., Lynn, G. S.. New product development speed: Too much of a good thing [J]. Journal of Product Innovation Management, 2012, 29 (2): 288 – 303.

45. Chesbrough, H. W.. Open innovation [M]. Harvard Business school

press, Boston MA, 2003.

46. Chialin Chang, Stephane Robin. Doing R&D and/or importing technologies: the critical importance of firm size in Taiwan's manufacturing industries [J]. Review of Industrial Organization, 2006, 29: 253 – 278.

47. Chorus, C. G.. The practice of strategic journal self – citation: It exists, and should stop [J]. European Journal of Transport & Infrastructure Research, 2015, 15 (3): 274 – 281.

48. Churchman, C. W., Ackoff, R. K., Arnoff, E. L.. Introduction to Operations Research [M]. New York: Wiley, 1981.

49. Claudia Contreras, et al.. The Current Impact Factor and the Long – term Impact of Scientific Journals by Discipline: A Logistic Diffusion Model Estimation [J]. Scientometrics, 2006, 69 (3): 689 – 695.

50. Clemens, B. W., Douglas, T. J.. Understanding Strategic responses to Institutional Pressures [J]. Journal of Business Research, 2005, 58 (9): 1205 – 1213.

51. Cobb, C. W., Douglas, P. H.. A Theory of production [J]. The American Economic Review, 1928, 18 (1): 139 – 165.

52. Cohen, M. A., Eliashber, G. J.. New Product Development: The Performance and Time – to – market Tradeoff [J]. Management Science, 1996, 42 (2): 173 – 186.

53. W. M. Cohen, "Empirical Studies of Innovative Activity," In: P. Stoneman, Ed., Handbook of the Economics of Innovation and Technological Change, Blackwell, Oxford, 1995, pp. 182 – 264.

54. Cohen, W. M., Levin, R. C., Mowery, D. C.. Firm size and R&D intensity: A reexamination [J]. Journal of Industrial Economics, 1987, 35 (4): 543 – 565.

55. Cristian, S. C., Monica, D.. Entropic measures, Markov information sources and complexity [J]. Applied Mathematics and Computation, 2002, 132 (2): 369 – 384.

56. Cronin, B., Meho, L. I.. Applying the author affiliation index to library and information science journals [J]. Journal of the American Society for

Information Science & Technology, 2008, 59 (11): 1861 - 1865.

57. Cronin, B.. Scholarly communication and epistemic cultures [J]. New Review of Academic Librarianship, 2003, 9 (1): 1 - 24.

58. D. Price. Little siecne, Big science [M]. Columbia Uinversity, 1963.

59. Dalkey, N., Helmer, O.. An experimental application of the Delphi method to the use of experts [J]. Management science, 1963, 9 (3): 455 - 468.

60. Davenport, T. H., Philip, K.. Managing customer support knowledge [J]. Califomia Management Review, 1998, 40 (3): 195 - 208.

61. Davis, P. M.. Eigenfactor: Does the principle of repeated improvement result in better estimates than raw citation counts [J]. Journal of the American Society for Information Science and Technology, 2008, 59 (13), 2186 - 2188.

62. Della Sala, S., Grafman, J.. Five - year impact factor [J]. Cortex, 2009, 45 (8): 911 - 911.

63. Della Sala, S., Jordan, G.. Cortex 2009 5 - year and 2 - year Impact Factor: 4. 1 [J]. Cortex, 2010, 46 (9): 1069 - 1069.

64. Deng, H., Yeh, C. H., Willis, R. J.. Inter - company comparison using modified TOPSIS with objective weights [J]. Computers & Operations Research, 2000, 27 (10): 963 - 973.

65. Diakoulaki, D., Mavrotas, G., Papayannakis, L.. Determining objective weights in multiple criteria problems: The CRITIC method [J]. Computers &Operations Research, 1995, 22 (7): 763 - 770.

66. Dickson, P. H., Weaver, K. M.. Environmental determinants and individual - level moderators of alliance use [J]. Academy of Management Journal, 1997, 40 (2): 404 - 425.

67. Didegah, F., Thelwall, M.. Which factors help authors produce the highest impact research? Collaboration, journal and document properties [J]. Journal of Informetrics, 2013, 7 (4): 861 - 873.

68. DORA. San Francisco Declaration on Research Assessment. 2012.

69. Dorta - Gonzalez, P., Dorta - Gonzalez, M. I.. Impact maturity times

and citation time window s : The 2 – year maximum journal impact factor [J]. Journal of Informetrics, 2013, 7 (3): 593 – 602.

70. Dumaine, B.. Earning more by moving faster [J]. Fortune, 1991 (7): 89 – 90.

71. Duque, R. B., Ynalvez, M., Sooryamoorthy, R., et al.. Collaboration paradox: Scientific productivity, the Internet, and problems of research in developing areas [J]. Social Studies of Science, 2005, 35 (5): 755 – 785.

72. Edward Jackson, J.. A User's Guide To Principal Components [M]. Newyork: A Wiley Inter science Publication, 1992.

73. Edwards, W., Barron, F. H.. SMART and SMARTER: Improved Simple Methods For Multi Attribute Utility Measurement [J]. Organizational Behavior and Human Decision Processes, 1994, 60 (3): 306 – 325.

74. Egghe, L.. Journal diffusion factors and their mathematical relations with the number of citations and with the impact factor [M]. Ingwersen P., Larsen B. (Eds). Proceedings of ISSI 2005, Karolinska University Press, Stockholm, 2005: 109 – 120.

75. Egghe, L.. On the influence of growth on obsolescence [J]. Scientometrics, 1993, 27 (2): 195 – 214.

76. Egghe, L.. Theory and practice of the g – index [J]. Scientometrics, 2006, 69 (1): 131 – 152.

77. Emmanuelidesa, P.. Determinants of product development time: A framework for analysis [J]. Academy of Management Best Paper Proceedings, 1991 (1): 342 – 346.

78. Etzkowitz, H., Leydesdorff, L.. The dynamics of innovation: From national systems and "mode 2" to a triple helix of university – industry – government relations [J]. Research Policy, 2000, 29 (2): 109 – 123.

79. Eugene Garfield. The History and Meaning of the Journal Impact Factor [J]. JAMA, 2006, 295 (1): 90 – 93.

80. Evnge, L., Savona, M.. Innovation, employment and skills in services: Firm and sectorial evidence [J]. Structural Change and Economic Dynamics, 2003 (14): 449 – 474.

81. Fabrigar, L. R. , Wegener, D. T. , MacCallum, R. C. , & Strahan, E. J. . Evaluating the use of exploratory factor analysis in psychological research [J]. Psychological methods, 1999, 4 (3): 272 - 299.

82. Fang Hongling. Self - citation Rates of Scientific and Technical Journal in SCI from China, Japan, India, and Korea [J]. Learned Publishing, 2013, 26 (1): 45 - 49.

83. Ferratt, T. W. , Gorman, M. F. , Kanet, J. J. , et al. . Is journal quality assessment using the author affiliation index [J]. Communications of the Association for Information Systems, 2007 (19): 7.

84. Foo, J. Y. . A study on journal self - citations and intra - citing within the subject category of multidisciplinary sciences [J]. Science & Engineering Ethics, 2009, 15 (4): 491.

85. Fragkiadaki, E. G. , Evangelidis, et al. . F - Value: Measuring an Article´s Scientific Impact [J]. Scientometrics, 2011, 86 (3): 671 - 686.

86. Franceschet, M. . The difference between popularity and prestige in the sciences and in the social sciences: A bibliometric analysis [J]. Journal of Informetrics, 2010, 4 (1): 55 - 63.

87. Frandsen, T. F. , Rousseau, R. , Rowlands, I. . Diffusion factors [J]. Journal of Documentation, 2006, 62 (1): 58 - 72.

88. Frandsen, T. F. . Journal diffusion factors - a measure of diffusion? [J]. Aslib Proceedings, 2004, 56 (1): 5 - 11.

89. Frandsen, T. F. . Journal Self - Citations: Analyzing the JIF Mechanism [J]. Journal of Informetrics, 2007, 1 (1): 47 - 58.

90. Freeman, C. , Soete, L. . The Economics of Industrial Innovation [M]. Cambridge, MA: MIT Press, 1997.

91. Freeman, C. . Technology and policy and economic performance: Lessons from Japan [M]. London Pinter, 1987.

92. Galor, O. , Moav, O. . From physical to human capital accumulation: Inequality and the process of development [J]. Review of Economics Studies, 2004 (71): 1001 - 1024.

93. Gangan Prathap. A Three - Class, Three - Dimensional Bibliometric Per-

formance Indicator [J]. Journal Of The Association For Information Science And Technology, 2014, 65 (7): 1506 – 1508.

94. Gangan Prathap. A three – dimensional bibliometric evaluation of recent research in India [J]. Scientometrics, 2017, 110: 1085 – 1097.

95. Gangan Prathap. A three – dimensional bibliometric evaluation of research in polymer solar cells [J]. Scientometrics, 2014, 101: 889 – 898.

96. Gangan Prathap. The Zynergy – Index and the Formula for the h – Index [J]. Journal of the Association for Information Science and Technology, 2014, 65 (2): 426 – 427.

97. Garfield, E.. Citation analysis as a tool in journal evaluation [J]. Science, 1972, 178 (60): 471 – 479.

98. Garfield, E.. Long – Term Vs Short – Term Journal Impact: Does It Matter? [J]. Scientist, 1998, 12 (3): 11 – 12.

99. Garfield E. Long – term vs. short – term journal impact, II: Cumulative impact factors [J]. Scientist (Philadelphia, Pa.), 1998, 12 (14): 12 – 13.

100. Gazni, A., Didegah, F.. Investigating different types of research collaboration and citation impact: A case study of Harvard University's publications [J]. Scientometrics, 2011, 87 (2): 251 – 265.

101. Gennert, M. and A. L. Yuille. Determining the Optimal Weights in Multiple Objective Function Optimization [DB / OL]. Proceedings Second International Conference on Computer Vision, Tampa, Florida, 1988.

102. Gerschenkron Alexander. Economics Backwardness in Historical Perspective [M]. Harvard University Press, Cambridge MA, 1962.

103. Giovanni, A., Ciriaco, A. D.. The relationship between the number of authors of a publication, its citations and the impact factor of the publishing journal: Evidence from Italy [J]. Journal of Informetrics, 2015 (9): 746 – 761.

104. Glänzel, W., Balázs, S., Bart, T.. Better Late than Never? On the Chance to Become Highly Cited only Beyond the Standard Bibliometric Time Horizon [J]. Scientometrics, 2003, 58 (3): 571 – 586.

105. Glanzel, W., Schubert, A.. Double effort = double impact? A critical

view at international co – authorship in chemistry [J]. Scientometrics, 2001, 50 (2): 199 – 214.

106. Glänzel, W.. On the h – index – A mathematical approach to a new measure of publication activity and citation impact [J]. Scientometrics, 2006, 67 (2): 315 – 321.

107. Glänzel, W., Seven Myths in Bibliometrics. About facts and fiction in quantitative science studies [J]. ISSI newsletter, 2008, 4 (2): 24 – 32.

108. Glänzel, W., Schubert, A.. Analyzing scientific networks through co – authorship [J]. Open Access Publications from Katholieke Universiteit Leuven, 2004: 257 – 276.

109. Gorman, M. F., Kanet, J. J.. Evaluating operations management – related journals via the author affiliation index [J]. Manufacturing & Service Operations Management, 2005, 7 (1): 3 – 19.

110. Graves, S. B.. The time – cost tradeoff in research and development [J]. Engineering Costs and Production Economics, 1989 (16): 1 – 9.

111. Gregory, A. J., Jackson M. C.. Evaluation methodologies: A system of use [J]. Journal of Operational Research, 1992, 43 (1): 19 – 28.

112. Gregory, A. J.. The road to integration: Reflections on the development of organizational evaluation theory and practice [J]. Omega, 1996, 24 (3): 295 – 370.

113. Griffiina. Metrics for measuring product development cycle time [J]. Journal of Product Innovation Management, 1993 (10): 112 – 115.

114. Griffin, A., Hauser J. R.. The voice of the customer [J]. Marketing science, 1993, 12 (1): 1 – 27.

115. Griliches, Z.. Issues in assessing the contribution of research and development to productivity growth [J]. Bell Journal of Economics, 1979 (1): 92 – 116.

116. Griliches, Z.. Patent statistics as economic indicators: A survey [J]. Journal of economic literature, 1990, 28 (12): 1661 – 1707.

117. Guan Jiancheng, Gao Xia. Exploring the h – index at patent level [J]. Journal of the American Society for Information and Technology, 2008,

59 (13): 1 - 61.

118. Gupta, U.. Obsolescence of Physics Literature obsolescence of physics literature - Exponential Decrease of the Density of Citations to Physical - review Articles with Age [J]. Journal of the American Society for Information Science, 1990, 41 (4): 282 - 287.

119. Haddow, G., Genon, P.. Australian education journals: quantitative and qualitative indicators [J]. australian academic & research libraries, 2009, 40 (2): 88 - 104.

120. Hadjimanolis, A.. Barriers to innovation for SMEs in a small less developed country (Cyprus) [J]. Technovation, 1999, 19 (9): 561 - 570.

121. Hagerty, M. R., Kenneth, C. L.. Constructing Summary Indices of Quality of Life: A Model for the Effect of Heterogeneous Importance Weights [J]. Sociological Methods and Research, 2007, 35 (4): 455 - 496.

122. Haken, H.. Synergetics: Introduction and Advanced Topics [M]. Springer, Berlin, 2004.

123. Haner, U. E.. Innovation quality - a conceptual framework [J]. International Journal of Production Economics, 2002, 80 (1): 31 - 37.

124. Hansen, B. E.. Threshold Effects in Non - dynamic Panels: Estimation, Testing and Inference [J]. Journal of Econometrics, 1999 (93): 345 - 368.

125. Harless, D., Reilly, R.. Revision of the journal list for doctoral designation [C]. Unpublished technical report. Richmond, VA: Virginia Commonwealth University, 1998 (17): 2008.

126. Hartley, R. V. L.. Transmission of information [J]. Bell System Technical Journal, 1928 (7): 535 - 563.

127. He shan, Li chengbiao, Hu Shuhua. Economical analysis of speed to market of new Products [J]. Science - technology and Management, 2002 (3): 24 - 26.

128. Hefce. Publications: 1998: 98/54 - Research Funding: Introduction of a policy factor [EB/OL]. [2012_ 02_ 13]. http: // www. hefce. ac. uk/ pubs/hefce/1998/98_ 54. htm.

129. Henk F. Moed. The impact – factors debate: the ISI's uses and limits [J]. Nature, 2002, 415 (6873): 731 – 732.

130. Hicks, D.. Evolving regimes of multi – university research evaluation [J]. Higher Education, 2009, 57 (4): 393 – 404.

131. Hicks, D., Wouters, P., Waltman, L., de Rijcke, S., & Rafols, I.. The Leiden Manifesto for research metrics [J]. Nature, 2015, 520 (7548): 429 – 431.

132. Hicks, J. R.. The Theory of Wages [M]. London: Macmillan, 1932.

133. Hirsch, J.. An Index to Quantify an Individuals Scientific Research Output [A]. Proceedings of the National Academy of Sciences, 2005, 102 (46): 16569 – 16572.

134. Hirschman, A. O.. The political economy of import – substituting industrialization in Latin America [J]. The Quarterly Journal of Economics, 1968 (1): 1 – 32.

135. Holtz – Eakin, D., Neweyw. Rosenh. Estimating vector autoregressions with panel data [J]. Econometrica, 1988, 56: 1371 – 1395.

136. http://hdr.undp.org/sites/default/files/hdr14_ technical_ notes.pdf.

137. http://www.ascb.org/dora – old/files/SFDeclarationFINAL.pdf.

138. Hu, A. G. Z., Jefferson, G. H., Qian, J. C.. R&D and technology transfer: Firm – level evidence from Chinese industry [J]. Review of Economics and Statistics, 2005, 87 (4): 780 – 786.

139. Huang, M., Lin, W.. The Influence of Journal Self – Citations on Journal Impact Factor and Immediacy Index [J]. Online Information Review, 2012, 36 (5): 639 – 654.

140. Hwang, C. L., Yoon, K.. Multiple Decision Making – Methods and Applications: A State of the – Art Survey [M]. New York: Springer – Verlag, 1981.

141. Hwang, C. L., Yoon, K. P.. Multiple attribute decision making: methods and applications [M]. Berlin: Springer – Verlag, 1981: 1 – 50.

142. Hyland, K.. Self – Citation and Self – Reference: Credibility and Promotion in Academic Publication [J]. Journal of the American Society for In-

formation Science and Technology, 2003, 54 (3): 251 – 259.

143. Ian Rowlands. Journal diffusion factor: A new approach to measuring research influence [J]. Aslib Proceedings, 2002, 54 (2): 77 – 84.

144. Jacso, P. . Five – year Impact Factor Data in the Journal Citation Reports [J]. Online Information Review, 2009, 33 (3): 603 – 614.

145. Jaffe, A. B. . Real effects of academic research [J]. The American Economic Review, 1989 (5): 957 – 970.

146. Jahanshahloo, G. R. , Hosseinzadeh, L. F. , Izadikhah, M. . Extension of the TOPSIS method for decision – making problems with fuzzy data [J]. Applied Mathematics and Computation, 2006, 181 (2): 1544 – 1551.

147. Jin, B. H. , Liang, L. M. , Rousseau, R. , et al. . The R – and AR – indices: Complementing the h – index [J]. Chinese Science Bulletin, 2007, 52 (6): 855 – 863.

148. Jin Han Park, Hyun Ju Cho, Young Chel Kwun. Extension of the VIKOR method to dynamic intuitionistic fuzzy multiple attribute decision making [J]. Computers and Mathematics with Applications, 2013, 65 (3): 731 – 744.

149. Jinkun Wan, Pinghuan Hua, Ronald Rousseau. The pure h – index: calculating an author' s h – index by taking co – authors into account [J]. Collnet Journal of Scientometrics & Information Management, 2007, 1 (2): 1 – 5.

150. Jiuping Xu, Zongmin Li, Wenjing Shen, Benjamin Lev. Multi – attribute comprehensive evaluation of individual research output based on published research papers [J]. Knowledge – Based Systems, 2013 (43): 135 – 142.

151. Kahneman, D. , Tversky, A. . Prospect Theory: An Analysis of Decision Under Risk [J]. Econometrica, 1979, 47 (2): 263 – 292.

152. Karagozoglu, N. , Brown, W. B. . Time – based management of the new product development process [J]. Journal of Product Innovation Management, 1993, 10 (3): 204 – 215.

153. Kaur, H. , Mahajan, P. . Collaboration in medical research: a case study of India [J]. Scientometrics, 2015, 105 (1): 683 – 690.

154. Kessler, E. H. , Chakrabarti, A. K. . Innovation speed: A Conceptual

model of context, antecedents and outcomes [J]. Academy of Management Review, 1996, 21 (4): 1143 – 1491.

155. Kiley, M. . The supply of skilled labor and skill – biased technological progress [J]. Economics Journal, 1998 (109): 708 – 724.

156. Klein, D. B. , Chiang, E. . The Social science citation index: A black box with an ideological bias? [J]. Econ Journal Watch, 2004, 1 (1): 134 – 165.

157. Klum, M. , Willman, A. . Unwrapping some euro area growth puzzles: factor substitution, productivity and unemployment [J]. Journal of Macroeconomics, 2008, 30 (2): 645 – 666.

158. Koenker, R. , Gilbert, B. . Regression quantiles [J]. Econometrica, 1978, 46 (1): 33 – 50.

159. Kosmulski, M. . A new Hirsch – type index saves time and works equally well as the original h – index [J]. ISSI Newsletter, 2006, 2 (3): 4 – 6.

160. Krogh, V. . Carein knowledge creation [J]. California Management Review, 1998, 40 (3): 133 – 153.

161. Kuo, W. , Rupe, J. . R – impact factor: Reliability – based citation impact factor [J]. IEEE Transaction on Reliability, 2007, 56 (3): 366 – 367.

162. Lama, N. , Boracchi, P. , Biganzoli, E. . Exploration of distributional models for a novel intensity – dependent normalization procedure in censored gene expression data [J]. Computational Statistics and Data Analysis, 2009, 53 (5): 1906 – 1922.

163. Laursen, K. , Salter, A. . Open for Innovation: the Role of Openness in Explaining Innovation Performance Among UK Manufacturing Firms [J]. Strategic Management Journal, 2006, 27 (2): 131 – 150.

164. Lee, J. W. , Kim, S. H. . An integrated approach for interdependent information system project selection [J]. International Journal of Project Management, 2001, 19: 111 – 118.

165. Lee Jaymin. Technology imports and R&D efforts of Korean manufacturing firms [J]. Journal of Development Economics, 1996, 50 (1): 197 – 210.

166. Leimu, R. , Koricheva, J. . What determines the citation frequency of ec-

ological papers?　[J]. Trends in Ecology & Evolution, 2005, 20 (1):
28 – 32.

167. Lerner, J.. The importance of patent scope: an empirical analysis [J].
Rand Journal of Economics, 1994, 25 (2): 319 – 332.

168. Leydesdorff, L., Opthof, T.. Scopus's source normalized impact per
paper (SNIP) versus a journal impact factor based on fractional counting
of citations [J]. Journal of the American Society for Information Science
and Technology, 2010, 61 (11): 2365 – 2369.

169. Line, M. B.. Changes in the use of literature with time: obsolescence re-
visited [J]. Library Trends, 1993, 41 (4): 665 – 683.

170. Liping Yu, Xiaoming Shen, Yuntao Pan, Yishan Wu. Scholarly journal e-
valuation based on panel data analysis [J]. Journal of Informetrics, 2009
(3): 312 – 320.

171. Litterman, R. B.. Forecasting with bayesian vector autoregressions five
years of experience [J]. Journal of Business and Economics Statistics,
1986, 2 (4): 25 – 38.

172. Liu, Y., Rousseau, R.. Knowledge diffusion through publications and
citations: A case study using ESI – fields as unit of diffusion [J]. Journal of
the American Society for Information Science andTechnology, 2010, 61
(2): 340 – 351.

173. Liu, Y. X., Rousseau, R.. Hirsch – type Indices and Library Manage-
ment: the Case of Tongji University Library [A]. Proceedings of the 11th
ISSI Conference, 2007.

174. Love, I., Zicchino, L.. Financial development and dynamic investment
behavior: evidence from panel VAR [J]. The Quarterly Review of Eco-
nomics and Finance, 2006, 46: 190 – 210.

175. Luhn, H. P.. A statistical approach to mechanized encoding and searching
of literary information [J]. IBM Journal of research and Development,
1957, 1 (4): 309 – 317.

176. Lundberg, J.. Lifting the Crown—Citation Z—Score [J]. Journal of In-
formetrics, 2007, 1 (2): 145 – 154.

177. Lundvall, B. A.. National innovation system, towards a theory of innovation and interactive learning [M]. London Pinter, 1987.

178. Lütkepohl, H.. New introduction to multiple time series analysis [M]. Berlin: Springer, 2005.

179. Ma Feng – Mei, Guo Ya – Jun. Density – induced ordered Weighted averaging operators [J]. International Journal of Intelligent Systems, 2011, 26 (9): 866 – 886.

180. MacCallum, R. C., Widaman, K. F., Zhang, S., Hong, S.. Sample size in factor analysis [J]. Psycholical Methods, 1999, 4 (1): 84 – 99.

181. Mansfield, E.. The speed and cost of industrial innovation in Japan and United States: External vs. internal technology [J]. Management Science, 1988, 34 (10): 1157 – 1169.

182. Mark, J. M., Christopher, M. S.. A Model of Academic Journal Quality With Applications to Open access journals [EB/OL]. [2015 – 9 – 15]. HTTP: //www. lib. utk. edu/news/ scholcomm/archives/2004/11.

183. Markman, G., Phan, H., Balkin, D., Gianiodis, P.. Entrepreneurship and university based technology transfer [J]. Journal of Business Venturing, 2005 (20): 241 – 264.

184. Markpin, T., Boonradsamee, B., Ruksinsut, K., Yochai, W., Premkamolnetr, N., Ratchatahirun, P. and Sombatsompop.. Article – count impact factor of materials science journals in SCI database [J]. Scientometrics, 2008, 75 (2), 251 – 261.

185. Maron, M. E., Kuhns, J. L.. On relevance, probabilistic indexing and information retrieval [J]. Journal of the ACM, 1960, 7 (3): 216 – 244.

186. Martinez, M., Herrera, M., Contreras, E., Ruiz, A., Herrera – Viedma, E.. Characterizing highly cited papers in Social Work through H – Classics [J]. Scientometrics, 2015, 102 (2): 1713 – 1729.

187. Martinez, M., Herrera, M., Contreras, E., et al.. Characterizing highly cited papers in Social Work through H – Classics [J]. Scientometrics, 2015, 2: 1713 – 1729.

188. Matt, P.. How Xerox speeds up the birth of new Products [J]. Business

Week, 1984 (19): 58 – 59.

189. Mcevily, S., Eisenhardt, K., Prescott, J.. The global acquisition, leverage, and protection of technological competencies [J]. Strategic Management Journal, 2004 (25): 713 – 722.

190. Menon, A., Chowdhury, J., Lukas, B. A.. Antecedents and outcomes of new product development speed: An interdisciplinary conceptual framework [J]. Industrial Marketing Management, 2002, 31: 317 – 328.

191. Metin Celika, Ahmet Kandakoglu, I. Deha Er.. Structuring fuzzy integrated multi – stages evaluation model on academic personnel recruitment in MET institutions [J]. Expert Systems with Applications, 2009 (36): 6918 – 6927.

192. Meymandpour, R., DAVIS, J. G.. Linked data informativeness [C]. // Web technologies and applications. Berlin: Springer, 2013: 629 – 637.

193. Michael J. Stringer, Marta Sales – Pardo, Luís Amaral. Effectiveness of Journal Ranking Schemes as a Tool for Locating Information [J]. PLOS ONE, 2008, 3 (2): e1683.

194. Mimouni, M., Ratmansky, M., Sacher, Y., Aharoni, S., Mimouni Bloch, A.. Self – Citation Rate and Impact Factor in Pediatrics [J]. Scientometrics, 2016, 108 (3): 1455 – 1460.

195. Mo Changwei. How the Strategies of Specific Cost Leadership Impacts the Product Innovation Speed [J]. Economic Issues in China, 2011 (1): 61 – 71.

196. Moed, H. F., R. E. De Bruin. New bibliometric tools for the assessment of national research performance [J]. Scientometrics, 1995, 33: 381 – 422.

197. Mohammad, K. S., Majeed, H., Kamran, S.. Extension of VIKOR method for decision making problem with interval numbers [J]. Applied Mathematical Modeling, 2009, 33 (6): 2257 – 2262.

198. Mohanan, P. P.. Technology transfer, adaptation and assimilation [J]. Economic and Political Weekly, 1997, 14 (47): 120 – 126.

199. Mooghali, A., Alijani, R., Karami, N., et al.. Scientometric Analysis of the Scientometric Literature [J]. International Journal of Information

Science & Management, 2012, 9 (1) .

200. Moore, P. . An analysis of information literacy education worldwide [R]. School Libraries Worldwide, 2005, 11.

201. Moore, W. J. . The relative quality of economics journals: a suggested rating system [J]. Economic Inquiry, 1972, 10 (2): 156 – 169.

202. Mower, J. C. , Wilemon, D. . Rewarding technical team work [J]. Research Technology Management, 1989, 32 (5): 24 – 29.

203. Mundlak, Y. . Empirical Productions Free of Management Bias [J]. Journal of Farm Economics, 1961 (43): 44 – 56.

204. Murmann, P. A. . Expected development time reductions in the German mechanical engineering industry [J]. Journal of Product Innovation Management, 1994, 11 (3): 236 – 252.

205. Nakamura, H. , Suzuki, S. , Hironori, T. , et al. . Citationlag analysis in supply chain research [J]. Scientometrics, 2011, 87 (2): 221 – 232.

206. National Research Council. Assessing research doctorate programs: A methodology Study [M]. Washington DC: National Academies Press, 2003.

207. Neuhaus, C. , Marx, W. , Daniel, H. D. . The publication and citation impact profiles of Angewandte Chemie, and the Journal of the American Chemical Society, based on the sections of Chemical Abstracts: A case study on the limitations of the Journal Impact Factor [J]. Journal of the American Society for Information Science & Technology, 2009, 60 (1): 176 – 183.

208. Odlyzko, A. . The rapid evolution of scholarly communication [J]. Learned Publishing, 2002, 15 (1): 7 – 19.

209. Opricovic, S. , Tzeng, G. H. . Extended VIKOR Method in Comparison with Outranking Methods [J]. European Journal of Operational Research, 2007, 178 (2): 514 – 529.

210. Opricovic, S. , Tzeng, G. H. . Compromise Solution by MCDM Methods: A Comparative Analysis of VIKOR and TOPSIS [J]. European Journal of Operational Research, 2004, 156: 445 – 455.

211. Opricovic, S. . Multi Criteria Optimization of Civil Engineering Systems

[D]. Belgrade: Faculty of Civil Engineering, 1998.

212. Pan, R. K. , Fortunato, S. . Author Impact Factor: tracking the dynamics of individual scientific impact [J]. Scientific reports, 2014, 4 (4880): 7 – 8.

213. Patricia, P. , José, P. S. , Antonio, A. , et al. . An annual JCR impact factor calculation based on Bayesian credibility formulas [J]. Journal of Informetrics, 2013, 7 (1): 1 – 9.

214. Pavitt, K. . Sectoral patterns of technical change: Towards a taxonomy and a theory [J] . Research Policy, 1984, 13 (6): 343 – 373.

215. Pawlak, Z. . Rough sets [J]. International Journal of Computer and Information Sciences, 1982, 11 (5): 341 – 356.

216. Pearl, R. , Reed, L. J. . On the Rate of Growth of the Population of the United States since 1790 and Its Mathematical Representation [J]. Proceedings of the National Academy of Sciences, 1920, 6 (6): 275 – 288.

217. Porter, M. E. . Competitive Strategy [M]. Free Press, New York, 1980.

218. Prathap, G. . A three – class, three – dimensional bibliometric performance indicator. [J]. Journal of the Association for Information Science & Technology, 2014, 65 (7): 1506 – 1508.

219. Prathap, G. . Is there a place for a mock h – index? [J]. Scientometrics, 2010, 84 (1): 153 – 165.

220. Prathap, G. . The 100 most prolific economists using the p – index [J]. Scientometrics, 2010, 84 (1): 167 – 172.

221. Price, D. J. S. . Networks of Scientific Papers [J]. Science, 1965, 149 (368): 510 – 515.

222. Price, D. S. . Citation measure of hard science, soft science, technology & non – science [M]. Mass: Heath Lexington, 1970: 3 – 22.

223. Puuska, H. M. , Muhonen, R. , Leino, Y. . International and domestic copublishing and their citation impact in different disciplines [J]. Scientometrics, 2014, 98 (2): 823 – 839.

224. Radicchi, F. , Fortunato, S. , Castellano, C. . Universality of Citation Distributions: Toward an Objective Measure of Scientific Impact [J].

Proceedings of the National Academy of Sciences of the United States of A-
merica, 2008, 105 (45): 17268 – 17272.

225. Ramanathan, R. , Ganesh, L. S. . Group preference aggregation methods
employed in AHP: an evaluation and an intrinsic process for deriving
member's weightages [J]. European Journal of Operational Research,
1994, 79 (2): 249 – 265.

226. Rao, I. K. R. . Weak Relations among the Impact Factors, Number of Ci-
tations, References and Authors [J]. Collnet Journal of Scientometrics &
Information Management, 2014, 8 (1): 17 – 30.

227. Ravikumar, S. , Agrahari, A. , Singh, S. N. . Mapping the intellectual
structure of scientometrics: a co – word analysis of the journal Scientomet-
rics (2005 – 2010) [J]. Scientometrics, 2015, 102 (1): 929 – 955.

228. Redner, S. . How Popular is Your Paper An Empirical Study of the Cita-
tion Distribution [J]. Eur Phys. J. B 4, 1998: 131 – 134.

229. Roger, S. . Commercialization of patents and external financing during the
R&D phase [J]. Research Policy, 2007, 36 (7): 1057 – 1058.

230. Rousseau, R. . Robert Faithorne and the empirical power laws [J]. Jour-
nal of Documentation, 2005, 61 (2): 194 – 205.

231. Rousseau, R. . 案例研究: 美国信息学会会刊 h 指数的时间序列变化
[J]. 科学观察, 2006, 1 (1): 16 – 17.

232. Rowlands, I. . Journal diffusion factors: a new approach to measuring re-
search influence [J]. Aslib Proceedings, 2002, 54 (2): 77 – 84.

233. Roy, B. . Multicriteria methodology for decision aiding [M]. Dordrecht:
Kluwer Academic Publishers, 1996.

234. Ruane, F. , Tol, R. . Rational (successive) h – indices: An application
to economics in the Republic of Ireland [J]. Scientometrics, 2008, 75
(2): 395 – 405.

235. Saaty, A. L. . Measuring the fuzziness of sets [J]. Journal of Cybernetics,
1974, 4 (4): 53 – 61.

236. Sabaghinejad, Z. , Osareh, F. , Baji, F. , et al. . Estimating the partner-
ship ability of Scientometrics, journal authors based on WoS from 2001 to

2013 according to φ – index 1 [J]. Scientometrics, 2016, 109 (1): 1 –
12.

237. Salton, G.. Automatic processing of foreign language documents [J].
Journal of the American Society for Information Science, 1970, 21 (3):
187 – 194.

238. Sanayei, A. , Farid, M. S. , Yazdankhah, A.. Group decision making
process for supplier selection with VIKOR under fuzzy environment [J].
Expert Systems with Applications, 2010, 37 (1): 24 – 30.

239. Sanni, S. A. , Zainab, A. N. , Raj, R. G. , et al. . Measuring journal dif-
fusion using periodic citation counts [J]. Malaysian Journal of Library &
Information Science, 2014, 47 (3): 239 – 262.

240. Sato, R. , Morita, T.. Quantity or quality: the impact of labour saving
innovation on US and Japanese growth rates, 1960 – 2004 [J]. The Japa-
nese Economic Review, 2009, 60 (4), 407 – 430.

241. Sayadi, M. K. , Heydari, M. , Shahanahi, K.. Extension of VIKOR
method for decision making problem with interval numbers [J] . Applied
Mathematical Modeling, 2009, 33 (5): 2257 – 2262.

242. Schreiber, M.. Self – citation corrections for the Hirsch index [J]. Phys-
ics, 2007, 78 (3): 30002.

243. Schubert, E.. Use and misuse of impact factor [J]. Systematics and Biodi-
versity, 2012, 10 (4): 391 – 394

244. Schumpeter, J. A.. Capitalism, Socialism and Democracy [M]. New
York: Harper and Row, 1942.

245. Seglen, P. O.. The skewness of science [J]. Journal of the American Soci-
ety for Information Science, 1992, 43 (9): 628 – 638.

246. Seglen, P. O.. Why the impact factor of journals should not be used for evalu-
ating research [J] . BMJ Clinical Research, 1997, 314 (7079): 498 – 502.

247. Servaes, J.. On impact factors and research assessment: at the start of vol-
ume 31 of telematics and informatics [J] . Telematics and Informatics,
2014, 31 (1): 1 – 2.

248. Shannon, C. E. , Weaver, W.. The mathematical theory of communica-

tion [J]. Mobile Computing and Communications Reviews, 1948, 5 (1): 3 –55.

249. Shotton, D.. The Five Stars of Online Journal Article: A Framework for Article Evaluation [J]. D – Lib Magazine, 2012, 18 (1/2) .

250. Shyur, H. J.. COTS evaluation using modified TOPSIS and ANP [J]. Applied Mathematics and Computation, 2006, 177 (1): 251 –259.

251. Sidiropoulos, A. , Katsaros, D. & Manolopoulos, Y.. Generalized hirsch h – index for disclosing latent facts in citation networks [J]. Scientometrics, 2007, 72 (2): 253 –280.

252. Sims, C.. Macroeconomics and reality [J]. Econometrica, 1980, 48 (1): 1 –48.

253. Small, H. , Sweeney, E.. Clustering the Science Citation Index? Using Co – citations I. A Comparison of Methods [J]. Scientometrics, 1985, 7 (3 – 6): 391 –409.

254. Smith, P. G. , Reinertsen, D. G.. Developing products in half the time [M]. New York: Van Nostrand Reinhold, 1991.

255. Sombatsompop, N. , Kositchaiyong, A. , Markpin, T. , et al.. Scientific Evaluations of Citation Quality of International Research Articles in the SCI Database: Thailand Case Study [J]. Scientomtrics, 2006, 66 (3): 521 –535.

256. Sombatsompo, P. N. , Mark Pin, T.. Making an equality of ISl impact factors of for different subject felds [J]. JASIST, 2005, 56 (7): 676 –683.

257. Sonnenberg, H.. Balancing speed and quality in product innovation [J]. Canadian Business Review, 1993, 17 (3): 19 –22.

258. Souder, W. E.. Analyses of U. S. and Japanese management processes associated with new product success and failure in high and low familiarity markets [J]. Journal of Product Innovation Management, 1998, 15 (3): 208 –223.

259. Spearman, C.. The proof and measurement of association between two things [J]. American Journal of Psychology, 1904 (15): 72 –101.

260. Streicher, G. , Schibany, A. , Gretzmacher, N.. Input Additionality Effects of R&D Subsidies in Austria [M]. österr Inst für Wirtschaftsfors-

chung, 2004.

261. Sue Hubble. 2014 Research Excellence Framework [J]. Social Policy Section, 2015, 18 (12): 8 – 21.

262. Todeschini, R.. The j – index: a new bibliometric index and multivariate comparisons between other common indices [J]. Scientometrics, 2011, 87 (3): 621 – 639.

263. Tsay, M. Y.. An analysis and comparison of scientometric data between journals of physics, chemistry and engineering [J]. Scientometrics, 2009, 78 (2): 279 – 293.

264. UNDP. Human Development Report Technical Notes 2014 [R/OL].

265. Urban, G. L., T. Carter, S. Gaskin, Z. Mucha. Market Share Rewards to Pioneering Brands: An Empirical Analysis and Strategic Implications [J]. Management Science, 1986, 32 (6): 645 – 659.

266. Van der Linden, W. J., Hambleton, R. K.. Handbook of modern item response theory [M]. New York: Springer, 1996.

267. Van Hooydonk, G.. Journal Production and Journal Impact Factors [J]. Journal of the American Society for Information Science, 1996, 47 (10): 775 – 780.

268. Van Raan, A. F. J.. Comparison of the Hirsch – index with standard bibliometric indicators and with peer judgement for 147 chemistry research groups [J]. Scientometrics, 2006, 67 (3): 491 – 502.

269. Van Raan, A. F. J.. Measurement of central aspects of scientific research: performance, interdisciplinarity, structure [J]. Measurement, 2005, 3 (1): 1 – 19.

270. Vanclay, J. K.. Impact factor: outdated artefact or stepping – stone to journal certification? [J]. Scientometrics, 2012, 92 (2): 211 – 238.

271. Vandenbosch, M. C.. Dramatically reducing cycle times through flash development [J]. Long Range Planning, 2002, 35 (6): 567 – 589.

272. Vannie Rope. The introduction of the 5 – year impact factor: Does it benefit statistics journals? [J]. Statistica Neerlandica, 2010, 64 (1): 71 – 76.

273. Venkata, R., R.. Evaluating flexible manufacturing systems using a com-

bined multiple attribute decision making method [J]. International Journal of Production Research, 2008, 46 (7): 1975 – 1989.

274. Vinkler, P.. Introducing the current contribution index for characterizing the recent, relevant impact of journals, Scientometrics, 2008, 79 (2): 409 – 420.

275. Vivarelli, M.. Economics of technology and employment [M]. Alder shot: Elgar, 1995.

276. Wagner, C. S.. Six case studies of international collaboration in science [J]. Scientometrics, 2005, 62 (1): 3 – 26.

277. Wallne, R. C.. Ban impact factor manipulation [J]. Science, 2009, 323 (5913): 461 – 461.

278. Wallsten, S.. The effects of government industry R&D programs on private R&D: The case of the small business innovation research program [J]. Rand Journal of Economic, 2000, 31 (1): 82 – 100.

279. Wang, X. W., Fang, Z. C., Sun, X. L.. Usage patterns of scholarly articles on Web of Science: a study on Web of Science usage count [J]. Scientometrics, 2016, 109 (2): 917 – 926.

280. Wang, X. M., Zhou, X.. A new strategy of technology transfer to China [J]. International Journal of Operations & Production Management, 1999, 19 (5/6): 527 – 536.

281. Webster, G. D., Jonason, P. K., Schember, T. O.. Hot Topics and Popular Papers in Evolutionary Psychology: Analyses of Title Words and Citation Counts in Evolution and Human Behavior, 1979 – 2008 [J]. Evolutionary Psychology, 2009, 7 (3).

282. White, H.. Authors as Citers Over Time [J]. Journal of the American Society for Information Science and Technology, 2001, 52 (2): 87 – 108.

283. Wilhite, A. W., Fong, E. A.. Coercive citation in academic publishing [J]. Science, 2012, 335 (6068): 542 – 543.

284. Wold, S., Martens, H., Wold H.. The multivariate calibration problem in chemistry solved by the PLS method [M]. Edited by A Rule and B Kagstron, Springer – Verlag, Heidelberg, 1983.

285. Worley, J. S.. Industrial research and the new competition [J]. Journal of Political Economy, 1961, 3 (2): 127 – 140.

286. Yanbing Ju, Aihua Wang. Extension of VIKOR method for multi – criteria group decision making problem with linguistic information [J]. Applied Mathematical Modeling, 2013, 37 (5): 3112 – 3125.

287. Yue, Z. L.. An extended TOPSIS for determining weights of decision makers with interval numbers [J]. Knowledge – Based Systems, 2011, 24 (1): 146 – 153.

288. Zhou, P., Su X., Leydesdoff, L.. A comparative study on communication structures of Chinese journals in the social sciences [J]. Journal of the American Society for Information Science and Technology, 2010, 61 (7): 1360 – 1376.

289. Zirger, B. J., Hartley, J. L.. The Effect of Acceleration Techniques on Product Development Time [J]. IEEE Transactions on Engineering Management, 1996 (43): 143 – 152.

290. Zongmin Li, Merrill Liechty, Jiuping Xu, Benjamin Lev. A fuzzy multi – criteria group decision making method for individual research output evaluation with maximum consensus [J]. Knowledge – Based Systems, 2014 (56): 253 – 263.

291. Zuleta, H.. Factor saving innovations and factor income shares [J]. Review of Economic Dynamics, 2008, 11 (4): 536 – 552.

292. 艾红、章丽萍:《23 种农大学报核心期刊载文被引情况分析》,《中国科技期刊研究》2013 年第 2 期。

293. 安静、李海燕、夏旭:《期刊评价新指标——A 指数与 h 指数的相关性分析》,《科技管理研究》2012 年第 15 期。

294. 安静、夏旭、李海燕等:《类 h 指数:K 指数的修正机理及实证分析》,《科技管理研究》2009 年第 6 期。

295. 白崇远:《1994~2003 年我国图书馆学核心期刊被引、自引、互引、影响因子和即年指标测度评价》,《图书情报工作》2004 年第 4 期。

296. 白云:《中国人文社会科学期刊被引半衰期分析研究》,《云南师范大学学报》(哲学社会科学版) 2006 年第 4 期。

297. 鲍卫敏：《从本校论文比例变化分析高校学报开放稿源问题——以〈辽宁工程技术大学学报（自然科学版）〉为例》，《中国科技期刊研究》2009 年第 1 期。

298. 毕克新、王筱、高巍：《基于 VIKOR 法的科技型中小企业自主创新能力评价研究》，《科技进步与对策》2011 年第 1 期。

299. 蔡瑞林、陈万明、朱广华：《创新模式对竞争战略、创新速度的影响研究》，《中国科技论坛》2014 年第 11 期。

300. 曹秀英、梁静国：《基于粗集理论的属性权重确定方法》，《中国管理科学》2002 年第 5 期。

301. 曾玲、舒安琴、徐川平、王维朗：《医学综合类期刊载文量与影响因子关系研究》，《重庆广播电视大学学报》2016 年第 5 期。

302. 柴玉婷、温学兵：《师范大学理科学报学术影响力评价研究》，《渤海大学学报》（自然科学版）2016 年第 1 期。

303. 陈传夫、吴钢、唐琼、孙凯、于媛：《改革开放三十年我国图书情报学教育的发展》，《图书情报知识》2008 年第 5 期。

304. 陈国福、王亮、熊国经、张瑞：《基于主成分和集对分析法的期刊评价方法研究》，《情报杂志》2017 年第 3 期。

305. 陈华友：《多属性决策中基于离差最大化的组合赋权方法》，《系统工程与电子技术》2004 年第 2 期。

306. 陈金圣：《美国大学排行的评价标准与价值取向》，《高等教育研究》2017 年第 2 期。

307. 陈景春：《高校科技学术期刊科学发展的 3 个维度》，《编辑学报》2015 年第 1 期。

308. 陈亮、成榕、岳立柱：《众里取大规则下由频率确定属性权重的方法》，《统计与决策》2017 年第 8 期。

309. 陈淑娴：《期刊影响因子的影响因素分析》，《山东理工大学学报》（社会科学版）2006 年第 4 期。

310. 陈述云、张崇甫：《多指标综合评价方法及其优化选择研究》，《数理统计与管理》1994 年第 3 期。

311. 陈文凯：《运用 TOPSIS 和秩和比法测定馆藏核心期刊的探讨》，《情报杂志》2005 年第 3 期。

312. 陈小山、陈国福、张瑞：《基于因子分析和 SEM 模型的期刊评价指标结构关系研究》，《情报科学》2016 年第 10 期。

313. 陈银洲：《高校学报外稿比例与期刊质量的关系》，《中国科技期刊研究》2006 年第 5 期。

314. 陈颖：《体制之弊与纠偏之路——也谈高校学报的专业化转型》，《清华大学学报》（哲学社会科学版）2011 年第 4 期。

315. 〔英〕大卫·李嘉图：《政治经济学及赋税原理》，郭大力、王亚南译，商务印书馆，1962。

316. 戴月：《1997～2009 年〈生命科学研究〉载文、作者、基金资助论文和影响因子统计分析》，《生命科学研究》2010 年第 2 期。

317. 党亚茹、王莉亚、高峰、李侃、黄月、贺凤兰：《JCR 网络版期刊主要评价指标的变化与发展》，《中国科技期刊研究》2007 年第 6 期。

318. 党亚茹：《基础学科引文峰值区域比较研究》，《情报科学》2003 年第 1 期。

319. 邓三鸿、王昊：《图书馆、情报与文献学 CSSCI 来源刊对外文刊的引证分析》，《西南民族大学学报》（人文社会科学版）2013 年第 11 期。

320. 邓雪、黄夏岚、赵俊峰：《景气指标分类方法的理论研究与实证》，《统计与决策》2017 年第 6 期。

321. 丁筠：《学术期刊影响力指数（CI）预测模型的构建》，《情报科学》2017 年第 2 期。

322. 丁佐奇、郑晓南、吴晓明：《SCI 药学论文被引峰值研究及国别比较》，《科技与出版》2012 年第 8 期。

323. 董秀玥：《增加载文量与提升影响因子值的辩证关系》，《中国科技期刊研究》2005 年第 3 期。

324. 董晔璐：《基于因子分析的我国高校科技创新能力评价》，《科学管理研究》2015 年第 6 期。

325. 杜建、张玢：《学术影响力评价指标之间的相关性分析——基于医学领域某一细分学科的视角》，《评价与管理》2010 年第 4 期。

326. 段雪香：《2011～2012 年〈现代教育管理〉载文、作者和引文统计分析》，《现代教育管理》2013 年第 5 期。

327. 段宇锋、刘俊茹、步坤：《期刊特征与被引频次的关系研究》，《情报资料工作》2018 年第 2 期。

328. 方红玲：《我国科技期刊论文被引量和下载量峰值年代——多学科比较研究》，《中国科技期刊研究》2011 年第 5 期。

329. 方红玲：《国外期刊论文被引峰值年代及其影响因素研究——以 SSCI 收录图书情报学期刊为例》，《中国科技期刊研究》2015 年第 11 期。

330. 方红玲：《不同引证时间窗口影响因子百分位在期刊学术评价中的比较研究》，《科技与出版》2018 年第 12 期。

331. 方曦、李治东、熊焰等：《基于模糊 VIKOR 法的企业决策情报评价及应用》，《情报理论与实践》2015 年第 3 期。

332. 封婷：《综合评价中一种凹性指数型功效函数》，《统计与信息论坛》2016 年第 7 期。

333. 冯晖、王奇：《基于奖优惩劣思想提高区分度的综合评价方法》，《华东师范大学学报》（教育科学版）2011 年第 3 期。

334. 付巧峰：《一种修改的 TOPSIS 法》，《西北大学学报》（自然科学版）2007 年第 4 期。

335. 付鑫金、方曦、许海云：《高校网络学术影响力实证研究》，《图书情报工作》2013 年第 8 期。

336. 付中静：《不同引证时间窗口论文量引关系实证研究——基于论文与期刊视角》，《情报杂志》2017 年第 7 期。

337. 傅德印：《因子分析统计检验体系的探讨》，《统计研究》2007 年第 6 期。

338. 傅家骥主编《技术创新学》，清华大学出版社，1998。

339. 傅蓉：《平衡计分卡指标权重前后不一致现象研究》，《金融论坛》2011 年第 9 期。

340. 盖双双、刘雪立、张诗乐、刘睿远：《同年不同月份发表的论文被引频次的演进规律——兼谈优先数字出版的价值和局限性》，《编辑学报》2014 年第 3 期。

341. 高志、张志强：《科学家个人学术影响力随时间变化的计算方法研究》，《现代情报》2017 年第 5 期。

342. 高自龙、范晓莉：《合作研究与人文社科论文质量的相关性探析——

以人大〈复印报刊资料〉2010 年转载论文评估数据为例》,《中州学刊》2011 年第 6 期。

343. 官诚举、郭亚军、李玲玉、李伟伟:《群体信息集结过程中无量纲化方法的选择》,《运筹与管理》2017 年第 5 期。

344. 顾欢、盛丽娜:《不同引证时间窗口的年度 h 指数与累积 h 指数对比分析——以 SSCI 信息科学与图书馆学期刊为例》,《情报理论与实践》2018 年第 4 期。

345. 顾雪松、迟国泰、程鹤:《基于聚类－因子分析的科技评价指标体系构建》,《科学学研究》2010 年第 4 期。

346. 管仲:《〈新疆农垦经济〉杂志影响因子分析及提升策略》,《新疆农垦经济》2014 年第 8 期。

347. 桂文林、韩兆洲:《我国统计类学术期刊协调发展问题研究》,《统计研究》2009 年第 5 期。

348. 郭雪梅、李沂濛、常红:《基于 DEA 博弈交叉效率的图书情报类期刊质量实证研究》,《出版广角》2017 年第 8 期。

349. 郭亚军、马凤妹、董庆兴:《无量纲化方法对拉开档次法的影响分析》,《管理科学学报》2011 年第 5 期。

350. 郭亚军、易平涛:《线性无量纲化方法的性质分析》,《统计研究》2008 年第 2 期。

351. 韩明彩:《期刊综合评价指标标准化方法研究:价值评估法——以图书情报学期刊为例》,《情报理论与实践》2012 年第 10 期。

352. 韩晓明、王金国、石照耀:《基于主成分分析和熵值法的高校科技创新能力评价》,《河海大学学报》(哲学社会科学版)2015 年第 2 期。

353. 韩轶、唐小我:《满足一定分布规律的多指标综合评价方法的优化选择》,《管理工程学报》1999 年第 3 期。

354. 郝秋红:《对学术期刊科学发展的一些思考》,《河北北方学院学报》(自然科学版)2013 年第 2 期。

355. 何立华、王栎绮、张连营:《基于聚类的多属性群决策专家权重确定方法》,《运筹与管理》2014 年第 6 期。

356. 何莉、董梅生、丁吉海等:《安徽省高校自然科学学报学术影响力综合评价分析——基于因子分析法》,《中国科技期刊研究》2014 年第

3 期。

357. 何倩、顾洪、郭晓晶等：《多种赋权方法联合应用制定科技实力评价指标权重》，《中国卫生统计》2013 年第 1 期。

358. 何强：《群组评价中指标最优权重设计》，《统计研究》2011 年第 8 期。

359. 何荣利、司天文：《对现行中国期刊界计算影响因子年限的思考》，《中国科技期刊研究》2001 年第 5 期。

360. 何山、李成标、胡树华：《产品创新速度的经济性分析》，《科技与管理》2002 年第 3 期。

361. 何汶、刘颖、杨红梅：《图书情报学高被引论文国际合著及贡献研究——基于文献计量学角度》，《图书情报知识》2017 年第 2 期。

362. 何先刚、马跃、鲜思东、江彩娥：《基于主成分分析的网络电子期刊模糊综合评价》，《重庆邮电大学学报》（自然科学版）2014 年第 6 期。

363. 何育静、夏永祥：《江苏省产城融合评价及对策研究》，《现代经济探讨》2017 年第 2 期。

364. 贺颖：《2001～2004 年中国管理类期刊学术影响力综合评价》，《中国软科学》2007 年第 1 期。

365. 胡习之：《一般地方高校学报吸引优质内稿的策略》，《中国科技期刊研究》2014 年第 2 期。

366. 胡永宏：《对统计综合评价中几个问题的认识与探讨》，《统计研究》2012 年第 1 期。

367. 胡永健、周琼琼、张杰军：《基于多属性决策的国家科技基础条件平台运行服务绩效评估研究》，《中国科技论坛》2009 年第 12 期。

368. 胡志刚、李志红：《近十年我国科学学的学术群体与研究热点分析——基于 9 种科学学类期刊的科学计量学研究》，《科学学与科学技术管理》2009 年第 7 期。

369. 花平寰、万锦堃、伍军红：《一种完美的 h 型指数：hT 指数应用体会》，《中国科技期刊研究》2010 年第 1 期。

370. 华小义、谭景信：《基于"垂面"距离的 TOPSIS 法——正交投影法》，《系统工程理论与实践》2014 年第 1 期。

371. 黄斌、汪长柳、马丽：《基于因子分析的江苏省科技服务业竞争力综合评价》，《科技管理研究》2013 年第 22 期。

372. 黄贺方、孙建军、李江《期刊影响力评价指标之间的相关性研究》，《情报科学》2011 年第 9 期。

373. 黄黄：《Hs 指数——期刊评价新指标浅析》，《科技情报开发与经济》2013 年第 21 期。

374. 黄家瑜：《〈福建师范大学学报（自然科学版）〉2007～2011 年各学科载文、作者和被引统计分析》，《福建师范大学学报》（自然科学版）2014 年第 1 期。

375. 黄鲁成、张红彩、王彤：《我国研发支出的影响因素分析》，《研究与发展管理》2005 年第 6 期。

376. 黄明睿：《期刊评价 4 个核心指标之间关系的探讨》，《农业图书情报学刊》2017 年第 12 期。

377. 贾志云：《载文量影响期刊的影响因子吗?》，《中国科技期刊研究》2008 年第 5 期。

378. 江登英、康灿华：《公路交通科技创新能力评价指标的权重确定方法》，《统计与决策》2008 年第 21 期。

379. 江文奇：《无量纲化方法对属性权重影响的敏感性和方案保序性》，《系统工程与电子技术》2012 年第 12 期。

380. 江小涓等：《全球化中的科技资源重组与中国产业技术竞争力提升》，中国社会科学出版社，2004。

381. 姜春林：《对五种科学学与科技管理类期刊引文分析及评价》，《研究与发展管理》2001 年第 1 期。

382. 蒋维杨、赵嵩正、刘丹、王莉芳：《大样本评价的定量指标无量纲化方法》，《统计与决策》2012 年第 17 期。

383. 焦霖：《技术进步对就业总量、就业结构的影响——来自中国微观企业的证据》，《湖南社会科学》2013 年第 1 期。

384. 金晶：《跨学科领域自然科学学术论文评价方法可行性研究》，中国医科大学硕士学位论文，2009。

385. 靖飞、俞立平：《一种新的学术期刊评价方法——因子理想解法》，《情报杂志》2012 年第 10 期。

386. 康存辉、操菊华：《期刊评价之自引辩解》，《编辑之友》2014 年第 10 期。

387. 康兰媛：《科技期刊发展的经济学思考》，《农业图书情报学刊》2008 年第 12 期。

388. 柯青、朱婷婷：《基于作者机构指数的期刊评价研究述评》，《图书与情报》2017 年第 2 期。

389. 孔峰、贾宇、贾杰：《基于 VIKOR 法的企业技术创新综合能力评价模型研究》，《技术经济》2008 年第 2 期。

390. 赖茂生、屈鹏、赵康：《论期刊评价的起源和核心要素》，《重庆大学学报》（社会科学版）2009 年第 3 期。

391. 赖敏、王广生：《电力企业科技项目后评估指标权重系数的调研和计算》，《华中电力》2009 年第 5 期。

392. 雷钦礼：《技术进步偏向、资本效率与劳动收入份额变化》，《经济与管理研究》2012 年第 12 期。

393. 李存斌、张建业、谷云东、祁之强：《一种基于前景理论和改进 TOPSIS 的模糊随机多准则决策方法及其应用》，《运筹与管理》2015 年第 2 期。

394. 李峰：《美国研究型大学的社会评价体系研究》，《科技管理研究》2015 年第 12 期。

395. 李海燕、安静、夏旭：《医学期刊评价指标体系的构建》，《科技管理研究》2009 年第 11 期。

396. 李航、张宏、张彦坤：《学术期刊评价体系中的关键指标关系分析——以经济类核心期刊为研究对象》，《出版广角》2015 年第 Z1 期。

397. 李航：《载文量与影响因子的关系分析——以经济类期刊为例》，《金融理论与教学》2016 年第 3 期。

398. 李贺琼、邵晓明、杨玉英等：《2006～2010 年我国 48 种外科学类期刊自引率及其与影响因子和总被引频次的关系》，《中国科技期刊研究》2013 年第 5 期。

399. 李建英、石晓峰、王飞等：《对体育学科均衡、协调发展的探讨》，《体育科学》2007 年第 5 期。

400. 李江：《基于引文的知识扩散研究评述》，《情报资料工作》2013 年
第 4 期。

401. 李敬锁、赵芝俊：《国家科技支撑计划农业领域项目绩效的影响因素
分析——基于主成分分析法的实证研究》，《科技管理研究》2015 年
第 20 期。

402. 李静：《略论科技期刊的时效性》，《武汉科技大学学报》（社会科学
版）2006 年第 5 期。

403. 李磊、王富章：《基于改进多准则妥协解排序（VIKOR）法的铁路
应急预案评估研究》，《中国安全科学学报》2012 年第 8 期。

404. 李玲玉、郭亚军、易平涛：《无量纲化方法的选取原则》，《系统管理
学报》2016 年第 6 期。

405. 李美娟、陈国宏、肖细凤：《基于一致性组合评价的区域技术创新能
力评价与比较分析》，《中国管理科学》2009 年第 2 期。

406. 李庆胜、刘思峰：《基于协同度的灰关联 VIKOR 方法》，《计算机工
程与应用》2014 年第 13 期。

407. 李莘、于光、邹晓宇：《评价期刊的关键——选择合适的影响因子》，
《情报杂志》2009 年第 S1 期。

408. 李仕川、郭欢欢、侯鹰、张孝成、庞静：《土地集约利用空间分异研
究中指标标准化方法研究》，《长江流域资源与环境》2015 年第
10 期。

409. 李艳凯、张俊容：《TOPSIS 法应用中的逆序问题》，《科技导报》
2008 年第 7 期。

410. 李咏梅、袁学良：《论纸本资源与电子资源协调发展的基本原则》，
《图书馆》2010 年第 2 期。

411. 李子伦：《产业结构升级含义及指数构建研究——基于因子分析法的
国际比较》，《当代经济科学》2014 年第 1 期。

412. 梁碧芬：《基于统计的期刊论文篇幅与质量的关系再论证——兼谈期
刊发文量与影响力》，《广西教育学院学报》2017 年第 3 期。

413. 廖志高、詹敏、徐玖平：《非线性无量纲化插值分类的一种新方法》，
《统计与决策》2015 年第 19 期。

414. 林海明：《因子分析的精确模型及其解》，《统计与决策》2006 年第

14 期。

415. 林向义、罗洪云、王振喜等：《基于模糊 VIKOR 的高校虚拟科研团队成员选择决策》，《技术经济》2013 年第 5 期。

416. 林毅夫、张鹏飞：《适宜技术、技术选择和发展中国家的经济增长》，《经济学》（季刊）2006 年第 4 期。

417. 刘爱军、葛继红、俞立平：《两个新的文献计量指标：累计因子与次年因子》，《情报理论与实践》2017 年第 10 期。

418. 刘爱军、俞立平：《文献计量指标的客观分类及其启示——以 JCR 2015 经济学期刊为例》，《情报理论与实践》2017 年第 7 期。

419. 刘凤朝、孙玉涛、杨玲：《创新能力视角的中国技术引进及溢出研究述评》，《科学学与科学技术管理》2010 年第 10 期。

420. 刘浩、宋雪飞、李二斌：《高校综合性学报发展路径探析——以农业高校社科学报为中心的实证研究》，《南京大学学报》（哲学·人文科学·社会科学版）2012 年第 4 期。

421. 刘军、王筠：《高校图书馆期刊订购质量的灰色关联度分析》，《现代情报》2011 年第 8 期。

422. 刘俊婉：《科学合作对高被引科学家论文产出力的影响分析》，《情报科学》2014 年第 12 期。

423. 刘立：《企业 R&D 投入的影响因素：基于资源观的理论分析》，《中国科技论坛》2003 年第 6 期。

424. 刘莲花：《主成分聚类分析法在数学中文核心期刊综合评价中的应用》，《长江大学学报》（自科版）2016 年第 31 期。

425. 刘美爽、吕妍霄、李梦颖：《2015 年 8 种林业期刊参考文献统计与分析》，《科技与出版》2016 年第 3 期。

426. 刘明、刘渝琳、丁从明：《我国工业部门技术进步对就业的双门槛效应研究》，《中国科技论坛》2013 年第 11 期。

427. 刘仁义、陈士俊：《高校教师科技绩效评价指标体系与权重》，《统计与决策》2007 年第 6 期。

428. 刘盛博、丁堃、杨莹等：《中国科技管理领域论文合著现象研究》，《科技管理研究》2010 年第 3 期。

429. 刘卫锋、王战伟：《基于 AHP 和 TOPSIS 法的大学数学建模竞赛论文评价》，《廊坊师范学院学报》（自然科学版）2012 年第 2 期。

430. 刘学之、杨泽宇、沈凤武、尚玥佟、刘嘉：《基于 S 型曲线的指标非
　　　线性标准化研究》，《统计与信息论坛》2018 年第 2 期。

431. 刘雪立、盖双双、张诗乐等：《不同引证时间窗口影响因子的比较研
　　　究——以 SCI 数据库眼科学期刊为例》，《中国科技期刊研究》2014 年
　　　第 12 期。

432. 刘雪立、魏雅慧、盛丽娜、方红玲、王燕、付中静、郑成铭、董建军：
　　　《科技期刊总被引频次和影响因子构成中的自引率比较——兼谈影响因
　　　子的人为操纵倾向》，《编辑学报》2017 年第 6 期。

433. 刘雪立、徐刚珍、方红玲等：《如何提高医学期刊的影响因子——从
　　　〈眼科新进展〉论文分类被引情况谈起》，《中国科技期刊研究》2008
　　　年第 4 期。

434. 刘雪立：《论科技期刊编辑出版过程中的十大关系》，《中国科技期刊
　　　研究》2009 年第 5 期。

435. 刘岩：《基于多维面板数据因子分析的中国图书情报学核心期刊综合
　　　发展评价研究》，《出版广角》2016 年第 1 期。

436. 刘莹、王滨滨：《提高中国地球化学类英文期刊质量的探讨》，《编辑
　　　学报》2017 年第 S2 期。

437. 刘运梅、李长玲、冯志刚、刘小慧：《改进的 p 指数测度单篇论文学
　　　术质量的探讨》，《图书情报工作》2017 年第 21 期。

438. 刘自强、王效岳、白如江：《基于时间序列模型的研究热点分析预测
　　　方法研究》，《情报理论与实践》2016 年第 5 期。

439. 楼文高、吴雷鸣：《科技期刊质量综合评价的主成分分析法及其改
　　　进》，《统计教育》2010 年第 5 期。

440. 陆海琴、舒立：《科技教育领域同行评估中专家权重的确定方法探
　　　讨》，《科技管理研究》2008 年第 9 期。

441. 陆伟锋、唐厚兴：《关于多属性决策 TOPSIS 方法的一种综合改进》，
　　　《统计与决策》2012 年第 19 期。

442. 〔比利时〕罗纳德·鲁索：《期刊影响因子，旧金山宣言和莱顿宣
　　　言：评论和意见》，全薇译，《图书情报知识》2016 年第 1 期。

443. 吕涛、王震声：《企业快速产品创新的利益与风险》，《价值工程》

2002 年第 2 期。

444. 马永远：《新产品开发团队时间压力、自省性与创新绩效》，《科学学与科学技术管理》2015 年第 2 期。

445. 马忠法、宋永华：《改革开放三十年中国技术引进后续研发问题及完善》，《知识产权》2008 年第 6 期。

446. 毛定祥：《一种最小二乘意义下主客观评价一致的组合评价方法》，《中国管理科学》2002 年第 5 期。

447. 糜万俊：《无量纲化对属性权重影响的传导机制及调权研究》，《统计与决策》2013 年第 4 期。

448. 莫长炜：《成本领先战略对提高产品创新速度的影响——基于内容分析法的研究》，《中国经济问题》2011 年第 1 期。

449. 牟明、徐建勋、郑鸿玺：《期刊指标的综合评价研究》，《情报杂志》2004 年第 7 期。

450. 穆鸿声、晁钢令：《企业组织能力对技术创新速度影响的实证研究——以上海工业企业为例》，《科技管理研究》2011 年第 1 期。

451. 聂超、魏泽峰：《基于学术影响力差异 h 指数改进的实证研究》，《情报杂志》2010 年第 5 期。

452. 聂超、朱国祥：《h 指数在科研评价中的缺陷及其对策》，《情报理论与实践》2009 年第 11 期。

453. 皮进修、彭建文、赵清俊：《大数据研究领域中科研机构影响力测度研究》，《情报杂志》2016 年第 7 期。

454. 齐书宇、胡万山：《2005～2014 年国内科技管理研究重要文献高频关键词共现分析》，《中国科技论坛》2016 年第 3 期。

455. 千慧雄：《技术引进促进自主创新的条件性研究》，《中国经济问题》2011 年第 5 期。

456. 钱爱兵、徐浩：《我国中医学期刊引用网络分析——基于 CMSCI（2004～2012）年度数据》，《中国科技期刊研究》2014 年第 10 期。

457. 钱学森：《关于建立和发展马克思主义的科学学的问题——为〈科研管理〉创刊而作》，《科研管理》1980 年第 1 期。

458. 秦敏：《基于信息量与理想点法的图书馆读者满意度评价模型》，《农业图书情报学刊》2010 年第 10 期。

459. 邱东：《多指标综合评价方法》，《统计研究》1990 年第 6 期。

460. 邱峰：《高校学报本校科研人员发文情况探究——基于 104 个高校人文社会科学学报发文情况的量化分析》，《出版科学》2016 年第 4 期。

461. 邱均平、李爱群、舒明全：《中国学术期刊分类分等级评价的实证研究》，《中国出版》2009 年第 4 期。

462. 邱均平、王菲菲：《中国高校建设世界一流大学与学科进展》，《重庆大学学报》（社会科学版）2014 年第 1 期。

463. 邱均平、杨思洛、刘敏：《改革开放 30 年来我国情报学研究的回顾与展望》，《图书情报研究》2009 年第 2 期。

464. 邱均平、杨思洛、王明芝、刘敏：《改革开放 30 年来我国情报学研究论文内容分析》，《图书情报知识》2009 年第 3 期。

465. 邱均平、瞿辉、罗力：《基于期刊引证关系的学科知识扩散计量研究——以我国"图书馆、情报、档案学"为例》，《情报科学》2012 年第 4 期。

466. 张其瑶：《没有科学评价就没有科学管理——访中国科学评价研究中心主任、武汉大学教授邱均平》，《评价与管理》2004 年第 4 期。

467. 任胜利：《有关精品科技期刊发展战略的思考》，《编辑学报》2005 年第 6 期。

468. 邵景波、李柏洲、周晓莉：《基于加权主成分 TOPSIS 价值函数模型的中俄科技潜力比较》，《中国软科学》2008 年第 9 期。

469. 邵作运、李秀霞：《f（x）指数：期刊学术影响力评价新指标》，《中国科技期刊研究》2015 年第 11 期。

470. 申元月、周萍、王治超：《产品创新最佳周期选择模型在创新加速化风险防范中的应用》，《山东大学学报》（理学版）2005 年第 2 期。

471. 沈能、刘凤朝：《从技术引进到自主创新的演进逻辑——新制度经济学视角的解释》，《科学学研究》2008 年第 6 期。

472. 盛丽娜：《不同引证时间窗口影响因子对期刊排序的影响——以 SSCI 信息科学和图书馆学期刊为例》，《中国科技期刊研究》2016 年第 5 期。

473. 盛明科：《政府绩效评估的主观评议与多指标综合评价的比较——兼论服务型政府绩效评估方法的科学选择》，《湘潭大学学报》（哲学社会科学版）2009 年第 1 期。

474. 石宝峰、程砚秋、王静：《变异系数加权的组合赋权模型及科技评价实证》，《科研管理》2016 年第 5 期。

475. 石宝峰、迟国泰、章穗：《基于矩阵距离时序赋权的科学技术评价模型及应用》，《运筹与管理》2014 年第 1 期。

476. 石燕青、孙建军：《我国图书情报领域学者科研绩效与国际合作程度的关系研究》，《情报科学》2017 年第 11 期。

477. 史晓燕、张优智：《基于主成分分析法的科技进步测评实证研究——以陕西省为例》，《科技进步与对策》2009 年第 22 期。

478. 舒予、张黎俐：《基于组合评价的高校科研绩效评价与分析》，《情报探索》2017 年第 2 期。

479. 宋浩亮：《战略导向、技术创新速度：两者关系的实证研究》，《科学学与科学技术管理》2010 年第 10 期。

480. 苏娜、张志强：《基于 z 得分的科学计量学多关系融合方法研究》，《情报学报》2013 年第 3 期。

481. 苏术锋：《客观评价法中的数据差异赋权有效性及实证》，《统计与决策》2015 年第 21 期。

482. 苏为华：《对数型功效系数法初探》，《统计研究》1993 年第 3 期。

483. 苏为华：《多指标综合评价理论与方法问题研究》，厦门大学博士学位论文，2000。

484. 苏为华：《多指标综合评价理论与方法研究》，中国物价出版社，2001。

485. 苏新宁：《构建人文社会科学学术期刊评价体系》，《东岳论丛》2008 年第 1 期。

486. 孙红霞、李煜：《三角直觉模糊数型 VIKOR 方法》，《运筹与管理》2015 年第 4 期。

487. 孙世岩、邱志明、张雄飞：《多属性决策鲁棒性评价的仿真方法研究》，《武汉理工大学学报》（信息与管理工程版）2006 年第 12 期。

488. 孙卫、徐昂、尚磊：《创新速度理论研究评述与展望》，《科技进步与对策》2010 年第 7 期。

489. 孙永君：《技术进步对我国产出失业关系的影响分析》，《经济理论与经济管理》2011 年第 8 期。

490. 谭春桥：《基于区间值直觉模糊集的 TOPSIS 多属性决策》，《模糊系统与数学》2010 年第 1 期。

491. 谭开明、魏世红：《基于主成分分析的西部地区创新能力评价研究》，《西安财经学院学报》2013 年第 1 期。

492. 陶范：《深入我心的经典论文》，《编辑学报》2018 年第 1 期。

493. 《丰田／日产因高田气囊全球召回 650 万辆汽车》，腾讯汽车网，http://auto. qq. com/a/20150513/047432. htm，2015 年 5 月 14 日。

494. 佟群英：《学术期刊时效性探析——以学术期刊稿件时滞问题为例》，《汕头大学学报》（人文社会科学版）2009 年第 5 期。

495. 王彩：《〈中国图书馆学报〉自引分析》，《甘肃社会科学》2003 年第 1 期。

496. 王东方、陈智、赵惠祥：《辩证看待影响因子》，《学报编辑论丛》2005 年第 1 期。

497. 王海政、仝允桓、徐明强：《多维集成视角下面向公共决策技术评价方法体系构建与评价方法选择》，《科学学与科学技术管理》2006 年第 8 期。

498. 王化中、强凤娇、陈晓暾：《模糊综合评价中权重与评价原则的重新确定》，《统计与决策》2015 年第 8 期。

499. 王会、郭超艺：《线性无量纲化方法对熵值法指标权重的影响研究》，《中国人口·资源与环境》2017 年第 S2 期。

500. 王建华、王全金、刘棉玲、李萍、姜红贵：《科技期刊影响因子形成因素分析》，《华东交通大学学报》2012 年第 3 期。

501. 王金萍、杨连生、杨名：《基于 AHP – EVM 模型的科技期刊编辑能力评价研究》，《中国科技期刊研究》2015 年第 7 期。

502. 王居平：《科技期刊选订中基于离差最大化的组合评价方法》，《情报理论与实践》2003 年第 2 期。

503. 王力纲、何汉武：《基于区分度及可信度的学生评教模型的构建》，《高教探索》2018 年第 4 期。

504. 王连芬、张少杰：《产业竞争力的测度指标体系设计》，《统计与决策》2008 年第 10 期。

505. 王宁、张以民、李云霞、张娟、孙鲁娟、赵伶俐、翁凌云：《专注高、低被引论文，提升 JIA 学术影响力》，《农业图书情报学刊》2018 年第 7 期。

506. 王群英、林耀明：《影响因子、总被引频次与期刊载文量的关系研究——以资源、生态、地理方面的 8 个期刊为例》，《中国科技期刊研究》2012 年第 1 期。

507. 王书亚、金琦、孙萍、魏玫玫：《SCI 影响因子前 50 位肿瘤学期刊的 10 年变迁及启示》，《中国科技期刊研究》2015 年第 5 期。

508. 王天歌、王金苗、袁红梅：《基于专利维度的我国生物医药核心技术的识别与分析》，《情报杂志》2016 年第 4 期。

509. 王卫、潘京华、张晓梅：《合作能力指数及其实证研究》，《情报杂志》2014 年第 11 期。

510. 王文兵、王学斌、谭鸿益、赵学刚：《影响因子的局限性——基于 SCI 和 SSCI 期刊 1999 ~ 2007 年面板数据的实证研究》，《图书与情报》2009 年第 4 期。

511. 王文军、洪岩璧、袁翀、马宇超：《"双一流"学科建设评估体系初探——基于学术表现的综合评估指数构建》，《东南大学学报》（哲学社会科学版）2018 年第 6 期。

512. 王晓辉：《法国科研体制与当前改革》，《比较教育研究》2011 年第 5 期。

513. 王晓勇、楼佩煌、唐敦兵：《基于信息量的不确定型多属性决策方法》，《运筹与管理》2012 年第 1 期。

514. 王学勤、韩仰东：《我国图书馆学核心期刊外文引文的分析与评价》，《图书情报工作》2006 年第 9 期。

515. 王燕、王煦：《资产评估基本方法的比较与选择》，《现代管理科学》2010 年第 3 期。

516. 王晔、李兰欣、杜宁：《浅谈国内科技期刊的自引问题》，《编辑学报》2010 年第 S1 期。

517. 王一华：《学术期刊的组合评价研究》，《情报科学》2011 年第 5 期。

518. 王瑛、李菲：《基于集成权重和贝叶斯模型的科技奖励评价》，《湖南大学学报》（自然科学版）2016 年第 7 期。

519. 王映：《加權 TOPSIS 與 RSR 法在學術期刊影響力綜合評價中的應用研究》，《圖書情報工作》2013 年第 2 期。

520. 王中向：《英國 REF 評估框架研究》，《高教探索》2013 年第 4 期。

521. 王祖和、亓霞：《多資源均衡的權重優選法》，《管理工程學報》2002 年第 3 期。

522. 魏登雲：《數據的標準化處理在體育綜合評價中的應用辨析》，《上海體育學院學報》2016 年第 4 期。

523. 魏曉峰：《國內學術期刊質量評價指標體系構建探索與實證研究》，《圖書館理論與實踐》2013 年第 12 期。

524. 文東茅、鮑旭明、傅攸：《等級賦分對高考區分度的影響——對浙江"九校聯考"數據的模擬分析》，《中國高教研究》2015 年第 6 期。

525. 翁媛媛、高汝熹：《科技創新環境的評價指標體系研究——基於上海市創新環境的因子分析》，《中國科技論壇》2009 年第 2 期。

526. 吳美琴、李常洪、宋雅文、范建平：《基於窗口分析與松弛變量測度的期刊引證效率評價——18 種圖情期刊效率差異分析》，《情報理論與實踐》2017 年第 2 期。

527. 吳明智、高碩：《基於 ESI 的中國農業科學十年發展態勢的文獻計量分析》，《農業圖書情報學刊》2015 年第 9 期。

528. 吳濤、楊筠、陳晨等《基於因子分析法的科技期刊引文綜合評價指標研究》，《中國科技期刊研究》2015 年第 2 期。

529. 吳延兵：《R&D 存量、知識函數與生產效率》，《經濟學》（季刊）2006 年第 4 期。

530. 吳岩：《基於主成分分析法的科技型中小企業技術創新能力的影響因素研究》，《科技管理研究》2013 年第 14 期。

531. 夏慧、韓毅：《一個新的綜合性科技評價指標——p 指數研究綜述》，《圖書情報工作》2014 年第 8 期。

532. 夏維力、丁珮琪：《中國省域創新創業環境評價指標體系的構建研究——對全國 31 個省級單位的測評》，《統計與信息論壇》2017 年第 4 期。

533. 夏文莉：《基於因子分析法的科研誠信評價機制研究》，《科研管理》2013 年第 10 期。

534. 夏绪梅、孙青青：《基于 VIKOR 法的地区专利成长性评价研究》，《科技管理研究》2015 年第 16 期。

535. 肖地生、顾冠华：《正确处理学术期刊中的两对关系》，《编辑之友》2017 年第 1 期。

536. 肖利哲、邵维佳：《基于灰色关联分析的 VIKOR 法中评价对象全排序模型》，《统计与决策》2011 年第 10 期。

537. 肖学斌、柴艳菊：《论文的相关参数与被引频次的关系研究》，《现代图书情报技术》2016 年第 6 期。

538. 肖学斌：《x 指数：描述研究人员论文水平的文献计量新指数》，《图书情报知识》2015 年第 2 期。

539. 辛督强：《基于主成分分析的 13 种力学类中文期刊综合评价》，《中国科技期刊研究》2012 年第 2 期。

540. 熊国经、熊玲玲、陈小山：《基于因子分析与 TOPSIS 法在学术期刊评价中的改进研究》，《情报杂志》2016 年第 7 期。

541. 熊国经、熊玲玲、陈小山：《组合评价和复合评价模型在学术期刊评价优越性的实证研究》，《现代情报》2017 年第 1 期。

542. 熊国经、熊玲玲、董玉竹、陈小山：《学术期刊评价指标的权重探讨》，《统计与决策》2018 年第 4 期。

543. 熊励、孙友霞、刘文：《知识密集型服务业协同创新系统模型及运行机制研究》，《科技进步与对策》2011 年第 18 期。

544. 熊文涛、齐欢、雍龙泉：《一种新的基于离差最大化的客观权重确定模型》，《系统工程》2010 年第 5 期。

545. 徐建中、王纯旭：《基于粒子群算法的产业技术创新生态系统运行稳定性组合评价研究——以电信产业为例》，《预测》2016 年第 5 期。

546. 徐顾强、孙正翠、周丽娟：《基于主成分分析法的科技服务业集聚化发展影响因子研究》，《科技进步与对策》2016 年第 1 期。

547. 徐泽水、达庆利、《多属性决策的组合赋权方法研究》，《中国管理科学》2002 年第 2 期。

548. 徐泽水：《一种基于目标贴近度的多目标决策方法》，《系统工程理论与实践》2001 年第 9 期。

549. 许大国、孙万群、曾红丽、朱佩筠、王家宁、向晋涛：《医科大学学报刊载内稿分析》,《中国科技期刊研究》2007 年第 3 期。

550. 许海云、方曙:《基于文献类型序关系转换权重的期刊影响因子研究》,《情报杂志》2012 年第 3 期。

551. 许静:《关于科技管理期刊内容趋同的思考》,《编辑学报》2010 年第 4 期。

552. 许新军:《期刊 hc 指数与 hd 指数的比较分析》,《情报杂志》2015 年第 4 期。

553. 许新军:《p 指数在期刊评价中的应用》,《情报学报》2015 年第 12 期。

554. 薛亚玲、王凯荣、李洁、蒋兴国:《2005～2009 年〈宁夏医学杂志〉影响因子与载文量、论著数量的关系》,《宁夏医学杂志》2012 年第 1 期。

555. 陆雪琴、章上峰:《技术进步偏向定义及其测度》,《数量经济技术经济研究》2013 年第 8 期。

556. 闫广华、王庆林、蔺帅帅:《基于区间数和灰色 VIKOR 法的电力用户安全用电风险研究》,《山西电力》2016 年第 3 期。

557. 严海宁、汪红梅:《国有企业利润来源解析:行政垄断抑或技术创新》,《改革》2009 年第 11 期。

558. 严美娟:《239 种 SCI 收录神经科学杂志载文量与影响因子和 5 年影响因子的关系》,《东北农业大学学报》(社会科学版)2012 年第 5 期。

559. 杨浦:《学术期刊影响力指数剖析》,《科技与出版》2017 年第 3 期。

560. 杨武、解时宇、宋盼:《基于主成分分析的中国科技创新景气指数研究》,《中国科技论坛》2014 年第 12 期。

561. 杨幽红:《创新质量理论框架:概念、内涵和特点》,《科研管理》2013 年第 S1 期。

562. 叶继元:《图书馆学期刊质量"全评价"探讨及启示》,《中国图书馆学报》2013 年第 4 期。

563. 叶继元:《学术"全评价"分析框架与创新质量评价的难点及其对策》,《河南大学学报》(社会科学版)2016 年第 5 期。

564. 叶鹏、王昊:《基于 CSSCI 的经济学期刊引用网络分析》,《西南民族大学学报》（人文社会科学版）2011 年第 10 期。

565. 叶艳、张李义：《基于 CiteScore 指数与影响因子的期刊评价研究——以经济管理领域期刊为例》，《情报科学》2017 年第 7 期。

566. 叶鹰：《对数 f 指数及其评价学意义》，《情报科学》2009 年第 7 期。

567. 于光、郭蕊：《互引期刊群中出版延时对被引半衰期的影响》，《科学学研究》2006 年第 S2 期。

568. 于秀艳、刘宏军：《基于改进的 TORSIS 方法的信息系统综合评价》，《情报科学》2005 年第 7 期。

569. 俞立平、方建新：《自主研发与协同创新协调发展研究》，《科研管理》2015 年第 7 期。

570. 俞立平、刘爱军：《期刊评价中 TOPSIS 的漏洞研究——权重单调性》，《情报杂志》2014 年第 11 期。

571. 俞立平、刘爱军：《主成分与因子分析在期刊评价中的改进研究》，《情报杂志》2014 年第 12 期。

572. 俞立平、刘骏：《学科协调发展水平测度方法研究——基于学术期刊的视角》，《情报杂志》2016 年第 9 期。

573. 俞立平、潘云涛、武夷山：《TOPSIS 在期刊评价中的应用及在高次幂下的推广》，《统计研究》2012 年第 12 期。

574. 俞立平、潘云涛、武夷山：《衡量学术期刊均衡发展的新指标——和谐指数》，《中国科技期刊研究》2009 年第 4 期。

575. 俞立平、潘云涛、武夷山：《基于极值法的学术期刊组合评价研究》，《图书与情报》2009 年第 4 期。

576. 俞立平、潘云涛、武夷山：《科技评价中不同客观评价方法权重的比较研究》，《科技管理研究》2009 年第 7 期。

577. 俞立平、潘云涛、武夷山：《修正 TOPSIS 及其在科技评价中的应用研究》，《情报杂志》2012 年第 6 期。

578. 俞立平、潘云涛、武夷山：《学术期刊评价中主成分分析法应用悖论研究》，《情报理论与实践》2009 年第 9 期。

579. 俞立平、潘云涛、武夷山：《高校社科类学术期刊分级管理存在的问题研究》，《情报杂志》2011 年第 4 期。

580. 俞立平、宋夏云：《期刊评价中非线性评价方法选取的检验研究》，

《中国科技期刊研究》2014 年第 8 期。

581. 俞立平、张全：《期刊评价中两类效用函数合成方法的本质研究》，《情报学报》2014 年第 10 期。

582. 俞立平、王作功：《时间视角下 h 指数创新：h_（1_ n）指数与 h_ n 指数》，《情报学报》2017 年第 4 期。

583. 俞立平、刘爱军：《指标数据分布与内部差距对学术期刊评价的影响——以 JCR 数学期刊为例》，《图书情报工作》2014 年第 21 期。

584. 俞立平、潘云涛、武夷山：《科技评价中同行评议与指标体系关系的研究——以〈泰晤士报〉世界大学排名为例》，《科学学研究》2008 年第 5 期。

585. 俞立平、潘云涛、武夷山：《学术期刊多属性评价方法的可比性研究》，《编辑学报》2010 年第 5 期。

586. 俞立平、潘云涛、武夷山：《基于因子分析的学术期刊评价指标分类研究》，《图书情报工作》2009 年第 8 期。

587. 俞立平、潘云涛、武夷山：《学术期刊综合评价数据标准化方法研究》，《图书情报工作》2009 年第 12 期。

588. 俞立平、宋夏云、王作功：《自然权重对非线性科技评价的影响及纠正研究——以 TOPSIS 方法评价为例》，《数据分析与知识发现》2018 年第 6 期。

589. 俞立平、孙建红：《总被引频次用于科技评价的误区研究——兼谈科技评价的时间特性》，《中国科技期刊研究》2014 年第 6 期。

590. 俞立平、王作功、孙建红：《时间窗口对学术期刊评价的影响研究》，《情报杂志》2017 年第 10 期。

591. 俞立平、武夷山：《科技评价中标准化方法对评价结果的影响研究》，《现代图书情报技术》2011 年第 9 期。

592. 俞立平：《期刊影响力指标的时间异质性及其重构研究——基于多属性评价的视角》，《图书情报工作》2016 年第 12 期。

593. 俞立平：《科技评价中关键指标的测度方法研究——以学术期刊评价为例》，《图书情报工作》2017 年第 18 期。

594. 俞立平：《历史影响因子：一个新的学术期刊存量评价指标》，《图书情报工作》2015 年第 2 期。

595. 俞立平：《线性科技评价中自然权重问题及修正研究——动态最大均值逼近标准化方法》，《统计与信息论坛》2018 年第 10 期。

596. 俞立平：《学术期刊 h 指数的时间演变规律研究》，《情报杂志》2015 年第 1 期。

597. 俞立平：《影响因子的时间修正研究：R 影响因子——兼谈影响因子评价误差的测度方法》，《图书情报知识》2016 年第 4 期。

598. 俞立平、宋夏云、邹文璨、王作功：《科技评价权重的本质研究》，《情报杂志》2018 年第 2 期。

599. 俞欣辰、潘有能：《学术期刊评价指标与评价结果的数据分布关系研究》，《情报杂志》2015 年第 9 期。

600. 岳立柱、闫艳：《基于序数信息的属性权重确定方法》，《统计与决策》2015 年第 13 期。

601. 岳增慧、许海云、方曙：《基于个体行为的科研合作网络知识扩散建模研究》，《情报学报》2015 年第 8 期。

602. 詹敏、廖志高、徐玖平：《线性无量纲化方法比较研究》，《统计与信息论坛》2016 年第 12 期。

603. 张古鹏、陈向东、杜华东：《中国区域创新质量不平等研究》，《科学学研究》2011 年第 11 期。

604. 张惠：《科技期刊与出版环境的协调发展——基于生态学视野的分析》，《编辑学报》2010 年第 4 期。

605. 张垒：《论文高被引的参考文献特征及其对影响因子贡献研究》，《情报科学》2016 年第 8 期。

606. 张垒：《高被引论文的特征因素及其对影响因子贡献研究》，《中国科技期刊研究》2015 年第 8 期。

607. 张立军、邹琦：《基于路径系数权重的科技成果奖励评价模型》，《科技管理研究》2008 年第 5 期。

608. 张立军、袁能文：《基于复合权重的科技成果奖励评价模型》，《科技管理研究》2010 年第 4 期。

609. 张立军、袁能文：《线性综合评价模型中指标标准化方法的比较与选择》，《统计与信息论坛》2010 年第 8 期。

610. 张玲玲、张宇娥、杜丽：《国家社科基金项目成果视角下图情领域知识扩散研究》,《图书馆工作与研究》2017 年第 10 期。

611. 张青:《我国管理学期刊引用网络分析》,《西南民族大学学报》(人文社科版) 2010 年第 11 期。

612. 张瑞、丁日佳、郝素利:《可转化为国际标准的科技成果选择决策研究——基于 VIKOR 法》,《科技进步与对策》2015 年第 10 期。

613. 张市芳、刘三阳、秦传东等:《动态三角模糊多属性决策的 VIKOR 扩展方法》,《计算机集成制造系统》2012 年第 1 期。

614. 张夏恒、冀芳:《大气科学类中文核心期刊微信公众号满意度评价》,《中国科技期刊研究》2017 年第 1 期。

615. 张晓雪:《我国科技期刊评价指标体系的现状考察及未来发展思考》,《中国出版》2014 年第 1 期。

616. 张欣、钟晓兵:《基于改进 Topsis 法的高校创新人才培养模式研究》,《西安电子科技大学学报》(社会科学版) 2012 年第 6 期。

617. 张学梅:《hi 指数——一种对 h 指数进行迭代计算的个人学术影响力评价方法》,《图书情报工作》2013 年第 11 期。

618. 张志转、朱永和:《学术期刊引证指标间的相关性研究——以农业综合性学术期刊为例》,《安徽农业科学》2010 年第 2 期。

619. 赵惠祥、张弘、刘燕萍、陶文文:《科技期刊评价指标的属性分类及选用原则》,《编辑学报》2008 年第 2 期。

620. 赵静、杜志波:《从学科影响指标看 CJCR 期刊分类的合理性》,《中国科技期刊研究》2008 年第 4 期。

621. 赵昆艳:《高校学报外稿持续攀升所引发的系列问题》,《云南师范大学学报》(哲学社会科学版) 2006 年第 4 期。

622. 赵黎明、刘猛:《基于熵权 TOPSIS 的区域科技创新能力评价模型及实证研究》,《天津大学学报》(社会科学版) 2014 年第 5 期。

623. 赵庆华:《加权 hT—指数法学期刊评价》,《法律文献信息与研究》2018 年第 1 期。

624. 赵仁杰、刘瑞明:《本校偏袒下的学术质量"诅咒效应"——来自中国大陆 (2004~2013) 高校学报的证据》,《世界经济文汇》2018 年第 2 期。

625. 赵蓉英、魏明坤、杨慧云:《p 指数应用于学者学术影响力评价的相关性研究——以图书情报学领域为例》，《情报理论与实践》2017 年第 4 期。

626. 赵蓉英、魏明坤：《"五计学"在我国的发展演进分析》，《现代情报》2017 年第 6 期。

627. 郑德俊：《期刊评价中的关键指标评析及相关性研究》，《图书情报工作》2011 年第 4 期。

628. 郑丽霞：《因子分析在 SCI 期刊综合评价中的应用》，《农业图书情报学刊》2016 年第 7 期。

629. 钟赛香、胡鹏、薛熙明等：《基于合理权重赋值方法选择的多因素综合评价模型——以 JCR 中 70 种人文地理期刊为例》，《地理学报》2015 年第 12 期。

630. 钟生艳、魏巍、甘华平等：《层次分析法确定医院科技能力评价指标权重》，《预防医学情报杂志》2011 年第 9 期。

631. 钟镇：《农业经济与政策 Web of Science 期刊论文合著规模与绩效的相关性分析》，《中国科技期刊研究》2014 年第 12 期。

632. 周辉、鲁燕飞、王黔英、袁芳：《基于信息粒度的属性权重确定方法》，《统计与决策》2006 年第 20 期。

633. 周慧妮、江文奇：《基于前景理论和 VIKOR 的营销竞争情报评价研究》，《情报杂志》2015 年第 10 期。

634. 周娟美、郭强华、王作功、俞立平：《科技评价指标值与评价属性背离及修正研究——基于多属性评价视角》，《图书情报工作》2018 年第 22 期。

635. 周游、翟建辉：《长波理论、创新与中国经济周期分析》，《经济理论与经济管理》2012 年第 5 期。

636. 周志远、沈固朝：《粗糙集理论在情报分析指标权重确定中的应用》，《情报理论与实践》2012 年第 9 期。

637. 朱大明：《应注重参考文献引用的学术论证功能》，《科技与出版》2008 年第 12 期。

638. 朱大明：《参考文献"合理自引"与"不当自引"的区分标准》，《编辑学报》2004 年第 1 期。

639. 朱德培：《1999～2000 年江苏高校及国防高校学报引文量和引文率统

计与分析》，《中国科技期刊研究》2002 年第 6 期。

640. 朱军文、刘念才：《我国高校基础研究产出变迁轨迹：1978～2009》，
　　　《高等教育研究》2010 年第 11 期。

641. 朱喜安、魏国栋：《熵值法中无量纲化方法优良标准的探讨》，《统计
　　　与决策》2015 年第 2 期。

642. 邹树梁、武良鹏：《混合多属性决策问题中的权重研究》，《运筹与管
　　　理》2017 年第 1 期。

643. 邹燕：《ESI 全球学科排名与江苏高校学科建设》，《江苏高教》2015
　　　年第 3 期。

644. 左淑霞、席建锋、肖殿良等：《"特色交通标志"设计及其信息量度
　　　量方法研究》，《中国安全科学学报》2010 年第 11 期。

本书相关论文

［1］ Liping Yu, Yunlong Duan, Tiantian Fan. Innovation performance of new products in China's high – technology industry ［J］. *International Journal of Production Economics*, 2020, 219: 204 – 215。

［2］ Liping Yu, Huiyang Li, Zuogong Wang, Yunlong Duan. Technology imports and self – innovation in the context of innovation quality ［J］. *International Journal of Production Economics*, 2019, 214: 44 – 52。

［3］ 俞立平、钟昌标、王作功：《高技术产业创新速度与效益的互动机制研究》，《科研管理》2018 年第 7 期。

［4］ 俞立平：《创新速度、要素替代与高技术产业效益》，《科学学研究》2016 年第 6 期。

［5］ 俞立平、王作功、胡林瑶：《高技术产业创新速度的影响机制研究》，《科学学研究》2018 年第 5 期。

［6］ 俞立平、宋夏云、邹文璨、王作功：《科技评价权重的本质研究》，《情报杂志》2018 年第 2 期。

［7］ 张爱琴、俞立平、赵公民：《科技评价中加权 TOPSIS 的权重可靠吗？——基于分子加权 TOPSIS 法的改进》，《现代情报》2018 年第 11 期。

［8］ 俞立平：《线性科技评价中自然权重问题及修正研究——动态最大均值逼近标准化方法》，《统计与信息论坛》2018 年第 10 期。

［9］ 俞立平、宋夏云、王作功：《自然权重对非线性科技评价的影响及纠正研究——以 TOPSIS 方法评价为例》，《数据分析与知识发现》2018 年第 6 期。

［10］ 俞立平、郭强华、张再杰：《科技评价中因子分析信息损失的改进》，《统计与决策》2019 年第 5 期。

[11] 郭强华、罗锋、俞立平：《基于改进的 VIKOR 科技评价方法研究——直线距离因子多准则妥协解法 LDF – VIKOR》，《情报杂志》2018 年第 4 期。

[12] 俞立平、琚春华：《一种兼顾协调发展的学术期刊评价方法——因子几何平均法》，《情报杂志》2019 年第 1 期。

[13] 俞立平、伍蓓、刘骏：《协调发展视角下的学术期刊评价——协调 TOPSIS》，《情报杂志》2018 年第 10 期。

[14] 俞立平：《基于聚类分析的期刊多属性评价方法选择研究——聚类结果一致度筛选法》，《图书情报工作》2018 年第 21 期。

[15] 俞立平、伍蓓、袁永仪、张再杰：《科技评价中非线性评价方法筛选的检验研究——因子回归检验法》，《情报杂志》2018 年第 9 期。

[16] 俞立平、刘爱军：《主成分与因子分析在期刊评价中的改进研究》，《情报杂志》2014 年第 12 期。

[17] 俞立平、郭强华、万晓云、刘骏：《学术期刊机构指数 AAI 与影响力关系研究——以图书馆情报文献学期刊为例》，《现代情报》2019 年第 3 期。

[18] 俞立平、伍蓓、储望煜、王作功：《外文引文比与影响因子关系及对科技评价启示》，《情报杂志》2018 年第 6 期。

[19] 俞立平、宋夏云、王作功：《基于时间序列数据的期刊影响因子与载文量关系研究——以情报学期刊为例》，《图书馆工作与研究》2018 年第 10 期。

[20] 俞立平、万晓云、王作功：《载文量、引文量与影响因子关系的时间演变研究——以科学学与科技管理类期刊为例》，《情报杂志》2018 年第 8 期。

[21] 周娟美、郭强华、王作功、俞立平：《科技评价指标值与评价属性背离及修正研究——基于多属性评价视角》，《图书情报工作》2018 年第 22 期。

[22] 徐新华、俞立平、王作功：《学术期刊评价中不同指标之间互补研究》，《图书情报工作》2018 年第 14 期。

[23] 俞立平、张再杰、琚春华：《载文量与影响因子特殊互动机制研究——兼谈两者关系研究的误区》，《情报科学》2019 年第 7 期。

［24］王黎明、张啸岳、俞立平：《论文作者数与被引频次关系的再思考》，《情报杂志》2019 年第 9 期。

［25］俞立平、万晓云、姜春林、张再杰：《高校综合性社科学报内稿比例与学术影响力》，《情报杂志》2019 年第 11 期。

［26］俞立平、周娟美：《科技评价中兼顾均值与区分度的标准化方法研究——动态最小均值逼近标准化方法》，《情报杂志》2020 年第 8 期。

图书在版编目(CIP)数据

计量视角下的科技评价 / 俞立平著. -- 北京: 社
会科学文献出版社,2021.7
国家社科基金后期资助项目
ISBN 978 - 7 - 5201 - 8753 - 4

Ⅰ.①计… Ⅱ.①俞… Ⅲ.①科学技术 - 评价法 - 研
究 Ⅳ.①G311

中国版本图书馆 CIP 数据核字(2021)第 149609 号

· 国家社科基金后期资助项目 ·

计量视角下的科技评价

著　　者 / 俞立平

出 版 人 / 王利民
组稿编辑 / 姚冬梅
责任编辑 / 薛铭洁

出　　版 / 社会科学文献出版社 · 皮书出版分社(010)59367127
　　　　　　地址:北京市北三环中路甲 29 号院华龙大厦　邮编:100029
　　　　　　网址:www. ssap. com. cn
发　　行 / 市场营销中心 (010)59367081　59367083
印　　装 / 三河市龙林印务有限公司

规　　格 / 开　本:787mm × 1092mm　1/16
　　　　　　印　张:29.75　字　数:485 千字
版　　次 / 2021 年 7 月第 1 版　2021 年 7 月第 1 次印刷
书　　号 / ISBN 978 - 7 - 5201 - 8753 - 4
定　　价 / 138.00 元